신도 주사위 놀이를 한다

Do Dice Play God?:
The Mathematics of Uncertainty
by Ian Stewart
Originally Published by Profile Books Ltd., London

신도 주사위 놀이를 한다

확률, 불확실한 미래에 도전해온 수학의 역사

이언 스튜어트 지음 • 장영재 옮김

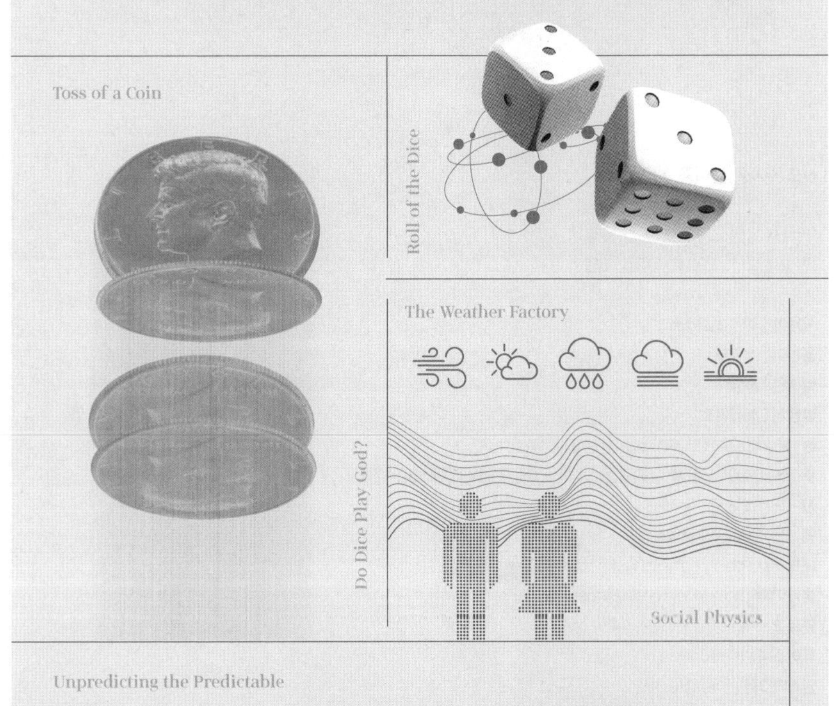

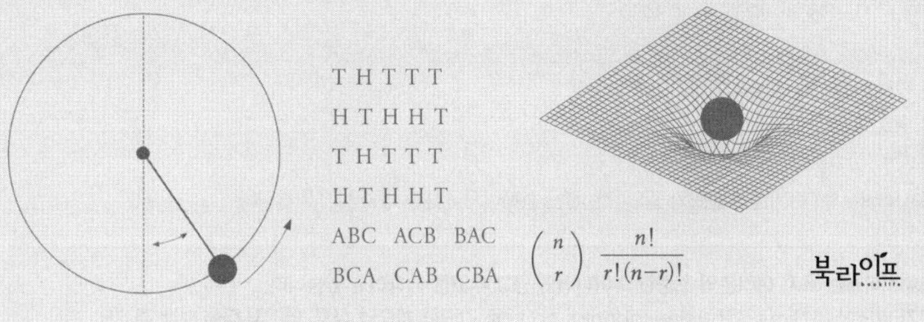

$\binom{n}{r}$ $\frac{n!}{r!(n-r)!}$

북라이프

옮긴이 **장영재**

서울대학교 원자핵공학과를 졸업하고 충남대학교에서 물리학 석사 학위를 받은 후 국방 과학 연구소 연구원으로 일했다. 글밥 아카데미 수료 후 〈하버드 비즈니스 리뷰〉 및 〈스켑틱〉 번역에 참여하는 등 바른번역 소속 번역가로 활동하고 있다. 옮긴 책으로 《남자다움의 사회학》, 《한국, 한국인》, 《워터 4.0》 등이 있다.

신도 주사위 놀이를 한다

1판 1쇄 발행 2020년 8월 19일
1판 8쇄 발행 2024년 12월 6일

지은이 | 이언 스튜어트
옮긴이 | 장영재
발행인 | 홍영태
발행처 | 북라이프
등 록 | 제2011-000096호(2011년 3월 24일)
주 소 | 03991 서울시 마포구 월드컵북로6길 3 이노베이스빌딩 7층
전 화 | (02)338-9449
팩 스 | (02)338-6543
대표메일 | bb@businessbooks.co.kr
홈페이지 | http://www.businessbooks.co.kr
블로그 | http://blog.naver.com/booklife1
페이스북 | thebooklife
인스타그램 | booklife_kr
ISBN 979-11-88850-96-9 03400

* 잘못된 책은 구입하신 서점에서 바꾸어 드립니다.
* 책값은 뒤표지에 있습니다.
* 북라이프는 (주)비즈니스북스의 임프린트입니다.
* 비즈니스북스에 대한 더 많은 정보가 필요하신 분은 홈페이지를 방문해 주시기 바랍니다.

신이 주사위 놀이를 하지 않는다는
아인슈타인의 말은 수정되어야 할지도 모른다.

제 1 장

불확실성의 여섯 시대

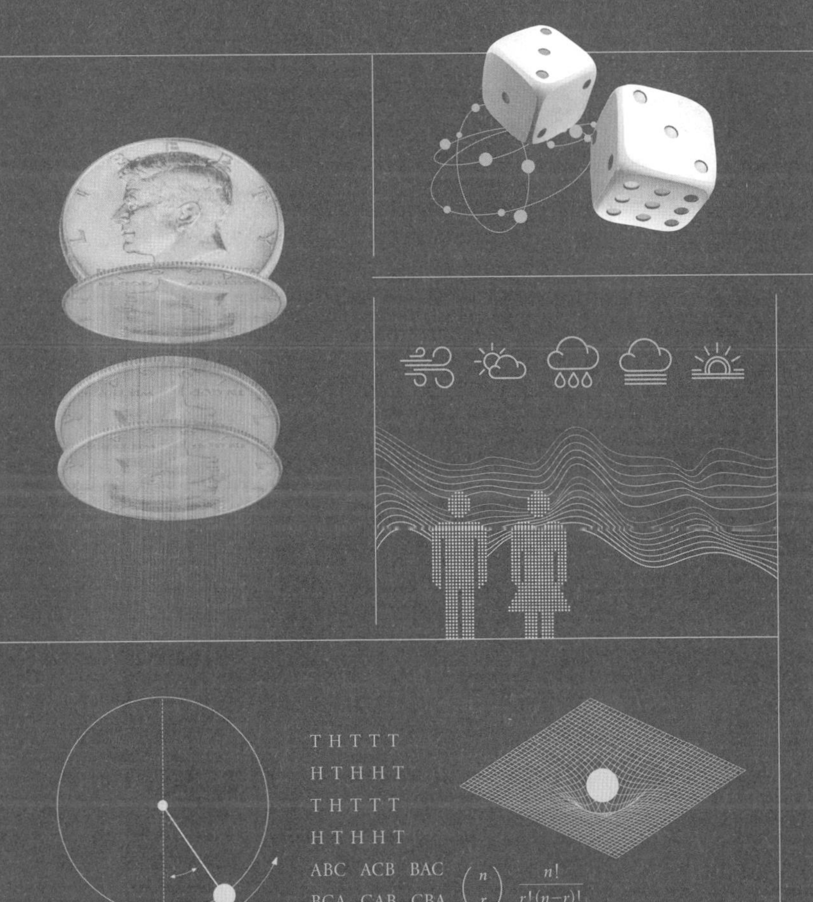

불확실:

확실히 알려지지 않거나 완벽하게
명확하지 않은 상태. 의심스러움 또는 모호함.

–
《옥스퍼드 영어사전》

• • • 불확실성이 항상 나쁜 것은 아니다. 우리는 예측지 못한 즐거운 일에 놀라는 것을 좋아한다. 많은 사람이 경마에 돈을 거는 도박을 즐긴다. 처음부터 누가 이길지를 안다면 대부분의 스포츠가 무의미해질 것이다. 일부 예비 부모들은 태어날 아기의 성별을 알고 싶어 하지 않는다. 나는 우리 대부분이 어떻게 죽게 될지는 물론이고 죽을 날조차 미리 알지 못하는 쪽을 선호하리라 생각한다. 하지만 이제부터 다룰 이야기들은 예외에 속한다. 삶은 복권이다. 불확실성은 종종 의심을 낳고 의심은 우리를 불편하게 만든다. 따라서 사람들은 불확실성을 줄이거나 더 나아가 완전히 제거하기를 원한다. 인간은 무슨 일이 일어날지를 걱정한다. 날씨란 예측할 수 없기로 악명이 높으나, 우리는 일기 예보가 종종 틀린다는 것을 알면서도 날씨 정보에 귀를 기울인다.

텔레비전 뉴스를 시청하거나 신문을 읽거나 웹 서핑을 할 때도 우리는 무슨 일이 일어날지 모르는 경우가 많다. 비행기가 무작위로 추락한다. 지진과 화산이 지역 사회, 심지어 도시의 많은 부분까지 황폐화한다. 경제는 호황과 불황을 반복한다. 사람들은 흔히 '호황과 불황의 사이클'이라 말하지만, 이는 불황 뒤에는 호황이 오고 호황 뒤에는 불황이 이어진다는 의미에 불과하다. 호황과 불황이 언제 자리를 바꿀지는 알 수 없다. 결국 '비 오는 날과 맑은 날의 사이클'을 이야기하면서 일기 예보라고 주장하는 것이나 마찬가지다. 우리는 다가오는 선거에서 누가 당선될지 궁금해하면서 여론 조사에 주목한다. 근래에는 예전보다 신뢰도가 떨어진 듯하지만 여전히 여론 조사는 우리를 안심시키거나 짜증 나게 하는 힘이 있다.

때로는 확신이 없을 뿐만 아니라 무엇이 불확실한지도 잘 모르는 경우가 있다. 사람들은 대부분 기후 변화를 우려한다. 그런데 목소리를 높이는 일부는 기후 변화에 대한 모든 이야기가 과학자(자신의 입지 확보를 위한 속임수를 꾸며 내지 못한) 또는 중국인, 심지어 화성인일지도 모르는 사람들이 각자 입맛에 맞는 음모 이론에 따라 지어낸 속임수라고 주장한다. 변화를 예측하는 기후학자들조차 기후 변화가 가져올 영향에 대해 확실한 답을 제시하지 못할 때가 많다. 하지만 분명한 것은 그들이 상당히 명확하게 알고 있는 기후 변화의 일반적인 특성은 현실적인 측면에서 경종을 울리기에 충분하다는 점이다.

자연이 인간에게 무엇을 던져 줄지만 불확실한 것은 아니다. 우리는 자신에게 닥칠 일들에 대해서도 그다지 확신하지 못한다. 2008년에 발생한 금융 위기의 여파로 세계 경제가 여전히 휘청거리는 지금, 위기를 초래한 사람들은 대부분 예전과 다름없는 일을 하고 있으며 이는 훨씬 더 심각한 금융 재앙을 불러올 가능성으로 이어진다. 우리는 세계의 경제를 어떻게 예측해야 할지 거의 모른다.

비교적 그리고 역사상 이례적으로 안정적이던 기간이 지난 뒤, 세계 정치가 점점 더 분열되고 오랫동안 확실하다고 믿어 왔던 신념이 흔들리고 있다. '가짜 뉴스'는 잘못된 정보를 퍼부어 진실을 잠식한다. 누구나 예측할 수 있듯 가짜 뉴스에 대하여 가장 목소리를 높여 불평하는 사람들이야말로 책임자인 경우가 흔하다. 인터넷은 지식을 민주화하는 대신 무지와 편견을 민주화했다. 문지기가 사라진 문이 경첩마저 헐거워진 채 문틀에 매달려 있는 셈이다.

인간사는 원래부터 늘 혼란스러웠지만 과학 분야에서조차 '자연은 정확한 법칙을 따른다.'라는 옛 관념이 더 유연한 견해에 자리를 내주었다. 우리는 근사치에 가까운('근사'란 때로 '유효 숫자 열 자리까지'를 의미할 수도, '10분의 1에서 열 배 사이'를 뜻할 수도 있다.) 법칙과 모델을 찾을 수 있다. 하지만 모두 언제라도 새로운 증거가 나오면 대체될 수 있어 잠정적이다. 혼돈 이론은 엄격한 규칙을 따르는 대상조차 예측이 불가능할 수 있다고 이야기한다. 양자 이론은 가장 작은 수준에서 우주가 본질적으로 예측 불가능하다고 말한다. 세계란 이렇듯 불확실성으로 이루어져 있다. 불확실성이란 단지 인간의 무지를 드러내는 표지가 아니다.

우리는 왜 그리고 어떻게 미래를 예측해 왔는가

많은 사람이 그렇듯 그저 미래를 운명에 맡겨 버릴 수도 있다. 그러나 대부분은 이러한 방식의 삶을 불편하게 여긴다. 재앙으로 이어질지도 모른다고 의심하고 약간의 선견지명을 갖추면 화를 면할 수 있다고 생각한다. 싫어하는 대상에 직면했을 때 흔히 보이는 대처 방식은 그것을 경계하거나 바꾸려 하는 것이다. 그러나 무슨 일이 일어날지 모르는 상황에서 어떤 예방 조치를 취할 수 있겠는가? 타이타닉 참사가 일어난 뒤 선박에 여분의 구명정을 갖추는 것이 의무화되었다. 그런데 1915년 미국의 여객선 SS 이스트랜드는 추가된 구명정의 무게 때문에 시카고강에서 전복되었고, 승무원을 포함한 탑승객 848명이 사망했다. 의도되지 않은 결과의 법칙(The Law of Unintended Consequences)은 최선의 의도를 좌절시키기도 한다.

우리는 시간에 구속된 동물이기에 미래를 걱정한다. 흐르는 시간 속에서 자신의 위치를 강하게 의식하고 미래에 일어날 일을 예측하며 이 예측에 따라 현재의 행동을 결정한다. 사람들은 마치 있지도 않은 타임머신을 가진 것처럼 행동한다. 즉 미래의 사건은 그 일이 일어나기도 전에 우리가 행동을 취하도록 이끈다. 물론 오늘 행동하는 참된 이유는 내일의 결혼식이나 폭풍우 또는 임대료 청구서 때문이 아니다. 그러한 일이 일어날 것이라는 현재의 믿음 때문이다. 진화와 개인의 학습으로 형성된 우리의 뇌는 내일의 삶이 더 편안해지도록 오늘의 행동을 선택한다. 뇌는 미래를 예측하는 의사 결정 도구다.

뇌가 결정을 내리는 데 약간의 시간이 필요한 순간도 있다. 크리켓이나 야구 선수가 공을 잡을 때, 공을 탐지하는 시각 시스템과 공의 위치를 인지하는 뇌 사이에는 짧지만 확실한 시간 지연이 존재한다. 놀랍게도 선수들은 대개 공을 잡는다. 그들의 뇌가 공의 궤적을 예측하는 능력이 상당히 뛰어나기 때문이다. 쉽게 잡을 수 있을 것 같은 공을 놓칠 때는 뇌의 예측이나 그에 대한 반응이 잘못된 경우다. 이러한 모든 과정은 무의식적이고 매끄럽게 진행되는 것처럼 보인다. 따라서 우리는 평생 우리의 뇌보다 약간 앞서가는 세상에서 살아간다는 사실을 의식하지 못한다.

결정을 내리는 데는 몇 날, 몇 주, 몇 년, 심지어 수십 년이 걸릴 수도 있다. 우리는 버스나 지하철을 타고 출근하려고 시간에 맞춰 일어나며, 내일이나 다음 주를 위해 미리 먹거리를 사 둔다. 다가오는 공휴일의 가족 소풍을 계획할 때는 모든 구성원이 그때를 위하여 지금 준비한다. 영국의 부유층 부모들은 아직 태어나지도 않은 자신의 자녀들을 상류층 학교에 등록시킨다. 더 부유한 사람들은 증손자의 증손자들이 훌륭한 경치를 볼 수 있도록, 성장하는 데 몇 세기나 걸리는 나무를 심어 둔다.

뇌는 어떻게 미래를 예견할까? 뇌는 세계가 작동하는 방식 또는 작동할 것으로 추정되는 방식을 단순화하여 내부 모델을 구축한다. 그리고 자신이 아는 정보를 모델에 입력한 뒤 결과를 지켜본다. 양탄자에 주름이 잡힌 것을 발견하면 이들 모델 중 하나가 발이 걸려 계단 밑으로 굴러떨어질 위험이 있음을 알린다. 그러면 우리는 양탄자의 주름을 펴서 예방 조치를 취한다. 예측이 정말로 옳은지는 중요하지 않다. 실제로 양탄자를 정돈해 적절하게 바로잡았다면 예측은 맞을 수 없다. 모델에 입력되었던 조건이 더는 존재하지 않기 때문이다. 우리는 진화 혹은 개인적인 경험 측면에서 유사한 상황에 대한 예방책을 세우지 않았을 때 어떤 일이 일어나는지 지켜봄으로써 모델을 시험하고 개선할 수 있다.

이러한 유형의 모델이 어떻게 세상이 돌아가는지를 정확하게 설명할 필요는 없다. 그 대신 어떻게 세상이 돌아가는지에 대한 믿음과 관련이 있다. 수만 년 동안 인간의 뇌는 어떤 결정이 어떤 결과를 낳을지에 대한 믿음에 기초하여 결정을 내리는 체계로 진화했다. 그러므로 인간이 불확실성에 대처하기 위하여 가장 초기에 배운 방법 중 하나가 자연을 지배하는 초자연적인 존재에 대한 체계적인 믿음을 구축하는 것이었음은 놀랄 일이 아니다. 우리는 자연을 통제할 수 없음을 알았으며 자연은 종종 불쾌한 방식으로 끊임없이 인간을 놀라게 했다. 따라서 영혼, 유령, 신, 여신처럼 인간이 아닌 존재가 실제로 자연을 통제한다고 가정하는 것이 타당해 보였다. 그러자 곧 특별한 계층의 사람들이 나타났는데, 그들은 인간과 신 사이에서 중재를 통해 원하는 것을 얻게끔 도와줄 수 있다고 주장했다. 예언자, 선지자, 점쟁이, 신탁 전달자같이 미래를 예언한다고 주장한 사람들은 공동체에서 특히 소중한 구성원이 되었다.

이것이 불확실성의 첫 번째 시대다. 우리가 만들어 낸 믿음 체계는 점점 더 정교해졌다. 모든 세대가 자신들의 믿음 체계를 더욱더 단단하게 구축하고 싶어 했기 때문이다. 우리는 자연의 불확실성을 신의 의지로 합리화했다.

불확실성의 두 번째 시대, 과학의 발전을 가져오다

인간이 의식적으로 불확실성에 참여한 최초 단계는 수천 년 동안 지속되었다. 당시의 믿음은 무슨 일이 일어나든 신의 의지였고 곧 현실로 나타나는 증거와도 일치했다. 신들이 기뻐하면 좋은 일이 생기고 화를 내면 나쁜 일이 일어났다. 좋은 일이 생겼다면 인간이 신들을 기쁘게 했음이 분명하고 나쁜 일이 벌어졌다면 인간의 잘못으로 인하여 신들을 화나게 한 것이었다. 그리하여 신들에 대한 믿음이 도덕적인 의무와 얽히게 되었다.

하지만 만병통치식 신념 체계로는 아무것도 설명할 수 없다는 것을 깨달은 사람들이 늘어났다. 하늘이 파란 이유가 신들이 그렇게 만들었기 때문이라면 분홍색이나 자주색이더라도 아무 문제가 없을 것이다. 인간은 관찰된 증거를 뒷받침하거나 부정하는 논리적인 추론에 기초한 새로운 사고방식을 탐구하기 시작했다.

바로 과학이었다. 과학은 대기권 상층부의 미세 먼지에 의한 빛의 산란으로 하늘이 파랗게 보이는 이유를 설명한다. 하지만 파란색이 왜 파랗게 보이는지는 설명하지 못한다. 신경 과학자들이 그 문제를 탐구하고 있으나 과학은 결코 모든 것을 이해한다고 주장한 적이 없다. 과학은 몇몇 끔찍한 실패도 겪었지만 점점 더 큰 성공을 거두었으며 우리에게 자연의 속성을 부분적으로 통제할 능력을 부여하기 시작했다. 19세기에 전기와 자기의 관계를 발견한 일은 과학이 인간의 삶에 영향을 미치는 기술로 변모한 최초의 진정한 혁명이었다.

과학은 자연이 우리의 생각보다 덜 불확실할 수 있음을 보여 주었다. 행성은 신들의 기분에 따라 하늘에서 떠돌아다니는 물체가 아니다. 그들은 서로에게 가하는 작은 교란을 제외하면 규칙적인 타원 궤도를 따라 움직인다. 우리는 어떤 궤도가 적절한지를 알아내고 행성 간에 미세한 교란을 일으키는 효과를 이해하여 수 세기 뒤의 행성 위치를 예측할 수 있다. 실제로 혼돈 동역학(chaotic dynamics)에 따른 제한은 있지만 수백만 년 뒤의 위치까지도 측정이 가능하다.

이 자연법칙은 우리가 새로운 사실을 발견하고 무슨 일이 일어날지를 예측하는 데 이용할 수 있다. 이로써 불확실성에서 오는 불안함이 기본 법칙을 찾아내기만 하면 대부분의 문제를 설명할 수 있으리라는 믿음에 자리를 내주었다. 철학자들은 우주 전체가 장구한 시간 동안 이들 법칙이 작용한 결과물일 수 있다고 생각하기 시작했다. 자유 의지란 환상에 불과하며 모든 것이 거대한 시계 장치일지도 모른다.

인간은 불확실성이란 단지 일시적 무지이며, 충분한 노력과 생각으로 모든 것이 명확해질 수 있다고 여기게 되었다. 이것이 불확실성의 두 번째 시대다.

확률, 통계학, 기초 물리학의 발견

또한 과학은 어떤 사건이 얼마나 확실한지 혹은 불확실한지를 정량화하는 데 효과적인 수단인 확률의 개념을 발견하도록 도왔다. 불확실성에 대한 연구가 수학의 새로운 분야로 자리 잡았다. 이 책의 핵심 주제는 더 확실한 세상을 만들기 위하여 다양한 방식으로 수학을 활용했던 사례를 살펴보는 것이다. 정치, 도덕, 예술 같은 다른 분야도 기여했지만 여기서는 수학의 역할에 초점을 맞추려 한다.

확률 이론은 노름꾼과 천문학자라는 매우 다른 집단에 속한 사람들의 필요와 경험에서 비롯되었다. 노름꾼은 더 좋은 '승산'을 파악하려 했고, 천문학자는 불완전한 망원경을 사용하여 정확한 관측 결과를 얻으려 했다. 확률 이론의 아이디어가 인간의 의식에 스며들면서 확률은 주사위 게임이나 소행성의 궤도를 다루던 원래 영역에서 벗어나 물리학의 근본 원리를 알려 주는 수단이 되었다. 우리는 몇 초마다 산소가 포함된 기체를 들이마신다. 대기를 구성하는 어마어마하게 많은 미세 분자들은 작은 당구공처럼 서로 부딪치면서 돌아다닌다. 그것들이 모두 반대쪽 방구석에 몰려 있다면 인간에게 심각한 문제가 생길 것이다. 원리상으로는 가능하지만 확률 법칙에서는 그럴 가능성이 너무도 희박하여 현실에서는 절대로 일어나지 않는다고 한다. 흔히 우주가 항상 더 무질서한 상태로 진행한다는 의미로 해석되는 열역학 제2법칙에 따라 대기는 균일하게 혼합된 상태를 유지한다. 제2법칙은 또한 시간이 흐르는 방향과도 다소 역설적인 관계가 있다. 심오한 주제다.

열역학은 과학계에서 상대적으로 늦게 시작된 분야다. 열역학이 등장했을 때 확률 이론은 이미 인간 세상으로 들어선 상태였다. 출생, 사망, 이혼, 자살, 범죄, 신장, 체중, 정치와 관련한 확률 이론과 통계학이라는 응용과학이 탄생했다. 이들은 홍역부터 다가오는 선거에서 사람들이 어떻게 투표할지까지 모든 것을 분석할 수 있는 강력한 도구를 제공했다. 원하는 만큼은 아니었지만 금융이라는 혼탁한 분야에도 약간의 빛을 비추었다. 그리고 우리가 확률의 바다에 떠 있는 생물체임을 말해 주었다.

확률과 그것을 응용한 분야인 통계학은 불확실성의 세 번째 시대를 지배했다.

불확실성의 네 번째 시대는 20세기 초에 거대한 폭발음과 함께 시작되었다. 그때까지 우리가 마주쳤던 모든 유형의 불확실성에는 인간의 무지를 반영한다는 공통된 특징이 있었다. 무언가가 불확실한 이유는 예측에 필요한 정보가 없기 때문이었다. 무작위성의 대명사인 동전 던지기를 생각해 보자. 결정론적인 역학 시스템인 동전 던지기의 메커니즘은 매우 단순하며 원리상으로는 모든 결정론적인 과정을 예측할 수 있다. 동전을 던졌을 때의 초기 속도와 방향, 어떤 축을 중심으로 얼마나 빨리 회전하는지와 같은 동전에 작용하는 모든 요소를 안다면 역학 법칙을 이용하여 앞면이 나올지 뒷면이 나올지를 계산할 수 있을 것이다.

그러나 기초 물리학 분야의 새로운 발견에 따라 그러한 견해는 수정될 수밖에 없었다. 동전에 대해서라면 사실일 수도 있지만 때로는 우리에게 필요한 정보가 존재하지 않는 경우도 있다. 자연조차 그 정보를 모르기 때문이다. 1900년경에 물리학자들은 원자의 수준이 아니라 원자가 쪼개질 때 나오는 아원자 입자라는 아주 작은 단위로 물질의 구조를 이해하기 시작했다. 아이작 뉴턴(Isaac Newton)의 운동과 중력 법칙을 돌파구 삼아 등장한 고전 물리학은 인류가 물리적인 세계를 폭넓게 이해하는 통로가 되었고 점점 더 정밀해진 측정을 통하여 검증되었다. 그리고 모든 이론과 실험으로부터 세계를 이해하는 서로 다른 두 가지 사고방식인 입자와 파동 개념이 확립되었다.

입자는 정확하게 정의하고 위치를 결정할 수 있는 아주 작은 물질 덩어리다. 파동은 수면에 일어나는 잔물결처럼 움직이는 교란 상태다. 파동은 입자보다 일시적인 존재며 더 큰 공간 영역을 차지한다. 행성의 궤도는 행성을 입자로 간주하여 계산할 수 있다. 행성과 별 사이의 거리가 너무나 멀기 때문에 모든 것을 인간의 척도로 줄인다면 행성이 입자가 되는 것이다. 소리는 공기 분자가 거의 모두 제자리에 머물러 있음에도 불구하고 대기 속에서 진행되는 교란이므로 파동이다. 이렇듯 고전 물리학의 두 아이콘인 입자와 파동은 매우 다른 존재다.

1678년에 빛의 본질에 대해 격렬한 논쟁이 벌어졌다. 크리스티안 하위헌스(Christiaan Huygens)는 빛이 파동이라는 자신의 이론을 프랑스 과학 아카데미에 제출했다. 하지만 빛이 입자의 흐름이라고 확신했던 뉴턴의 견해가 우위를 차지하게 된다. 결국 100년 동안 잘못된 생각이 세상을 지배한 뒤에 문제가 해결되었다. 뉴턴이 틀렸고 빛은 파동이다.

1900년경에 물리학자들은 특정한 금속에 빛을 쪼이면 소량의 전류가 발생하는 광전 효과(photoelectric effect)를 발견했다. 알베르트 아인슈타인(Albert Einstein)은 빛이 광자(photons)라는 아주 작은 입자의 흐름으로 이루어졌다고 추론했다. 뉴턴의 생각이 옳았다. 하지만 뉴턴의 이론이 폐기된 데는 충분한 이유가 있었다. 빛이 파동임을 매우 분명하게 보여 주는 실험이 수없이 이루어졌다. 논쟁은 처음부터 다시 시작되었다. 빛은 파동인가 입자인가? 궁극의 해답은 '둘 다'였다. 빛은 때로는 입자처럼 때로는 파동처럼 행동한다. 이 모두는 대단히 불가사의한 일이었다.

곧 몇몇 선구자가 수수께끼를 이해하는 방법을 깨닫기 시작하면서 양자 역학이 탄생했다. 입자의 위치와 입자가 얼마나 빨리 움직이는가와 같은 모든 고전적인 확실성이 아원자 수준의 물질에는 적용될 수 없음이 밝혀졌다. 양자의 세계는 불확실성으로 가득 차 있다. 입자의 위치를 정확하게 측정할수록 얼마나 빨리 움직이는지는 더 모호해진다. 더욱이 '입자가 어디에 있는가?'라는 질문에는 만족스러운 답이 없다. 최선은 주어진 장소에 입자가 위치할 확률을 기술하는 것뿐이다. 양자 입자는 입자도 아니고 단지 흐릿한 확률의 구름일 뿐이다.

물리학자들이 양자의 세계를 더 깊이 탐색할수록 모든 것이 더 흐릿해졌다. 양자의 세계를 수학적으로 설명할 수 있었지만 그것은 이상한 수학이었다. 수십 년이 지나고 그들은 양자 현상이 더 이상 단순화할 수 없을 정도로 무작위적임을 확신하게 되었다. 실제로 양자의 세계는 불확실성으로 이루어진다. 찾아내지 못한 정보나 더 깊은 수준의 설명이 존재하지 않는다. '입 다물고 계산하라.'가 양자 역학의 좌우명이 되었다. 그러니 모든 것이 무슨 의미인지를 묻는 곤란한 질문은 하지 말라.

불확실성의 다섯 번째 시대와 혼돈 이론

물리학이 양자의 길을 따라가는 동안에 수학은 새로운 길을 개척했다. 우리는 무작위적인 과정의 반대가 결정론적인 과정이라고 생각했었다. 현재가 주어지면 오직 하나의 미래만이 가능하다. 불확실성의 다섯 번째 시대는 수학자들과 몇몇 과학자가 결정론적인 시스템이라도 예측이 불가능할 수 있음을 깨달았을 때 나타났다. 바로 미디어가 혼돈 이론(chaos theory)이라 이름 붙인 비선형 동역학(nonlinear dynamics)이다. 수학자들이 이렇게 중요한 발견을 훨씬 더 일찍 했더라면 양자 역학의 발전 과정이 상당히 달라졌을지도 모른다. 실제로 양자 이론이 나오기 전에 혼돈의 한 가지 예가 발견된 적이 있었으나 그저 특이한 예외로 간주되고 말았다. 일관성 있는 혼돈 이론은 1960년대와 1970년대가 되어서야 나타났다. 그렇지만 나는 설명의 편의상 양자 이론보다 혼돈을 먼저 다룰 것이다.

"예측은 매우 어렵다. 특히 미래에 대해서는." 물리학자 닐스 보어(Niels Bohr)가 한 말이다. 아니면 요기 베라(Yogi Berra, "끝날 때까지 끝난 것이 아니다."라는 말로 유명한 미국의 야구 선수.—옮긴이)였던가?[1] 보다시피 우리는 이런 것조차 확신하지 못한다. 예측(prediction)은 예보(forecasting)와 다르므로 생각만큼 이상한 말은 아니다. 과학 분야에서 대부분의 예측은 어떤 사건이 특정한 조건에서 일어날 가능성을 추측하지만 사건이 언제 일어날지는 말하지 않는다.

나는 암석 내부에 응력이 축적됨에 따라 지진이 일어날 가능성을 예측할 수 있는데, 이는 응력을 측정함으로써 검증이 가능하다. 그러나 이는 지진을 예측하는 방법이 아니다. 지진의 예측에는 언제 지진이 일어날지를 사전에 판단하는 일이 포함되어야 한다.

어떤 사건이 과거에 일어났음을 '예측'하는 것까지도 가능하다. 옛 기록을 찾아보기 전까지 (그 사건에) 주목한 사람이 아무도 없었다면 말이다. 이 예측은 흔히 '사후 추정'(postdiction)이라 불리지만 과학의 가설을 검증한다는 측면에서 다를 것이 없다. 1980년에 루이즈 알바레스(Luiz Alvarez)와 그의 아들 월터 알바레스(Walter Alvarez)는 6500만 년 전에 소행성이 지구와 충돌하여 공룡이 멸종되었다고 예측했다. 그것은 진정한 예측이었다. 예측한 뒤에 예측과 일치하거나 상반되는 증거를 찾기 위하여 지질학 기록과 화석을 조사할 수 있었기 때문이다.

수십 년에 걸친 관찰 결과는 연간 평균 강우량을 예측할 수 있다면 갈라파고스 제도에 서식하는 다윈의 방울새류(Darwin's finches) 중 몇몇 종의 부리 크기를 완벽하게 예상할 수 있음을 보여 준다. 부리의 크기는 그 해의 습도에 따라 달라진다. 건조한 해에는 씨앗이 더 단단하므로 큰 부리가 필요하고 강우량이 많은 해에는 반대로 작은 부리가 훨씬 낫다. 여기서 부리의 크기는 조건적으로(conditionally) 예측이 가능하다. 믿을 만한 신탁(神託)이 다음 해의 강우량을 알려 준다면 부리의 크기를 확실하게 예측할 수 있을 것이다. 부리의 크기가 무작위적이라는 것과는 확실히 다른 이야기다. 무작위적이었다면 강우량에 따라 변하지 않았을 것이다.

이처럼 시스템의 일부 특성은 예측할 수 있으나 예측이 불가한 경우도 드물지 않다. 다음은 내가 즐겨 소개하는 천문학 사례다. 2004년에 천문학자들은 '99942 아포피스'라는 잘 알려지지 않은 소행성이 2029년 4월 13일에 지구와 충돌할 가능성이 있으며 이때 다행히 지구를 비껴 간다면 2036년 4월 13일에 다시 충돌할 가능성이 있다고 발표했다. 한 기자는 (공정하게 말하자면 유머러스한 칼럼에서) 물었다. "천문학자들은 충돌이 일어날 연도를 모르면서 날짜에 대해서는 어떻게 그토록 확신하는 거죠?"

여기서 잠시 읽기를 멈추고 생각해 보자. 힌트는 '1년이란 무엇인가?'다. 매우 간단한 이야기다. 소행성의 궤도가 지구 궤도와 만나거나 아주 가깝게 스쳐 지나갈 때 잠재적인 충돌 가능성이 생긴다. 이들 궤도는 시간이 지나면서 조금씩 변하여 두 천체가 얼마나 가깝게 접근하는지에 영향을 미친다. 우리에게 소행성의 궤도를 원하는 만큼 정확하게 결정할 관측 데이터가 없다면 소행성이 지구에 얼마나 근접할지 확신하기는 어렵다. 천문학자들에게는 향후 수십 년 동안 2029년과 2036년을 제외한 나머지 대부분의 해를 배제하기에 충분한 궤도 데이터가 존재했다. 반면 충돌 가능성이 큰 날짜는 상당히 다른 이야기다. 지구는 1년이 지나면 궤도상 (거의) 같은 위치로 돌아온다. 그것이 '1년'의 정의다. 특히 우리 행성은 1년 간격으로 해마다 같은 날짜에 소행성과의 교차점에 접근한다. (자정에 가까운 시간이라면 하루 앞서거나 늦을 수도 있다.) 아포피스에 대해서는 그 날짜가 4월 13일인 것이다.

따라서 보어 또는 베라의 말은 전적으로 옳았고 매우 의미심장하다. 우리가 삼라만상이 어떻게 돌아가는지 상당히 세부적으로 이해한다 하더라도 다음 주, 다음 해 또는 다음 세기에 무슨 일이 일어날지는 모를 수 있다.

불확실성의 여섯 번째 시대와 미래 예측

이제 인류는 어느 정도까지 이해가 가능한 여러 유형의 불확실성에 대한 깨달음으로 특징지어지는 불확실성의 여섯 번째 시대로 들어섰다. 오늘날 우리는 여전히 끔찍하도록 불확실한 세계에서 합리적인 선택을 하도록 도와주는 광범위한 수학 도구를 가지고 있다. 빠르고 강력한 컴퓨터는 엄청난 분량의 데이터를 신속하고 정확하게 분석해 주며 '빅 데이터'(Big Data)가 큰 인기다. 비록 아직은 빅 데이터를 이용한 유용한 일보다는 데이터 수집을 더 잘하는 듯하지만. 인간의 정신 모델도 컴퓨터 모델로 증강될 수 있다. 우리는 컴퓨터를 활용하여 인류 역사상 존재한 모든 수학자가 펜과 종이로 계산한 것보다 더 많은 계산을 1초 안에 해치울 수 있다. 불확실성의 다양한 형태에 대한 수학적인 이해와 패턴 및 구조를 알아내는 복잡한 알고리즘을 결합함으로써 또는 직면한 불확실성을 정량화함으로써 미지의 세계를 어느 정도 길들일 수 있다.

우리는 미래를 예측하는 일에 예전보다 훨씬 능숙해졌다. 그럼에도 비가 오지 않을 것이라는 일기 예보와 달리 비가 내리면 여전히 짜증이 난다. 그러나 선견지명이 있었던 과학자 루이스 프라이 리처드슨(Lewis Fry Richardson)이 1922년에 〈수치 계산에 의한 기상 예측〉(Weather Prediction by Numerical Process)이라는 논문을 발표한 이래로 일기 예보의 정확도가 상당히 향상되었다. 일기 예보는 개선된 것뿐만 아니라 예측이 맞을 것으로 추정되는 확률을 동반하게 되었다. 기상 정보 웹 사이트에서 말하는 '강우 가능성 25퍼센트'는 같은 예보를 했을 때 실제로 비가 내린 경우가 25퍼센트라는 뜻이다. '강우 가능성 80퍼센트'를 말했다면 다섯 번 중 네 번 정도

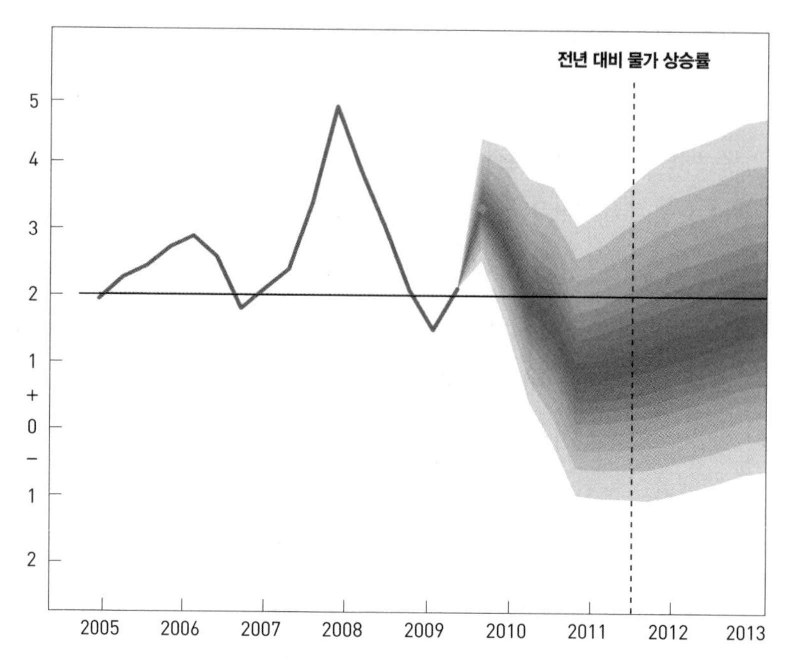

그림 1 영국 은행의 물가 상승률 예측을 보여 주는 팬 차트.

맞는다는 가능성이다.

영국 은행(Bank of England)이 물가 상승률 변동에 대한 예측 결과를 발표할 때도 마찬가지로 수학 모델러(modeller)들이 판단하는 예측 신뢰도의 추정치가 제시된다. 그들은 또한 이러한 추정을 일반 대중에게 제시하는 효과적인 방법을 찾아냈다. 예측된 물가 상승률의 시간에 따른 변화를 나타낸 '팬 차트'(fan chart)는 단일한 선이 아니라 음영을 준 띠로 표시된다.

시간이 지나면서 띠의 폭이 넓어지는 것은 정확도가 감소한다는 의미다. 색상의 밀도는 확률의 수준을 나타낸다. 진한 영역이 흐린 영역보다 가능성이 큰 부분이다. 음영 표시된 영역은 가능한 예측치의 90퍼센트를 포괄한다.

여기에 담긴 메시지는 두 가지다. 첫째, 이해가 증진됨에 따라 더욱 정확한 예측이 가능하다. 둘째, 예측을 얼마나 신뢰할 수 있는지를 산출함으로써 불확실성을 관리할 수 있다.

우리는 세 번째 메시지도 이해하기 시작했다. 때로 불확실성이 실제로 유용할 수 있다. 여러 기술 분야에서 장치와 프로세스가 더 잘 작동하도록 의도적으로 통제된 불확실성을 만들어 낸다. 산업 문제에 대한 최상의 해결책을 찾는 수학 기법은 가까운 해결책과 비교하면 최선이지만 멀리 떨어진 해답만큼 좋지 못한 결과에 고착되는 일을 피하기 위하여 무작위적인 교란을 사용한다. 기록된 데이터에 대한 무작위적인 변화를 통하여 일기 예보의 정확도를 개선한다. 위성 항법은 전기적인 간섭 문제를 예방하기 위하여 일련의 의사 난수(pseudorandom numbers, 생성 방법이 결정되어 있지 않고 다음 값을 전혀 예측할 수 없는 진짜 난수를 흉내내기 위하여 알고리즘으로 생성하는 난수.—옮긴이)를 사용한다. 우주 비행 임무에서는 값비싼 연료를 절약하려고 혼돈을 이용한다.

그렇지만 뉴턴이 말한 대로 우리는 여전히 발견되지 않은 진리의 대양 앞에서 '더 부드러운 조약돌이나 예쁜 조개껍데기를 찾으며 해변에서 놀고 있는 아이들'이다. 수많은 심오한 의문이 답을 얻지 못한 채로 남아 있다. 지구상의 모든 것이 금융 시스템에 의존함에도 불구하고 세계 금융 시스템을 실제로 이해하지 못한다. 의료 분야의 전문 지식에 힘입어 대부분의 전염성 질병을 조기에 발견하고 피해를 완화하는 조치를 취할 수 있지만 전염병의 확산을 항상 예측하지는 못한다. 종종 새로운 질병이 발생하고 다음번에는 어떤 질병이 언제 어디서 나타날지를 결코 확신할 수 없다. 지진과 화산을 정교하고 정확하게 측정할 수 있으나 이를 예측한 과거의 실적은 우리 발밑의 땅만큼이나 흔들린다.

양자의 세계에 대하여 더 많이 알게 될수록 현재의 역설들을 보다 합리적으로 만드는 심원한 이론이 있을 것이라는 힌트를 얻는다. 물리학자들은 더 깊은 실재의 층을 추가하는 것으로는 양자적인 불확실성을 해결할 수 없음을 수학적으로 증명했다. 하지만 증명은 가정을 포함한다. 가정은 도전받을 수 있고 계속해서 허점이 나타나기도 한다. 고전 물리학에 대두된 새로운 현상에는 양자 수수께끼와의 기묘한 유사점이 있으며 우리는 그 현상들이 단순화할 수 없는 무작위성과 아무 관련이 없음을 안다. 기묘한 양자 이론을 발견하기 전에 혼돈 같은 현상을 알았다면 오늘날의 이론이 상당히 달라졌을지도 모른다. 아니면 우리가 존재하지 않는 결정론을 찾느라 수십 년을 낭비한 것일 수도 있다.

나는 모든 것을 깔끔하게 정리하여 불확실성의 여섯 시대라는 꾸러미 속에 집어넣었으나 현실은 그렇게 깔끔하지 않다. 매우 단순한 것으로 판명된 원리들도 처음에는 복잡하고 혼란스러운 방식으로 나타났다. 예상치 못했던 우여곡절, 전진을 위한 큰 도약 그리고 막다른 골목과 마주했다. 수학 분야의 몇몇 진보는 우리를 헷갈리게 했다. 누군가가 중요성을 인식하기까지 여러 해 동안 관심을 끌지 못할 때도 있었다. 수학자들 사이에서조차 이념적인 분열이 존재했다. 때로는 정계, 의료계, 재계, 법조계가 일제히 가담하기도 했다.

이러한 이야기를 앞으로 펼쳐질 각 장 안에서 연대순으로 설명하는 것은 합리적인 방식이 아니다. 시간의 흐름보다 아이디어의 흐름이 더 중요하다. 특히 우리는 불확실성의 다섯 번째 시대(혼돈)를 네 번째 시대(양자)보다 먼저 다룰 것이다. 그리고 통계학의 현대적인 응용을 기본 물리학의 옛 발견들보다 먼저 살펴볼 것이다. 작고 흥미로운 수수께끼, 몇몇 간단한 계산, 약간의 놀라움을 위하여 우회할 때도 있을 것이다. 그렇지만 이 책에 담긴 모든 것에는 타당한 이유가 있으며 모두가 함께 조화를 이룬다.

자, 불확실성의 여섯 시대에 온 것을 환영한다.

제 2 장

동물의 내장 읽기

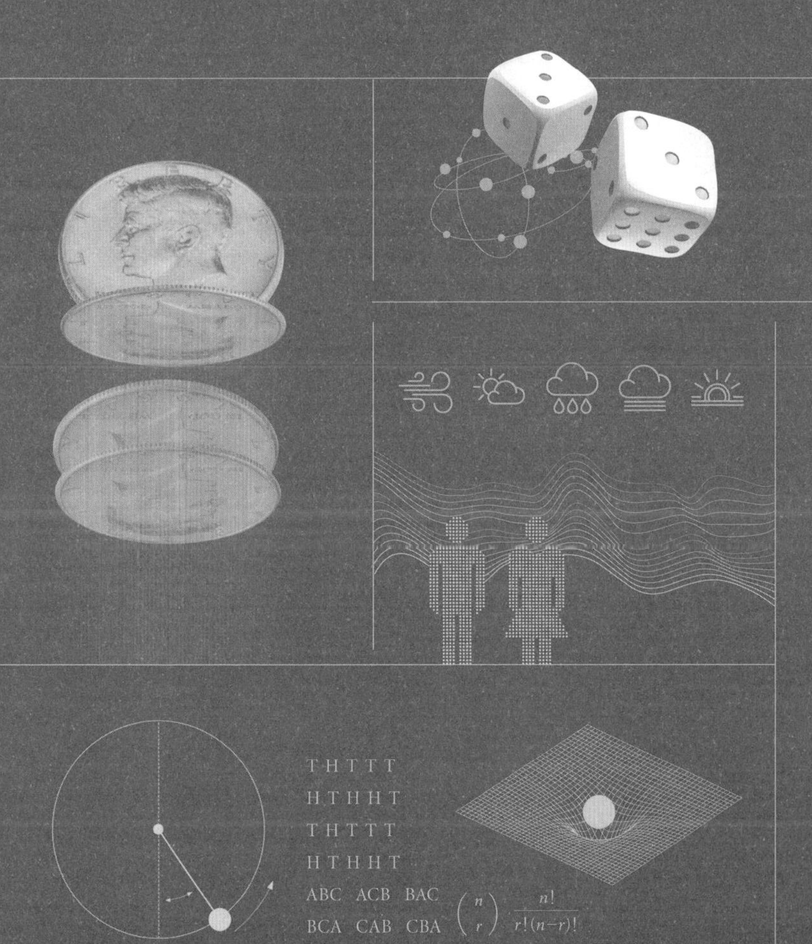
T H T T T
H T H H T
T H T T T
H T H H T
ABC ACB BAC
BCA CAB CBA
$\binom{n}{r}$ $\frac{n!}{r!(n-r)!}$

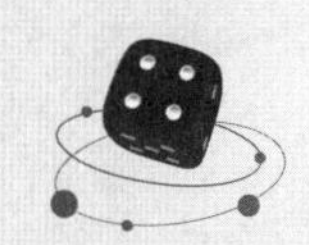

가족 구성원을 엄하게 다룰 때는 실패가 없었다.
처자식이 깔깔대고 재잘거리자 가정 경제가 무너졌다.

–
《역경》

• • • 바빌론의 우뚝 솟은 성벽 안에서 휘황찬란한 예복을 차려입은 왕이 손을 들어 올린다. 사원의 넓은 뜰에 모인 귀족과 관리들이 숨을 죽인다.

성 밖에서는 자신들의 삶을 완전히 바꿔 놓을 만한 일이 막 일어나려 한다는 사실을 몰라서 차라리 다행인 백성들의 일상이 계속된다. 상관없다. 그들은 이런 상황에 익숙하다. 그것은 신의 뜻이다. 걱정하거나 불평한다고 해서 얻을 수 있는 것은 없다. 백성들은 그러한 생각조차 하지 않는다.

바루(bārû) 사제는 칼을 들고 제물을 바칠 제단에서 기다린다. 고대의 의식 절차에 따라 신중하게 선택된 양이 밧줄에 매여 끌려온다. 양은 무언가 불쾌한 일이 일어나려 한다는 것을 느끼고 울며 밧줄에서 벗어나려 몸부림친다.

칼이 양의 목을 스쳐 지나가고 피가 솟구친다. 군중이 일제히 신음한다. 솟구치던 피가 방울져 떨어지기 시작할 때 사제가 조심스럽게 양의 배를 가르고 간을 꺼낸다. 피로 얼룩진 돌 제단 위에 경건하게 간을 올려놓은 그는 허리를 굽혀 잘라 낸 간을 면밀하게 살펴본다. 군중이 숨을 죽인다. 왕이 사제 옆으로 다가선다. 두 사람은 때로 이곳저곳에 난 흠과 조금 특이한 돌출부 등 잘라 낸 간의 특징을 지적하는 손짓을 하면서 낮은 목소리로 대화를 나눈다. 사제는 관찰한 결과를 기록하기 위하여 특별히 제작된 점토판의 구멍에 나무못을 꽂는다. 만족한 듯한 그가 다시 한번 왕에게 말을 건네고 왕이 귀족들을 향하여 돌아서는 동안 공손한 태도로 물러선다.

왕이 이웃 왕국을 공격하는 것이 좋겠다는 점괘를 선언하자 군중이 승리의 환호성을 올린다. 그들 중에는 나중에 전쟁터에서 전혀 다른 결과가 나타나는 것을 볼 사람도 있겠지만 그때는 이미 늦었다.

아마도 이러했을 것이다. 우리는 바빌론 왕국에 대하여, 심지어 기원전 1600년 말기에 대해서도 아는 것이 거의 없지만 이 고대의 도시에서는 대략 이렇게 진행되는 일이 비일비재했을 것이다. 바빌론은 그 점에서 유명하다. 성서는 '바빌론 왕이 갈림길, 곧 두 길 어귀에 서서 점을 치되 화살을 흔들어 우상에게 묻고 희생 제물의 간을 살펴서.'라고 말한다.[2]

바빌론 사람들은 바루라는 특별히 훈련된 사제가 동물의 간을 살펴서 미래를 예언할 수 있다고 믿었다. 그들은 '바루투'(Bārûtu)라 불린 엄청난 분량의 점괘 목록을 편찬했다. 현실적인 이유와 빠른 해답을 얻기 위하여 바루가 실제로 점을 칠 때는 짧은 요약본으로 대신했다. 점을 치는 절차는 체계적이었으며 전통에 충실했다. 그들은 자체적으로 의미가 있고 특정 신이나 여신의 상징이 되는 간의 여러 부위를 살폈다. 바루투는 설형 문자가 새겨진 100개가 넘는 점토판으로 오늘날까지 남아 있으며 거기에는 8만 개가 넘는 점괘가 기록되어 있다. 바빌론 사람들이 죽은 양의 간에 암호화되어 있다고 믿었던 풍부한 정보량은 다양성과 모호함 그리고 때때로 드러나는 진부함의 측면에서 놀랍다.

바루투는 열 개의 주요 장으로 이루어졌다. 처음 두 장은 불운한 동물의 간 이외 부분을 다루고 나머지 여덟 장은 간의 특징에 집중한다. 간의 좌엽에 있는 홈은 베 나(be na), 즉 '정거장'이고 이와 직각을 이루는 또 하나의 홈은 베 기르(be gir), 즉 '경로'이며 작은 돌출부는 베 기스투쿨(be giš.tukul), 즉 '행운의 표식' 등이다. 이 부위들은 더욱 세부적으로 구분되는 곳이 많다. 각 부위와 연결된 점괘는 예언으로 명시되었으며, 마치 사제들이 간의 여러 부위와 예전에 일어난 사건들의 연관성을 기록해 놓은 것처럼 역사적인 내용도 종종 포함되었다. 구체적인 예언도 있었다. 아마르신(Amar-Su'ena) 왕의 점괘는 '황소의 뿔에 받히나 신발에 물려 죽는다.'였다. (이 알쏭달쏭한 예언은 나막신을 신고 있다가 전갈에 물린다는 말일 수도 있다.)

오늘날에도 그럴듯하게 들리는 예언도 있다. '회계사들이 궁전을 노략질할 것이다.' 구체적인 듯하나 핵심이 빠진 예언도 있다. '유명한 사람이 당나귀를 타고 도착할 것이다.' 너무 모호해서 현실적으로 쓸모가 없는 예언도 있다. '오래도록 애통하리라.' 이 모두가 매우 체계적으로 보이며 어떤 의미로는 과학에 가깝다고까지 느껴진다. 예언의 목록은 오랜 세월에 걸쳐 편찬되고 되풀이하여 편집되고 확장되었으며 후대의 필경사가 옮겨 적어 오늘날까지 전해졌다. 다른 증거도 남아 있다. 특히 대영 박물관에는 기원전 1900~1600년대의 유물인 점토로 만든 양의 간이 있다.

오늘날 우리는 동물의 간으로 미래를 예측하는 방법을 간 점이라는 의미로 **헤파토맨시**(hepatomancy)라 부른다. 보다 일반적으로 행해졌던 창자 점 **하루스피시**(haruspicy)는 희생된 동물(주로 양과 닭)의 창자를 살펴서 치는 점이고 엑스티시피(extiscipy)는 장기의 모양과 위치에 집중하는 점이다. 이 방법은 이탈리아에서 발견된 기원전 100년경의 간 모양 청동 조각에서 볼 수 있듯이 에트루리아인(Etruscans)에게 계승되었다. 이 조각에는 에트루리아 신들의 이름이 표시된 채로 부위가 여러 개로 구분되어 있다. 로마인도 이러한 전통을 이어 나갔다. 그들은 바루를 창자를 의미하는 하루(haru)와 관찰을 뜻하는 스펙(spec)을 결합하여 하루스펙스(haruspex)라 불렀다. 동물의 창자를 살펴서 치는 점은 율리우스 카이사르(Julius Caesar)와 클라우디우스(Claudius) 황제 시대에도 기록되었으나 390년경 테오도시우스 1세(Theodosius I) 치세에서 마침내 기독교가 여타 종교의 잔재를 제거함에 따라 종말을 고했다.

미래를 예측하고 싶었던 인류

불확실성의 수학을 다루는 책에서 점성술 이야기를 하는 이유는 무엇일까?

점술은 미래를 예측하려는 인간의 뿌리 깊은 열망이 오랜 시간을 거슬러 올라간다는 사실을 나타낸다. 그 뿌리는 훨씬 더 오래되었을 것이 분명하지만 바빌론의 점토판에 새겨진 기록은 구체적이고 출처가 확실하다. 역사는 또한 세월이 흐르면서 종교적인 전통이 점점 더 정교해졌음을 보여 준다. 역사의 기록은 바빌론의 왕족과 사제들이 이러한 방법을 믿었다는 것(또는 최소한 믿는 척이라도 하는 편이 편리했다는 것)을 분명하게 말해 준다. 심지어 오늘날에도 '검은 고양이와 사다리를 피하라.', '피를 흘릴 때는 한 줌의 소금을 어깨 너머로 던져라.', '깨진 거울은 악운을 부른다.'와 같은 미신이 많다. 축제에서 마주친 '집시'는 오늘날에도 금전적 대가로 당신의 손금을 보고 확실한 미래를 말해 주겠다고 한다. 운명선이나 비너스의 허리띠 같은 집시들의 용어는 바루투의 양의 간에 있는 표식에 대한 신비로운 분류를 연상시킨다. 우리 중 다수는 이 같은 믿음에 회의적이지만 일부는 마지못해서 '거기에 뭔가가 있을 수도 있다.'라고 수긍하는가 하면 별, 찻잎, 사람의 손금, 타로 카드 또는 변화의 책이라는 뜻의 중국 경서인《역경》에서 사용하는 괘를 던져서 미래를 예측할 수 있다고 확신하는 사람들도 있다.

일부 점술 기법은 옛 바빌론의 바루투만큼이나 복잡하고 정교한 체계를 갖추고 있다. 더 많이 변할수록 점점 더 같아진다. 당나귀를 타고 도착할 유명한 사람은 오늘날 스포츠 신문의 운세 코너에 등장하는 귀인을 연상시킨다. 이 같은 예측은 현실에서 연관시킬 수 있는 사건이 너무 많을 만큼 모호한 동시에 신비로운 지식을 전달한다는 깊은 인상을 줄 정도로 구체적이다. 점쟁이에게 확실한 소득을 안겨 주는 것은 물론이다.

우리는 왜 그토록 미래 예측에 집착할까? 이는 합리적이고 자연스러운 일이다. 항상 불확실한 세계에서 살아왔기 때문이다. 지금도 사정은 마찬가지지만 이제 우리는 최소한 세계가 왜 그리고 어떻게 불확실한지에 대하여 부분적으로 이해하며 그 지식을 어느 정도까지 활용하게 되었다. 선조들의 세계는 더 불확실했다. 지진이 응력이 위험한 수준에 이르러 지질학적인 결함을 따라 암석이 어긋나는 현상임을 알지 못했고, 이 우발적인 자연 현상의 예측 불가성을 강력한 초자연적인 존재의 기분 탓으로 돌릴 수밖에 없었다.

당시에 이런 생각은 특별한 이유 없이 무작위적으로 일어나는 사건에 대한 가장 간단하고 유일한 설명이었을 것이다. 무언가가 그런 사건을 초래했을 것이고 그 무언가는 자신의 의지로 그런 사건을 일으키기로 결정하고 실제로 일어나도록 하는 힘을 갖춘 존재여야 했다. 신이나 여신이 가장 그럴듯했다. 그들에게는 자연을 지배하는 힘이 있었다. 바라는 게 무엇이든 자신이 원할 때 행동했고 나약한 인간이 결과를 떠안았다. 신이 존재한다면 최소한 그들의 비위를 맞추어야 했고 그것이 그들의 행동에 영향을 미칠 가능성이 있었다. 사제들이 줄곧 이렇게 주장했으므로 권위에 거역하거나 의문을 제기하는 일은 아무런 이득이 없었다. 어쨌든 적절한 마법 의식, 왕족과 사제의 특권이 미래를 들여다보는 창문을 열고 불확실성을 부분적이나마 해결할 수 있는 방법이었다.

이 모든 것의 배후에는 인간이라는 종을 다른 모든 동물과 차별화하는 특징인 시간의 구속이 있다. 우리는 미래가 존재할 것이라 인식하고, 미래를 예측하는 맥락에서 현재의 행동을 계획한다. 아프리카 초원에서 수렵과 채집으로 살아가던 시절에도 부족의 원로들은 계절이 바뀌리라는 것, 동물들이 이동하리라는 것, 계절에 따라 이용할 수 있는 식물이 다르다는 사실을 알았다. 먼 하늘에 보이는 징후는 다가오는 폭풍우를 예고했고 그 징후를 더 빨리 알아차릴수록 폭풍우가 오기 전에 피난처를 마련할 좋은 기회를 얻었다. 때로는 미래를 예측함으로써 최악의 결과를 부분적으로 완화하기도 했다.

사회와 기술이 발전하면서 미래 예측의 정확성과 적용 범위가 늘어나는 가운데 인간은 점점 더 시간에 얽매이게 되었다. 우리는 주중이면 정해진 시간에 일어난다. 직장에 가려면 교통 수단을 이용해야 하기 때문이다. 사람들은 버스나 지하철이 출발하는 시각을 안다. 언제 목적지에 도착하는지도 안다. 우리는 정시에 출근할 수 있도록 삶을 배열한다. 주말이 올 것을 예상하여 축구, 영화, 연극 표를 예매한다. 다가오는 토요일이 에스메랄다의 생일이므로 몇 주 전에 식당을 예약한다. 1월 세일 때 싼 가격으로 크리스마스 카드를 사서 11달 동안 치워 둔다. 그러고는 연말이 되면 어디에 두었는지 기억해 내려고 필사적으로 애쓴다. 간단히 말해서 미래에 일어나리라고 생각하는 사건들이 삶에 큰 영향을 미친다. 그 점을 고려하지 않고는 우리의 행동을 설명하기 어려울 것이다.

인간은 시간에 구속된 존재로서 미래가 항상 예측한 대로 펼쳐지지 않는다는 사실을 안다. 출근길에 지하철이 연착한다. 폭풍우로 인터넷 연결이 차단된다. 허리케인이 카리브해 섬들을 초토화한다. 선거에서는 여론조사가 예측했던 결과가 나오지 않고 전혀 지지하지 않는 사람들이 우리의 삶을 뒤집어 놓는다. 미래 예측을 대단히 중요하게 생각하는 것은 놀라운 일이 아니다. 이는 우리 자신과 가족을 보호하는 데 도움이 되고 운명을 통제한다는 느낌을 준다. 환상에 불과할지라도.

미래가 어떻게 될지 알고 싶은 열망이 너무 강한 나머지 역사상 가장 오래된 속임수, 즉 미래에 일어날 일에 대한 특별한 지식을 가졌다고 주장하는 사람들에게 쉽사리 속아 넘어간다. 사제가 신에게 영향을 미칠 수 있다면 그는 바람직한 미래를 준비할 수도 있을 것이다. 샤먼이 언제 비가 올지를 예측할 수 있다면 최소한 비를 기다리느라 너무 오랜 시간을 허비하지 않고 대비할 수 있을 것이다. 천리안을 가진 사람이 별점을 칠 수 있다면 눈을 크게 뜨고 귀인이나 당나귀를 타고 오는 유명인을 기다릴 수 있을 것이다. 그들 중 누구라도 자신의 능력이 진짜임을 입증할 수 있다면 사람들은 그들의 도움을 얻기 위하여 모여들 것이다.

설사 그 모두가 허튼소리에 불과할지라도.

인간의 믿음은 어떻게 확고해지는가

그토록 많은 사람이 여전히 행운, 운명, 징조를 믿는 이유는 무엇일까?

왜 우리는 신비로운 상징, 기다란 목록, 복잡한 말, 정교하고 고풍스러운 의상, 의식, 노래에 그렇게 쉽사리 감동할까?

왜 우리는 광대하고 이해할 수 없는 우주가, 실제로는 훨씬 많겠지만 관측할 수 있는 영역에서만 해도 10의 17승(1000조의 100배) 개에 달하는 별 중에 단지 하나에 불과한, 지극히 평범한 별 주위를 도는 축축한 암석 덩어리 위의 지나치게 발달한 원숭이 무리에게 관심을 가질 것이라는 허황된 생각을 할까?

왜 우주를 인간의 입장에서 해석할까? 우리가 우주의 관심을 받을 만한 존재이기는 할까?

왜 오늘날에도 명백한 난센스를 그토록 쉽게 믿을까? 물론 내가 아니라 당신의 믿음을 말하는 것이다. 나의 믿음은 합리적이며 모든 사람이 마땅히 따라야 할 방식으로 살아가도록 인도하는, 고대의 지혜를 따르는 증거에 확고한 기초를 두고 있다. 당신은 사실적인 근거가 전혀 없고 전통에 대한 무비판적인 존중으로만 뒷받침되는 무분별한 미신을 믿으면서 다른 모든 사람에게 그들이 어떻게 행동해야 할지를 끊임없이 이야기한다.

물론 나와 당신의 생각은 거의 비슷하지만 한 가지 차이점이 있다. 내가 맞다. 믿음의 문제는 그렇다. 맹목적이라는 의미의 믿음은 흔히 원천적으로 검증이 불가능하다. 검증이 가능하더라도 종종 결과를 무시하거나 자신이 믿는 바와 상충하는 결과가 나오면 그 중요성을 부정한다. 이러한 태도는 비합리적일 수 있으나 인간 뇌의 진화와 구조를 반영한다. 어떤 사람의 마음속에서든 믿음은 의미가 있다. 바깥세상에서는 어리석다고 생각되는 믿음일지라도 말이다. 많은 신경 과학자가 인간의 뇌를 베이지안(Bayesian) 결정 기계로 간주할 수 있다고 생각한다. (토머스 베이즈[Thomas Bayes]는 장로교 목사이자 뛰어난 통계학자였다. 그에 대해서는 제8장에서 살펴볼 것이다.) 쉽게 말해서 나는 구조 자체가 믿음의 구현인 장치를 이야기하고 있다. 개인적인 경험과 오랜 세월에 걸친 진화를 통하여 우리의 뇌는 특정한 사건이 주어질 때, 어떤 사건이 일어날 가능성에 대한 가정들이 연결된 네트워크를 조립한다. 망치로 엄지손가락을 내리치면 아플 것이다. 매우 확실한 가능성이다. 비가 오는데 비옷이나 우산 없이 밖으로 나간다면 비에 젖을 것이다. 마찬가지로 확실하다. 하늘은 흐리지만 아직 비가 오지는 않더라도 비옷이나 우산 없이 밖으로 나간다면 비에 젖게 될 것이다. 이것은 아닐 수도 있다. 외계인은 UFO를 타고 정기적으로 지구를 방문한다. 당신이 이 이야기를 믿는다면 확실한 사실이고 아니라면 터무니없는 소리다.

우리는 새로운 정보를 접할 때 그대로 받아들이지 않는다. 그렇게 한다면 미친 짓이다. 인간의 뇌는 진화를 통하여 사실과 허구, 진실과 거짓을 구별해야 할 필요성을 크게 인식하게 되었다. 우리는 이미 믿고 있는 정보의 맥락에서 새로운 정보를 판단한다. 누군가가 하늘에서 불가능할 정도로 빠르게 움직이는 이상한 빛을 보았다고 주장한다면 어떨까. UFO를 믿는다면 외계인이 지구를 방문한다는 명백한 증거다. UFO를 믿지 않는다면 잘못된 해석이나 단순히 꾸며 낸 이야기로 받아들일 것이다. 사람들은 흔히 실제 증거를 고려하지 않고 직관적으로 판단을 내린다.

우리 중에는 뇌의 이성적인 측면에서 명백한 모순을 인식하고 그 모순을 해결하려 애쓰는 사람도 있다. 몇몇 고통받은 영혼은 믿음을 완전히 잃어버린다. 또 어떤 사람들은 새로운 종교, 문화, 믿음 체계(무엇으로 부르든)로 전환한다. 그러나 대부분은 성장하면서 획득한 믿음을 고수한다. 종교의 '역학', 즉 세대에 따라 특정한 종파의 구성원으로서의 자격이나 지위가 변화하는 방식은 우리가 부모, 형제, 친척, 교사, 자신이 속한 문화권의 권위 있는 사람들에게서 믿음을 배운다는 사실을 보여 준다. 우리가 흔히 외부인들의 견해를 하찮게 여기고 자신의 확고한 믿음을 유지하는 한 가지 이유가 여기에 있다. 당신이 고양이 여신을 숭배하는 사회에서 성장했고 매일같이 신성한 향을 태우거나 주문 외우는 일을 잊었을 때 벌어질 심각한 결과에 대하여 경고를 받았다면, 머지않아 숭배하는 행동과 그에 따른 만족감이 뿌리내리게 된다. 실제로 그것들이 당신의 의사를 결정하는 베이지안 뇌에 자리를 잡으면 아무리 상충하는 증거들이 나타나더라도 기존의 행동과 느낌을 불신하는 일이 불가능해진다. 현관의 초인종으로는 느닷없이 자동차의 시동을 걸 수 없는 것과 마찬가지다. 그렇게 하려면 과감한 재배선(rewiring)이 필요하며 뇌를 재배선하는 것은 극도로 어렵다. 더욱이 어떤 주문을 외워야 하는지 안다는 사실은 당신을 고양이 여신을 숭배하기는커녕 믿지도 않는 모든 야만인과 차별화한다.

믿음은 또한 쉽사리 강화될 수 있다. 계속 지켜보면서 선택적인 태도를 유지한다면 항상 긍정적인 증거를 찾게 된다. 매일같이 좋거나 나쁜 수많은 일이 일어난다. 그중에는 당신의 믿음을 강화하는 사건이 있을 것이다. 당신의 베이지안 뇌는 그 밖의 일은 중요하지 않으므로 무시하라고 조언하면서 걸러 낸다. 가짜 뉴스를 놓고 그토록 법석을 떠는 것은 이 때문이다. 문제는 그런 일도 중요하다는 것이다. 하지만 일단 자리 잡은 가정을 뒤엎으려면 합리적인 사고에 대한 충전이 추가로 필요하다.

코르푸(Corfu, 그리스 이오니아 제도에 있는 섬.—옮긴이)에는 기도하는 사마귀를 보면 행운이나 불운이 온다는 미신이 있다는 이야기를 들은 적이 있다. 우스꽝스럽게 들릴지 모르지만(그리고 사실이 아니라고 여길 테지만) 자연재해에서 살아남은 사람들은 기도를 듣고 생명을 구해 준 신에게 감사할 때, 죽은 사람들이 더 이상 불평할 수 없다는 생각은 좀처럼 하지 않는다. 기도하는 사마귀를 신성의 상징으로 해석하는 기독교 종파가 있는가 하면 죽음의 상징으로 여기는 종파도 있다. 나는 그 차이가 사마귀가 기도하는 이유가 무엇이라고 생각하는지와 기도에 대한 믿음(또는 불신)에 달려 있다고 생각한다.

인류는 혼돈의 세계에서 효율적으로 행동하도록 진화했다. 우리의 뇌는 잠재적인 문제에 대한 빠르고 간편한 해결책으로 가득하다. 거울을 깨뜨리면 정말로 불운이 올까? 눈에 띄는 거울을 모조리 박살 내어 실험해 보려면 비용이 많이 든다. 미신이 틀렸다고 밝혀지더라도 얻을 것이 거의 없지만 맞는다면 화를 자초하는 셈이다. 만약의 경우를 위하여 거울을 깨뜨리지 않는 편이 훨씬 더 간단하다. 이 유형의 모든 결정은 베이지안 뇌에 있는 확률 네트워크와의 연결 고리를 강화한다.

과거에는 이와 같은 연결이 유익했다. 인간은 지금보다 단순한 세상에서 단순한 방식으로 살았다. 때로 산들바람에 흔들리는 덤불을 표범으로 잘못 알고 겁에 질려 도망쳤더라도 기껏해야 약간 멍청이처럼 보일 뿐이었다. 그러나 오늘날에는 객관적인 증거를 인정하지 않고 자신의 믿음에 따라 지구를 좌지우지하려는 사람이 많아질수록 그들 자신은 물론 다른 모든 사람에게까지 심각한 피해를 안겨 줄 것이다.

손금에서 해골 점, 복권에 이르기까지

심리학자 레이 하이먼(Ray Hyman)은 10대 시절에 돈을 벌려고 사람들의 손금을 봐 주기 시작했다. 애당초 손금 같은 것은 믿지 않았지만 고객을 확보하기 위해서는 믿는 척을 해야 했다. 그는 전통적인 해석에 따라 손금을 보았는데 얼마 지나지 않아 예측이 엄청나게 잘 맞아떨어졌다는 고객들의 후기가 뒤따르자 손금에 미래를 알려 주는 무언가가 있다고 생각하기 시작했다. 손금 보기의 모든 속임수에 정통한 유심론(唯心論) 전문가 스탠리 잭스(Stanley Jaks)는 하이먼에게 고객의 손금이 의미하는 바를 해석한 뒤에 정반대로 풀이해 주는 실험을 해 보라고 제안했다. 이 말을 따른 그는 '놀랍고 또 두렵게도 나의 손금 보기는 이전과 마찬가지로 성공적이었다.'라고 했다. 하이먼은 즉시 회의론자가 되었다.[3]

물론 그의 고객들은 그렇지 않았다. 그들의 잠재의식은 정확해 보이는 예측을 선택하고 틀린 예측을 무시했다. 어쨌든 모든 예측은 모호하여 여러 가지로 해석될 수 있었으며 믿는 사람들은 손금의 예측이 맞는다는 수많은 증거를 찾아냈다. 기도하는 사마귀에 관한 코르푸의 미신은 항상 맞는다. 뒤따라 일어나는 사건 중에 반증할 수 있는 사건이 없기 때문이다.

정확히 무슨 이유로 고대 문명들이 양의 간을 그토록 중요시했는지는 다소 불가사의하지만 간 점술은 당시 미래학자들의 광범위한 무기고에 있는 한 가지 무기일 뿐이었다. 성경의 에스겔서에 기록된 대로 바빌론의 왕은 우상, 즉 신에게도 자문했다. 그리고 말 그대로 무기인 '화살을 흔들었다.' 이것이 화살 점(belomancy)이다. 화살 점은 바빌론 이후 시대에도 아랍인, 그리스인, 스키타이인의 사랑을 받았다. 그들은 마술적인 상징으로 장식된 특별한 의례용 화살을 사용하여 다양한 방식으로 화살 점을 쳤다. 신비로운 상징은 언제나, 특히 교육 수준이 낮은 사람들에게 인상적이며 비밀스러운 힘이나 숨겨진 지식을 암시한다. 당시에는 중요한 문제가 생기면 가능할 법한 해답을 적어서 여러 개의 화살에 매달고 공중으로 쏘아 보냈다. 가장 멀리 날아간 화살에 달린 것이 정확한 해답이었다. 아니면 여러 개의 화살을 추적하는 시간 낭비를 피하려고 화살통에 화살을 넣은 뒤에 임의로 하나를 뽑았을지도 모른다.

간, 화살 말고 또 무엇이 있었을까? 무엇이든 상관없었다. 저리나 던위치(Gerina Dunwich)의 《오컬트 사전》(The Concise Lexicon of the Occult)에는 100여 가지의 점치는 방식이 수록되었다. 출생 시 별들의 배치로부터 운명을 점치는 점성술, 손금 보기로 더 잘 알려진 손바닥에 있는 금을 보고 미래를 읽는 수상술, 찻잎을 이용한 찻잎 점은 우리에게도 익숙하다. 하지만 이들은 일상적인 물체를 이용하여 우주의 미래를 예측하는 인간의 상상력에서 빙산의 일각일 뿐이다. 손금 보기가 별로라면 발바닥에 있는 금에서 사람의 운명을 예측하는 발바닥 점은 어떤가? 또는 구름의 형상과 방향을 보고 미래의 사건을 추측하는 구름 점은? 쥐나 생쥐가 찍찍대는 소리로 점을 치는 쥐 점, 무화과를 사용하는 무화과 점, 싹이 난 양파를 쓰는 양파 점, 아니면 한때 게르만족이나 롬바르드족이 애용했던 대로 (염소나 당나귀가 더 낫겠지만) 돼지 한 마리를 써서 해골 점을 칠 수도 있다. 해골 점을 치려면 우선 염소든 당나귀든 동물을 죽인 뒤에 머리를 잘라 내 불에 굽는다. 그다음 범죄 용의자를 호명하면서 동물의 머리에 불타는 탄소를 붓는다.[4] 치직거리는 큰 소리가 날 때 불린 이름이 바로 범인이다. 이 경우는 미래를 예측하는 것이 아니라 과거의 비밀을 캐내는 것이다.

얼핏 보기에 이 방법들은 너무 달라서 일상의 재료를 사용하는 의식을 통하여 앞으로 일어날 사건의 신비로운 의미를 해독한다는 점 말고는 공통점을 찾기 어렵다. 그러나 이들 중 다수는 같은 가정에 의존한다. 크고 복잡한 대상을 이해하려면 무언가 작고 복잡한 물건으로 그 대상을 모방하라. 찻잔 바닥에 남는 찻잎의 형상은 다양하고 무작위적이며 예측이 불가능하다. 미래 또한 다양하고 무작위적이며 예측이 불가능하다. 논리의 커다란 도약 없이도 둘 사이에 관련성이 있으리라는 추측을 할 수 있다. 구름, 생쥐의 울음소리, 발바닥의 금도 마찬가지다. 당신이 운명을 믿는다면 그 운명은 태어날 때 이미 결정된 것이다. 그렇다면 숙련된 누군가가 읽을 수 있도록 어딘가에 운명이 기록되지 않은 이유가 있을까? 당신의 생년월일과 태어날 시간을 바꾸는 것은 무엇인가? 고정된 별들을 배경으로 움직이는 달과 행성이다. 아하!

광범위한 과학 지식이 부족했던 고대의 문화에서만 점성술이 횡행했던 것은 아니다. 아직도 많은 사람이 점성술을 믿는다. 반드시 믿지는 않지만 자신에 대한 별점을 읽고 들어맞는지를 확인하는 데 흥미를 느끼는 사람도 있다. 여러 나라의 많은 사람이 국가에서 운영하는 복권을 산다. 그들은 복권에 당첨될 확률이 매우 낮다는 사실(실제로 얼마나 낮은지는 모를 수도 있다.)을 안다. 그러나 당첨되려면 우선 복권을 사야 하고 일단 당첨되면 돈 걱정이 순식간에 사라진다. 복권을 사는 것이 합리적인 행동이라고 주장하는 것은 아니다. 거의 모든 사람이 돈을 잃기 때문이다. 하지만 나는 50만 파운드에 당첨된 사람을 알고 있다.

비슷한 형태로 여러 나라에서 시행되는 복권이 순수한 가능성의 게임이라는 견해는 통계 분석으로 뒷받침된다. 그러나 복권 구입자 중에는 가능성을 깰 똑똑한 시스템이 있다고 생각하는 사람들이 존재한다.[5] 당신은 숫자가 적힌 작은 공을 무작위로 뱉어 내는 소형 복권 기계를 구입할 수 있다. 그 기계를 이용하여 구입할 복권의 숫자를 선택하라. 여기에 어떤 근거가 있다면 '복권 기계는 소형 기계와 다름없이 작동한다. 둘 다 무작위적이므로 알 수 없는 신비한 방식으로 소형 기계가 실제처럼 작동할 것이 틀림없다.'라는 식의 생각일 것이다. 큰 것에서 일어나는 일은 작은 것에서 되풀이된다. 찻잎과 찍찍대는 생쥐나 다름없는 논리다.

제 3 장

주사위 굴리기

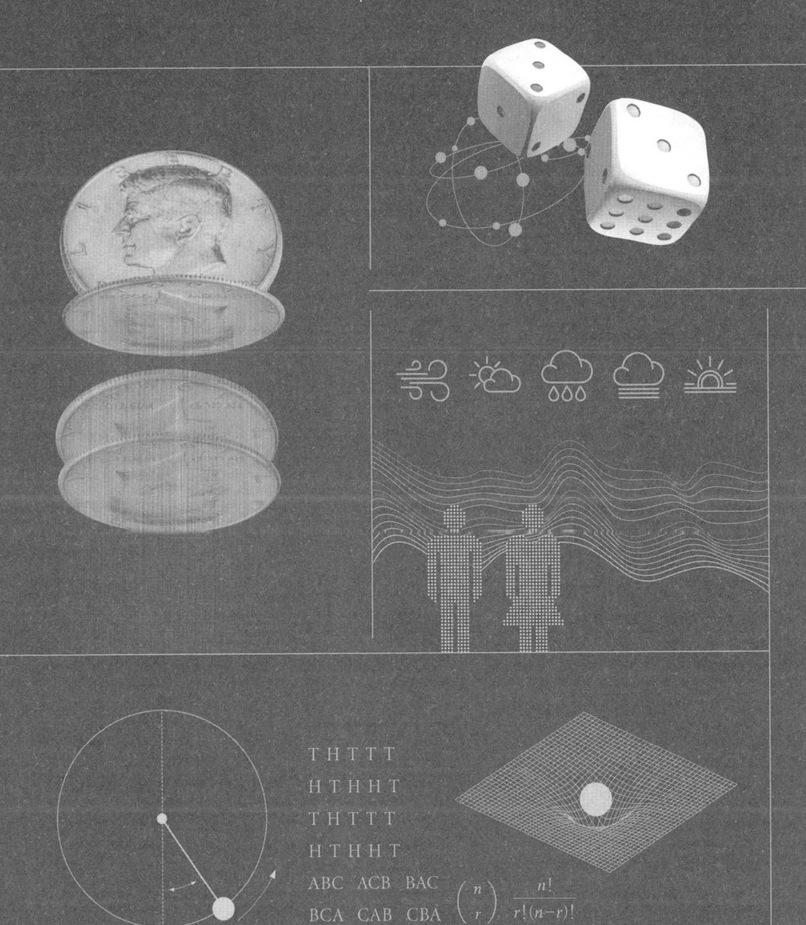
THTTT
HTHHT
THTTT
HTHHT
ABC ACB BAC
BCA CAB CBA
$\binom{n}{r}$ $\frac{n!}{r!(n-r)!}$

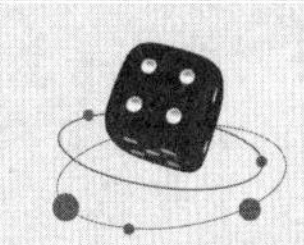

주사위를 던지는 가장 좋은 방법은
멀리 던져 버리는 것이다.

–
16세기 속담

• • •　미래를 예측하려는 인간의 소망은 수천 년 동안 헤아릴 수 없을 정도로 다양한 점술 기법, 신탁에 의지한 예언, 신들을 달래기 위한 정교한 의식, 수많은 미신으로 나타났다. 이들 중 과학이나 수학적인 내용은 고사하고 합리적인 사고에 미미하게나마 영향을 미친 것은 거의 없다. 설령 기록을 남기고 그것을 실제로 일어난 사건들과 비교해 보려는 사람이 있었더라도 신이 화를 낼 것이라든지 신탁의 권고를 잘못 해석했다는 식으로 불편한 데이터를 무시할 방법이 너무 많았다. 사람들은 예측이나 믿음과 일치하는 것에는 주목하고 그렇지 않은 것은 무시하는 확증 편향의 함정에 빠졌다. 오늘날에도 여전히 수많은 사람이 확증 편향의 함정에서 벗어나지 못한다.

인간사 중에서 진실을 무시하면 곧바로 재앙이 닥치는 경우가 있는데 도박이 바로 그렇다. 그런데 도박조차 어느 정도 자기기만의 여지가 있다. 수많은 사람이 여전히 확률에 대한 비합리적이고 부정확한 믿음을 품고 있다. 하지만 도박에서 이길 확률과 그 확률들이 어떻게 결합하는지를 꽤 잘 이해하는 사람은 그보다 훨씬 많다. 도박사와 마권업자(馬券業者)는 확률의 기초를 이해해야 더 많은 수익을 올릴 수 있다. 반드시 정규 수학이 요구되는 것은 아니지만 확률의 기초에 대한 숙달된 이해와 경험에 바탕을 둔 몇 가지 법칙과 추론이 필요하다. 도박은 신탁 같은 종교적 예언이나 근거가 없는 확언, 가짜 뉴스, 선전 선동 등의 정치적 예측과 달리, 장기적으로 돈을 따느냐 잃느냐의 확률에 대한 당신의 믿음을 평가하는 객관적인 시험이다. 승산을 높인다고 널리 알려진 방법이 효과가 없다면 당신은 이내 사실을 파악하고 그 방법을 시도한 것을 후회하게 된다. 잘 속아 넘어가는 얼간이에게 방법을 팔아넘길 수도 있겠지만 그것은 별개 문제다. 당신이 자신의 돈으로 그 방법을 쓴다면 이내 현실의 매운맛을 보게 된다.

도박은 과거부터 현재에 이르기까지 거대한 비즈니스(big business)다. 해마다 전 세계적으로 합법적인 도박을 통하여 약 10조 달러의 주인이 바뀐다. 금융 부문을 포함한다면 훨씬 더 많다. 그중 많은 금액이 재순환된다. 경마 도박꾼은 경주마에 돈을 걸고 마권업자는 이긴 사람에게 배당금을 지급한 뒤 진 사람의 판돈을 챙긴다. 많은 돈이 많은 사람의 손을 거쳐 이리저리로 흘러간다. 그중 상당한 금액이 마권업자와 카지노의 호주머니(또는 은행 계좌)로 들어가 머문다. 따라서 도박 수익으로 남는 돈은 상당한 금액이지만 상대적으로 적을 수밖에 없다.

수학자들이 도박과 우연성에 기반을 둔 게임, 특히 장기적인 결과의 가능성을 신중하게 고려하기 시작하면서 최초의 진정한 확률 이론이 등장했다. 확률 이론의 선구자들은 인류가 우연한 사건을 다루는 방법이던 직관, 미신, 적당한 추측이라는 혼란스러운 잡동사니에서 합리적인 수학의 원리를 추출해야 했다. 복잡할 대로 복잡한 사회, 과학 문제에 대한 대처부터 시작하는 것은 좋은 생각이라 할 수 없었다. 예컨대 초창기 수학자들이 날씨를 예측하려 했다면 별다른 성과를 얻지 못했을 것이다. 사용 가능한 수단이 불충분했기 때문이다. 그 대신에 그들은 수학자들이 항상 취하는 방식을 택했다. 모든 복잡성을 제거하고 논의의 대상을 분명하게 특정하는 가장 단순한 예를 생각했다. 사람들은 흔히 이 '장난감 모델'(toy model)을 제대로 이해하지 못한다. 현실 세계의 복잡성에서 멀리 벗어난 것처럼 보이기 때문이다. 그러나 역사적으로 볼 때 과학의 발전에 핵심이 된 중요한 발견은 장난감 모델에서 나왔다.[6]

확률 이론 탄생과 주사위

우연성의 전형적인 아이콘은 고전적인 노름 도구인 주사위다.[7] 주사위는 인도의 인더스 계곡에서 점을 치고 게임을 하는 데 사용되던 동물의 뼈로 만들어졌을 것으로 추정된다. 고고학자들은 고대 이란의 기원전 3200~1800년경 유적인 샤르에 수헤테(Shahr–e Sukhteh, 불에 탄 도시.—옮긴이)에서 오늘날의 주사위와 흡사한 육면체를 발견했다. 가장 오래된 주사위의는 기원전 2800~2500년경 백가몬(backgammon, 주사위를 사용하는 전략 보드 게임.—옮긴이)과 유사한 게임에 사용된 것으로 추정된다. 거의 비슷한 시기에 이집트인들은 규칙이 알려지지 않았지만 추측하기 어렵지 않은 세넷(senet)이라는 게임에 주사위를 썼다.

초기의 주사위가 도박에 쓰였는지는 확실치 않다. 고대 이집트인들은 복잡한 물물 교환 시스템의 일부로 종종 곡물을 화폐처럼 사용했다. 그러나 2000년 전 로마에서는 주사위를 사용하는 도박이 성행했다. 얼핏 정육면체로 보이지만 열에 아홉은 정사각형이 아니라 직사각형 면을 가진 주사위였다. 이들은 정육면체의 대칭성이 없었기 때문에 특정한 숫자가 다른 숫자보다 더 자주 나왔다. 이렇게 자그마한 편향도 통상 주사위 도박이 진행되는 방식인 여러 차례 주사위를 던지는 노름에서는 중대한 결과를 낳을 수 있었다. 15세기 중반에 이르러서야 대칭을 이루는 정육면체 주사위가 표준이 되었다. 그렇다면 로마인들은 왜 편향된 주사위로 도박하는 것에 이의를 제기하지 않았을까? 주사위를 연구한 네덜란드 고고학자 옐머 에르켄스(Jelmer Eerkens)는 물리학보다 운명에 대한 믿음을 더 중요시했기 때문으로 추정한다. 운명이 신의 손에 달렸다고 생각했다면 신이 인간의 승리를 허락할 때 그들은 이길 것이고 그렇지 않을 때는 질 것이다. 주사위의 형태는 중요하지 않다.[8]

1450년경에는 노름꾼들이 정신을 차린 듯하다. 대부분의 주사위가 대칭적인 정육면체가 되었기 때문이다. 숫자 배열도 표준화되었다. 아마도 숫자 여섯 개가 모두 있다는 것을 쉽게 확인하려는 의도였을 것이다. (오늘날에도 사용되는 대표적인 속임수는 두 면에 특정한 숫자가 있어서 확률을 높이는 조작된 주사위를 원래 주사위와 몰래 바꿔치기하는 방법이다. 반대쪽 면에 같은 숫자가 있으면 얼핏 보아서는 속임수를 알아챌 수 없다. 이 주사위 두 개를 사용하면 나올 수 없는 합계가 생긴다. 정상적인 주사위로도 속임수를 쓰는 다양한 방법이 있다.) 초창기의 주사위는 대부분 1 반대편에 2가, 3 반대편에 4가, 5 반대편에 6이 있는 형태였다. 이 같은 배치는 두 면의 합계인 3, 7, 11이 모두 소수기 때문에 소수 배치라 불린다. 1600년경에는 소수 배치가 인기를 잃고 1 반대편에 6이, 2 반대편에 5가, 3 반대편에 4가 있는 형태가 정립되어 오늘날까지 사용되고 있다. 이 배치는 '7배치'라 불린다. 소수 배치와 7배치는 모두 서로의 거울 이미지로 구별되는 두 가지 형태로 만들 수 있다.

주사위가 표준화됨에 따라 노름꾼들은 더욱 합리적인 접근 방식을 채택했다. 그들은 편향된 주사위에 영향을 미칠 수 있는 행운의 여신에 대한 믿음을 거두고 신들의 개입이 없는 가운데 특정한 결과가 나올 가능성에 더욱 주의를 기울였다. 편향되지 않은 주사위라면 숫자가 나오는 순서를 예측할 수 없지만 어떤 숫자든 그 수가 나올 가능성이 다른 숫자와 마찬가지라는 사실을 알아채는 것은 전혀 어렵지 않았다. 장기적으로는 약간의 변동을 제외하면 각 숫자가 같은 빈도로 나와야 했다. 이러한 생각은 궁극적으로 수학자들이 확률 이론이라는 새로운 분야를 개척하도록 이끌었다.

도박에 관심이 많았던 수학자들

최초의 선구자는 이탈리아 르네상스 시대의 지롤라모 카르다노(Girolamo Cardano)였다. 그는 1545년에 《위대한 기술》(The Great Art)을 집필하여 수학자로서 명성을 얻었다. 이 책은 오늘날 우리가 '대수'라 부르는 분야에서 세 번째로 중요하다고 할 수 있는 저술이다. 250년경의 그리스 수학자 디오판토스(Diophantus)는 《산수론》(Arithmetica)이라는 책에서 미지의 숫자를 나타내는 기호를 도입했다. 800년경에 페르시아 수학자 무함마드 알콰리즈미(Mohammed al-Khwarizmi)가 저술한 《완성과 균형에 의한 계산 개요서》(The Compendious Book on Calculation by Completion and Balancing)는 우리에게 대수라는 단어를 남겨 주었다. 그는 기호는 사용하지 않았지만 방정식을 푸는 체계적인 방법을 개발했다. '알고리즘'(algorithms)이라는 말은 그의 이름을 라틴어로 표기한 알고리스무스(Algorismus)에서 유래했다.

카르다노는 미지의 숫자를 나타내는 기호에 새로운 형태의 수학 객체로 기호를 다룰 가능성을 더하여 아이디어를 종합했다. 그는 또한 더욱 복잡한 방정식을 풀어서 이전의 수학자들을 넘어섰다. 카르다노의 수학 능력은 흠잡을 데가 없었지만 인물 됨됨이에는 아쉬운 점이 많았다. 그는 폭력적인 성향이었고 모퉁이만 돌아도 걸핏하면 다툼을 벌였던 노름꾼과 악당들의 시대를 살아갔다. 그는 당시의 기준으로는 상당한 성공을 거둔 의사이기도 했다. 카르다노는 또한 점성술사였으며 예수의 별점을 쳐서 교회와 문제를 일으켰다. 자신의 별점을 쳐서 더 심각한 문제를 일으켰다고도 전해진다. 죽을 날짜를 예언하고 나서 전문가의 자긍심으로 예언이 들어맞게 하려고 자살하기에 이르렀다는 것이다. 이 이야기를 뒷받침할 객관적인 증거는 없는 듯하나 카르다노의 사람됨을 생각하면 충분히 가능한 결말이다.

확률 이론에 기여한 카르다노의 업적을 살펴보기 전에 몇몇 용어를 정리해 두는 것이 좋겠다. 당신이 경마에 돈을 걸 때 마권업자는 확률을 제시하지 않는다. 그 대신에 배당률을 말한다. 예를 들어 파킹햄 경마장에서 열리는 르네상스 경주에 출전할 경주마 중 '질주하는 지롤라모'에 3 대 2의 배당률을 제시할 수 있다. 당신이 2파운드를 걸고 이기면 마권업자가 원래 판돈 2파운드에 3파운드를 더하여 돌려준다는 뜻이다. 당신이 이기면 3파운드를 따고 마권업자가 이기면 2파운드를 딴다.

이는 장기적으로 승리와 패배가 상쇄한다면 공정한 거래다. 달리 말하자면 다섯 번의 경주마다 평균 두 번을 이겨야 한다. 따라서 승리 확률은 다섯 번 중 두 번, 즉 5분의 2다. 일반적으로 배당률이 m 대 n일 때, 양심적이고 공정한 배당률이라면 경주마가 승리할 확률은 다음과 같다.

$$p = \frac{n}{m+n}$$

물론 배당률이 이와 같은 경우는 드물다. 마권업자의 비즈니스는 이익을 얻기 위한 것이기 때문이다. 하지만 배당률은 앞의 공식에 근접하는 것이 보통이다. 마권업자는 고객이 바가지를 쓰고 있음을 깨닫기를 원치 않는다.

현실이 어떻든 이 공식은 배당률을 승리의 확률로 바꾸는 방법을 알려 준다. 배당률이 비율임을 염두에 두면 반대 방향으로 환산도 가능하다. 6 대 4는 3 대 2와 같다. m대 n이라는 비율은 $(1/p)-1$과 같다. 이를 확인하는 의미에서 만약 $p=2/5$라면 $m/n=(5/2)-1=3/2$, 즉 3대 2의 배당률을 얻는다.

항상 용돈이 부족했던 카르다노는 전문 노름꾼과 체스 선수로 활동하여 부족한 돈을 벌었다. 1564년에 저술한 《우연의 게임 지침서》(Book on Games of Chance)는 그가 죽은 후 오랜 시간이 지난 1663년에야 전집에 포함되어 출간되었는데 확률을 체계적으로 다룬 최초의 책이었다. 카르다노는 기본 개념을 설명하기 위하여 주사위를 예로 들었으며 다음과 같이 말했다. "공정함에서 벗어나는 정도에 따라…… 그것이 상대편에게 유리하다면 당신은 바보가 되고 당신에게 유리하다면 불공정한 사람이 된다." 이것이 카르다노가 말하는 '공정함'의 정의다. 그는 책의 다른 부분에서 속임수를 쓰는 방법도 설명한다. 카르다노는 실제로 누군가가 피해를 보지 않는

한 불공정에 반대하지 않았던 것 같다. 달리 생각하면 정직한 노름꾼이라도 상대방의 속임수를 잡아내기 위하여 속이는 방법을 알 필요가 있다. 그는 이 말에 근거하여 고객의 패배와 승리의 비율(마권업자에게는 승리와 패배의 비율)이 공정한 배당률이 되는 이유를 설명한다. 그 결과 카르다노는 사건의 확률을 장기적으로 주어진 기회에서 사건이 일어나는 비율로 정의했다. 그리고 확률을 주사위 도박에 응용하는 방법을 보여 주었다.

그는 "모든 도박의 기본 원리는 간단하다. 예컨대 상대방, 구경꾼, 돈, 상황, 주사위 상자, 주사위 자체 등의 동등한 조건을 갖추는 것이다."라는 말로 분석을 시작했다. 이 조건에서 주사위 한 개를 굴리는 일은 매우 단순하다. 주사위의 면은 여섯 개며 공정한 주사위라면 평균적으로 각 면이 여섯 번에 한 번씩 나온다. 따라서 각 면이 나올 확률은 6분의 1이다. 다른 수학자들은 그러지 못했지만 카르다노는 주사위가 두 개 이상인 경우에 대한 기본 지식을 바르게 이해했다. 그는 주사위가 두 개면 확률이 동등한 36가지 결과가 나오고, 세 개면 216가지가 나온다고 했다. 오늘날이라면 $36=6\times6$(또는 6^2)이고 $216=6\times6\times6$(또는 6^3)이라고 생각할 것이다. 하지만 카르다노는 조금 달랐다. '두 주사위에서 같은 숫자가 나오는 경우는 여섯 가지다. 서로 다른 숫자가 나오는 경우에는 15가지 조합이 있고 그 두 배는 30가지다. 따라서 모두 36가지 결과가 나온다.'

왜 두 배인가? 주사위 하나는 빨간색이고 나머지는 파란색이라고 가정한다면 4와 5가 나오는 결과는 빨강 4와 파랑 5, 빨강 5와 파랑 4라는 두 가지로 나타난다. 하지만 두 주사위 모두 4가 나오는 조합은 빨강 4와 파랑 4라는 한 가지 경우밖에 없다. 추론에 도움이 되도록 주사위의 색깔이 다른 경우를 생각했지만 설사 똑같아 보이는 주사위라도 결과는 마찬가지다. 여전히 서로 다른 숫자 조합이 나오는 데는 두 가지 방법이 있고 같은 숫자가 나오는 방법은 한 가지뿐이다. 여기서 중요한 점은 주사위 두 개를 굴려서 나오는 결과가 순서가 구별되는 숫자 쌍이라는 것이다.[9] 이는 단순해 보이지만 매우 중요한 진보였다.

카르다노는 주사위 세 개에 대한 오래된 수수께끼를 해결했다. 도박사들은 오래전부터 주사위 세 개를 굴리면 합계 10이 나올 가능성이 9가 나올 가능성보다 크다는 사실을 경험으로 알고 있었으나 그 이유를 이해할 수 없었다. 합계가 10이 되는 데는 다음과 같은 여섯 가지 방법이 있다.

$$1+4+5 \quad 1+3+6 \quad 2+4+4 \quad 2+2+6 \quad 2+3+5 \quad 3+3+4$$

하지만 합계 9가 나오는 방법 역시 여섯 가지다.

$$1+2+6 \quad 1+3+5 \quad 1+4+4 \quad 2+2+5 \quad 2+3+4 \quad 3+3+3$$

그렇다면 왜 합계 10이 더 자주 나올까? 카르다노는 합계가 10이 되는 세 숫자의 순서가 구별되는 조합은 27가지지만 9가 되는 조합은 25가지뿐이라고 지적했다.[10]

그는 또한 주사위를 여러 차례 반복해서 굴리는 경우에 대해서도 논의했으며 거기서 가장 중요한 발견들을 이루었다. 첫째는 사건의 확률이 오랜 시간에 걸쳐 주어진 기회에서 실제로 그 일이 일어나는 횟수라는 것이었다. 이는 오늘날 확률의 '빈도적'(frequentist) 정의라 불린다. 둘째는 어떤 사건이 일어날 확률이 p라면 n번의 모든 시도에서 그 사건이 일어날 확률은 p^n이라는 것이었다. 카르다노가 올바른 공식을 얻는 데는 상당한 시간이 걸렸으며 그의 책에 그 과정에서 범한 실수들이 기록되어 있다.

당신은 변호사와 가톨릭 신학자가 도박에 깊은 관심이 있으리라고는 생각하지 않을 것이다. 하지만 피에르 드 페르마(Pierre de Fermat)와 블레즈 파스칼(Blaise Pascal)은 난제에 도전하는 유혹을 떨치지 못한 뛰어난 수학자였다. 1654년에 전문적인 도박 솜씨로 유명했던 도박사 슈발리에 드 메레(Chevalier de Méré)는 페르마와 파스칼에게 '수학까지 확대된다.'라는 (참으로 이례적인 칭찬이다.) '점수 문제'(problem of the points)의 해답을 청했다.

예를 들어 동전 던지기처럼 각자가 이길 확률이 50퍼센트인 단순한 게임을 생각해 보자. 도박사들은 같은 금액의 판돈을 '단지'에 넣고 제일 먼저 '정해진 횟수의 승리'(점수)를 거두는 사람이 단지에 있는 돈을 가져가기로 합의한다. 그러나 게임이 도중에 중단된다면 도박사들은 어떻게 그때까지의 점수로 판돈을 나눠야 할까? 예컨대 단지에 100프랑이 있고 누구든 10점을 먼저 얻으면 게임이 끝나기로 되어 있지만 점수가 7 대 4일 때 게임을 중지해야 한다면? 각자가 판돈 중에 얼마를 가져가야 할까?

이 문제에 대하여 두 수학자 사이에 활발하게 오고 간 서신들은 파스칼이 페르마에게 보낸 첫 번째 편지(틀린 해답을 제시한 것으로 생각되는)를 제외하고 오늘날까지 남아 있다.[11] 페르마는 다른 계산 결과를 보낸 뒤에 답장을 재촉하면서 파스칼이 자신의 이론에 동의하는지 물었다. 답장은 기대한 대로였다.

안녕하십니까.

귀하와 마찬가지로 조바심에 사로잡힌 나는 아직 잠자리에서 일어나기 전이지만 카르카비 씨를 통하여 어제저녁에 받은 이 편지에 말로 다 할 수 없는 찬사를 보낸다고 말할 수밖에 없습니다. 길게 쓸 시간은 없지만 한 마디로 당신은 점수 문제와 주사위 게임의 완벽하게 공정한 해답을 찾아냈습니다.

파스칼은 자신의 이전 시도가 틀렸음을 인정했고 두 사람은 페르마처럼 수학자이면서 의회 고문이었던 피에르 드 카르카비(Pierre de Carcavi)를 중개인으로 삼아 문제를 철저히 분석했다. 게임의 과거 역사(숫자의 설정을 제외하고)가 아니라 나머지 게임에서 어떤 일이 일어날지가 중요하다는 것이 그들의 핵심적인 통찰이었다. 합의된 목표가 20번의 승리고 17 대 14의 점수에서 게임이 중단되었다면, 판돈을 10회의 승리가 목표고 7 대 4로 게임이 중단된 경우와 똑같이 나눠야 한다.(두 경우 모두 한 사람은 3점, 다른 사람은 6점의 점수가 추가로 필요하다. 어떤 과정으로 그 상황에 이르렀는지와는 무관하다.) 두 수학자는 이러한 설정을 분석하고 오늘날 우리가 각 노름꾼의 기대치라 부르는, 게임이 여러 차례 반복될 때 각자가 평균적으로 따게 될 금액을 계산했다. 이 문제의 해답은 판돈을 219 대 37의 비율로 나누어 점수가 앞선 사람이 큰 쪽을 갖는 것이다. 당신이 예상했던 해답은 아닐 것이다.[12]

다음으로 확률 이론에 대한 중요한 기여는 1657년에 《우연의 게임에 관한 추론》(On Reasoning in Games of Chance)을 저술한 크리스티안 하위헌스에 의하여 이루어졌다. 하위헌스는 점수 문제도 논의했으며 기대치의 개념을 정립했다. 그의 공식을 적는 대신에 전형적인 예를 생각해 보자. 당신이 승리 또는 패배의 조건이 다음처럼 설정된 주사위 게임을 여러 번 반복한다고 가정하자.

1이나 2가 나오면 4파운드를 잃고

3이 나오면 3파운드를 잃고

4나 5가 나오면 2파운드를 따고

6이 나오면 6파운드를 딴다.

이 설정이 당신에게 유리한지를 빠르게 판단하기는 쉽지 않다. 계산이 필요하다.

4파운드를 잃을 확률은 2/6=1/3

3파운드를 잃을 확률은 1/6

2파운드를 딸 확률은 2/6=1/3

6파운드를 잃을 확률은 1/6

하위헌스는 따거나 잃는 돈(잃는 금액은 음수로 계산한다.)에 각각 해당 확률을 곱한 뒤에 합계를 내면 당신의 기대치를 얻을 수 있다고 보았다.

$$\left(-4\times\frac{1}{3}\right)+\left(-3\times\frac{1}{6}\right)+\left(2\times\frac{1}{3}\right)+\left(6\times\frac{1}{6}\right)$$

이 합은 −1/6이다. 따라서 당신은 게임을 할 때마다 평균적으로 16과

2/3펜스를 잃게 된다.

왜 이렇게 되는지 알고 싶다면 주사위를 600만 번 굴리고 평균적인 예측대로 각 숫자가 100만 번씩 나온다고 생각해 보자. 이는 주사위를 여섯 번 굴려서 각 숫자가 한 번씩 나오는 것과 같다. 비율이 같기 때문이다. 이 여섯 번 중에 1과 2가 나올 때 4파운드를 잃고, 3이 나올 때 3파운드를 잃고, 4와 5가 나올 때 2파운드를 따고, 6이 나올 때 6파운드를 딴다. 따라서 당신이 '따는 돈'의 합계는 다음와 같다.

$$(-4)+(-4)+(-3)+2+2+6=-1$$

이 식의 각 항을 게임의 수인 6으로 나누고 잃거나 따는 금액이 같은 항을 묶으면 하위헌스의 공식을 얻게 된다. 기대치는 승리나 패배에 대한 일종의 평균이지만 각각의 결과에 해당하는 확률에 따른 '가중치'를 부여해야 한다.

하위헌스는 현실적인 문제에도 자신의 수학을 적용했다. 그는 동생 로드워(Lodewijk)과 함께 기대 수명을 분석하는 데 확률을 이용했다. 이때 1662년에 출간되어 인구학과 전염병학 분야에서 최초이자 최고의 업적으로 평가받은 존 그론트(John Graunt)의 《사망률 통계에 관한 자연적, 정치적인 고찰》(Natural and Political Observations Made upon the Bills of Mortality)에 수록된 표를 기초로 했다. 확률과 인간사가 서로 얽혀 들게 된 것이다.

제4장

동전 던지기

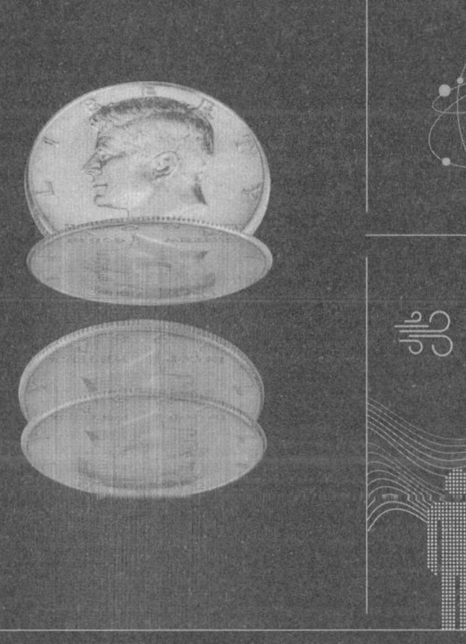

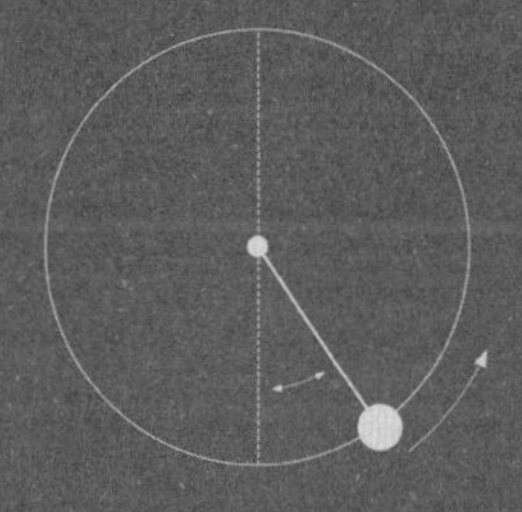

T H T T T
H T H H T
T H T T T
H T H H T
ABC ACB BAC
BCA CAB CBA

$$\binom{n}{r} \quad \frac{n!}{r!(n-r)!}$$

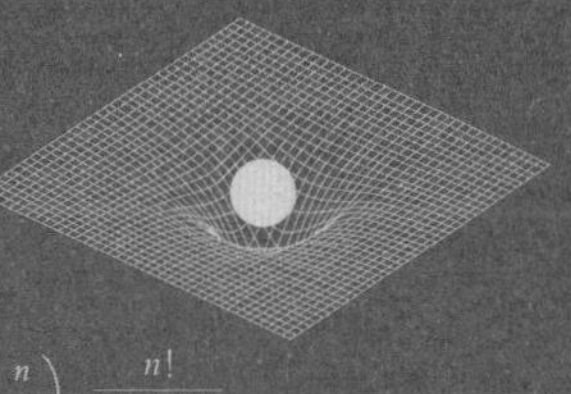

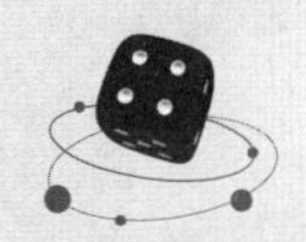

앞이 나오면 내가 이기고
뒤가 나오면 네가 지는 거야.

–
아이들 게임에서 흔히 들을 수 있는 말

• • •　야코프 베르누이(Jakob Bernoulli)가 1684~1689년에 저술한 역작 《추측술》과 비교하면 확률을 다룬 이전의 모든 연구는 보잘것없다고 할 수 있다. 이 책은 베르누이 사후인 1713년에 조카 니콜라우스 베르누이(Nicolaus Bernoulli)가 출간했다. 이미 확률에 관하여 많은 글을 발표했던 야코프 베르누이가 그때까지 알려진 아이디어와 연구 결과를 모으고 자신의 연구를 추가해 내놓은 《추측술》은 독자적인 수학 분야로서 확률 이론의 도래를 알린 책으로 평가된다. 이 책은 우리가 곧 현대 표기법으로 다시 살펴보게 될 순열(permutation)과 조합(combination)의 특성으로 시작한다. 그러고는 기대치에 대한 하위헌스의 아이디어를 다시 논의한다.

동전 던지기는 확률 교과서에 빠지지 않고 등장하는 단골 메뉴다. 익숙하고 단순하면서도 기본적인 아이디어를 많이 보여 주기 때문이다. 동전의 앞/뒤(Heads/Tails)는 우연의 게임에서 나오는 가장 기본적인 두 가지 결과다. 베르누이는 오늘날 베르누이 시행(Bernoulli trial)이라 불리는 모델을 분석했다. 이는 동전을 던져서 앞(H)이나 뒤(T)가 나오는 것처럼 두 가지 결과가 가능한 우연의 게임을 반복하는 모델이다. 동전에는 편향이 있을 수 있다. 예컨대 H의 확률이 3분의 2고 T의 확률이 3분의 1일 수도 있다. 동전을 던지면 반드시 앞이나 뒤가 나와야 하므로 두 확률을 더하면 1이 되어야 한다. 베르누이는 '동전을 30번 던져서 H가 적어도 20번 나올 확률은 얼마인가?' 같은 질문을 하고 나서 순열과 조합으로 알려진 계수 공식(counting formulas)을 이용한 해답을 제시했으며, 조합적인 아이디어와의 연관성을 확인한 뒤에 관련된 수학을 상당히 깊이 있게 개발했다. 그는 대수학에서 '이항식' $x+y$의 거듭제곱을 전개할 때 나오는 결과와 확률의 수학을 연결했다.

$$(x+y)^4=x^4+4x^3y+6x^2y^2+4xy^3+y^4$$

《추측술》의 세 번째 장은 앞에서 논의한 결과를 당시에 성행했던 카드 게임과 주사위 게임에 적용한다. 계속하여 응용에 중점을 둔 네 번째 장, 즉 마지막 장은 법과 금융을 포함하는 사회적 맥락의 의사 결정을 다룬다. 베르누이의 위대한 업적은, 시행 횟수가 클 때 특정한 사건 H나 T가 일어나는 횟수는 통상적으로 시행 횟수에 사건의 확률을 곱한 값에 매우 근접한다는 대수의 법칙(law of large numbers)을 세운 것이다. 베르누이는 대수의 법칙을 '20년 동안 몰두했던' 황금 정리(golden theorem)라 불렀다. 이러한 결과는 '주어진 사건이 일어나는 횟수의 비율'이라는 확률의 빈도적인 정의에 타당성을 부여한다고 볼 수 있다. 확률 이론을 대하는 오늘날의 공리적 관점과도 가깝다.

베르누이는 후대의 모든 수학자를 위한 기준을 정립했으나 여러 중요한 문제를 미해결 상태로 남겨 놓았다. 그중 하나는 현실적인 문제다. 시행의 수가 클 때는 베르누이 시행을 계산하는 일이 대단히 복잡해진다. 예를 들어 공정한 동전을 1000번 던져서 H가 600번 이상 나올 확률은 얼마인가? 공식에 따르면 600개의 정수를 곱하고 나서 다시 다른 600개로 나눠야 한다. 전자계산기가 없는 상태에서 이러한 계산을 수작업으로 하려면 지루하고 시간도 많이 걸렸으며 인간의 능력을 넘어서는 최악의 경우도 일어났다. 이 문제를 해결하는 일은 우리가 확률 이론을 통하여 불확실성을 이해하고 다음 단계로 도약하는 큰 발걸음이 되었다.

불확실성의 크기를 제한하다

역사적 관점을 따라 확률 이론에서의 수학을 설명하려 하면 곧 혼란에 빠진다. 수학자들이 보다 나은 이해를 추구하며 이론을 모색하는 과정에서 표기법, 용어, 심지어 개념까지 되풀이하여 변화했기 때문이다. 따라서 나는 역사적 발전의 결과물로 여겨지는 몇 가지 중요한 아이디어를 현대 용어로 설명하려 한다. 그러면 이 책의 나머지 부분에서 필요한 몇몇 개념을 명확하게 체계화할 수 있을 것이다.

동전이 공정하다면 장기적으로 앞과 뒤가 거의 비슷하게 나오리라는 것은 직관적으로 명백해 보인다. 각각의 동전 던지기 결과는 예측할 수 없지만 여러 번 던져 축적된 결과는 평균적으로 예측할 수 있다. 따라서 우리는 특정한 시도에 따르는 결과를 예측할 수는 없으나 장기적인 관점에서 불확실성의 크기를 제한할 수 있다.

동전을 열 번 던져서 다음과 같은 결과를 얻었다고 해 보자.

T H T T T H T H H T

앞이 네 번이고 뒤가 여섯 번이다. 반반에 가깝게 나뉘었으나 정확히 절반은 아니다. 이 비율이 나올 가능성은 얼마나 될까?

해답을 찾는 과정을 점진적으로 설명하려 한다. 첫 번째 던지기에서는 H나 T가 2분의 1 확률로 같게 나올 것이다. 그러므로 처음 두 번 던진 결과는 HH, HT, TH, TT 중 어느 것이든 가능하다. 가능성이 동일한 4가지 결과이므로 각각의 확률은 4분의 1이다. 동전을 세 차례 던지면 HHH, HHT, HTH, HTT, THH, THT, TTH, TTT 중 어떤 결과든 나올 수 있다. 가능성이 같은 8가지 결과이므로 각각의 확률은 8분의 1이다. 마지막으로 동전을 네 차례 던지는 경우를 생각해 보자. 각각 16분의 1의 확률을 가진 16가지 결과가 나올 것이며 앞이 나오는 횟수에 따라 다음처럼 정리할 수 있다.

0회	1가지(TTTT)
1회	4가지(HTTT, THTT, TTHT, TTTH)
2회	6가지(HHTT, HTHT, HTTH, THHT, THTH, TTHH)
3회	4가지(HHHT, HHTH, HTHH, THHH)
4회	1가지(HHHH)

앞에서 말한 동전을 열 번 던진 결과에서 처음 네 번은 앞이 한 번 포함된

THTT로 시작했다. 앞이 한 번 나오는 결과는 16가지 가능한 결과 중에 네 번이므로 이 확률은 4/16=1/4이다. 앞과 뒤가 두 번씩 나오는 결과는 16가지 가능성 중에 여섯 번이므로 확률이 6/16=3/8이다. 따라서 앞이나 뒤가 나올 확률이 동일한데도 앞과 뒤가 같은 횟수로 나올 확률은 2분의 1이 아니다. 반면 앞이 두 번 나오는 것과 가까운 결과(이 경우 앞이 1회, 2회 또는 3회 나올 때의 확률이다.)는 (4+6+4)/16=14/16, 즉 87.5퍼센트다.

동전을 열 번 던지면 H와 T가 배열되는 2^{10}=1024가지 결과가 나온다. 비슷한 계산을 해 보면(지름길이 있다.) 특정한 횟수의 H가 나오는 확률이 다음과 같음을 알 수 있다.

0회	1가지	확률 0.001
1회	10가지	확률 0.01
2회	45가지	확률 0.04
3회	120가지	확률 0.12
4회	210가지	확률 0.21
5회	252가지	확률 0.25
6회	210가지	확률 0.21
7회	120가지	확률 0.12
8회	45가지	확률 0.04
9회	10가지	확률 0.01
10회	1가지	확률 0.001

앞에서 동전을 열 번 던져서 앞이 4회, 뒤가 6회 나온 예는 확률이 0.21인

사건이다. 앞이 나올 횟수가 5회로, 4회보다 가능성이 더 큰 경우는 0.25에 불과하다. 앞이 나올 특정한 횟수를 선택하는 것으로는 그다지 유용한 정보를 얻을 수 없다. 더 흥미로운 질문은 '앞이나 뒤가 나오는 횟수가 4와 6 사이처럼 어떤 범위 안에 있을 확률은 얼마인가?'다. 답은 0.21+0.25+0.21=0.67이다. 달리 말해서 동전을 열 번 던지면 세 번 중 두 번은 5 대 5나 6 대 4라는 결과를 예상할 수 있다. 이는 또한 세 번 중 한 번은 더 큰 차이가 날 것이라는 뜻이기도 하다. 따라서 이론적인 평균치에서 벗어나는 다소간의 변동이 가능할 뿐만 아니라 그 확률 또한 꽤 높다.

예를 들어 5 대 5, 6 대 4, 7 대 3(앞이든 뒤든)을 포함하는 더 넓은 변동 범위를 찾고자 한다면, 결과가 그 범위 안에 있을 확률은 0.12+0.21+0.25+0.21+0.12=0.91이다. 이보다 더 심하게 불균형한 결과가 나올 가능성은 0.09, 즉 열 번 중 한 번 정도다. 작은 확률이지만 터무니없을 정도는 아니다. 동전을 열 번 던질 때 앞이나 뒤가 두 번 이하로 나올 확률이 10분의 1이나 된다는 것은 놀랍다. 평균적으로 열 번에 한 번은 그러한 일이 일어난다.

이들 예가 보여 주듯이 초창기 확률 연구는 주로 가능성이 동일한 경우의 수를 세는 데 중점을 두고 이루어졌다. 경우의 수를 세는 수학 분야는 조합론(combinatorics)이라 불리며 초기의 연구를 지배한 개념은 순열과 조합이었다.

순열은 여러 개의 기호나 물체를 순서를 구별하여 배열하는 방법이다. 예를 들어 A, B, C라는 기호는 6가지 방법으로 배열할 수 있다.

ABC ACB BAC BCA CAB CBA

네 개의 기호를 배열하는 데는 24가지, 다섯 개를 배열하는 데는 120가지, 여섯 개를 배열하는 데는 720가지 방법이 있다. 일반적인 법칙은 간단하다. 예컨대 A, B, C, D, E, F라는 여섯 글자를 순서를 구별하여 배열한다고 생각해 보자. 첫 번째 글자를 정하는 데는 A에서 F 중 하나를 선택하는 6가지 서로 다른 방법이 있다. 첫 글자를 고른 뒤에는 다섯 개의 후보가 남는다. 그중 어느 것이든 첫 글자에 이어질 수 있으므로 두 번째 글자를 선택하는 방법은 5가지다. 따라서 처음 두 글자를 선택하는 방법은 $6 \times 5 = 30$가지가 된다. 다음 글자는 네 개, 그다음 글자에는 세 개, 그다음에는 두 개 그리고 여섯 번째 글자에는 하나만 남는다. 따라서 배열의 총수는 다음과 같다.

$$6 \times 5 \times 4 \times 3 \times 2 \times 1 = 720$$

이러한 계산을 나타내는 표준 기호는 '6팩토리얼'이라 읽는 ('팩토리얼 6'이 더 적절하겠지만 그렇게 말하는 사람은 거의 없다.) $6!$이다.

같은 방식으로 52장의 카드 한 벌을 배열하는 방법은 $52! = 52 \times 51 \times 50 \times \cdots\cdots \times 3 \times 2 \times 1$이며 나의 충직한 컴퓨터는 인상적인 속도로 계산하여 다음과 같은 답을 알려 준다.

80,658,175,170,943,878,571,660,636,856,403,766,975,289,505,440,883,277,824,000,000,000,000

이 거대한 숫자는 정확한 답이며 가능성을 모두 열거하는 방식으로는 얻을 수 없다.

보다 일반적으로 A, B, C, D, E, F 중에서 네 개를 선택하여 배열하는 방법이 몇 가지인지를 셀 수 있다. 이러한 배열은 순열(여섯 글자 중에 네 개를 고른)이라 불린다. 계산 방법은 비슷하며 글자 네 개를 선택한 뒤에 멈추면 된다. 따라서 네 개의 글자를 배열하는 방법의 수는 다음과 같다.

$$6\times5\times4\times3=360$$

이 결과를 수학적으로 표현하는 가장 가까운 방법은 이렇다.

$$(6\times5\times4\times3\times2\times1)/(2\times1)=6!/2!=360$$

여기서 우리는 6!의 끝에 있는 불필요한 '×2×1'을 제거하기 위하여 전체를 2!로 나누었다. 같은 방법으로 52장의 카드 중에서 13장을 선택하여 배열하는 방법의 수는 다음과 같다.

$$52!/39!=3{,}954{,}242{,}643{,}911{,}239{,}680{,}000$$

조합은 순열과 매우 비슷하나 배열의 가짓수가 아니고 순서를 무시한 선택의 가짓수를 센다. 예를 들어 카드 13장으로 이루어진 서로 다른 패는 몇 가지인가? 답을 구하는 방법은 우선 순열의 수를 세고 나서 그중에 순서를 제외하면 동일한 패가 얼마나 되는지를 구하는 것이다. 우리는 이미 카드 13장으로 이루어지는 모든 패가 13!로 배열될 수 있음을 보았다. 이는 13장의 카드로 이루어진 (순서가 없는) 집합이 순서를 부여한 13장의 카드 순열 3,954,242,643,911,239,680,000가지 중에서 13!번씩 나타난다는 뜻이다. 따라서 순서를 구별하지 않는 집합의 수는 다음과 같다.

$$3{,}954{,}242{,}643{,}911{,}239{,}680{,}000/13! = 635{,}010{,}559{,}600$$

이것이 서로 다른 패의 가짓수다.

때로는 모든 카드의 무늬가 스페이드인 경우처럼 특정한 카드 13장의 집합에 대한 확률을 원할 수도 있다. 이는 바로 위의 6350억 가지 패 중 하나며 그 패를 받을 확률은

$$1/635{,}010{,}559{,}600 = 0.000{,}000{,}000{,}001{,}574\cdots\cdots$$

즉 1조분의 1.5다. 그 패는 지구상에서 평균적으로 6350억 번에 한 번 나온다.

이러한 해답을 표현하는 유용한 방법이 있다. 52장의 카드에서 13장을 선택하는 방법의 수(52개 중에서 13개를 선택하는 조합의 수)는 다음과 같다.

$$\frac{52!}{13!39!} = \frac{52!}{3!(52-13)!}$$

n개의 물체로 이루어진 집합에서 r개를 선택하는 방법의 수는 대수적으로 다음과 같이 표현된다.

$$\frac{n!}{r!(n-r)!}$$

따라서 우리는 팩토리얼을 사용하여 이 숫자를 계산할 수 있다. 이 수는 흔히 약식으로 'n 선택 r'(n choose r)이라 불리며, 기술적인 용어로는 다음처럼 표현되는 이항 계수(binomial coefficient)다.

$$\binom{n}{r}$$

이항 계수라는 이름은 대수학의 이항 정리(binomial theorem)와의 연관성에서 비롯되었다. 70쪽에 나왔던 $(x+y)^4$의 공식을 보라. 각 전개 항의 계수가 1, 4, 6, 4, 1이다. 동전을 네 번 던질 때 앞면이 몇 번 나오는지를 셀 때도 같은 숫자들이 나온다. 제곱수 4를 다른 정수로 바꿔도 결과는 마찬가지다.

충분한 예비지식을 갖췄으므로 H와 T를 늘어놓는 1024가지 방법의 목록을 다시 한번 살펴보자. H가 네 번 나오는 경우의 수는 210이었다. 우리는 조합을 이용하여 이 숫자를 계산할 수 있지만 어떻게 계산할지는 즉각 명백하게 드러나지 않는다. 같은 기호가 반복되면서 순서가 있는 배열과도 관련된 매우 다른 문제로 보이기 때문이다. 비결은 네 개의 H가 어느 위치에 나타나는지를 묻는 것이다. HHHH 뒤에 T가 여섯 번 나오는 경우처럼 위치가 1, 2, 3, 4일 수 있다. 또는 HHHTH 뒤에 T가 다섯 번 나올 때처럼 위치가 1, 2, 3, 5일 수도 있다. 아니면…… 어쨌든 네 개의 H가 나오는 위치의 목록은 1, 2, 3, ……, 10으로 이루어진 전체 집합에서 선택한 숫자 네 개의 목록이다. 다시 말하면 숫자 열 개 중에 선택하는 숫자 네 개의 조합이다. 우리는 방금 살펴본 대로 이 조합의 가짓수를 계산하는 방법을 안다.

$$\frac{10!}{4!(10-4)!} = \frac{10!}{4!6!} = 210$$

마법이다! 계산을 되풀이하면 전체 목록을 얻을 수 있다.

$$\frac{10!}{0!10!} = 1 \quad \frac{10!}{1!9!} = 10 \quad \frac{10!}{2!8!} = 45 \quad \frac{10!}{3!7!} = 120$$

$$\frac{10!}{4!6!} = 210 \quad \frac{10!}{5!5!} = 252$$

그다음에는 숫자가 역순으로 되풀이된다. 우리는 이러한 결과를 기호적(symbolically)으로 볼 수도 있고, H 여섯 번은 T 네 번과 같으며 T가 네 번 나오는 방법의 수와 H가 네 번 나오는 방법의 수가 명백하게 같다고 주장할 수 있다.

이 계산 결과의 일반 '형태'는 작은 수에서 시작하여 중앙의 최대치까지 증가하고 나서 다시 감소하는 것이다. 시행의 수에 따르는 결과의 가짓수를 막대그래프 또는 더 멋진 이름을 원한다면 히스토그램으로 도표화하여 그 패턴을 매우 분명하게 볼 수 있다.

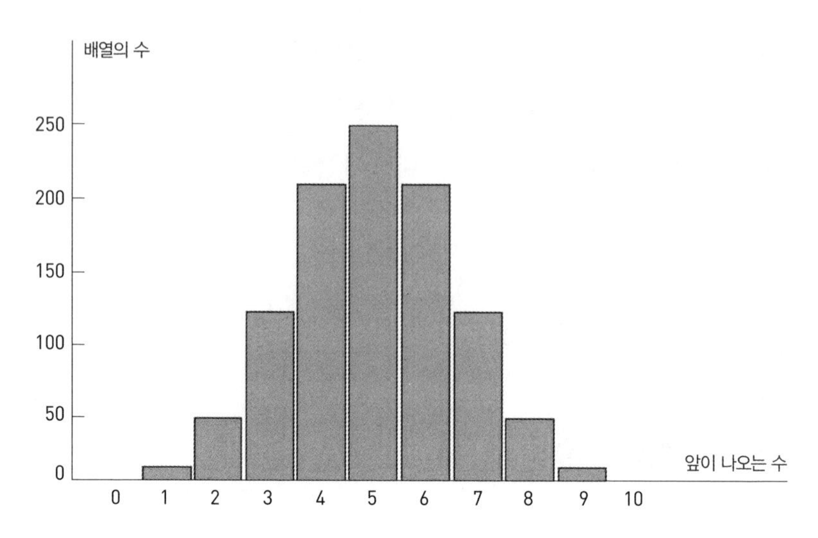

그림 2 H와 T가 나올 가능성이 동일한 10회의 시행에 대한 이항 분포. 세로축의 숫자를 1024로 나누면 확률이 나온다.

확률 변수와 확률 분포

범위 내에 일어날 가능성이 있는 사건들에 대하여 무작위로 수행한 측정 결과를 확률 변수(random variable)라 한다. 확률 변수의 값과 그에 해당하는 확률을 연결하는 수학 법칙이 확률 분포(probability distribution)다. 우리가 살펴본 예에서 확률 변수는 '앞이 나오는 횟수'고 확률 분포의 형태는 세로축에 표시된 숫자를 1024로 나눠야 확률을 얻는다는 것을 제외하면 막대그래프와 매우 유사하다. 이 확률 분포는 이항 계수와의 연관성에 따라 이항 분포(binomial distribution)라 불린다.

질문이 달라지면 분포의 형태도 달라진다. 예를 들어 주사위를 한 번 던질 때 나오는 결과는 1, 2, 3, 4, 5, 6이며 확률이 모두 같다. 이 확률 분포는 균일 분포(uniform distribution)라 불린다.

주사위 두 개를 던져서 나오는 합계가 2부터 12까지인 방법의 가짓수는 다음과 같다.

2=1+1	1가지
3=1+2, 2+1	2가지
4=1+3, 2+2, 3+1	3가지
5=1+4, 2+3, 3+2, 4+1	4가지
6=1+5, 2+4, 3+3, 4+2, 5+1	5가지
7=1+6, 2+5, 3+4, 4+3, 5+2, 6+1	6가지

여기까지는 단계마다 가짓수가 하나씩 증가했지만 이제부터는 1, 2, 3, 4, 5를 차례로 제거해야 하므로 가짓수가 감소하기 시작한다.

8=2+6, 3+5, 4+4, 5+3, 6+2	5가지
9=3+6, 4+5, 5+4, 6+3	4가지
10=4+6, 5+5, 6+4	3가지
11=5+6, 6+5	2가지
12=6+6	1가지

따라서 이들 합계의 확률 분포는 삼각형과 비슷한 형태다. 다음 페이지 그림 3에 표시된 특정한 합계가 나오는 횟수를 총 가짓수인 36으로 나누면 해당하는 확률이 된다.

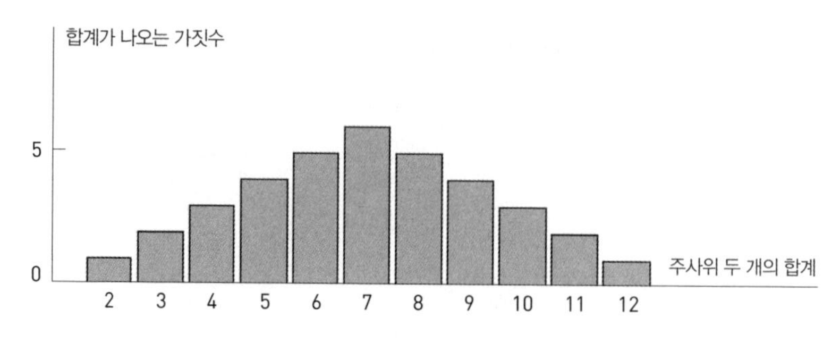

그림 3 주사위 두 개의 합계 분포. 세로축의 숫자를 36으로 나누면 확률이 나온다.

주사위 세 개를 던져서 합계를 구할 때는 확률 분포의 형태가 완전히 일치하지는 않지만 이항 분포와 더 비슷해진다. 확률 분포는 주사위의 수가 늘어날수록 이항 분포에 근접한다. 왜 그렇게 되는지는 제5장에서 살펴볼 중심 극한 정리(central limit theorem)가 설명해 줄 것이다.

동전과 주사위는 흔히 무작위성에 대한 비유로 사용된다. '신은 우주를 가지고 주사위 놀이를 하지 않는다.'라는 아인슈타인의 말은 널리 알려져 있다. 정확히 그렇게 표현하지는 않았다는 사실이 덜 알려졌지만 요점은 마찬가지다. 아인슈타인은 자연법칙에 무작위성이 포함된다고 생각하지 않았다. 따라서 그가 무작위성에 대한 잘못된 비유를 들었을지도 모른다는 사실은 정신을 번쩍 들게 한다. 동전과 주사위에는 숨기고 싶은 비밀이 있다. 동전과 주사위가 우리의 생각만큼 무작위적이지 않다는 점이다.

2007년에 퍼시 디아코니스(Persi Diaconis), 수전 홈스(Susan Holms), 리처드 몽고메리(Richard Montgomery)는 동전 던지기의 동역학을 조사했다.[13] 그들은 공중으로 던져진 동전이 다시 튀어 오르지 않고 평평한 바닥에 착지

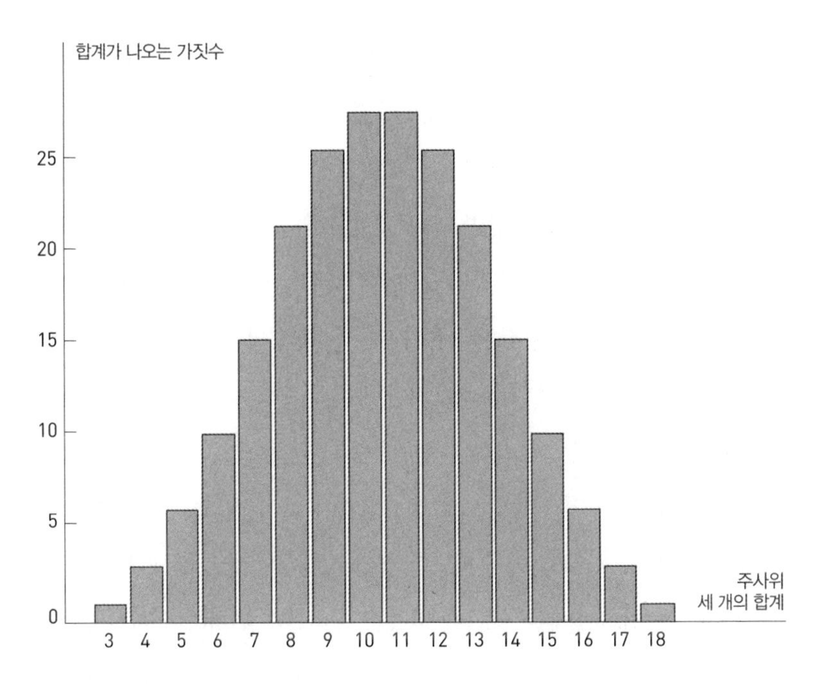

그림 4 주사위 세 개의 합계 분포. 세로축의 숫자를 216으로 나누면 확률이 나온다.

할 때까지 자유롭게 회전하도록 하는 장치를 물리학적인 접근 방식으로 구성했다. 그 장치는 매우 통제된 방식으로 동전을 던질 수 있게 고안되었다. 장치의 통제력은 앞면을 위로 하여 동전을 집어넣으면 공중에서 여러 번 회전하는데도 항상 앞면이 나올 정도로 철저했다. 뒷면을 위로 집어넣으면 항상 뒤가 나왔다. 이 실험은 동전 던지기가 무작위 프로세스가 아니라 미리 정해진 역학적 프로세스라는 사실을 매우 분명하게 보여 주었다.

그전에 응용 수학자 조지프 켈러(Joseph Keller)는 특별한 경우, 즉 공중에 던져져 사람의 손에 떨어질 때까지 완벽한 수평축을 중심으로 계속 회전하는 동전을 분석했다. 그의 수학 모델은 동전이 충분히 빨리 회전하고 충분히 오래 공중에 머무는 한, 초기 조건의 변화가 앞이나 뒤가 나오는 비율에 미치는 영향이 미미함을 보여 주었다. 즉 동전의 앞이 나올 것이라고 예상하는 확률 2분의 1에 매우 근접하며 뒤도 마찬가지라는 것이다. 더욱이 이들 확률값은 항상 앞면 또는 뒷면을 위로 하여 던질 때도 여전히 성립한다. 따라서 동전이 켈러의 모델에서 가정한 방식으로 회전한다면 정말로 힘차게 튄 동전은 무작위성에 가까운 결과를 낳는다.

이 사례와는 완전히 다른 경우지만, 마찬가지로 힘차게 튀었으나 턴테이블 위에서 돌아가는 레코드판처럼 세로축을 중심으로 회전하는 동전을 상상할 수 있다. 동전은 공중으로 올라갔다가 다시 내려오면서 절대로 뒤집히지 않으므로 항상 손에서 떠났던 것과 정확하게 같은 상태로 내려앉는다. 동전 던지기의 실제는 양극단의 중간 어디엔가 위치하며 회전축은 수평도 수직도 아니다. 속임수를 쓰지 않는다면 아마도 수평축에 가까울 것이다.

이를 확실히 하기 위하여 항상 앞면이 위인 상태로 동전을 튕긴다고 가정해 보자. 디아코니스의 연구팀은 동전이 켈러의 가정대로 정확하게 수평축을 중심으로 회전하지 않는 한(현실적으로 불가능한 일이다.) 앞면을 위로 하여 착지하는 경우가 절반을 넘는다는 것을 보여 주었다. 사람들이 평소처럼 동전을 던지도록 한 실험에서는 앞이 약 51퍼센트, 뒤가 약 49퍼센트 나왔다.

우리는 '공정한' 동전이 실제로는 공정하지 않음을 지나치게 우려하기 전에 세 가지 요소를 고려해야 한다. 인간은 기계처럼 정확하게 동전을 던질 수 없다. 항상 앞이 위인 상태로 동전을 던지지는 않는다는 점은 더욱 중요하다. 사람은 무작위로 동전을 던진다. 이는 앞이나 뒤가 나올 확률을 균등하게 하며, 결과가 50 대 50에 매우 근접하도록 유도한다. 동일한 확률을 만들어 내는 것은 던지기 자체가 아니라 동전을 튕기기 전에 엄지손가락 위에 올려놓는 무의식적인 방식의 임의성이다. 어느 한쪽으로 약간 유리한 결과를 원한다면 숙달될 때까지 정확하게 던지는 방법을 연습한 뒤에 동전이 착지하기 원하는 면을 위로 하여 던지면 된다. 이러한 가능성을 깔끔하게 예방하는 통상적인 방법은 무작위 요소를 추가로 도입하는 것이다. 한 사람은 동전을 던지고 다른 사람은 동전이 떨어지기 전에 '앞'이나 '뒤'를 부른다. 동전을 던지는 사람은 상대방이 무엇을 부를지 미리 알 수 없으므로 던지는 방법을 선택함으로써 특정한 결과가 나올 가능성에 영향을 미칠 수 없다.

주사위 굴리기는 그 결과가 동전보다 많으므로 더욱 복잡하다. 하지만 주사위에 대해서도 같은 문제를 조사하는 것이 타당해 보인다. 주사위를 굴릴 때 어느 면이 나올지를 결정하는 가장 중요한 요소는 무엇일까?

여러 가능성이 있다. 주사위가 공중에서 얼마나 빨리 회전하는가? 바닥에서 몇 번이나 튀어 오르는가? 2012년에 마르친 카피타니아크(Marcin Kapitaniak)의 연구팀은 공기 저항과 마찰 같은 요소를 포함하여 주사위 굴리기의 상세한 수학 모델을 개발했다.[14] 그들은 날카로운 모서리를 가진 수학적으로 완벽한 정육면체 주사위를 모델로 한 다음, 이 모델을 시험하기 위하여 주사위 굴리기를 고속 촬영 했다. 그 결과 앞에서 언급된 모든 요소가 훨씬 단순한 다른 요소, 즉 주사위의 초기 자세보다 중요성이 떨어진다는 사실이 밝혀졌다. 1이 있는 면이 위를 향한 상태로 주사위를 쥐고 던지면 1이 다른 숫자보다 조금 더 많이 나온다. 대칭성에 따라 다른 숫자도 마찬가지다.

전통적인 '공정한 주사위'의 가정에서 주사위를 던질 때 각 면이 나오는 확률은 1/6=0.167이다. 그런데 카피타니아크 연구팀의 모델은 테이블이 부드럽고 주사위가 다시 튀지 않는다는 극단의 조건에서 주사위를 굴릴 때, 처음에 위를 향했던 면이 나올 확률이 0.167보다 훨씬 더 큰 0.558임을 보여 준다. 주사위가 네다섯 번 정도 튄다는 보다 현실적인 가정을 하더라도 여전히 상당히 큰 0.199의 확률이 나온다. 주사위가 매우 빠르게 회전하거나 20번 정도 튈 때만 0.167에 근접한다. 특별한 기계 장치를 사용하여 매우 정확한 속도와 방향을 유지하고 초기 자세로 던지는 실험도 비슷한 결과를 보여 주었다.

제5장

너무 많은 정보

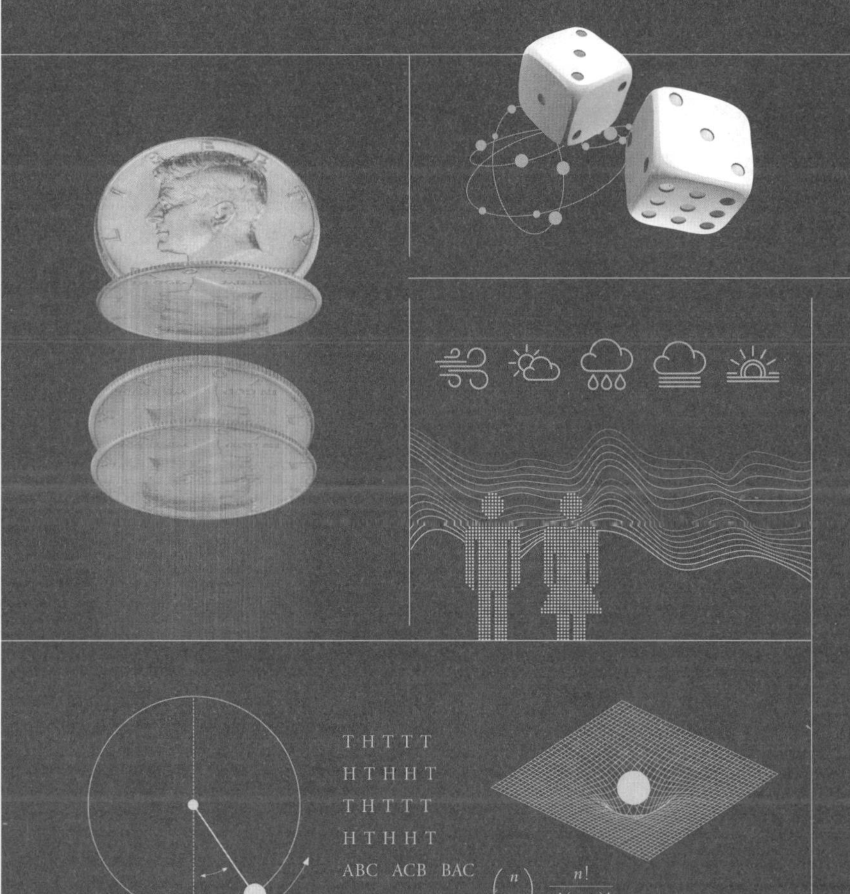
T H T T T
H T H H T
T H T T T
H T H H T
ABC ACB BAC
BCA CAB CBA
$\binom{n}{r}$ $\frac{n!}{r!(n-r)!}$

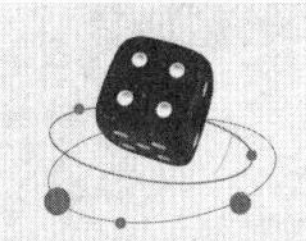

합리적인 확률만이
유일한 확실성이다.

–
에드거르 왓슨 하우, 《죄인의 설교》

• • • 카르다노의 《우연의 게임 지침서》가 판도라의 상자 속을 엿보았다면 베르누이의 《추측술》은 상자의 뚜껑을 날려 버렸다. 확률 이론은 도박에서의 유용성을 생각할 때 말 그대로 게임 체인저였지만, 우연히 일어나는 사건에 대한 가능성을 평가하는 확률 이론의 혁신적인 시사점이 세상에 충분히 인식되는 데는 오랜 시간이 걸렸다. 확률 이론의 응용 분야라고 설명할 수 있는 통계학은 훨씬 더 근래에 등장했다. 1750년경에 몇몇 중요한 '초기 단계'가 있었으며 최초의 돌파구는 1805년에 열렸다.

통계학은 천문학과 사회학이라는 매우 다른 두 분야에서 유래했다. 둘의 공통점은 불완전한 관찰 데이터에서 유용한 정보를 추출하려 한다는 것이었다. 천문학자들은 행성, 혜성 등 천체의 궤도를 찾으려 노력했다. 그 결과 천체 현상에 대한 수학적인 설명을 검증할 수 있게 되었으며, 특히 해상에서 항로를 찾는 일 같은 현실적으로 중요한 결과도 있었다. 사회 분야의 응용은 조금 뒤인 1820년대 말에 아돌프 케틀레(Adolphe Quételet)의 연구와 함께 시작되었다.

거기에는 연결 고리가 있었다. 케틀레는 브뤼셀에 있는 왕립 천문대 소속의 천문학자이자 기상학자였다. 그는 또한 벨기에 통계국의 지역 통신원으로도 활동했는데, 이와 관련된 일로 과학적 명성을 얻었다. 케틀레에게는 한 장 전체를 할당할 만하기에 제7장에서 그의 아이디어를 설명할 것이다. 여기서는 당시에 개발된 몇몇 기법이 오늘날에도 사용될 정도로 통계학이라는 주제의 기반을 확고하게 구축한, 통계학의 천문학적 유래에 집중하고자 한다.

너무 많은 데이터가 오류를 만들어 내다

18~19세기 천문학의 주된 관심사는 달과 행성의 운동이었으며 점차 혜성과 소행성까지 확대되었다. 천문학자들은 뉴턴의 중력 이론에 힘입어 다양한 궤도 운동에 대한 매우 정확한 모델을 만들 수 있었다. 그리고 이들 모델을 관측 결과와 비교하는 일을 과학적으로 중시했다. 망원경을 사용하여 얻는 천문학자들의 관측 데이터는 시간이 흐르고 장치가 더욱 정교해지면서 정확도가 꾸준히 향상되었다. 그러나 별과 행성의 위치를 완벽하게 관측하기란 불가능했으며 모든 관측에는 통제할 수 없는 오차가 따르기 마련이었다. 변화하는 온도가 관측 장치에 영향을 미쳤다. 지구에 존재하는 변화무쌍한 대기에 의한 빛의 굴절이 행성의 이미지를 흔들었다. 다양한 저울과 측정기를 조정하는 데 사용되는 나사산(screw threads)이 약간 불완전하여 기기를 움직이려고 손잡이를 돌리면 반응하기까지 시간이 걸렸다. 같은 장치를 사용하여 동일한 관측을 되풀이하더라도 종종 조금 다른

결과가 나왔다.

장치의 엔지니어링이 개선되는 중에도 같은 문제가 이어졌다. 천문학자들이 끊임없이 지식의 경계를 밀어붙였기 때문이다. 더 발전된 이론은 훨씬 정밀하고 정확한 관측을 요구했다. 동일한 천체를 여러 번 관측할 수 있다는 점은 그들에게 유리하게 작용해야 했다. 하지만 유감스럽게도 당시의 수학 기법은 이 상황에 대처하지 못했다. 너무 많은 데이터가 문제를 해결하기보다는 더 많은 문제를 만들어 내는 것처럼 보였다. 실제로 수학자들의 지식은 정확했으나 상황을 오도했다. 그들은 문제를 잘못된 방법으로 풀었다. 천문학자들과 마찬가지로 새로운 기법을 찾아내 어려운 상황에 대처하려 했으나 새로운 아이디어가 정립되는 데는 시간이 필요했다.

당시에 확고하게 자리를 잡았던 대수 방정식 풀이와 오차 분석 기법이 수학자들을 잘못된 길로 이끌었다. 우리는 학교에서 다음과 같은 '연립 방정식'을 푸는 방법을 배운다.

$$2x-y=3 \qquad 3x+y=7$$

답은 $x=2$, $y=1$이다. x와 y의 값을 확실하게 결정하려면 방정식 두 개가 필요하다. 방정식 하나로는 두 미지수 사이의 관계만이 결정되기 때문이다. 미지수가 세 개라면 유일무이한 해답을 얻기 위하여 방정식 세 개가 필요하다. 이 패턴은 더 많은 미지수로 확장되며 답을 구하려면 미지수와 같은 수의 방정식이 필요하다.(서로 모순되는 방정식 쌍들을 배제하는 기법도 있고 지금 논의하는 대상은 x^2이나 xy 같은 항이 없는 '1차' 방정식이지만 이들에 대해서는 더 깊이 다루지 않으려 한다.)

대수의 가장 나쁜 특성은 방정식보다 미지수가 더 많을 때 대개 해답이 존재하지 않는다는 것이다. 전문 용어로 미지수가 '과잉 결정'(overdetermined) 되었다고 한다. 미지수에 대한 정보가 너무 많고 그 정보들이 서로 모순되는 경우다. 예컨대 앞의 두 방정식에 $x+y=4$를 추가하면 문제가 생긴다. 이미 두 식이 $x=2$이고 $y=1$이므로 $x+y=3$임을 시사하기 때문이다. 아뿔싸. 추가된 방정식이 문제를 일으키지 않는 유일한 길은 처음 두 방정식의 결과를 말하는 것이다. 실제로 세 번째 방정식이 $x+y=3$이거나 그와 동등한 $2x+2y=6$ 같은 것이었다면 상관없겠지만 합계값이 다른 모든 경우에는 문제가 생긴다. 물론 애당초 세 번째 방정식이 이렇게 선택된 경우가 아니라면 존재할 가능성이 낮은 일이다.

오차 분석은 $3x+y$ 같은 단일 수식에 초점을 맞춘다. $x=2$이고 $y=1$임을 안다면 이 수식의 값은 7이 된다. 하지만 x가 1.5와 2.5 사이의 값이고, y가 0.5와 1.5 사이의 값이라는 것이 우리가 아는 전부라고 생각해 보자. $3x+y$에 대해서는 무슨 말을 할 수 있을까? x와 y의 값 중 가능한 최대치를 사용하면 가장 큰 답이 나온다.

$$3\times2.5+1.5=9$$

마찬가지로 가능한 최소치를 사용하면 가장 작은 값을 얻는다.

$$3\times1.5+0.5=5$$

따라서 $3x+y$가 7 ± 2의 범위 안에 있음을 알게 된다.(여기서 ±는 '플러스 또는 마이너스'를 의미하며 가능한 값의 범위는 7−2에서 7+2까지다.) 실제로 우리는 그저 최대 및 최소 오차를 결합함으로써 더 쉽게 다음의 결과를 얻을 수 있다.

$$3\times0.5+0.5=2 \qquad 3\times(-0.5)-0.5=-2$$

18세기 수학자들은 숫자가 곱해지거나 나뉘는 경우에 대한 더욱 복잡한 오차 공식, 음수가 오차의 추산에 어떠한 영향을 미치는지 등을 모두 알았다. 이들 공식은 당시의 가장 강력한 수학 이론이었던 미적분을 이용하여 유도되었다. 이 모든 작업을 거쳐 그들이 얻은 메시지는 오차를 포함하는 여러 숫자를 결합하면 결과가 점점 나빠진다는 것이었다. 예컨대 앞의 예에서는 x와 y 단독으로 ±0.5씩이었던 오차가 $3x+y$에서는 ±2로 늘어났다.

당신이 당시의 뛰어난 수학자고 여덟 개의 미지수를 지닌 75개의 방정식과 마주쳤다고 상상해 보라. 이 문제에 대하여 즉각 '알 수 있는' 사실은 무엇일까?

당신은 심각한 문제에 직면했음을 느낄 것이다. 여덟 개의 미지수를 찾는 데 필요한 것보다 방정식이 67개 더 많다. 우선 할 수 있는 일은 그저 여덟 개의 방정식을 풀 수 있는지, 그리고 그 답이 나머지 방정식 67개에 (기적적으로) 들어맞는지를 점검하는 것이다. 매우 정확한 관측 결과라면 서로 일치하겠지만(이론적인 공식이 옳다면) 이들 숫자는 오차가 포함되는 것을 피할 수 없다. 실제로 내가 염두에 두고 있는 사례에서 처음 여덟 개 방정식의 해답은 나머지 67개 방정식과 일치하지 않았다. 가까운 값들일 수는 있었지만 정확하지는 않았다. 어쨌든 75개 방정식에서 여덟 개를 선택하는 방법은 거의 170억 가지에 달한다. 어느 식을 선택해야 하는가?

수를 줄이기 위하여 방정식을 결합할 수도 있다. 그러나 당시의 통념은 방정식을 결합하면 오차가 증가한다는 것이었다.

이 시나리오는 실제로 일어났다. 역사상 가장 위대한 수학자 중 한 사람인 레온하르트 오일러(Leonhard Euler)에게 말이다. 1748년에 프랑스 과학 아카데미는 이벤트처럼 상금이 걸린 수학 문제를 제시했다. 자신의 이름을 딴 혜성으로 유명한 천문학자 에드먼드 핼리(Edmund Halley)는 그로부터 2년 전에 목성과 토성이 각자의 궤도에서 상대가 없이 단독으로 번갈아 가며 움직일 때의 예측과 비교하여 서로를 조금씩 가속시키거나 감속시키는 현상을 발견했다. 상금이 걸린 문제는 중력 이론을 사용하여 이 결과를 설명하라는 것이었다. 오일러는 종종 그랬듯이 경쟁에 뛰어들어 자신이 얻은 결과를 123쪽짜리 논문으로 제출했다. 논문의 중요한 결과는 여덟 개의 '궤도 요소'(orbital elements), 즉 두 행성의 궤도와 관련된 여덟 개의 수를 연결하는 방정식이었다. 그는 자신의 이론과 관측 결과를 비교하기 위하여 이들 궤도의 요솟값을 찾아야 했다. 관측 결과는 충분했다. 오일러는 천문학 문헌을 조사하여 1652~1745년 동안의 궤도 요솟값을 찾아냈다.

그 결과 미지수 여덟 개에 방정식 75개라는 엄청난 과잉 결정 상태에 직면하게 되었다. 오일러는 어떻게 했을까?

그는 상당히 확신했던 미지수 두 개의 값을 얻으려고 방정식을 손질하기 시작했다. 그 과정에서 데이터가 59년마다 상당히 근접한 값으로 되풀이된다는 사실에 주목했다. 즉 1673년과 1732년(59년 간격)에 해당하는 방정식들은 매우 비슷해 보였으며 한 방정식에서 다른 방정식을 빼자 중요한 미지수 두 개만이 남았다. 1585년과 1703년(59년의 두 배인 118년 간격)의 데이터에서도 마찬가지로 같은 미지수 두 개가 남았다. 미지수 두 개에 방정식 두 개라면 아무 문제가 없었다. 그는 두 방정식을 풀어 두 미지수의 값을 추정했다.

이제 오일러에게는 여섯 개로 줄어든 미지수와 방정식 75개가 남았다. 과잉 결정의 정도가 더 심해진 것이다. 그는 나머지 데이터에 대해서도 같은 방법을 시도했지만 미지수 대부분을 제거할 조합을 찾아낼 수 없었다. 낙담한 오일러는 기록했다. '우리는 이 방정식으로부터 아무런 결론도 내릴 수 없다. 그 이유는 아마도 내가 여러 관측 결과를 근사적으로 다루는 대신에 정확하게 만족시키려 했기 때문일 것이다. 그 과정에서 오차가 스스로 증폭되었다.' 오일러는 오차 분석에서 잘 알려진 사실, 즉 방정식을 결합하면 오차가 늘어난다는 점을 분명하게 언급했다.

그 뒤에도 그는 다소 비효율적인 시도를 계속했지만 별다른 성과를 얻지 못했다. 통계학자이자 역사가인 스티븐 스티글러(Stephen Stigler)는 "오일러는…… 손으로 더듬어 해답을 찾고 있었다."라고 논평했고 그의 암중모색을 1750년에 천문학자 요한 토비아스 마이어(Johann Tobias Mayer)가 수행한 분석과 대조했다.[15] 우리는 보통 달이 지구를 향해서 항상 같은 면을 보여 준다고 여기나 이는 약간 단순화된 설명이다. 달 뒷면은 대부분 숨겨진 상태지만 다양한 현상에 따라 우리가 보는 면은 조금씩 흔들린다. 마이어는 칭동(libration)이라 불리는 이 현상에 관심을 가졌다.

마이어는 1748년부터 1년 동안, 특히 마닐리우스(Manilius) 분화구를 포함하여 달 표면에 있는 여러 알려진 지점의 위치를 관측했다. 그는

1750년에 발표한 논문에서 미지수가 세 개인 공식을 만들고 자신의 데이터를 이용해 계산하여 달 궤도의 여러 가지 특성을 추론했다. 마이어 역시 오일러를 당황하게 한 것과 같은 문제와 마주쳤는데 그에게는 27일간의 관측 결과가 있었다. 미지수 세 개에 방정식이 27개였다. 그렇지만 마이어가 시도한 해결 방식은 오일러와 매우 달랐다. 그는 관측 결과를 아홉 건씩 묶어 세 그룹으로 데이터를 나누고 각 그룹에 대한 결합 방정식을 얻기 위하여 그룹에 해당하는 방정식을 모두 더했다. 그리하여 과잉 결정되지 않은 세 미지수와 세 방정식을 얻은 뒤에 통상적인 방법으로 방정식을 풀었다.

이 과정은 약간 임의적으로 보인다. 세 개 그룹을 어떤 식으로 나눌 것인가? 마이어는 매우 비슷하게 보이는 방정식들끼리 묶는 체계적인 방법을 사용했다. 이 같은 유형의 작업에서 발생하는 수치 불안정성(numerical instability)이란 난제를 피하는 실용적이면서 합리적인 방법이었다. 서로 매우 비슷한 다수의 방정식을 풀 때는 큰 숫자를 작은 숫자로 나눔에 따라 잠재 오차가 상당히 커진다. 이 문제를 알았던 그는 다음과 같이 말했다. "그룹 선택의 이점은…… 이 세 가지 합의 차이가 가능한 한 커지도록 하는 데 있다. 이들의 차이가 클수록 더 정확하게 미지수를 결정할 수 있다." 마이어의 방법은 매우 합리적으로 보이기 때문에 얼마나 혁명적이었는지를 충분히 인식하지 못할 수도 있으나 그때까지 그러한 시도를 한 사람은 아무도 없었다.

하지만 여기서 잠깐. 방정식 아홉 개를 결합하면 오차가 증폭되는 것이 확실하지 않은가? 각 방정식의 오차가 비슷한 수준이라면 결합 과정에서의 총 오차는 아홉 배로 증가하는 것이 아닐까? 마이어는 결코 그런 식으로 생각하지 않았다. 그는 '아홉 배 많은 관측에서 얻은 결과는…… 아홉 배 더 정확하다.'라고 주장했다. 즉 9를 곱하지 않고 9로 나눈 오차를 예상해야 한다고 했다.

마이어가 실수를 했을까? 아니면 고전적인 오차 분석이 틀렸을까?

답은 양쪽 다 조금씩 맞다. 통계의 관점에서 당시의 오차 분석은 개별 오차가 결합하여 가능한 최대의 오차를 만들어 내는 최악의 경우에 초점을 맞추었다. 그러나 이는 잘못된 문제를 (정확하게) 푸는 것이다. 천문학자들에게 필요한 것은 전형적인 또는 가장 가능성이 큰 총 오차며 거기에는 어느 정도 서로를 상쇄하는 수준의, 부호가 반대인 오차들이 포함된다. 예를 들어 5±1이라는 값의 관측 결과가 열 개 있다면 각 관측 결과는 4 또는 6이다. 그들의 합은 40과 60 사이에 있고 정확한 합계인 50에 비하여 10의 오차를 갖는다. 하지만 실제 관측 결과의 절반 정도는 4고 나머지는 6일 것이다. 정확히 반반씩이라면 합계가 다시 정확하게 50이 된다. 4가 여섯 번이고 6이 네 번이라면 합계가 48이다. 나쁘지 않은 결과다. 모든 개별 오차가 20퍼센트인 반면 총 오차는 4퍼센트에 불과하다.

아이디어는 옳았으나 마이어는 한 가지 기술적인 세부 사항에서 오류를 범했다. 아홉 배 많은 관측 결과의 오차를 9로 나눠야 한다는 주장이 틀렸던 것이다. 후대의 수학자들은 9의 제곱근인 3으로 나눠야 한다는 사실을 발견했다.(잠시 뒤에 나올 것이다.) 하지만 마이어의 접근 방식 자체는 옳았다.

최소 제곱법과 중심 극한 정리의 탄생

과잉 결정된 방정식을 다루는 마이어의 기법은 오일러의 기법(실제로 기법이라 할 수도 없다.)보다 체계적이었으며 관측 결과를 올바른 방식으로 결합하면 정확도가 낮아지는 것이 아니라 개선된다는 중요한 통찰을 포함했다. 우리가 확실한 기법을 갖게 된 것은 1805년에 《혜성의 궤도를 결정하는 새로운 방법》(New Methods for Determining Orbits of Comets)이라는 소책자를 발간한 아드리앵 마리 르장드르(Adrien Marie Legendre) 덕분이다. 르장드르는 문제를 다른 말로 표현했다. 과잉 결정된 1차 방정식 시스템에 대하여 최소의 총 오차(least overall error) 방정식을 만족하는 미지수의 값은 무엇인가?

이 접근법은 게임의 판도를 완전히 바꿔 놓았다. 오차를 충분히 크게 벌리면 항상 해답을 찾을 수 있기 때문이다. 오차를 완전히 제거할 수는 없지만 중요한 문제는 얼마나 참값에 근접한 결과를 얻는가다. 당시의 수학자들은 이에 대한 답을 알았다. 미적분이나 심지어 단순한 대수학을 이용하면 된다. 그러기 위해서는 우선 총 오차의 정의라는 한 가지 요소가 추가로 필요하다. 르장드르가 낸 최초의 아이디어는 개별 오차를 모두 더하는 것이었으나 생각만큼 효과적이지 못했다. 올바른 답이 5고 두 번의 시도에서 4와 6이라는 답을 얻었다면 각각의 오차는 −1과 +1이며 더해서 0이 된다. 이러한 일을 피하기 위하여 르장드르는 모든 오차를 양수로 변환해야 했다.

오차가 0이 되는 문제를 해결하기 위한 한 가지 방법은 음수의 부호를 바꾸어 모든 오차를 절대치로 대체하는 것이다. 유감스럽게도 이 방식은

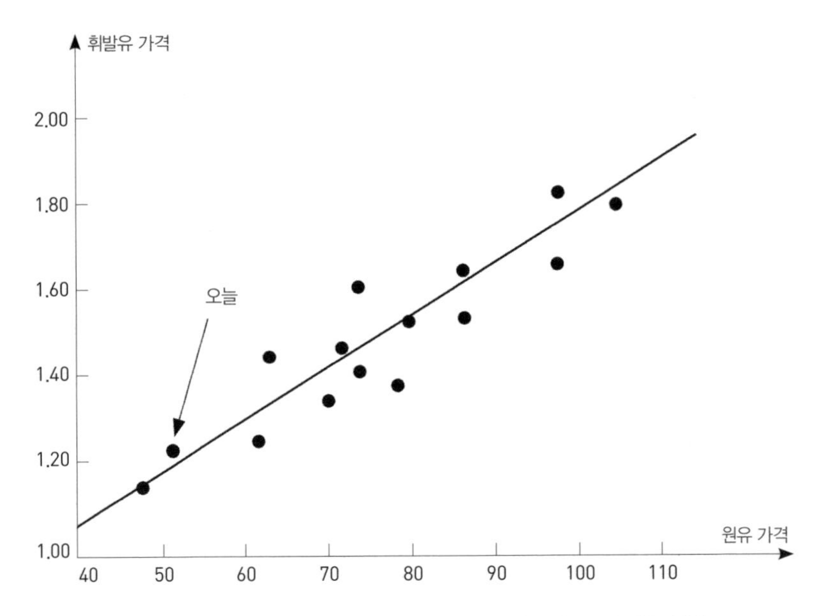

그림 5 휘발유 가격 대 원유 가격의 가상 데이터. 점은 데이터, 선은 맞춤(fitted) 선형 관계다.

깔끔한 답을 얻을 수 없는 (오늘날에는 컴퓨터를 이용하여 다룰 수 있지만) 지저분한 대수학으로 이어진다. 반면에 르장드르는 모든 오차를 제곱한 뒤에 더했다. 양수든 음수든 제곱한 수는 항상 양수며, 제곱수는 다루기 쉬운 대수학으로 이어진다. 제곱한 오차들의 합을 최소화하는 것은 쉬운 문제며 해답을 구하는 간단한 공식이 있다. 르장드르는 이 기법을 가리켜 '진실에 가장 가까운 상태를 드러내기에 적합한' 방법이라고 말하면서 최소 제곱법(method of least squares)이라 명명했다.

두 개의 변수만을 고려할 때 수학적으로 동일하며 흔히 볼 수 있는 응용 방식은 두 변수와 관련된 여러 데이터를 대표하는 직선을 긋는 것이다. 예를 들어 원유 가격과 휘발유 가격 사이에는 어떤 관계가 있을까? 오늘의 원유 가격이 배럴당 52.36달러고 휘발유 가격은 리터당 1.21파운드라고 해 보자. 이는 (52.36, 1.21)의 좌표를 갖는 점이 된다. 여러 날 동안 많은 주유소를 방문하여 데이터 20쌍(실제 응용에서는 수백 개 또는 수백만 개가 될 수도 있다.)을 얻었다고 하자. 그리고 미래의 원유 가격으로부터 휘발유 가격을 예측하려 한다고 가정하자. 가로축을 원유 가격, 세로축을 휘발유 가격으로 하여 도표를 그리면 분산된 점들을 얻게 된다. 이것만으로도 일반적인 추세를 볼 수 있다. 놀랄 일도 아니지만 원유 가격이 오르면 휘발유 가격도 오른다.(하지만 때로 원유 가격은 내리는데 휘발유 가격은 그대로거나 오히려 오를 때도 있다. 내 경험에 따르면 원유 가격이 오르는데 휘발유 가격이 내리는 일은 절대로 없다. 원유 가격 상승은 즉시 소비자에게 전가되지만 원유 가격 하락의 효과가 가시화되는 데는 훨씬 더 오랜 시간이 걸리기 때문이다.)

르장드르의 수학을 이용하면 더 많은 것을 알 수 있다. 우리는 분산된 데이터 점들 사이로 오차의 제곱들의 합계를 최소화한다는 의미에서 데이터에 최대한 근접하여 통과하는 직선을 찾아낼 수 있다. 이 직선을 나타내는 수식은 원유 가격으로부터 휘발유 가격을 예측하는 방법을 말해 준다. 예를 들어 원유 가격(배럴당 달러)에 0.012를 곱하고 거기에 0.56을 더한 것이 휘발유 가격(리터당 파운드)에 대한 최선의 근사치임을 알려 줄 수 있다. 완벽하지는 않으나 가장 오차를 작게 만드는 수식이다. 변수가 더 많아지면 도표가 별로 도움이 되지 못하지만 동일한 수학 기법이 최선의 답을 제공한다.

르장드르의 아이디어는 이 책에서 논의하는 불확실성을 어떻게 다룰 것인가라는 난제에 대하여 매우 단순하면서도 유용한 해답을 제시한다. 그의 답은 불확실성을 가능한 한 작게 만들라는 것이다.

물론 말처럼 쉽지는 않다. 르장드르의 해답은 총 오차라는 특정한 기준에서 '가능한 최선'이다. 다른 기준을 적용하면 다른 직선이 오차를 최소화할 수도 있다. 더욱이 최소 제곱법에는 몇 가지 결함이 있다. 오차를 제곱하는 기법은 계산을 단순화하는 이점이 있는 반면에 '아웃라이어'(outlier), 즉 나머지 모든 데이터에서 멀리 떨어진 점에 너무 큰 가중치를 부여할 우려가 있다. 다른 모든 주유소의 휘발유 가격이 리터당 1.20파운드인데 2.50파운드에 휘발유를 파는 주유소가 있을지도 모른다. 오차를 제곱하면 그러지 않았을 때보다 이런 주유소의 가격 효과가 훨씬 더 커진다. 실용적인 해결책은 아웃라이어를 버리는 것이다. 그러나 때로 아웃라이어는 과학이나 경제 분야에서 중요하게 작용한다. 아웃라이어를 버리면 요점을 놓칠 수 있다. 다른 모든 사람과 관련된 데이터를 버린다면 세상의 누구라도 자신이 억만장자임을 입증할 수 있을 것이다.

그리고 데이터를 버리는 일이 허용된다면 입증하려는 목표와 모순되는 관측 결과를 모두 제거할 수 있다. 오늘날 다수의 과학지는 누구나 게재되는 논문에 속임수가 없는지를 확인할 수 있도록 그 논문과 관련된 모든 실험 데이터를 온라인으로 제공할 것을 요구한다. 데이터를 속이는 일이 많지는 않겠지는 않지만 정직하게 보이는 것은 좋은 관행이다. 과학자들도 때로는 속임수를 쓰기 때문에 부정직한 행위를 예방하는 데도 도움이 된다.

르장드르의 최소 제곱법은 데이터 간의 관계에 결론을 내려 주진 못했지만, 과잉 결정된 방정식들로부터 의미 있는 결과를 추출하는 올바르고 체계적인 최초의 기법으로 볼 수 있다. 훌륭한 출발이었다. 후대에 일반화된 기법은 더 많은 변수를 허용하고 직선 대신 다차원 '초평면'(hyperplane)

에 데이터를 맞췄다. 또한 다음과 같은 의미에서 더 적은 변수에도 이 기법을 적용할 수 있다. 예를 들어 데이터가 2, 3, 7이라면 데이터 간 차이의 제곱의 합을 최소화하는 단일한 대푯값은 무엇일까? 간단한 계산으로 그 값이 데이터의 평균치인 $(2+3+7)/3=4$임을 알 수 있다.[16] 유사한 계산은 어떤 유형의 데이터 집단이든 최소 제곱의 의미에서 평균이 최선의 추정치임을 보여 준다.

시간을 잠시 뒤로 돌려 다른 이야기를 해 보자. 숫자가 커지면 이항 계수를 수작업으로 계산하기가 어렵다. 따라서 초기의 선구자들은 정확한 근사치를 얻는 방법을 찾으려고 노력했다. 그중 한 명인 아브라함 드무아브르(Abraham de Moivre)는 오늘날까지 사용되는 방법을 발견했다.

1667년 프랑스에서 태어난 그는 1688년에 종교 박해를 피하여 영국으로 달아났다. 1711년부터 확률에 관한 글을 발표하기 시작했으며 1718년에는 자신의 생각을 종합한 《가능성의 원리》(Doctrine of Chances)라는 저서를 출간했다. 당시에 그는 베르누이의 통찰을 경제, 정치 분야에 응용하기를 포기했다. 시행 횟수가 크면 이항 분포를 계산하기가 어렵기 때문이었다. 하지만 그는 곧 이항 분포를 보다 다루기 쉽도록 근사하는 일에 진전을 보이기 시작했다. 드무아브르는 1730년에 초기 연구 결과를 〈다양한 분석〉(Miscellanea analytica)이라는 논문으로 발표했으며 3년 뒤에 연구를 완성했다. 그는 1738년에 이 새로운 아이디어를 《가능성의 원리》에 추가했다.

드무아브르는 중앙에 있는 가장 큰 이항 계수의 근사치를 구하는 일부터 시작하여 시행 횟수가 n일 때의 계수는 대략 $2^{n+1}/\sqrt{2\pi n}$임을 발견했

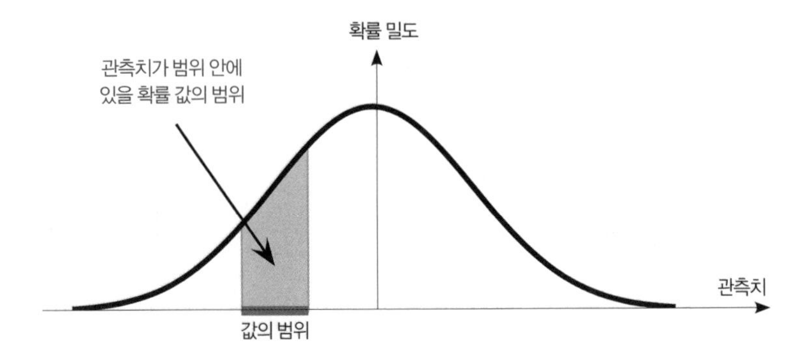

그림 6 정규 분포 곡선. 정점을 중심으로 대칭을 이루며 전체적으로 종 모양이다.

다. 이어서 그는 중앙에서 바깥쪽으로 나가면서 다른 이항 계수 근사치들을 추정했다. 1733년에 드무아브르는 베르누이의 이항 분포를 오늘날 우리가 정규 분포(normal distribution)라 부르는 분포로 근사하는 공식을 유도했다. 이는 확률 이론과 통계학의 기반을 구축한 업적이었다.

정규 분포는 자신이 근사하는 이항 분포처럼 중앙에 단일한 정점이 있는 우아한 곡선을 형성한다. 정규 분포 곡선은 정점을 중심으로 대칭이며 양쪽으로 급격하게 낮아진다. 따라서 곡선 아래의 총면적이 유한하며 실제로 그 값이 1이다. 곡선의 형태가 종 모양과 비슷하여 '종 곡선'(bell curve)이라는 (현대적) 이름으로 불리기도 한다. 정규 분포는 연속 분포(continuous distribution)다. 이는 모든 실수, 즉 무한 소수(infinite decimal, 소수점 아래 숫자가 무한히 계속되는 수.—옮긴이)에 대한 확률을 구할 수 있다는 뜻이다. 모든 연속 분포와 마찬가지로 정규 분포는 특정한 측정치를 얻을 확률을 알려 주지 않는다. 그 확률은 0이다. 그 대신에 측정치가 주어진 범위 안에 있을 확률을 말해 주는데 바로 그 범위에 해당하는 곡선 아랫부분의 면

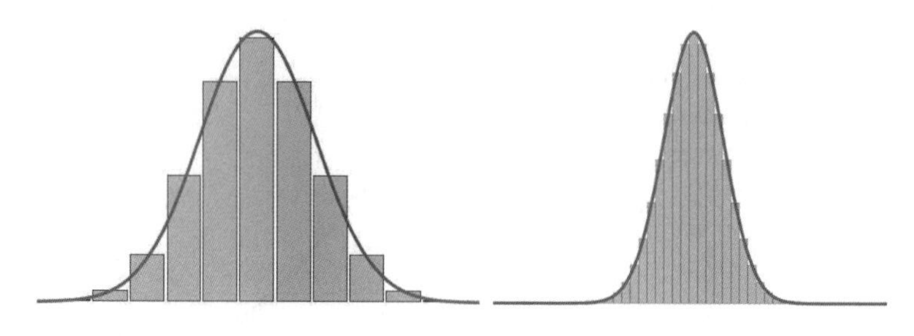

그림 7 동전 던지기를 시행한 결과. 왼쪽은 H와 T의 확률이 같은 동전 던지기를 10회 시행한 결과고, 오른쪽은 50회 시행한 결과로 정점에 더욱 근접한다.

적이다.

통계학자들은 관련된 곡선 모두를 다음과 같은 평균과 표준 편차에 따라 좌표축이 '보정된' 단일한 공식으로 표현하기를 선호한다.

$$\frac{1}{\sqrt{2\pi\sigma^2}}\,e^{-(x-\mu)^2/2\sigma^2}$$

이 공식은 간단하게 $N(\mu,\ \sigma^2)$으로 표기된다. 여기서 평균 μ(뮤)는 중앙에 있는 정점의 위치를 나타내고 표준 편차 σ(시그마)는 곡선의 '퍼짐' 정도, 즉 중앙부의 폭이 얼마나 넓은지를 보여 준다. 평균은 정규 분포와 일치하는 데이터의 평균값을 알려 주고 표준 편차는 평균을 중심으로 변동의 정도가 얼마나 큰지를 말해 준다.(때로는 분산이라 불리는 표준 편차의 제곱인 σ^2을 다루기가 더 쉽다.) 계수에 π가 포함된 것은 전체 면적을 1로 만들기 위함이다. π는 보통 원과의 관계로 정의되므로 확률 문제에 π가 등장하는 것은 주목할 만하다. 정규 분포와 원이 무슨 관계가 있는지는 분명치 않지만 π는 원의 둘레, 지름의 비와 정확히 같은 값이다.

드무아브르의 위대한 발견은 수학 용어로 표현하자면 시행 횟수 n이 클 때 이항 분포의 막대그래프가 $\mu=n/2$이고 $\sigma^2=n/4$인 정규 분포 $N(\mu, \sigma^2)$와 같은 형태가 된다는 것이다.[17] n이 작아도 두 분포의 형태는 상당히 비슷하다. 그림 7에서 왼쪽은 동전 던지기를 10회 시행한 결과에 대한 막대그래프와 곡선이고 오른쪽은 50회 시행한 결과에 대한 막대그래프와 곡선이다.

피에르 시몽 드 라플라스(Pierre Simon de Laplace) 역시 천문학과 확률에 큰 관심을 가졌던 수학자다. 오랜 시간에 걸쳐 집필한 역작 《천체 역학》(Treatise on Celestial Mechanics)은 1799년부터 1825년까지 총 다섯 권으로 출간되었으며 1805년에 4권이 출간된 뒤에 오래된 아이디어를 다시 검토하여 5권을 완성했다. 1810년에는 오늘날 중심 극한 정리라 불리는 연구 결과를 프랑스 과학 아카데미에 제출했다. 드무아브르의 연구를 광범위하게 일반화한 중심 극한 정리는 통계학과 확률 이론에서 정규 분포의 특별한 위치를 확고히 했다. 라플라스는 여러 번의 시행을 거쳐 드무아브르가 밝혔던 것처럼 성공의 총 횟수만을 정규 분포로 근사할 수 있는 것이 아니라 분포의 유형이 무엇이든 동일한 확률 분포에서 뽑아낸 확률 변수의 모든 배열 또한 정규 분포로 근사할 수 있음을 입증했다. 합계를 시행 횟수로 나눈 평균에 대해서도 마찬가지지만 이 경우에는 수평축을 그에 맞추어 조정해야 한다.

좀 더 구체적으로 살펴보자. 천문학이나 다른 분야의 관측 결과는 오차로 인하여 어느 정도의 범위 안에서 변할 수 있는 수치다. 이에 따른 '오차 분포'는 특정한 크기의 오차가 생길 가능성을 알려 준다. 하지만 우리는 오차 분포가 어떤 분포인지 알지 못할 때가 많다. 중심 극한 정리에서는 여러 번 관측하고 그 결과의 평균을 취하는 한 이 문제가 실제로 중요하지 않다고 본다. 일련의 관측 결과로부터 하나의 평균치가 나온다. 전체 과정을 여러 번 반복하여 얻는 평균치의 목록은 자체 확률 분포를 가진다. 라플라스는 이것이 항상 근사적인 정규 분포며 충분히 많은 관측 결과를 결합함으로써 근사의 정확도를 원하는 만큼 확보할 수 있음을 입증했다. 우리가 알지 못하는 오차 분포는 이들 평균치의 평균과 표준 편차에는 영향을 주나 전반적인 패턴에는 영향을 미치지 않는다. 실제로 평균은 같은 값에 머물고 표준 편차는 각 평균치에 해당하는 관측 횟수의 제곱근으로 나뉜다. 시행 횟수가 클수록 관측 결과의 평균치들이 평균 주위로 가까이 모인다.

중심 극한 정리는 아홉 배 많은 관측 결과에 대하여 오차를 9로 나눠야 한다는 마이어의 주장이 틀린 이유를 설명한다. 9를 제곱근인 3으로 대체해야 한다.

거의 같은 시기에 독일의 위대한 수학자 카를 프리드리히 가우스(Carl Friedrich Gauss)는 1809년에 출간된 방대한 천문학 저서 《태양을 중심으로 원뿔 곡선을 따라 움직이는 천체의 운동 이론》(Theory of the Motion of Heavenly Bodies Moving about the Sun in Conic Sections)에서 최소 제곱법을 논의하면서 동일한 종 모양 함수를 사용했다. 그는 데이터를 대표할 가능성이 가장 큰 직선 모델을 찾는 데 최소 제곱 기법을 활용하기 위하여 확률을 사용했다. 주어진 직선의 가능성이 얼마나 되는지 알아내려면 오차 곡선, 즉 관측 오차의 확률 분포를 기술하는 공식이 필요했다. 가우스는 필요한 공식을 얻기 위하여 다수 관측 결과의 평균이 참값에 대한 최선의 추정이라고 가정하고 오차 곡선이 정규 분포임을 추론했다. 그리고 가능성의 최대화가 표준적인 최소 제곱 공식으로 이어진다는 것을 증명했다.

이는 이상한 추론 방식이다. 조지 스티글러(George Stigler, 노벨 경제학상을 수상했으며 시카고학파의 핵심 인물이었던 미국의 경제학자.—옮긴이)는 가우스의 추론이 순환 논리(circular logic)며 괴리가 있다고 지적했다. 가우스는 오차가 정규 분포를 이룬다면 평균(최소 제곱의 특수한 경우)이란 단지 '가장 가능성이 큰' 값일 뿐이라고 주장했다. 일반적으로 평균은 여러 관측 결과를 결합하는 좋은 방법으로 여겨지며 그에 따른 오차의 분포는 정규 분포를 이룬다. 따라서 정규 분포를 가정하면 다시 최소 제곱으로 돌아간다. 가우스는 후일의 저서에서 자신의 접근 방식을 비판했다. 하지만 그의 연구 결과는 라플라스에게 즉각 반향을 불러일으켰다.

그때까지 라플라스는 자신의 중심 극한 정리가 최선의 맞춤 직선 모델을 찾는 일과 관련이 있으리라고는 꿈에도 생각지 못했다가 비로소 가우스의 접근법을 정당화한다는 사실을 깨달았다. 관측 오차가 여러 작은 오차들을 결합한 결과라면, 즉 타당한 추정이라면 중심 극한 정리는 오차 곡선이 (근사적으로) 정규 분포의 형태가 되어야 하며 자연스러운 확률적 의미에서 최소 제곱 추정이 최선임을 시사한다. 이는 오차의 패턴이 일련의 무작위적인 동전 던지기에 지배되는 것과 비슷하다. 앞면이 나올 때는 관측 결과가 실제보다 약간 크고 뒷면이 나올 때는 약간 작아지는 것이다. 이로써 전체 논의가 하나의 깔끔한 꾸러미로 정리되었다.

우리는 제4장에서 주사위를 한 개, 두 개, 세 개 던졌을 때의 합계를 살펴보았다. 이제부터 이들 분포의 평균과 표준 편차를 계산하고자 한다. 평균은 중앙에 위치한다. 주사위가 한 개인 경우 중앙은 3과 4 사이, 즉

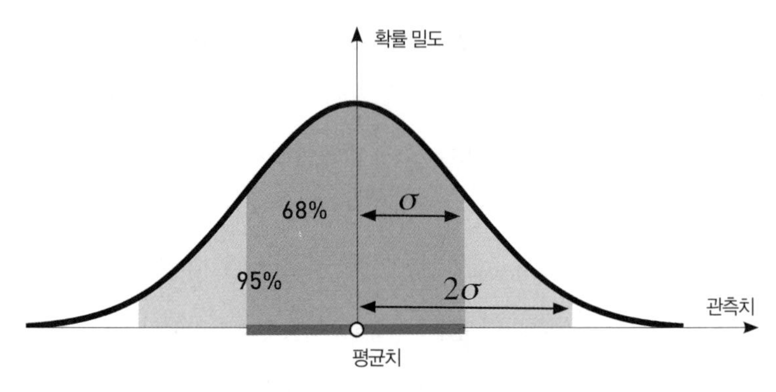

그림 8 정규 분포 곡선. 여기서 평균은 중앙에 위치한다. 표준 편차 σ는 관측치가 평균을 중심으로 퍼진 정도를 나타낸다. 평균에서 σ만큼 떨어진 범위 안에서 사건이 일어날 가능성은 약 68퍼센트, 2σ 범위 안에서 일어날 가능성은 약 95퍼센트다.

3.5에 있다. 주사위가 두 개면 합계의 평균은 7이다. 주사위가 세 개일 때의 중앙은 10과 11 사이, 즉 10.5에 위치한다. 주사위 두 개를 굴리는 일은 주사위를 두 번 관측하는 것으로 생각할 수 있다. 그렇다면 평균 관측 결과는 합계를 2로 나눈 값이다. 7을 2로 나누면 주사위 하나의 평균값인 3.5가 나온다. 주사위가 세 개일 때도 마찬가지다. 10.5를 3으로 나누면 다시 3.5를 얻는다. 이는 주어진 분포로부터 관측 결과의 평균을 내면 동일한 평균치가 나온다는 사실을 보여 준다. 세 경우의 표준 편차는 각각 1.71, 1.21, 0.99다. 중심 극한 정리에 따르는 $1 : 1/\sqrt{2} : 1/\sqrt{3}$의 비율이다.

정규 분포가 확률적 과정의 타당한 모델이 될 때, 이는 관측치가 특정한 범위 안에 있을 확률을 산출하도록 도와준다. 특히 정규 곡선 아래의 면적을 계산함으로써 관측치가 평균으로부터 일정량만큼 벗어나는 확률을 구할 수 있다. 곡선의 폭이 표준 편차에 따라 결정되므로 결과는 표준 편차의 크기와 관계없이 모든 정규 분포에 적용되는 형태로 표현할 수 있다.

곡선 아래 면적은 평균을 중심으로 $\pm\sigma$ 범위 안에서 확률이 약 68퍼센트, $\pm 2\sigma$ 범위 안에서는 95퍼센트임을 보여 준다. 이들 수치는 평균치와 σ 이상 차이가 나는 관측 결과를 얻을 확률이 약 32퍼센트고 2σ 이상 차이 나는 관측 결과를 얻을 확률은 5퍼센트에 불과함을 의미한다. 차이가 커짐에 따라 확률이 급격하게 감소한다.

평균에서 σ 이상 벗어날 확률	31.7%
평균에서 2σ 이상 벗어날 확률	4.5%
평균에서 3σ 이상 벗어날 확률	2.6%
평균에서 4σ 이상 벗어날 확률	0.006%
평균에서 5σ 이상 벗어날 확률	0.00006%
평균에서 6σ 이상 벗어날 확률	0.0000002%

대부분의 생물학 및 의학 연구에서 2σ 수준은 흥미로운 것으로, 3σ 수준은 결정적인 것으로 여겨진다. 특히 금융 시장에서는 주식 가격이 순식간에 10퍼센트 이상 떨어지는 것처럼 특정한 사건이 일어날 가능성이 얼마나 낮은지를 설명하기 위하여 '4시그마 사건' 같은 표현을 사용한다. 정규 분포에 따르면 사건이 일어날 가능성이 0.006퍼센트에 불과하다는 뜻이다. 우리는 제13장에서 '팻 테일'(fat tails) 때문에 정규 분포가 시사하는 것보다 훨씬 더 자주 극단적인 사건이 일어날 수 있음을, 금융 분야의 데이터에서 정규 분포가 언제나 적절하지는 않음을 보게 될 것이다.

새로운 기본 입자의 존재를 입증하는 일이 입자가 수백만 번 충돌하는 과정에서 통계적인 증거를 찾아내는 데 달린 입자 물리학에서는, 중요하고 새로운 발견이 통계적 우연일 가능성이 5σ 수준을 넘어서기 전에는 논문으로 발간하거나 심지어 언론에 발표할 가치도 없는 것으로 여겨진다. 새로운 입자의 발견처럼 보이는 일이 우연일 가능성은 대략 100만분의 1이다. 2012년 힉스 입자를 탐지할 때 연구자들이 3σ 수준의 예비 결과를 이용하여 탐색할 에너지의 범위를 좁히기는 했지만 데이터가 5σ 수준에 도달한 뒤에야 발표되었다.

확률이 하는 일을 적으라

확률이란 정확히 무엇일까? 이제까지 나는 특정한 사건의 확률은 다수의 시행에서 장기적으로 그 사건이 일어나는 비율이라는 다소 모호한 정의를 내렸다. 이러한 '빈도적'(frequentist) 해석이 타당한 근거는 베르누이가 발견한 대수의 법칙에서 찾을 수 있다. 그러나 그 비율은 모든 특정한 일련의 시행에서 변동하며 사건의 이론적인 확률과 일치하는 일이 매우 드물다.

대수학적 의미에서 확률을 시행 횟수가 늘어날 때의 비율의 극한으로 정의할 수도 있다. 수열의 극한은 (극한이 존재한다면) 아무리 작은 오차가 주어지더라도 수열이 충분히 진행되기만 하면 수열의 숫자와 극한값의 차이가 오차보다 작아지는 유일무이한 숫자다. 문제는 매우 드물기는 해도 일련의 시행이 다음과 같이 매번 앞면이 나오는 결과를 낳을 수 있다는 사실이다.

H H H H H H H H H H H H H H H H H H H H H……

아니면 H가 훨씬 더 많이 나오는 가운데 산발적으로 T가 나올 수도 있다. 그 가능성이 작다는 것은 인정해야겠으나 불가능한 일은 아니다. 그렇다면 '가능성이 작다'는 말은 무슨 뜻일까? 확률이 매우 낮다는 뜻이다. 우리가 적절한 유형의 극한을 정의하려면 확률을 정의할 필요가 있는데, 확률을 정의하려면 적절한 종류의 극한을 정의해야 한다는 말처럼 들린다. 악순환이다.

수학자들은 결국 이러한 장애물을 피해 가는 방법이 고대 그리스의 기하학자 유클리드(Euclid)의 기법을 빌려 오는 것임을 깨달았다. 확률이 무엇인가라는 걱정은 그만하고 확률이 하는 일을 적으라. 더 정확하게 말하자면 확률이 해 주기를 원하는 것, 즉 이전의 모든 연구에서 나온 일반 원리를 적으라. 이들 원리는 공리(axioms)라 불리며 다른 모든 것이 그로부터 유도된다. 그리고 현실에 확률을 적용하고 싶다면 확률이 특정한 방식으로 관련된다는 가설을 세우라. 이 가정에 따른 결과를 알아내려면 공리적 이론을 사용하고 가설이 정확한지를 확인하기 위하여 실험과 비교하라. 베르누이가 이해한 대로 그가 찾아낸 대수의 법칙은 관찰된 빈도수를 사용하여 확률을 추정하는 방법을 정당화한다.

동전의 두 면이나 주사위의 여섯 면처럼 사건의 수가 유한할 때는 확률에 대한 공리를 설정하는 일이 어렵지 않다. 사건 A의 확률을 $P(A)$로 표시하면 우리에게 필요한 공리의 주요 특성은 확률이 양수일 것, 즉 '$P(A) \geq 0$'이며 '$P(U) = 1$'과 같은 보편 법칙이 적용된다는 점이다.

여기서 U는 '가능한 모든 결과'를 포함하는 보편적인 사건이자 가산 법칙(addition rule)이다.

$$P(A \text{ or } B)=P(A)+P(B)-P(A \text{ and } B)$$

이 식은 A와 B가 중첩될 수 있는 경우이며, 중첩이 없을 때는 다음과 같이 단순화된다.

$$P(A \text{ or } B)=P(A)+P(B)$$

또한 A or not $-A=U$이므로 부정 법칙(negation rule)을 쉽게 추론할 수 있다.

$$P(\text{not}-A)=1-P(A)$$

독립적인 사건 A와 B가 연속하여 일어날 때, 두 사건이 모두 일어날 확률은 다음과 같이 정의된다.

$$P(A \text{ and then } B)=P(A)P(B)$$

우리는 앞에서 나온 확률이 위의 법칙들을 충족함을 증명할 수 있다. 이는 곧바로 카르다노의 연구까지 거슬러 올라가며 베르누이의 연구에서 매우 분명해진다.

이 모든 것에는 흠잡을 데가 없으나 드무아브르의 탁월한 업적에 감사할 수밖에 없는 연속적인 확률 분포의 등장이 공리의 문제를 복잡하게 만들었다. 예컨대 두 별 사이의 각도는 연속 변량(continuous variable)이며 0도에서 180도 사이의 어떤 값이든 될 수 있다. 더 정확한 측정이 가능할수록 연속 분포의 중요성이 커진다.

유용한 힌트가 하나 있다. 앞에서 정규 분포를 논의할 때 면적이 확률을 나타낸다고 언급한 설명에 따라 곡선 아래의 총면적이 1이라는 법칙을 추가하여 면적의 특성을 공리화할 수 있다. 연속 분포의 경우 추가되는 주요 법칙은 가산 법칙이 무한히 많은 사건에 대하여 성립한다는 것이다.

$$P(A \text{ or } B \text{ or } C \text{ or } \cdots\cdots) = P(A) + P(B) + P(C) + \cdots\cdots$$

여기서 A, B, C 등 '모든 사건'은 중첩되지 않는다고 가정한다. '……'는 좌변과 우변 모두 무한대가 될 수 있음을 나타낸다. 우변의 합은 모든 항이 양수고 합계가 결코 1보다 클 수 없으므로 수렴한다.

'면적'을 같은 방식으로 확률을 나타내는 다른 양으로 일반화하는 것 또한 유용하다. 3차원의 부피가 그 예다. 이 접근 방식의 결론은 확률이 사건 공간(space of events)에 모여 있는 적절한 부분 집합들에 면적과 유사한 특성을 부여하는 '측도'(measures)에 해당한다는 것이다. 앙리 르베그(Henry Lebesgue)는 1901~1902년에 걸친 1년간의 연구 끝에 적분 이론에 측도를 도입했으며, 러시아의 수학자 안드레이 콜모고로프(Andrei Kolmogorov)는 1930년대에 확률에 대한 공리를 설정하면서 다음과 같이 측도를 사용했다. 표본 공간(sample space)은 사건(events)이라 불리는 부분 집합과 사건에 해당하는 측도 P가 모여서 이루어지는 집합이다. 공리는 P가 측도고 집합 전체의 측도가(무언가가 일어날 확률이) 1이라고 말한다. 사건의 모음에 집합 이론에 부합하는 기술적인 특성이 있어야 함을 제외하면 필요한 것은 그게 전부다. 정확히 같은 설정이 유한한 집합에도 적용되므로 무한의 주변에서 빈둥거릴 필요는 없다. 콜모고로프의 공리적 정의는 수 세기에 걸친 격렬한 논쟁을 생략하고 잘 정의된 확률의 개념을 수학자들에게 제시했다.

표본 공간의 더 전문적인 용어는 확률 공간(probability space)이다. 확률 이론을 통계에 적용할 때 우리는 실제로 가능한 사건의 표본 공간을 콜모고로프적인 의미의 확률 공간으로 모델화한다. 예를 들어 총인구 중 소년과 소녀의 비율을 연구할 때, 실제 표본 공간은 그 인구 집단에 속한 모든 소년과 소녀다. 이와 비교하는 모델은 네 가지 사건, 즉 공집합 Ø, G, B 그리고 전체 집합 {G, B}다. 소년과 소녀의 가능성이 동일하다면 확률은 $P(\emptyset)=0$, $P(G)=P(B)=1/2$, $P(\{G, B\})=1$이다.

나는 편의상 실제 사건과 이론 모델 모두에 '표본 공간'이라는 용어를 사용하려 한다. 중요한 것은 다음 장의 수수께끼들이 보여 주듯 어떤 의미로든 적절한 표본 공간을 선택하는 일이다.

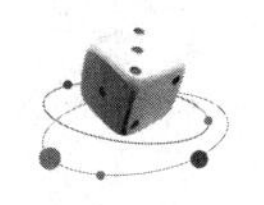

제6장

오류와 역설

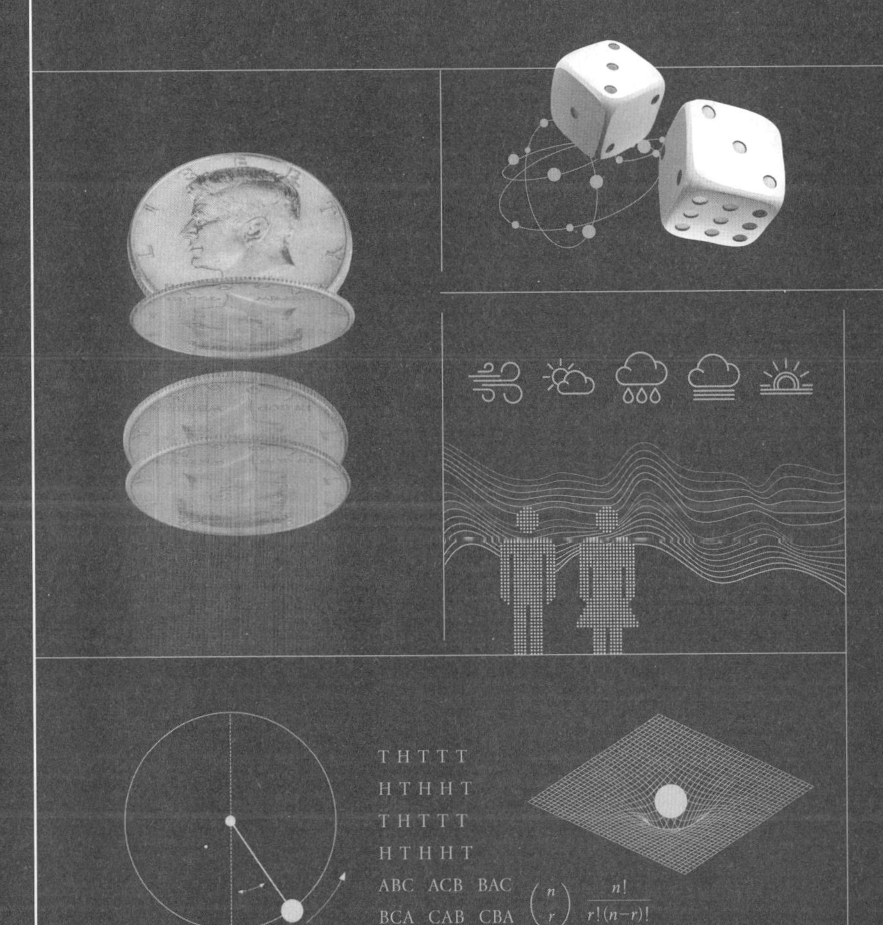
THTTT
HTHHT
THTTT
HTHHT
ABC ACB BAC
BCA CAB CBA
$\binom{n}{r}$ $\frac{n!}{r!(n-r)!}$

나는 아들이 태어나기를 간절히 바라면서
아내의 출산이 예정된 달에 태어나는 사내아이들을
걱정스럽게 지켜보는 남자들을 보아 왔다.
월말이 되면 그달에 태어난 사내아이와
여자아이의 비율이 같아져야 한다고 생각하는 그들은
이미 태어난 사내아이들이 다음번에 여자아이가 태어날
가능성을 높인다고 판단한다.

–
피에르 시몽 드 라플라스, 《확률에 대한 철학적 시론》

• • • 확률에 대한 인간의 직관은 형편없다. 우리는 우연한 사건이 일어날 가능성에 대한 빠른 추정을 요청받을 때 흔히 완전히 틀린 답을 내놓곤 한다. 전문 도박사나 수학자처럼 훈련하면 나아질 수는 있지만 시간과 노력이 필요하다. 어떤 가능성에 대하여 신속한 판단을 내릴 때 '반절 정도'는 틀리는 것이다.

제2장에서 나는 이런 이유로 더 합리적인 반응이 위험을 초래할 때, 진화는 '빠르고 간편한' 방법을 좋아한다는 근거를 제시했다. 진화는 긍정 오류(false positive)보다 부정 오류(false negative)를 선호한다. 절반쯤 보이는 갈색 물체가 표범인지 바위인지 선택해야 하는 상황이라면 단 한 번의 부정 오류도 치명적인 결과를 부를 수 있다.

고전적인 확률의 역설(자기 모순적인 논리라기보다는 '뜻밖의 결과'를 보여 준다는 의미에서)은 이 견해를 뒷받침한다. 생일의 역설을 생각해 보자. 한 방에 모인 사람 중에 두 사람의 생일이 같을 가능성이 모두의 생일이 다를 가능성보다 커지려면 몇 명이나 있어야 할까? 1년이 365일이고(2월 29일은 제외하자.) 모든 날이 생일이 될 가능성이 같다고(정확히 사실은 아니지만 어쨌든) 가정하자. 이 문제에 대하여 들어 본 적이 없는 사람들은 상당히 큰 답을 내놓는다. 100명 정도, 아니면 365의 절반쯤인 180명 정도. 정확한 답은 23명이다. 이유를 알고 싶은 독자를 위하여 주석에 자세한 설명을 제시했다.[18] 생일의 분포가 균일하지 않다면 답이 더 작을 수 있으며 23보다 클 수는 없다.[19]

사람들이 종종 혼란스러워하는 또 다른 수수께끼가 있다. 스미스 부부는 두 명의 자식을 두었으며 둘 중 적어도 하나는 딸이다. 편의상 아들과 딸의 출생 확률이 같고(실제로는 아들을 낳을 가능성이 약간 더 크지만 우리는 인구학에 관한 학구적인 논문이 아니라 수수께끼를 이야기하고 있다.) 두 아이가 아들 아니면 딸이라고(젠더나 특이한 염색체 문제 같은 것은 무시하자.) 가정하자. 그리고 자녀의 성별이 독립적인 확률 변수라고(대부분의 부부에 대하여 사실이지만 전부는 아니다.) 치자. 스미스 부부의 두 아이가 모두 딸일 확률은 얼마인가? 2분의 1은 아니다. 3분의 1이다.

이제 첫째가 딸이라고 가정해 보자. 두 아이 모두 딸일 확률은 얼마인가? 이번에는 정말로 2분의 1이다.

마지막으로 두 아이 중 적어도 하나는 화요일에 태어난 딸이라고 해 보자. 두 아이 모두 딸일 확률은 얼마인가?(모든 요일의 가능성이 같다고 가정한다. 이 역시 실제로는 사실이 아니지만 큰 차이가 없다.) 이 문제에 대해서는 한동안 생각해 볼 시간을 주려 한다.

이 장의 나머지 부분에서는 확률의 역설적인 결론과 잘못된 추론의 예를 살펴볼 것이다. 이를 위해 예전부터 좋아하던 몇 가지 예와 그보다 덜 알려진 예들을 제시하고자 한다. 이들을 살펴보는 주목적은 불확실성에 대한 문제는 매우 신중하게 생각해야 하고 성급하게 판단하지 말아야 한다는 메시지를 납득시키는 데 있다. 불확실성을 다루는 효과적인 방법이 있더라도 그 방법이 잘못 사용되면 우리를 오도할 수 있다는 사실을 알아야 한다. 여기서 핵심이 되는 개념인 조건부 확률이 이 책을 관통하는 주제다.

그럴듯함과 그럴듯하지 않음 그리고 확률

두 가지 대안 중 하나를 선택할 때 흔히 범하는 오류가 있다. 인간의 고정관념에 따라 두 가지 가능성이 50 대 50으로 같다고 자연스레 가정하는 것이다. 사람들은 대수롭지 않게 '무작위적인' 사건을 이야기하지만 무작위의 의미는 거의 숙고하지 않는다. 흔히 우리는 무작위를 일어나거나 일어나지 않을 가능성이 50 대 50인 사건들과 동일시한다. 내가 이 장의 두 번째 문단에 '반절 정도'라고 서술했을 때도 바로 그와 같은 가정을 했다. 실제로 무엇이 가능하고 무엇이 가능하지 않은지가 동일한 확률로 나타나는 경우는 드물다. 이는 표현의 의미를 생각해 보면 분명해진다. '그럴듯하지 않음'은 확률이 낮다는 뜻이고 '그럴듯함'은 확률이 더 높다는 의미다. 일상 표현조차 혼란을 부르는 것이다.

전통적인 확률의 수수께끼들은 확률에 대한 오류를 범할 가능성이 그러지 않을 가능성보다 훨씬 크다는 것을 보여준다. 제8장에서 확률에 대한 빈약한 이해가 법정에서 유무죄를 가리는 등 실질적으로 중요한 상황에서 우리를 어떻게 잘못된 길로 인도하는지 확인할 것이다.

손쉽게 판단할 수 있는 명확한 보기를 제시한다. 탁자 위에 두 장의 카드를 놓고 그중 하나가 스페이드 에이스라고 (사실대로!) 말해 준다면 당신이 스페이드 에이스 카드를 뽑을 가능성이 2분의 1이라는 것은 당연해 보인다. 이 시나리오에서는 그것이 진실이다. 그러나 이와 흡사한 상황에서 진화를 통하여 우리 뇌에 자리 잡은 50 대 50의 가정이 완전히 틀릴 때도 있다. 대표 사례로 확률 이론가들이 즐겨 인용하는 몬티 홀(Monty Hall) 문제를 들 수 있다. 진부하다고 할 수도 있는 이 문제의 몇몇 특성은 간과될 때가 많다. 더욱이 몬티 홀 문제는 우리가 지향하는 조건부 확률이라는 비직관적인 영역으로 들어가는 완벽한 통로다. 조건부 확률은 특정한 사건이 이미 일어난 상황에서 다른 사건이 일어날 확률이다. 그리고 조건부 확률과 관련된 문제에서는 진화를 통하여 우리 뇌에 자리 잡은 기본 가정들이 대단히 부적절하다고 할 수 있다.

생물 통계학자 스티브 셀빈(Steve Selvin)이 1975년에 발표한 미국 텔레비전 프로그램 〈거래합시다〉를 토대로 한 게임 쇼 전략에 관한 논문은 메릴린 보스 사반트(Marilyn vos Savant)가 1990년에 〈퍼레이드〉 칼럼에서 다룬 뒤 격렬하고도 대체로 부적절한 논쟁이 벌어진 바람에 유명해졌다. 게임 쇼의 수수께끼는 다음과 같다. 당신에게 닫혀 있는 문 세 개가 제시된다. 어떤 문 뒤에는 페라리 자동차라는 최고 상품이 숨어 있고 나머지 두 개의 문 뒤에는 애석하게도 염소가 있다. 당신이 문 하나를 선택하면 그 문 뒤에 있는 것을 상품으로 받게 된다. 하지만 선택된 문이 열리기 전에 자동차가 어디에 있는지를 아는 진행자가 염소가 있는 문 하나를 열어 보이고 생각을 바꿀 기회를 제안한다. 당신이 염소보다 페라리를 선호한다면 어떻게 해야 할까?

이 질문은 확률 이론과 더불어 모델링을 연습할 수 있는 문제다. 늘 그러한 기회가 제공되는지 그렇지 않은지에 많은 것이 달려 있다. 진행자가 항상 생각을 바꿀 기회를 제공하고 모두가 그 사실을 알고 있다는 가장 간단한 상황으로 시작해 보자. 당신은 선택을 바꿈으로써 자동차를 탈 가능성을 두 배로 높일 수 있다.

이 말은 우리 뇌의 50 대 50이라는 기본 가정과 즉각 충돌한다. 이제 당신은 하나는 염소를, 다른 하나는 자동차를 감추고 있는 두 개의 문을 본다. 가능성은 당연히 50 대 50이어야 한다. 하지만 그렇지 않다. 진행자의 행동이 당신이 어느 문을 선택했는지에 따른 조건부 행동이기 때문이다. 구체적으로 말하자면 진행자는 당신이 선택한 문을 열지 않았다. 문 하나가 자동차를 숨기고 있을 가능성은 그 문이 당신이 선택한 문일 경우에 3분의 1이다. 당신이 세 문 중에서 자유롭게 하나를 선택했고 각각의 문 뒤에 자동차가 있을 가능성이 같기 때문이다. 장기적으로 볼 때 당신은 세 번에 한 번꼴로 자동차를 타게 된다. 따라서 세 번 중에 두 번 자동차를 탈 수는 없을 것이다.

이제 문 하나가 제거되었으므로 당신이 선택하지 않은 나머지 문 뒤에 자동차가 있을 확률은 1−(1/3)=2/3다. 문은 하나밖에 남지 않았으며 우리는 방금 당신이 자유롭게 선택한 문에서 세 번 중 두 번 자동차를 탄다는 사실이 틀렸음을 보았다. 그러므로 남은 문으로 선택을 바꾸면 세 번 중에 두 번은 자동차를 타게 된다. 그것이 셀빈의 주장이었고 사반트 역시 그렇게 말했지만 그녀에게 편지를 보낸 많은 독자는 그렇게 믿지 않았다. 하지만 이는 진행자의 행동이 설명된 대로라는 조건에서 틀림없는 사실이다. 여전히 의심스럽다면 이 책을 계속해서 읽어 나가기 바란다.

심리적으로 대단히 흥미로운 현상이 있다. 상을 탈 가능성이 50 대 50이어야 한다고 (따라서 남은 문 두 개에서 자동차를 탈 가능성이 같다고) 주장하는 사람들은, 가능성이 50 대 50이라면 선택을 바꾸더라도 나빠질 것이 없는데도 대개 생각을 바꾸지 않는 편을 선호한다. 나는 이 현상이 진행자가 당신을 골탕 먹이려 한다는 은밀한 의심(사실일 가능성이 큰)을 포함하는 문제의 모델링 측면과 관련 있다고 생각한다. 아니면 아마도 자신이 속고 있다고 믿는 베이지안 뇌 때문일지도 모른다.

진행자가 항상 생각을 바꿀 기회를 제공한다는 조건을 제거하면 문제는 완전히 달라진다. 가령 당신이 상을 타는 선택을 했을 때만 생각을 바꿀 기회를 제안한다고 해 보자. 그 조건에서는 당신의 선택으로 자동차를 탈 확률이 1이고 다른 문일 확률은 0이다. 반대로 당신이 자동차가 없는 문을 선택했을 때만 진행자가 생각을 바꿀 기회를 제안한다고 해 보자. 이 경우에는 조건부 확률이 반대로 된다. 진행자가 이러한 두 가지 상황을 적절하게 뒤섞는 것도 가능하며 이때는 당신이 처음의 선택을 고수함으로써 원하는 상을 탈 가능성과 상을 타지 못할 가능성이 얼마든지 달라질 수 있다. 계산 결과는 이 결론이 정확함을 보여 준다.

50 대 50이 올바르지 않음을 확인하는 또 다른 방법은 문제를 일반화하고 더욱 극단적인 예를 생각해 보는 것이다. 무대 마술사가 카드 한 벌(서로 다른 52장의 카드로 구성되며 조작되지 않은 평범한 카드들이다.)을 펼쳐 놓고 당신이 스페이드 에이스를 뽑으면 상품을 주겠다고 제안한다. 당신은 여전히 앞면이 바닥을 향한 채로 놓인 카드 중 한 장을 선택하여 마술사 앞으로 밀어 낸다. 마술사는 당신에게 숨긴 채로 나머지 51장의 카드를 집어 올려 모두 살펴본 뒤에 스페이드 에이스가 아닌 카드를 앞면이 보이도록 해서 한 장씩 탁자에 내려놓기 시작한다. 얼마 뒤에 그는 앞면을 아래로

한 카드 한 장을 당신이 뽑은 카드 옆에 놓고 카드 한 벌이 다 없어질 때까지 스페이드 에이스가 아닌 카드를 내려놓는다. 이제 탁자 위에는 눈으로 스페이드 에이스가 아니라는 사실을 확인할 수 있는 카드 50장과 무엇인지 알 수 없는 카드 두 장, 즉 당신이 처음에 뽑은 카드와 마술사가 그 옆에 놓은 카드가 있다.

마술사가 속임수를 쓰지 않았다고 가정하면(그가 무대 마술사임을 생각하면 어리석은 가정일 수도 있지만 이 사례에서는 속임수가 없었다고 하자.) 어느 카드가 스페이드 에이스일 가능성이 더 큰가? 가능성이 똑같을까? 그럴 리는 없다. 당신의 카드는 52장의 카드 한 벌에서 임의로 선택되었으므로 스페이드 에이스인 경우는 52번에 한 번이다. 52번 중 51번은 나머지 51장 중에 스페이드 에이스가 있다. 그렇다면 마술사의 카드가 스페이드 에이스임이 분명하다. 그렇지 않은 드문 경우(52번에 한 번)에는 당신이 뽑은 카드가 스페이드 에이스고 마술사의 카드는 무엇이든 50장을 버리고 남은 카드다. 따라서 당신의 카드가 스페이드 에이스일 확률은 52분의 1이고 마술사의 카드가 스페이드 에이스일 확률은 52분의 51이다.

하지만 적절한 상황에서는 50 대 50 시나리오가 나타난다. 전체 진행 과정을 보지 못한 사람을 무대로 불러 올려 두 장의 카드 중에서 스페이드 에이스를 뽑게 한다면 그가 성공할 확률은 2분의 1이다. 차이점은 당신이 먼저 한 장의 카드를 뽑았고 마술사가 당신의 선택에 따라 행동했다는 것이다. 새로운 참가자는 모든 과정이 끝난 뒤에 무대에 올라왔으므로 마술사가 그의 선택에 대하여 아무런 조건적인 행동을 취할 수 없다.

요점을 확실히 하기 위하여 같은 과정을 되풀이하되 이번에는 마술사가 카드를 내려놓기 전에 당신이 선택한 카드를 뒤집어 볼 수 있다고 가정하자. 당신의 카드가 스페이드 에이스가 아니라면(이번에도 역시 손재주를 부린 속임수가 없다고 가정할 때) 마술사의 카드가 스페이드 에이스여야 한다. 그리고 이러한 일은 장기적으로 보아 52번 중 51번 일어난다. 당신의 카드가 스페이드 에이스라면 마술사의 카드는 스페이드 에이스일 수 없으며, 이 같은 일은 52번 중 한 번 일어난다.

당신이 선택한 문을 열어 볼 수 있다면 자동차와 염소를 선택하는 문제에도 같은 논지가 적용된다. 당신은 세 번 중에 한 번 자동차를 보게 될 것이다. 나머지 두 번은 염소가 보이는 열린 문 두 개와 닫힌 문 하나를 마주하게 될 것이다. 자동차가 어디에 있다고 생각하는가?

직관 vs. 확률

더 단순한 수수께끼처럼 보이지만 몬티 홀 문제 못지않게 알쏭달쏭한 스미스 부부와 아이들의 문제로 돌아가 보자. 두 가지 경우가 있었다.

1. 스미스 부부에게 두 명의 자식이 있고 둘 중 적어도 한 명은 딸(Girl, G)이라고 한다. 앞에서 언급된 다른 조건들과 아울러 아들(Boy, B)과 딸의 출생 가능성이 같다고 가정할 때, 두 아이 모두 딸일 확률은 얼마인가?
2. 이번에는 둘 중 맏이가 딸임을 안다고 가정하자. 두 아이 모두 딸일 확률은 얼마인가?

1번 문제에 대한 직관적인 반응은 이렇다. '한 명은 딸이다. 나머지 한 명이 아들이나 딸일 가능성은 같다.' 그래서 2분의 1이라는 답이 나온다. 이 생각의 결함은 스미스 부부의 두 아이가 모두 딸일 수 있으며(어쨌든 우리가 확률을 추정하도록 요구받은 사건이다.) 그럴 때는 '나머지 한 명'이 유일무이하게 정의되지 않는다는 것이다. 차례로 태어나는 두 아이를 생각해 보자. 쌍둥이라도 먼저 나오는 아이가 있다. 가능성은 다음과 같다.

GG GB BG BB

우리는 둘째의 성별이 맏이의 성별과 무관하다고 가정했다. 따라서 위의 네 가지 경우의 가능성은 똑같다. 모든 경우가 가능하다면 각각의 확률은 4분의 1이다. 하지만 추가로 주어진 정보는 BB를 배제한다. 남은 경우는 세 가지뿐이고 그들의 가능성은 여전히 동일하다. 그중 하나만이 GG이므로 확률은 3분의 1이다.

이 문제의 확률이 갑자기 달라진 것처럼 보인다. 처음에는 GG의 확률이 4분의 1이었는데 느닷없이 3분의 1이 되었다. 어째서 그렇게 되었을까?

달라진 것은 상황에 대한 정보다. 이 수수께끼의 핵심은 적절한 표본 공간의 설정이다. 'BB는 아님'이라는 추가 정보가 표본 공간을 네 가지 가능성에서 세 가지 가능성으로 축소한다. 이제 실제 표본 공간은 두 자녀를 둔 모든 가족이 아니라 두 자녀 모두가 아들은 아닌 가족으로 구성된다. 이에 해당하는 표본 공간 모델은 GG, GB, BG로 이루어진다. 이들의 가능성은 모두 동일하므로 표본 공간에서의 확률은 각각 3분의 1이다. BB는 일어날 수 없는 사건이므로 관계가 없다.

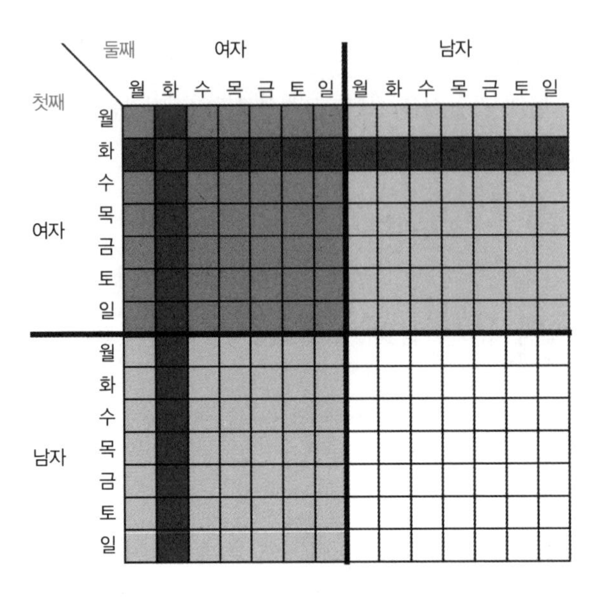

그림 9 화요일에 태어난 딸에 대한 표본 공간. 옅은 음영은 적어도 한 아이는 딸, 중간 음영은 두 아이 모두 딸, 짙은 음영은 적어도 한 아이는 화요일에 태어난 딸일 확률이다.

추가 정보가 관련된 확률을 바꾼다는 것은 역설이 아니다. 당신이 경마장에서 '질주하는 지롤라모' 경주마에 돈을 건다고 치자. 마침 '활기 넘치는 베르누이'라는 유명한 말이 괴질에 걸려 전처럼 빠르게 달리지 못한다는 믿을 만한 최신 정보를 얻는다면 승리할 가능성이 확실히 증가한다.

이 수수께끼는 조건부 확률의 한 가지 예를 보여 준다. 수학의 관점에서 조건부 확률을 산출하는 방법은 주어진 조건에서 여전히 일어날 가능성이 있는 사건만을 포함하도록 표본 공간을 축소하는 것이다. 축소된 표본 공간의 확률 총합을 1로 만들려면 축소하기 전의 확률에 적절한 상수를 곱해야 한다. 어떤 상수인지는 곧 알게 될 것이다.

수수께끼의 세 번째 버전은 적어도 한 아이가 화요일에 태어난 딸이라는 조건이다. 문제는 전과 같다. 스미스 부부의 두 아이가 모두 딸일 확률은 얼마인가? 두 아이 모두 딸인 경우를 표적 사건(target event)이라 부르겠다. 우리가 구하려는 확률은 스미스 부부가 표적을 맞출 가능성이다. 편의상 앞에서 말한 대로 모든 요일의 출생 가능성이 같다고 가정할 것이다.

얼핏 보기에 새로운 정보는 확률과 관계가 없어 보인다. 딸이 무슨 요일에 태어났는지가 왜 중요한가? 모든 요일의 가능성은 동일하다! 그러나 성급한 결론을 내리기 전에 적절한 표본 공간을 살펴보자. 그림 9는 첫째와 둘째 아이의 성별과 출생 요일에 대한 모든 조합을 보여 준다. 이는 완전한 표본 공간으로, 196개(14×14) 사각형의 가능성은 모두 같으며 각각의 확률은 196분의 1이다. 짙은 사각형이 겹치는 곳을 제외하고 중간 음영으로 표시된 왼쪽 위 사분면에는 49개의 사각형이 있다. 이 사분면은 '두 아이 모두 딸'에 해당하며 그 확률은 예상한 대로 49/196=1/4이다.

'적어도 하나는 화요일에 태어난 딸'이라는 새로운 정보는 표본 공간을 두 개의 어두운 띠로 축소한다. 두 개의 띠에는 총 27개의 사각형이 있다. 수평 방향 14개에 수직 방향 14개를 더하고 같은 사건을 두 번 세지 말아야 하므로 겹치는 사각형 한 개를 뺀 수다. 새롭게 축소된 표본 공간에서도 각각의 사건이 일어날 가능성은 여전히 동일하므로 각 사각형의 조건부 확률은 27분의 1이다. '둘 다 딸'인 표적 영역에 있는 어두운 사각형이 몇 개나 되는지 세어 보자. 답은 13(7+7에서 겹치는 1을 뺀)이다. 나머지 14개는 두 아이 중 적어도 하나가 아들인 영역에 있으므로 표적에서 벗어난다. 모든 사각형의 가능성은 같으므로 적어도 한 아이가 화요일에 태어난 딸이라는 조건에서, 스미스 부부의 두 아이가 모두 딸일 조건부 확률은 27분의 13이다.

출생한 요일은 실제로 중요하다! 암산에 능한 통계학자가 아닌 한 누구라도, 순전한 우연은 제외하고 이 답을 바로 추측하지는 못할 것이다. 계산이 필요하다.

그러나 적어도 한 아이가 화요일 대신 수요일 또는 금요일에 태어났다는 조건이더라도 그림 9의 다른 위치에 있는 띠들을 사용하여 동일한 조건부 확률을 얻게 될 것이다. 이러한 의미에서는 출생한 요일이 중요하지 않다. 어떻게 된 일일까?

직관에 반하는 수학적 결과를 접한 사람들은 때로 수학의 놀라운 힘을 포용하는 것이 아니라 수학이 쓸모없다는 결론을 내린다. 여기서도 그럴 위험이 있다. 직관에 의지해 타당한 근거가 있는 답을 거부하는 사람들이 존재하기 때문이다. 그들은 딸이 태어난 요일이 확률을 바꿀 수 있다는 사실을 이해하지 못한다. 당신이 그렇게 생각한다면 단순한 계산이 별로 도움이 되지 않고 오류가 있다는 강한 의심을 품게 될 것이다. 따라서 계산 결과를 보충하기 위한 일종의 직관적인 설명이 필요하다.

'딸이 태어난 요일은 아무것도 바꿀 수 없다.'라는 추론의 기저에 있는 오류는 미묘하지만 중요하다. 어느 요일인가는 상관없지만 특정한 요일을 선택하는 일은 중요하다. 특정한 그녀가 없을 수도 있기 때문이다. 우리가 아는 바로는 (실제로 이것이 수수께끼의 요점이다.) 스미스 부부의 두 아이 모두 딸일 수 있다. 그 경우에 둘 중 한 아이가 화요일에 태어났다는 것은 알지만 어느 아이인지는 알지 못한다. 앞에서 살펴본 더 간단한 수수께끼 두 개는 어느 아이가 먼저 태어났는지와 같은 두 아이를 구별하는 가능성을 개선하는 추가 정보가 모두 딸일 확률을 변화시킨다는 사실을 보여 준다. 맏이가 딸이라면 둘 다 딸일 확률은 우리의 예상대로 2분의 1이다.(동생이 딸이었더라도 마찬가지다.) 하지만 어느 아이가 딸인지 모를 때는 조건부 확률이 3분의 1로 줄어든다.

이처럼 더 단순한 두 수수께끼는 추가된 정보의 중요성을 예시하지만 그러한 정보를 직관적으로 이해하기는 쉽지 않다. 세 번째 수수께끼를 통해서는 추가된 정보가 실제로 아이들을 구별한다는 사실을 명확하게 알기 어렵다. 우리는 화요일에 출생한 아이가 어느 아이인지 알지 못한다. 어떤 일이 일어나는지를 알려면 그림 9에서 사각형의 수를 세야 한다.

그림 9의 격자에는 '적어도 하나는 딸'에 해당하는 조건에 따라 음영 표시된 사분면이 세 개 있다. 중간 음영의 사분면은 '둘 다 딸', 옅은 음영의 사분면은 '맏이가 딸'과 '동생이 딸'에 해당하고 음영이 없는 사분면은 '둘 다 아들'에 해당한다. 각 사분면에는 49개의 작은 사각형이 있다.

'적어도 하나는 딸'이라는 정보는 음영이 없는 사분면을 제거한다. 우리가 아는 정보가 그것뿐이라면 '둘 다 딸'이라는 표적 사건이 147개 사각형 중에 49개를 차지하며 확률은 49/147 =1/3이 된다. 그러나 '맏이가 딸'이라는 추가 정보가 있다면 표본 공간이 위쪽의 두 사분면에 있는 98개의 사각형만으로 구성된다. 이제 표적 사건의 확률은 49/98 =1/2이다. 앞에서 얻었던 숫자다.

이 경우에 추가된 정보는 두 아이가 모두 딸일 조건부 확률을 증가시킨다. 추가 정보가 표본 공간을 축소했기 때문이며 또한 그 정보가 표적 사건과 일치해서다. 표적 사건은 중간 음영 영역에 해당하며 축소된 표본 공간 안에 위치한다. 따라서 표본 공간에서 이 영역이 차지하는 비율은 표본 공간의 크기가 작아짐에 따라 상승한다.

이 비율은 낮아질 수도 있다. 추가된 정보가 '맏이가 아들'이라면 표본 공간은 아래쪽 두 사분면이 되고 표적 사건 전체가 제거되어 조건부 확률이 0이 된다. 그러나 추가 정보가 표적 사건과 일치할 때는 조건부 확률의 크기로 알 수 있듯이 항상 그 사건이 일어날 가능성을 높인다.

추가된 정보가 더 구체적일수록 표본 공간이 작아진다. 그러나 정보의 내용에 따라서는 표적 사건의 크기도 줄어들 수 있다. 최종 결과는 두 가지 조건 사이의 상호 작용으로 나타난다. 표본 공간의 축소는 조건부 확률을 높이지만 표적 사건의 축소는 조건부 확률을 낮춘다. 일반적인 법칙은 간단하다.

$$\text{주어진 정보에 따라 표적을 맞힐 조건부 확률} = \frac{\text{표적을 맞힘과 동시에 정보와 일치할 확률}}{\text{정보의 확률}}$$

수수께끼의 가장 복잡한 버전에서 추가된 새로운 정보는 '적어도 하나는 화요일에 태어난 딸'이다. 이 정보는 표적 사건에 일치하지도 불일치하지도 않는다. 짙은 음영 영역의 일부는 왼쪽 위 사분면에 있고 나머지는 그렇지 않다. 따라서 계산이 필요하다. 27개로 축소된 표본 공간 중에서 13개는 표적을 맞히고 나머지 14개는 맞히지 못한다. 최종 결과는 추가 정보가 없었을 때 얻었던 2분의 1의 확률보다 약간 작은 27분의 13이다.

방금 언급한 법칙과 이 결과가 일치하는지 확인해 보자. '추가된 정보'는 196개 중 27개의 사각형에 해당하며 확률은 196분의 27이다. '표적을 맞힘과 아울러 정보와 일치하는' 경우는 196개 중 13개의 사각형에서 일어나며 확률은 196분의 13이다. 앞에서 언급된 법칙은 우리가 구하려는 조건부 확률이 다음과 같음을 말해 준다.

$$\frac{13/196}{27/196} = \frac{13}{27}$$

우리가 사각형의 수를 세어 얻었던 값이다. 196은 상쇄되므로 이 법칙은 단지 전체 표본 공간에서 정의된 확률에 따라 사각형의 수를 세는 것을 나타낸다.

27분의 13이 맏이가 딸임을 알 때 얻은 확률인 2분의 1에 가깝다는 점에 주목하라. 이는 다시 중심 주제로 돌아가서 조건부 확률이 변하는 이유를 보여 준다. 두 아이 모두 딸임은 가능한 사건이므로 우리가 아는 정보로 그들을 구별할 가능성이 있는지 그렇지 않은지가 큰 차이를 낳는다. '적어도 하나는 화요일에 태어난 딸'이라는 조건이 중요한 이유가 그 때문이다. 이 정보가 두 아이 모두에게 사실인지에 대한 모호성은 결과에 큰 영향을 미치지 못한다. 왜 그럴까? 설사 나머지 아이 역시 딸이라도 다른 요일에 태어날 가능성이 훨씬 더 크다. 즉 일곱 번 중 한 번만 같은 요일에 태어난다. 두 아이를 구별할 가능성을 높임에 따라 확률은 3분의 1(전혀 구별하지 못하는 경우)에서 2분의 1(우리가 거론하는 것이 어느 아이인지 정확하게 아는 경우) 쪽으로 이동한다.

답이 정확하게 2분의 1이 아닌 이유는 표적 영역에 있는 일곱 개의 사각형으로 이루어진 두 개의 어두운 띠에서 사각형 하나가 겹치기 때문이다. 표적 영역 밖의 띠 두 개는 겹치지 않는다. 따라서 표적 영역 안에는 13개, 밖에는 14개의 사각형이 있다. 겹치는 부분이 적을수록 조건부 확률이 2분의 1에 근접한다.

이제 수수께끼의 최종 버전을 제시한다. 한 아이가 딸이며 성탄절에 태어났다는 것 외에는 모든 조건이 전과 같다. 1년 중 모든 날의 출생 가능성이 동일하고(이 또한 실제로는 사실이 아니지만) 2월 29일이 없다고(역시 사실이 아니지만) 가정하자. 두 아이가 모두 딸일 조건부 확률은 얼마인가?

1459분의 729라는 답을 이해할 수 있겠는가? 주석에 제시한 계산을 참조하자.[20]

이렇게 조건부 확률을 꼬치꼬치 따지는 일이 중요할까? 당신이 수수께끼 애호가가 아니라면 중요하지 않다. 그러나 현실 세계에서는 말 그대로 생사의 문제가 될 수도 있다. 제8장과 제12장에서 그 이유를 살펴볼 것이다.

평균에도 법칙이 존재하는가

사람들은 일상 언어에서 종종 '평균의 법칙'을 이야기한다. 이 표현은 베르누이의 대수 법칙을 단순하게 해석한 것일 수도 있으나 일상에서 사용할 때 위험한 오류를 범할 가능성이 존재한다. 수학자나 통계학자가 그 표현을 사용하지 않는 것은 이 때문이다. 문제가 무엇이고 왜 그들이 그 표현을 좋아하지 않는지 자세히 살펴보자.

당신이 공정한 동전으로 던지기를 반복하면서 앞(H)과 뒤(T)가 몇 번이나 나오는지를 기록한다고 가정하자. 무작위적 변동의 확률이 분명히 존재하기 때문에 어느 시점에서든 앞과 뒤의 누적 합계가 H가 T보다 50번 많다는 식으로 다를 수 있다. 평균의 법칙 배후에 있는 직관에 따르면 동전 던지기를 계속해 나간다면 이렇게 초과한 H는 사라져야 한다. 적절하게 해석하면 맞는 생각이지만 그렇더라도 이 문제는 매우 미묘하다. 오류는 이와 같이 앞면이 초과되었다는 결과가 뒷면이 나올 가능성을 높인다는 생각에서 비롯된다. 하지만 그 생각도 전적으로 비합리적이라고 할 수는 없다. 어쨌든 그렇지 않다면 어떻게 H와 T의 비율이 궁극적으로 균형을 이룰 수 있겠는가?

이러한 유형의 믿음은 복권 추첨에서 특정한 숫자들이 얼마나 자주 나왔는지를 보여 주는 표를 통하여 강화된다. 영국 정부가 발행하는 복권에 대한 데이터는 온라인에서 찾을 수 있는데, 근래에 선택 가능한 숫자의 범위가 확대된 이유로 다소 복잡해졌다. 49개의 숫자를 사용했던 1994년 11월부터 2015년 10월까지 복권 추첨기는 숫자 12가 적힌 공을 252번 뱉어 냈지만 13이 적힌 공은 215번에 그쳤다. 실제로 13은 가장 적게 나온 숫자였다. 가장 자주 나온 숫자는 23으로 282번이었다. 이 결과를 놓고 다양한 해석이 가능하다. 복권 추첨기가 불공정해서 몇몇 숫자가 더 나올 가능성이 다른 숫자보다 큰 것일까? 13은 모두 알다시피 불길한 숫자이므로 덜 나오는 것일까? 아니면 13이 나온 횟수가 뒤처지기는 했지만 평균의 법칙에 따르면 결국 따라잡을 것이므로 앞으로는 13에 돈을 걸어야 할까?

가장 적게 나온 숫자가 13이라는 사실이 약간의 호기심을 부르지만 누가 되었든 우주의 대본을 쓰는 존재는 상투적인 문구를 사용하는 버릇이 있는 것 같다. 실제로 20 역시 215번 나왔는데 나는 20에 대한 미신을 전혀 알지 못한다. 베르누이 원리에 기초한 통계 분석은 복권 추첨기가 각 숫자를 선택할 확률이 같을 때, 이 정도의 변동은 충분히 예상할 수 있음을 보여 준다. 따라서 복권 추첨기가 불공정하다는 결론을 내릴 만한 과학적인 근거는 아무것도 없다. 더욱이 숫자가 기계에 영향을 미치지 않는다는 의미에서 기계가 특정한 공에 무슨 숫자가 적혀 있는지를 '안다고' 보기는 어렵다. 49개 숫자에 단순하고 명백한 확률 모델이 동일하게 적용될 것이며 미래에 13이 나올 확률은 과거의 추첨 결과에 영향을 받지 않는다. 그동안 약간 무시된 것처럼 보이지만 13이 나올 가능성 또한 다른 어떤 숫자와 비교해서 크지도 작지도 않다.

동전에 대해서도 같은 이야기를 할 수 있다. 동전이 공정하다면 일시적으로 앞면이 더 많이 나왔다고 앞으로 뒷면이 나올 가능성이 더 커지는 것은 아니다. 앞이나 뒤가 나올 확률은 여전히 2분의 1이다. 앞에서 나는 수사적인 질문을 제시했다. 그렇다면 어떻게 비율의 균형을 맞출 수 있는가? 답은 그렇게 되는 다른 방법이 존재한다는 것이다. 앞면의 초과가 이어지는 뒷면의 확률에 영향을 미치지는 못하지만 대수의 법칙이 장기적으로는 앞과 뒤가 나오는 횟수가 균형을 이룰 것임을 시사한다. 하지만 횟수가 똑같아야 한다는 뜻은 아니다. 단지 비율이 1에 근접한다는 말이다.

처음에 동전을 1000번 던져서 앞면이 525번, 뒷면이 475번 나왔다고 해 보자. 앞면이 50번 더 나왔고 앞과 뒤의 비율은 525/475=1.105다. 이제 다시 200만 번 더 동전을 던진다고 가정하자. 우리는 앞과 뒤가 각각 100만 번쯤 나올 것으로 예상한다. 정확하게 그렇게 나왔다고 해 보자. 이제 누적된 횟수는 앞면이 1,000,525번, 뒷면이 1,000,475번이다. 앞면이 여전히 50번 더 나왔다. 그러나 앞과 뒤의 비율은 1,000,525/1,000,475 즉, 1.00005가 되었다. 1에 훨씬 더 가까운 숫자다.

여기서 나는 확률 이론이 사람들이 생각하는 평균의 법칙과 비슷하게 들리는 주장을 제시한다는 사실을 인정할 수밖에 없다. 즉 초기의 불균형

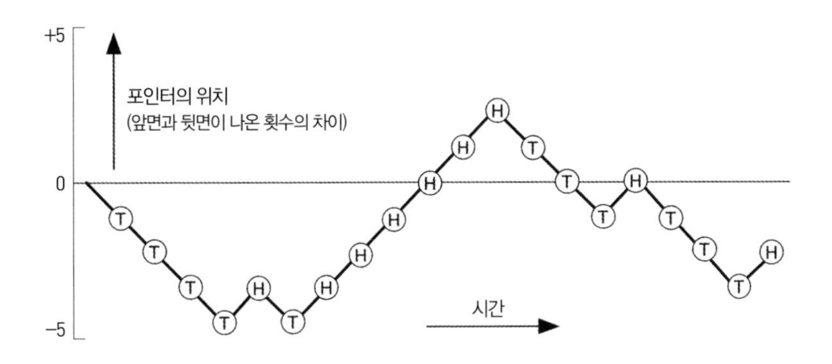

그림 10 동전 던지기 결과의 랜덤 워크화.

이 어느 정도든 동전 던지기를 계속해 나간다면 언젠가 뒷면이 앞면을 따라잡아 앞이 나온 횟수와 정확하게 같아질 확률이 1이라는 것이다. 이는 본질적으로 확실한 주장이지만, 무한대가 될지도 모르는 과정을 거론해야 하므로 '거의 확실'하다고 하는 편이 낫겠다. 설사 앞면이 100만 번을 앞서더라도 거의 확실하게 뒷면이 따라잡을 것이다. 정말로 오랜 시간이 걸릴 수도 있지만 그저 동전 던지기를 계속해 나가기만 하면 된다.

수학자들은 종종 이러한 과정을 랜덤 워크(random walk)로 가시화한다. 0에서 출발하여 숫자선(음과 양의 정수가 순서대로 배열된)을 따라 움직이는 포인터를 상상해 보자. 동전을 던져 앞면이 나오면 오른쪽으로, 뒷면이 나오면 왼쪽으로 한 칸씩 포인터를 이동시킨다. 그러면 항상 포인터의 위치가 그때까지 앞과 뒤가 나온 횟수의 차이를 가리키게 된다. 예컨대 동전을 던진 결과가 HH로 시작한다면 포인터가 오른쪽으로 두 칸 이동한 2에서 멈춘다. HT라면 오른쪽으로 한 칸 움직였다가 왼쪽으로 한 칸 움직여서 다시 0으로 돌아온다. 시간에 대한 포인터의 위치(숫자)를 도표로 그리면(즉

좌/우가 아래/위로 바뀌도록) 무작위적으로 보이는 갈지자형 곡선을 얻는다. 예를 들면 T가 11번, H가 아홉 번인 (내가 실제로 동전을 던져서 얻은) 결과는 그림 10처럼 나타난다.

TTTTHTHHHHHHTTTHTTTH

랜덤 워크의 수학은 포인터가 결코 0으로 돌아오지 않을 확률이 0이라고 한다. 따라서 언젠가는 앞면과 뒷면의 횟수가 같아지는 확률이 1이 될 것임이 거의 확실하다. 이론은 또한 더욱 놀라운 결과도 제시한다. 첫째, 이 주장은 초기에 인위적으로 H나 T가 크게 앞서도록 설정하더라도 성립한다. 초기의 불균형이 얼마든 동전 던지기를 계속해 나가면 불균형은 거의 확실하게 사라질 것이다. 그러나 그러한 결과가 나오기까지 걸리는 평균 시간은 무한대다. 역설적으로 들릴 수도 있으나 그 의미는 다음과 같다. 포인터가 처음 0으로 돌아오는 데는 어느 정도의 시간이 필요하다. 동전 던지기를 계속하라. 결국에는 또다시 0으로 돌아올 것이다. 여기에 필요한 걸음 수는 첫 번째보다 많을 수도 적을 수도 있다. 실제로 훨씬 더 오랜 시간이 걸리는 일이 종종 일어난다. 무엇이든 아주 큰 숫자가 선택된다면 돌아오는 데도 그만큼 오랜 시간이 들 것이다. 임의로 택한 무한히 많은 큰 숫자들의 평균을 내면 무한한 평균을 얻을 수 있다는 것은 타당한 이야기다.

이렇게 되풀이하여 0으로 돌아가는 성향은 동전이 과거를 기억하지 못한다는 말과 모순되는 듯하다. 하지만 그렇지 않다. 그 이유는 내가 말한 모든 것에도 불구하고 동전 던지기에는 장기적으로 균형을 이루려는 성향이 없다는 말에도 일리가 있기 때문이다. 우리는 충분히 오래 기다리기만 하면 누적된 합계가 얼마든지 원하는 만큼 (음이든 양이든) 커질 수 있음을 보았다. 같은 맥락에서 초기의 불균형은 궁극적으로 상쇄되어야 한다.

어쨌든 충분히 오래 기다린다면 균형을 이룬다는 성향에 대한 이야기로 돌아가자. 이는 평균의 법칙을 입증하는 것이 아닐까? 아니다. 랜덤 워크 이론은 H나 T가 나올 확률에 대하여 아무것도 시사하지 않기 때문이다. '장기적으로' 균형이 이루어지는 것은 사실이다. 그러나 특정한 상황에 대하여 정확히 얼마나 오랜 시간이 걸릴지는 알 수 없다. 우리가 예측한 정확한 시점에서 멈춘다면 평균의 법칙이 맞는 것처럼 보인다. 하지만 이는 원하는 결과를 얻은 시점에서 멈추는 속임수다. 비율은 대부분의 시간 동안 균형을 이루지 않았다. 특정한 횟수를 사전에 지정해 놓고 동전을 던진다면 앞면과 뒷면이 나오는 횟수가 같을 이유는 아무것도 없다. 실제로 평균적으로 볼 때 임의의 특정한 횟수만큼 동전을 던진 뒤에 앞면과 뒷면이 나오는 횟수의 차이는 시작할 때의 차이와 정확하게 일치할 것이다.

제7장

사회 물리학

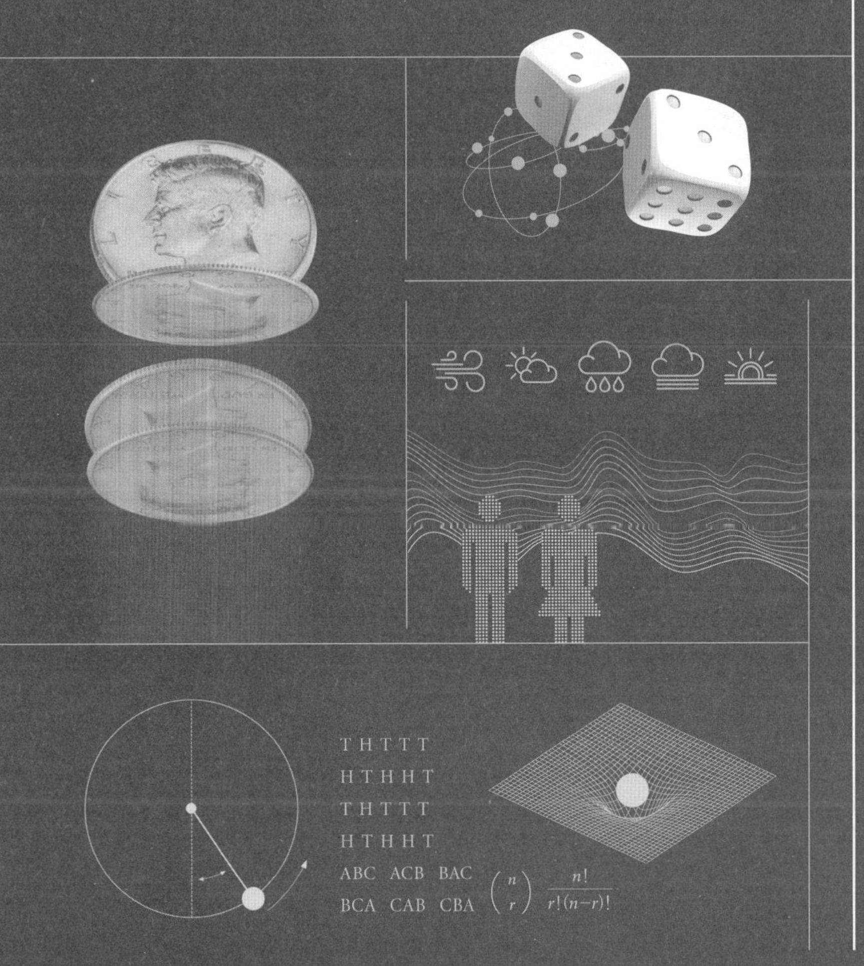
THTTT
HTHHT
THTTT
HTHHT
ABC ACB BAC
BCA CAB CBA
$\binom{n}{r}$ $\frac{n!}{r!(n-r)!}$

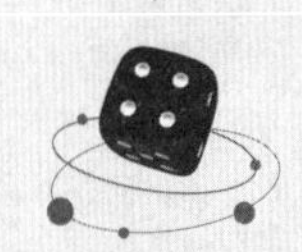

관찰과 계산에 기초한
자연 과학 분야에서 매우 성공적이었던 기법을
정치학과 윤리학에 적용해 보자.

–
피에르 시몽 드 라플라스, 《확률에 대한 철학적 시론》

• • • 1940년대에 잡지에 연재되었다가 1951년 책으로 출간된 아이작 아시모프(Isaac Asimov)의 SF 소설 '파운데이션' 시리즈에서 수학자 하리 셀던은 사회적, 경제적인 사건에 대한 인간 집단의 반응 패턴을 다루는 미적분학인 심리 역사학을 사용하여 은하 제국(Galactic Empire)의 붕괴를 예측한다. 처음에 셀던은 그 예측이 이른바 붕괴를 부추긴다는 이유에서 반역 혐의를 받고 재판에 넘겨졌다가, 파괴를 최소화하고 이어지는 무정부 상태의 기간을 3만 년에서 1000년으로 대폭 줄이기 위해 외딴 행성에서 연구팀을 꾸리도록 허가받는다.

자신의 독자들과 마찬가지로 아시모프는 수천 년에 걸친 대규모의 정치 사건을 예측하는 일이 실제로는 가능하지 않음을 알았는데, 이는 '불신의 유예'라는 문제였다. 우리는 누구나 소설을 읽을 때 불신을 유예한다. 제인 오스틴(Jane Austen)의 책을 즐겨 읽는 독자 중에 엘리자베스 베넷과 미스터 다시(제인 오스틴의 소설 《오만과 편견》 남녀 주인공.—옮긴이)가 실제로 존재하지 않는다고 화내는 사람은 아무도 없다. 하지만 아시모프는 이런 유형의 예측이 (아무리 정확하더라도) 말하자면 '블랙 스완 사건'(black swan events, 전혀 예상할 수 없었으나 실제로 일어나는 사건을 뜻함.—옮긴이)처럼 심지어 이론상으로도 예측할 수 없는 대규모 변동에 취약하다는 점을 알 만큼 현명했다. 그는 또한 심리 역사학을 기꺼이 받아들이는 독자들도 같은 사실을 깨달을 것이라고 생각했다. '파운데이션' 시리즈 2권에서는 바로 그러한 사건이 셀던의 계획을 무너뜨린다. 하지만 계획이 빗나가는 상황에 대비한 계획을 세울 정도로 현명했던 셀던에게는 3권에서 드러나는 숨겨진 비상 대책이 있었다. 겉보기와는 다른, 더 높은 수준의 미래 계획이었다.

'파운데이션' 시리즈가 완전 무장한 대규모 함대 사이에서 끊임없이 이어지는 우주 전투로 지면을 채우는 대신 핵심 집단의 정치 책략에 집중한 것은 주목할 만하다. 주인공들은 정기적으로 우주 전투의 결과를 보고받지만 그에 대한 묘사는 할리우드의 방식과 전혀 다르다. '파운데이션' 시리즈의 줄거리는 아시모프 본인이 말한 대로 에드워드 기번(Edward Gibbon)의 《로마 제국 쇠망사》를 모델로 삼았다. 이 시리즈는 불확실성에 대비하는 방대한 규모의 계획에 대한 대작으로, 고위 각료와 공직자들이 한 번쯤 읽어 보면 좋을 것이다.

심리 역사학은 극적인 효과를 위하여 극단적인 가상의 수학 기법을 채택했지만 우리는 그와 같은 아이디어를 덜 야심적인 과제에 일상적으로 적용한다. 하리 셀던은 인간 행동에 수학을 적용하는 데 처음으로 진지한 관심을 보였던 인물 중 하나인 19세기 수학자로부터 어느 정도 영감을 얻었다. 1796년에 벨기에의 겐트라는 도시에서 태어난 그의 이름은 아돌프 케틀레였다. '빅 데이터'와 '인공 지능'의 장래성(그리고 위험성)에 대한 오늘날의 집착은 케틀레의 생각을 계승한 직계 자손이다.

물론 그는 자신의 생각을 심리 역사학이라 하지 않고 사회 물리학이라 불렀다.

통계학의 기본 도구와 기법들은 물리 과학, 특히 천문학에서 피할 수 없는 오차를 수반하는 관측 결과로부터 최대한 유용한 정보를 추출하기 위한 체계적인 방법으로 태어났다. 그러나 확률 이론에 대한 이해의 폭이 넓어지고 과학자들이 새로운 데이터 분석 기법에 자신감을 얻으면서 몇몇 선구자가 이들 기법을 원래의 경계 너머로 확장하기 시작했다. 신뢰도가 부족한 데이터에서 가능한 한 가장 정확한 추론을 끌어내는 문제는 인간사의 모든 영역에서 발생한다. 간단히 말해 불확실한 세계에서 최대의 확실성을 탐구하는 일이다. 이는 미래에 일어날 일을 지금 계획해야 하는 개인이나 조직 모두가 특별한 매력을 느끼는 문제다. 사실상 모든 사람이라 할 수 있지만 특히 정부(국가 및 지방)와 기업과 군대가 그렇다.

통계학은 비교적 짧은 기간에 의학, 정부, 인문학, 심지어 예술까지, 과학과 관련된 모든 분야(특히 생명 과학)에서 필수 기법으로 자리 잡게 되면서 천문학과 첨단 수학이라는 한계에서 벗어났다. 도화선에 불을 붙인 사람이 순수 수학자에서 천문학자로 전향한 뒤에 사회 과학의 유혹을 떨치지 못하고 인간의 속성과 행동에 통계적인 추론을 적용한 인물이었다는 것은 통계학의 발달 과정과 잘 어울린다. 그는 자유 의지와 모든 변덕스러운 상황에도 불구하고 인간의 집단행동이 우리가 생각하는 것보다 훨씬 더 예측하기 쉽다는 깨달음을 후대에 물려주었다. 완벽하거나 전적으로 신뢰할 만한 수준은 결코 아니지만 '정부의 일을 위해서는 충분한' 수준의 예측이 가능하다는 것이다.

그는 또한 후대에 큰 영향을 준 '평균적 인간'(average man)과 '정규 분포의 편재성'(ubiquity)이라는 두 가지 아이디어를 유산으로 남겼다.[21] 두 아이디어 모두 곧이곧대로 받아들이거나 광범위하게 적용하기에는 심각한 결함이 있었지만 새로운 사고방식의 문을 열었으며 여러 결함에도 오늘날까지 살아 있다. 그 주된 가치는 '개념의 증명', 즉 수학이 우리의 행동 방식에 대하여 중요한 사실을 말해 줄 수 있다는 데 있다. 이 주장은 오늘날에도 논란의 대상이지만(그렇지 않은 것이 있을까?) 케틀레가 인간의 약점을 통계적으로 탐구하기 위하여 조심스럽게 첫발을 내디뎠을 때는 더 큰 논란이 일었다.

케틀레는 과학 분야의 학위를 받았는데 1817년에 신설된 겐트 대학교에서 최초로 수여된 박사 학위였다. 박사 논문에서 그는 원뿔을 평면으로 잘라 타원, 포물선, 쌍곡선이라는 중요한 곡선을 만들어 낸 고대 그리스 기하학자들까지 거슬러 올라가 원뿔 곡선(conic section)을 다루었다. 그는 벨기에 왕립 아카데미 회원으로 선출되면서 50년에 걸친 벨기에 과학계의 중심 인물로서의 경력이 시작되기 전까지 한동안 수학을 가르쳤다. 1820년경에는 새로운 천문대를 설립하는 운동에 참여했다. 천문학을 많이 알지는 못했지만 타고난 기업가 체질이었던 그는 정부 관료 조직의 미로를 헤쳐 나가는 방법을 터득했다. 따라서 케틀레의 첫 임무는 정부에 지원을 요청하여 예산을 확보하는 일이었다.

그 뒤에야 그는 설립될 천문대가 빛을 비추고자 하는 주제에 대한 자신의 무지를 개선하는 일에 착수했다. 1823년에 케틀레는 정부의 지원으로 일류 천문학자, 기상학자, 수학자들과 함께 공부하기 위하여 파리로 갔다. 그는 프랑수아 아라고(François Arago)와 알렉시 부바르(Alexis Bouvard)에게 천문학과 기상학을 배우고 조제프 푸리에(Joseph Fourier)와 연로한 라플라스에게까지 확률 이론을 배웠다. 이는 통계 데이터에 확률을 적용하려는 평생의 집착을 촉발했다. 1826년에 케틀레는 저지대 왕국(Kingdom of the Low Countries, 오늘날의 벨기에와 네덜란드) 통계국의 지역 통신원이 되었다. 지금부터는 '저지대'보다 '벨기에'라는 표현을 사용할 것이다.

케틀레의 평균적 남자

모든 것은 매우 단순하게 시작되었다.

국가에서 일어나거나 일어날 모든 일에 큰 영향을 미치는 기본 수치가 하나 있다. 바로 인구수다. 사람이 얼마나 많은지 알지 못하면 어떤 합리적인 계획도 세울 수 없다. 물론 대략 추정하고 다소간의 오차에 비상대책을 마련할 수도 있지만 주먹구구식이다. 불필요한 사회 기반 시설에 거금을 낭비하거나 요구를 과소평가하여 위기를 초래할 수 있다. 이는 단지 19세기만의 문제가 아니다. 오늘날에도 모든 국가가 같은 문제로 씨름하고 있다.

당신의 나라에 얼마나 많은 사람이 살고 있는지를 알아내는 자연스러운 방법은 그 수를 세는 것이다. 즉 인구 조사를 시행하는 것인데 이는 생각보다 쉽지 않다. 사람들은 이리저리 이동하고 범죄 혐의나 세금 납부를 피하기 위해서나 단지 자신이 소중히 여기는 사적인 일에 정부가 간섭하지 못하도록 숨기도 한다. 어쨌든 벨기에 정부는 1829년에 새로운 인구 조사를 계획했다. 한동안 인구의 역사적 변동을 연구했던 케틀레도 인구 조사 계획에 참여했다. 그는 “현재 우리가 보유한 데이터는 잠정적인 것으로 간주해야 하며 수정이 필요하다.”라고 말했다. 그가 말한 데이터는 어려운 정치 상황에서 얻은 예전 숫자들을 기초로 신고된 출생자 수를 더하고 사망자 수를 빼서 업데이트한 것이었다. 이는 시간이 흐를수록 오차가 누적된다는 점에서 ‘추측 항법’(dead reckoning)으로 항로를 찾는 일과 비슷했다. 그뿐만 아니라 입국하거나 출국하는 이민자가 전혀 반영되지 않은 수치였다.

전면적인 인구 조사는 비용이 많이 들기 때문에 조사 기간의 인구를 추산하기 위하여 앞의 방식대로 계산하는 것은 합리적이다. 그러나 오래도록 그 방식을 고수할 수는 없다. 인구 조사는 보통 10년마다 한 번 실시한다. 따라서 케틀레는 미래의 추정을 위한 정확한 기준선을 얻기 위하여 새로운 인구 조사를 진행할 것을 정부에 촉구했다. 그러다가 그는 라플라스에게서 얻은 흥미로운 영감과 함께 파리에서 돌아왔다. 실현된다면 많은 돈을 절약하게 될 아이디어였다.

라플라스는 두 수치를 곱하여 프랑스의 인구를 산출했다. 첫째는 전년도의 출생자 수였다. 이 수치는 상당히 정확한 출생 신고 기록에서 얻었다. 다른 수치는 연간 출생자 수에 대한 총인구의 비율, 즉 출생률의 역수였다. 두 수치를 곱하면 분명 총인구수가 되지만 두 번째 수치를 알려면 전체 인구수를 알아야 하는 것처럼 보인다. 라플라스의 탁월한 아이디어는 오늘날 우리가 표본 추출이라 부르는 방법을 통하여 합리적인 추정치를 얻을 수 있다는 생각이었다. 합리적인 대표성을 띠는 소수의 지역을 선택하여 인구를 조사하고 그 지역의 출생자 수와 비교한다. 라플라스는 약 30개 지역이면 프랑스의 총인구를 추산하는 데 충분하다고 생각했으며 몇 가지 계산으로 그 생각이 타당함을 입증했다.

그러나 벨기에 정부는 결국 표본 조사를 피하고 총인구 조사를 진행했다. 케틀레가 180도 방향 전환을 한 이유는 정부 고문이었던 케베르버그 남작(Baron de Keverberg)의 지적이고 박식하기는 하나 대단히 그릇된 판단에 기초한 비판 때문이었던 것으로 보인다. 남작은 서로 다른 지역의 출생률이 갈피를 잡을 수 없을 정도로 다양하고 대부분 예측이 불가능한 요인들에 의존한다는 정확한 견해에 기초하여 대표성을 띠는 표본을 구성하는 일이 불가능하다고 주장했다. 오차가 누적되어 쓸모없는 결과를 낳는다는 것이었다. 물론 그는 여기서 전형적인 경우보다 최악의 상황을 가정하는 오일러와 같은 실수를 범했다. 실제로 대부분의 표본 추출 오차는 무작위적인 변동으로 상쇄되기 마련이다. 하지만 그의 실수는 용서받을 수 있는 과실이었다. 라플라스는 인구의 표본을 추출하는 가장 좋은 방법이 부유층과 빈곤층, 교육받은 사람과 그렇지 않은 사람, 남성과 여성 등의 혼합 비율이 비슷하며 몇 가지 의미에서 전체 인구를 대표한다고 볼 법한 지역들을 사전에 선택하는 것이라고 가정했기 때문이다.

오늘날의 여론 조사는 작은 규모의 표본에서 유용한 결과를 얻기 위하여 종종 이 같은 취지에 따라 계획된다. 여론 조사는 난해한 작업이며 과거에 잘 통하던 방법이 실패하는 경우가 점점 늘어나고 있다. 모든 사람이 여론 조사, 시장 조사 설문지, 기타의 원하지 않는 요구에 지나치게 시달리기 때문이 아닌가 생각된다. 통계학자들이 끝내 밝혀낸 것처럼 무작위 표본은 적절하게 크기만 하면 충분한 대표성을 갖는다. 얼마나 커야 하는지는 이 장에서 나중에 살펴볼 것이다. 그러나 이 모든 것은 미래의 일이었고 벨기에 정부는 모든 국민을 한 사람씩 세려고 했다.

케베르버그 남작의 비판은 대단히 정확한 상황에서 막대한 양의 데이터를 모아 철저하게 분석하도록 케틀레를 부추겼다. 그는 머지않아 사람의 수를 세는 일을 사람을 측정하는 일로 바꾸기 시작했으며 측정 결과를 계절, 온도, 지리적 위치 같은 요인들과 비교했다. 케틀레는 8년 동안 출생률, 사망률, 결혼, 임신 일자, 신장, 체중, 건강, 성장률, 음주 수준, 정신 이상, 자살, 범죄에 대한 데이터를 모았다. 그리고 연령, 성별, 직업, 지역, 계절, 감옥에 갇힌 사람들, 병원에 입원한 사람들의 변동 상황을 조사했다. 그는 항상 한 번에 두 가지 요인만을 비교하여 관계를 보여 주는 그래프를 그렸으며, 전형적인 인구 집단에 대한 모든 변수의 정량적 특성을 막대한 양의 데이터로 종합했다. 케틀레는 자신의 결론을 《인간과 인간의 능력 개발에 관한 논의》(A Treatise on Man and the Development of His Faculties)라는 책으로 발표했는데 1835년에는 프랑스어판이, 1842년에는 영어판이 출간되었다.

그가 자신의 책을 언급할 때 언제나 '사회 물리학'이라는 용어를 사용한 것은 의미심장하다. 케틀레는 또한 1869년에 개정판을 준비하면서 원래의 제목과 부제를 바꿨다. 그는 자신이 '인간이란 무엇인가'라는 주제에 대한 수학적인 분석을 창조했음을 알았다. 지나친 주장을 삼가자면 정량화할 수 있는 인간의 특성에 대한 분석이라 할 수도 있었다. 케틀레의 책에 제시된 평균적 남자라는 개념은 대중의 상상력을 사로잡았으며 이는 오늘날에도 마찬가지다.

생물학자인 내 친구가 종종 이야기하듯이 '평균적 남자'는 가슴과 고환이 하나씩이다. 요즘처럼 젠더 인식이 민감한 시대에는 용어 사용에 매우 조심해야 한다. 실제로 케틀레는 자신의 개념이 타당성을 확보하려면 서로

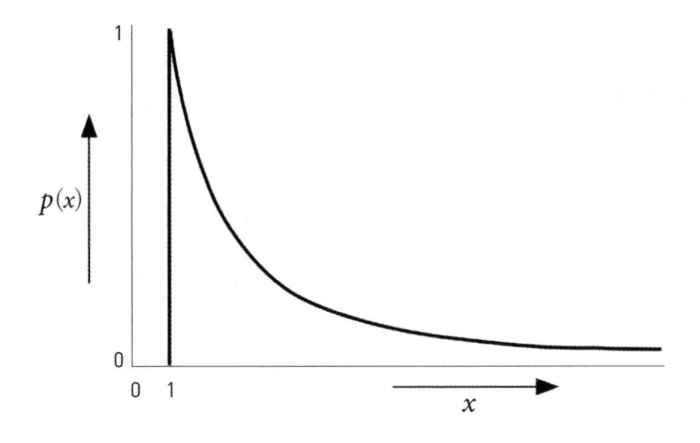

그림 11 x^{α}에 기초한 파레토 분포, α는 상수며 $x=1$에 차단선(cut-off)이 있다.

다른 인구 집단의 평균적 여자, 평균적 아동 등 다양한 사례를 고려해야 한다는 점을 충분히 인식했다. 그는 일찍부터 인간의 신장, 체중 같은 속성(단일한 성별과 연령 집단으로 적절히 제한된)이 단일한 값 주위로 무리를 짓는 경향이 있음에 주목했다. 데이터를 막대그래프 또는 히스토그램으로 그리면 가장 높은 막대가 중앙에 위치하고 양쪽으로 그보다 낮은 막대들이 자리 잡게 된다. 전체 그래프는 대략 대칭의 형태를 띠며 중앙의 정점(가장 흔한 값)은 평균치가 된다.

나는 이 설명이 정확하지 않고 인간에 대한 데이터를 비롯하여 모든 데이터에 적용되지는 않는다는 점을 서둘러 덧붙인다. 예컨대 부의 분포는 매우 다른 형태를 보인다. 대부분의 사람들은 가난하고 극소수의 엄청난 부자들이 지구의 절반을 소유한다. 이러한 특성을 갖는 분포에 대한 표준 수학 모델은 파레토 분포(멱함수 분포)다. 경험적인 관찰에 따르면 여러 유형의 데이터가 비슷한 패턴을 보이는데, 사회 과학 분야에서 분포의 중요성을 깨달은 사람이 케틀레였다. 물론 그가 찾아낸 일반 형태는 종 곡선(오일러와 가우스의 정규 분포) 또는 정규 분포를 타당한 수학 모델로 간주하기에 충분할 정도로 비슷한 형태였다.

잡다한 표와 그래프도 좋지만, 케틀레는 생생하고 잊히지 않는 방식으로 요점을 전달하는 간결한 요약을 원했다. 그 결과 그는 '스무살 이상인 남자로 이루어진 집단의 신장에 관한 종 곡선의 평균치가 1.74미터'라는 표현 대신 '해당 집단에 속한 평균적 남자의 신장이 1.74미터'라는 표현을 찾아냈다. 그는 이어서 이들 평균적 남자를 다른 인구 집단과 비교할 수 있었다. 평균적 벨기에 보병을 평균적 프랑스 농부와 비교하면 어떤가? '그'의 키가 더 작은가, 큰가, 체중이 더 가벼운가, 무거운가, 아니면 거의 비슷한가? '그'를 평균적 독일군 장교와 비교하면 어떤가? 브뤼셀의 평균적 남자를 영국의 평균적 남자와 비교하면? 평균적 여자와 비교한다면? 평균적 아동은? 케틀레는 사람을 고수했지만 원한다면 평균적 고양이나 개와도 비교할 수 있다. 모든 데이터를 고려할 때 어느 나라의 평균적 남자가 살인자 또는 희생자가 될 가능성이 더 큰가? 생명을 구하는 일에 헌신하는 의사가 되거나 자신의 삶을 끝내려는 자살자가 될 가능성은?

여기서 케틀레의 주장이 '무작위로 선택된 전형적인 사람의 특성이 모든 면에서 평균과 일치한다는 의미가 아니다.'라는 점이 중요하다. 실제로 그러한 일이 불가능하다는 데는 일리가 있다. 보통 사람의 신장과 체중이 동시에 평균이 될 수는 없다. 다른 조건이 모두 같을 때, 체중은 신장의 세제곱에 관련되는 부피와 연관이 있다. 높이가 1, 2, 3미터인 정육면체 집단의 평균 높이는 2미터다. 그들의 부피는 각각 1, 8, 27세제곱미터이므로 평균 부피는 12세제곱미터다. 따라서 평균적인 정육면체의 부피는 평균적인 정육면체 높이의 세제곱이 아니다. 간단히 말해서 평균적인 정육면체는 정육면체도 아니다. 현실적으로 이것은 보기보다 약한 비판이다. 인간에 대한 데이터는 대부분 평균 가까이에 몰려 있기 때문이다. 높이가 1.9, 2, 2.1미터인 정육면체의 평균 높이는 2미터고 평균 부피는 8.04세제곱미터다. 이제 평균적인 정육면체는 정육면체와 매우 비슷하다.

케틀레는 이 모든 것을 알았다. 그는 속성이 각각 다른 평균적 남자(여자, 아이)를 상상했다. 그에게 평균적 남자는 복잡한 주장을 단순화하려는 편리한 표현일 뿐이었다. 스티븐 스티글러가 말한 대로, 평균적 남자는 사회의 불규칙한 변동을 제거하고 케틀레의 사회 물리학 법칙이 될 규칙성을 드러내기 위한 수단이었다.[22]

잠재적 인과 관계의 지표인 상관관계

천문학자와 마찬가지로 사회학자들은 서로 다른 상황과 가능한 오차에 대한 전반적인 지식이나 통제력이 없더라도, 다양한 출처의 데이터를 종합함으로써 타당한 추론이 가능하다는 것을 서서히 깨닫기 시작했다. 어느 정도의 지식은 필요하고 더 나은 데이터가 훨씬 정확한 답을 제공하는 것이 일반적이지만 결과의 품질을 가늠하는 실마리는 데이터 자체에 있다.

1880년 이후에 사회 과학 연구자들은 흔히 실험을 대체하는 방법으로 통계적인 아이디어, 특히 종 곡선을 광범위하게 사용하기 시작했다. 이에 관련한 중심인물은 고기압권을 발견하여 일기 예보 데이터 분석의 개척자가 된 프랜시스 골턴(Francis Galton)이다. 그는 1875년 〈타임〉에 게재된 최초의 기상도를 작성하고 현실 세계에 대한 수치와 그 속에 숨겨진 수학 패턴에 매혹된 인물이었다. 골턴은 찰스 다윈(Charles Darwin)의 《종의 기원》이 발간된 뒤에 인간의 유전을 연구하기 시작했다. 자녀의 신장이 부모의 신장과 어떻게 관련되는가? 체중이나 지적 능력은? 그는 케틀레의 종 곡선을 채택하여 특성이 다른 인구 집단을 구분하는 데 사용했다. 데이터를 통하여 도출한 종 곡선이 단일 정점이 아니고 두 개의 정점을 보일 때, 골턴은 그 집단이 분명히 각자의 고유한 종 곡선을 따르는 두 개의 하위 집단으로 이루어졌다고 주장했다.[23]

그는 다윈이 거부한 유전 이론에서 추론하여 바람직한 인간의 특성이 유전된다고 확신하게 되었다. 골턴에게 케틀레가 말한 평균적 남자를 피해야 한다는 것은 사회적 명령이었다. 인류는 그보다 야심적이어야 한다. 그는 1869년에 출간된 《유전되는 천재》(Hereditary Genius)에서 천재성과 위대한 자질의 유전을 연구하기 위한 통계학을 제안했다. 오늘의 시각으로 볼 때 평등주의적인 목표('모든 청년에게 자신의 능력을 보여 줄 기회가 있어야 하며 뛰어난 자질을 타고났다면 일류 교육을 받고 전문가가 될 수 있어야 한다.')와 '인류의 긍지'에 대한 부추김이 기묘하게 혼합되어 있었다. 1883년에 출간한 《인간의 능력과 능력 개발의 탐구》(Inquiries into Human Faculty and Its Development)에서는 월등한 능력을 갖춘 자손이 태어나도록 상류층 집안 사이의 결혼에 재정을 지원할 것을 주장하면서 '우생학'(eugenics)이라는 용어를 창안했다. 우생학은 1920년대와 1930년대에 전성기를 맞았으나 이후에는 정신 질환자의 강제 불임 시술과 나치의 지배자 민족에 대한 망상 같은 광범위한 오남용의 결과로 급속히 쇠퇴했다. 오늘날 우생학은 대체로 인종 차별적인 학문으로 여겨지며 국제 연합(UN)의 '집단 살해 범죄의 방지와 처벌에 대한 협약'과 유럽 연합(EU)의 '기본권 헌장'에 위배된다.

우리가 골턴의 인격을 어떻게 평가하든 그는 통계학에 상당한 업적을 남겼다. 골턴의 연구는 1877년에 회귀 분석(regression analysis)의 창안으로 이어졌다. 회귀 분석은 가장 가능성이 큰 관계를 찾기 위하여 두 데이터 집합을 비교하는, 최소 제곱법을 일반화한 기법이다. '회귀선'은 회귀 분석 기법에 따라 데이터 사이의 관계를 가장 잘 보여 주는 직선 모델이다.[24] 이는 통계학의 또 다른 중요한 개념인 '상관관계'로 이어졌다. 상관관계는 흡연량과 폐암의 발생 같은 두 (또는 더 많은) 데이터 집합 사이의 관련성을 정량화한다. 상관관계를 나타내는 통계 척도는 결정(crystal)에 대한 연구로 가장 유명한 물리학자 오귀스트 브라베(Auguste Bravais)까지 거슬러 올라간다. 골턴은 1888년에 팔뚝 길이와 신장의 관계 같은 예를 들어 설명했다.

인간의 신장과 팔 길이 사이에 얼마나 밀접한 관계가 있는지를 정량화하려 한다고 가정하자. 당신은 표본 집단을 선택하여 이들의 양을 측정하고 그 수치의 쌍을 도표로 그린다. 그리고 최소 제곱법을 이용하여 휘발유 가격과 원유 가격의 관계를 찾았던 것처럼 이들 데이터 점의 분포를 대표하는 직선을 찾는다. 이 방법을 사용하면 데이터가 아무리 심하게 흩어져 있더라도 항상 어떤 직선을 발견할 수 있다. 데이터 점들이 직선에 매우 가깝게 모여 있으면 두 변수의 상관관계가 높다. 직선 주위로 폭넓게 퍼져 있다면 상관관계가 낮은 것이다. 마지막으로 직선이 음의 기울기를 나타낼 때, 즉 한 변수가 증가함에 따라 다른 변수가 감소하는 경우에는 상관관계의 크기는 같지만 값은 음수가 되어야 한다. 따라서 우리가 정의하는 상관관계는 데이터가 서로 얼마나 가깝게, 어떤 방향으로 관련되는지를 나타내는 수치다.

통계적 측도를 오늘날의 형태로 적절하게 정의한 사람은 영국의 수학자이자 생물 통계학자였던 칼 피어슨(Karl Pearson)이다.[25] 피어슨은 상관 계수를 도입했다. 상관 계수를 산출하려면 우선 주어진 두 확률 변수 집단 각각의 평균을 구한다. 각 집단의 확률 변수를 평균과의 차이로 변환한 뒤에 두 변수를 곱하고 이 곱의 기댓값을 계산한다. 이렇게 하면 두 가지 데이터가 동일할 때 결과가 1이 되고 정반대(데이터의 부호가 반대)일 때는 −1, 완전히 독립적인 경우는 0이 된다는 생각이다. 더 일반적으로 말하자면 모든 정확한 직선 관계는 기울기의 부호에 따라 상관 계수가 1 아니면 −1이다.

두 변수 사이에 인과 관계(한 변수가 다른 변수의 원인이 되는)가 있다면 상관관계가 높아야 한다. 흡연과 암 발생 사이에 높은 상관관계가 나타났을 때, 의사들은 흡연이 암 발생의 원인이라고 믿기 시작했다. 그러나 두 변수 중 어느 쪽을 잠재적 원인으로 생각하든 상관관계는 마찬가지다. 어쩌면 폐암에 걸리기 쉬운 체질이 흡연을 부추기는 것일지도 모른다. 예를 들어 암 발생 이전 단계의 세포들이 초래하는 폐의 자극을 완화하는 데 흡연이 도움을 준다는 식으로 이유를 꾸며 낼 수 있다. 아니면 스트레스 같은 다른 요인이 두 가지 모두를 유발할 수도 있다. 의학 연구자들이 특정한 상품과 질병 간의 높은 상관관계를 발견할 때마다, 수익이 감소할 위기에 처하는 기업들은 '상관관계는 인과 관계가 아니다.'라는 주장을 내놓는다. 상관관계가 늘 인과 관계를 시사하는 것은 아니지만 이 주장은 상관관계가 잠재적인 인과 관계를 가리키는 유용한 지표라는 불편한 진실을 감춘다. 더욱이 그 상품이 어떻게 질병을 유발하는지에 대한 독립적인 증거가 존재한다면 높은 상관관계가 그 증거를 보강하게 된다. 담배 연기 속에 발암 물질이 포함되어 있다는 사실이 밝혀졌을 때, 상관관계에 대한 과학적인 근거가 훨씬 더 강력해졌다.

잠재해 있는 수많은 원인 중에 어느 것이 중요한지를 가려내는 방법 중 하나는 서로 다른 여러 가지 데이터 집합 간의 상관 계수를 배열한 상관 행렬로 문제를 일반화하는 것이다. 상관 행렬은 연관성을 찾는 데 유용하나 잘못 사용될 수도 있다. 예를 들어 식습관이 다양한 질병에 미치는 영향을 알아내려 한다고 가정하자. 당신은 100가지 음식과 40가지 질병을 택한 뒤에 표본 집단을 선정하여 그들이 어떤 음식을 먹고 어떤 질병에 걸렸는지를 조사한다. 그리고 음식과 질병의 조합에 대하여 각각의 상관 계수, 즉 선정된 표본 집단으로 각각의 음식과 질병 사이에 얼마나 밀접한 관련성이 있는지를 산출한다. 그 결과 나온 상관 행렬은 음식을 나타내는 100개의 행과 질병을 나타내는 40개의 열로 구성되는 직사각형 표로 표현된다. 특정한 행과 열이 겹치는 곳에 위치하는 수치는 그 행에 해당하는 음식과 열에 해당하는 질병 간의 상관 계수다. 이 상관 행렬에는 4000개의 수치가 있다. 이제 당신은 표를 살펴서 음식과 질병의 잠재적인 연관성을 가리키는 1에 가까운 수치를 찾아낸다. '당근'의 행과 '두통'의 열이 만나는 곳의 수치가 0.92라고 하자. 이는 당근이 두통을 유발할 수 있다는 잠정적인 추론으로 이어질 수 있다.

이제 새로운 주제에 대하여 전혀 색다른 연구를 수행해야 한다고 가정하자. 그러려면 많은 돈이 필요하다. 따라서 연구자들은 종종 기존의 실험에서 데이터를 추출한다. 그러고는 특정한 상관관계의 중요성을 평가하기 위하여 마치 측정되지 않은 것처럼 다른 데이터를 모조리 무시하고 오직 한 가지 관련성에 대해서만 통계적인 검증 기법을 적용한다. 그리하여 당근 섭취가 두통을 유발할 가능성이 매우 크다는 결론을 내린다.

이러한 접근 방식은 '이중 수령'(double-dipping)이라 불리며 그 명칭에서도 알 수 있듯 잘못된 방식이다. 예컨대 당신이 한 여성을 임의로 선택하여 신장을 측정하고 정규 분포의 가정에 따라 누구든 그 여성과 신장이 같을 (또는 더 클) 확률이 1퍼센트임을 알아냈다고 하자. 이 경우에 그 여성의 이례적인 신장이 무작위적인 원인에 따른 결과가 아니라는 결론을 내리는 것은 합리적이라 할 수 있다. 그러나 당신이 실제로 여성 수백 명의 신장을 측정한 뒤에 가장 키가 큰 여성을 선택했다면 그 결론은 타당하지 않다. 그 정도로 큰 집단에서는 순전히 우연하게 그러한 사람이 존재할 가능성이 상당히 크다. 상관 행렬의 이중 수령도 비슷하지만 더 복잡한 설정을 통하여 이루어진다.

왜 여론 조사는 빗나가는가

1824년에 〈아루 펜실베이니아〉라는 신문이 '밀짚 투표'(straw poll)라는 비공식 여론 조사를 수행했다. 앤드루 잭슨(Andrew Jackson)과 존 퀸시 애덤스(John Quincy Adams) 중 누가 미국 대통령으로 선출될지를 예측하기 위해서였다. 여론 조사 결과는 잭슨이 335표, 애덤스가 169표를 얻을 것이라고 예측했다. 실제로 잭슨은 선거에서 승리했다. 그 후로 선거는 여론 조사 기관의 중요한 관심사가 되었다. 여론 조사는 현실적인 이유로 소수의 유권자만을 표본 집단으로 사용한다. 이에 따라 중대한 문제가 제기된다. 정확한 결과를 얻으려면 표본이 얼마나 커야 하는가? 이 문제는 인구 조사나 신약의 임상 시험 같은 여러 다른 분야에서도 마찬가지로 중요하다.

우리는 제5장에서 라플라스가 표본의 추출을 연구했지만 정확한 결과를 얻으려면 표본 집단과 전체 집단의 구성 비율을 비슷하게 정해야 한다고 권고하는 데 그쳤음을 보았다. 이는 실현하기 어려운 일이므로 여론 조사 기관들은 주로 (최근까지도) 무작위로 대상자를 선정하는 무작위 표본에 초점을 맞췄다. 예를 들어 큰 인구 집단에서 가족의 평균 규모를 알아내려 한다고 가정하자. 우리는 무작위로 표본을 선정하고 선정된 표본의 평균 크기를 계산한다. 아마도 표본이 클수록 표본의 평균이 실제 평균에 근접할 것이다. 우리가 주어진 수준에서 정확도를 얻었다고 충분히 확신하려면 얼마나 큰 표본을 선택해야 할까?

수학적 설정은 표본에 속한 각 가족과 확률 변수를 연관시킨다. 우리는 각 가정에 같은 확률 분포(전체 집단의 확률 분포)가 적용된다는 전제하에 평균을 산출한다. 대수의 법칙은 표본이 충분히 크기만 하면 표본의 평균이 얼마가 되든지 '거의 확실하게' 전체 집단의 평균에 원하는 만큼 근접할 수 있다고 말한다. 즉 표본의 크기가 무한정 증가하면 두 평균값이 일치할 확률이 1이 된다는 것이다. 하지만 표본이 얼마나 커야 하는지는 말해 주지 않는다. 요구되는 표본의 크기를 알기 위해서는 보다 정교한 결과, 즉 제5장에서 살펴본 대로 표본의 평균과 실제 평균의 차이를 정규 분포와 연결하는 중심 극한 정리가 필요하다.[26] 그러면 정규 분포를 이용하여 관련된 확률을 계산하고 적절한 표본의 최소 크기를 추정할 수 있다.

가족의 크기에 대한 예에서는 우선 예비 표본에 대한 표준 편차를 추산한다. 대략의 값이면 충분하다. 그리고 결과의 정확성에 대하여 어느 정도의 확신을 원하며(예컨대 99퍼센트) 얼마나 큰 오차를 수용할 수 있는지(예컨대 10분의 1)를 결정한다. 요구되는 표본은 평균값이 0이고 표준 편차가 1인 표준 정규 분포를 가정할 때, 표본의 평균값과 참평균값의 차이가 10분의 1 미만인 확률이 99퍼센트 이상 되도록 하는 크기다. 이로써 정규 분포를 이용하면 요구되는 표본의 크기가 최소한 $660\sigma^2$이 되어야 함을 알 수 있다. 여기서 σ^2은 전체 집단에 대한 분산이다. 우리가 근사적 표본을 이용하여 분산을 추정했으므로 약간의 추가 오차를 고려해야 하며 표본의 크기는 $660\sigma^2$보다 조금 크게 설정해야 한다. 표본의 크기가 전체 집단의 크기에 의존하지 않는다는 점에 유의하자. 표본의 크기는 확률 변수의 분산, 즉 변수가 퍼져 있는 정도에 따라 결정된다.

다른 표본 추출 문제에도 적절한 분포와 추정하려는 양에 따라 유사한 분석 기법을 이용할 수 있다.

여론 조사는 표본 추출 이론에서 특수한 분야를 차지한다. 소셜 미디어가 나오면서 수많은 여론 조사 방식이 창출되었다. 잘 설계된 인터넷 여론 조사는 조사 대상 패널을 주의 깊게 선정하고 그들의 의견을 묻는다. 그러나 적극적으로 투표에 참여하려는 사람들만을 대상으로 삼는 여론 조사도 많다. 이들은 부실하게 설계된 여론 조사다. 견해가 확고한 사람들은 투표에 참여할 가능성이 크지만, 선거에 관심이 없는 사람도 많고 인터넷을 이용할 수 없는 사람도 있으므로 표본의 대표성이 확보되지 않는다. 전화를 이용한 여론 조사도 마찬가지로 편향된 결과를 얻을 가능성이 크다. 많은 사람이 느닷없는 전화 설문 조사나 의견을 묻는 조사원의 요청을 거부하기 때문이다. 오늘과 같이 사기 전화가 만연한 시대에는 걸려 온 전화가 진짜 여론 조사인지조차 확신할 수 없다. 전화가 없는 사람도 있고 조사원에게 진정한 의도를 밝히기를 꺼리는 사람도 있다. 그들은 극단적인 정당에 투표하려는 의향을 모르는 사람에게 말하는 것을 언짢아할 수 있다. 질문 방식도 응답에 영향을 미칠 수 있다.

여론 조사 기관은 이러한 오차의 원천을 최소화하려고 다양한 방법을 사용한다. 그 중 다수는 수학 기법이지만 심리 및 다른 요소들도 관련된다. 여론 조사가 자신 있게 틀린 결과를 예측했다는 끔찍한 이야기는 과거에도 많았으며 점점 더 자주 들리는 것 같다. 때로는 막바지에 갑작스럽게 여론이 돌아섰다거나 상대편이 스스로 앞섰다고 생각하여 안심하도록 하려고 응답자들이 의도적으로 거짓말을 했다는 등 여론 조사가 틀린 이유를 '설명'하는 특수한 요인이 거론되기도 한다. 이 변명이 얼마나 타당한지를 평가하기는 어렵다. 그렇지만 적절한 방식으로 이루어진 여론 조사는 전반적으로 상당히 훌륭한 실적을 쌓아 왔으며 불확실성을 줄이는 유용한 수단을 제공한다. 또한 여론 조사에는 결과에 영향을 미칠 수 있는 위험성이 존재한다. 자신이 선택한 후보가 승리할 것으로 생각되면 사람들이 굳이 투표에 나서지 않을 수도 있다. 투표를 마친 사람들을 대상으로 한 출구 조사는 종종 매우 정확하며 공식 투표 결과가 나오기 한참 전에 정확한 결과를 알려 주지만, 최종 결과에는 영향을 미칠 수 없다.

제8장

얼마나 확신하는가

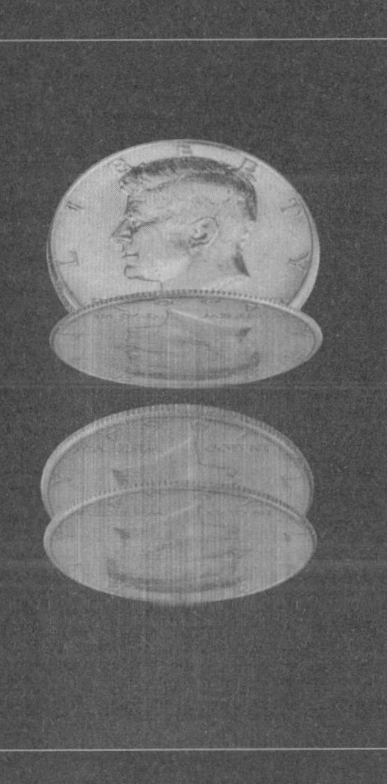

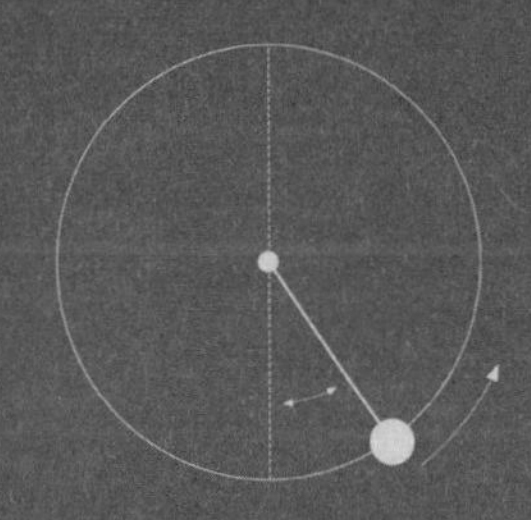

THTTT

HTHHT

THTTT

HTHHT

ABC ACB BAC

BCA CAB CBA $\binom{n}{r}$ $\frac{n!}{r!(n-r)!}$

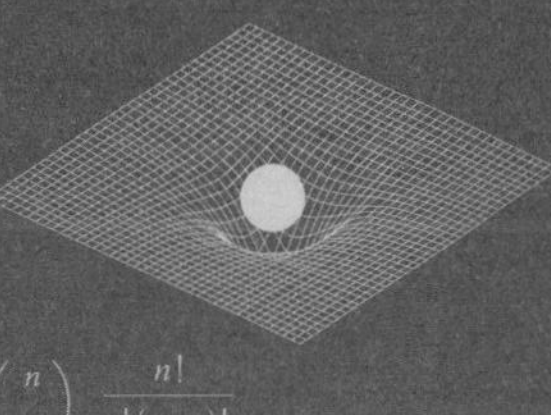

불합리:
자신의 견해와 명백히 상반되는 주장이나 믿음.

–
앰브로즈 비어스, 《악마의 사전》

• • • 뉴턴이 《미적분학》(The Calculus)을 발표했을 때 조지 버클리(George Berkley) 주교는 《분석가》(The Analyst)라는 소책자를 출간하여 대응했다. 소책자의 부제는 '신앙심 없는 수학자에 관한 담론. 최신 분석의 목적, 원리, 추론이 종교적인 신비와 믿음의 핵심보다 더 특별하게 구상되었거나 명백하게 추론되었는가에 대한 고찰'이었다. 속표지에는 성서의 경구가 적혀 있었다. "먼저 네 눈 속에서 들보를 빼라. 그 뒤에야 밝히 보고 형제의 눈 속에서 티를 빼리라.(마태복음 7장 5절)"

주교가 미적분학의 팬이 아니었음을 짐작하기는 어렵지 않다. 그의 소책자가 출간된 1734년에는 과학 분야에서 커다란 진보가 이루어지고 있었으며 많은 과학자와 철학자가 자연계를 이해하는 방법으로 증거에 기초한 과학이 신앙보다 우월하다고 주장하기 시작했다. 이전에는 신의 권위에 힘입어 절대 진리로 여겼던 기독교의 믿음이 진실일 뿐만 아니라 진실이어야 하고 진실임을 입증할 수 있는 수학에 자리를 내주고 있었다.

물론 수학이 절대 진리는 아니며 종교 또한 마찬가지다. 하지만 당시 신앙에 대한 모든 도전에 충분히 민감하게 반응할 만했던 버클리 주교는 미적분학의 몇 가지 논리적 난점을 지적함으로써 문제를 바로잡는 데 착수했다. 파악하기 어렵지 않은 숨은 의도는 세상 사람들에게 수학자들이 스스로 주장하는 만큼 논리적이지 못하다는 것을 보여 주고 절대 진리의 유일한 인도자라는 주장을 무너뜨리는 것이었다. 주교의 주장에도 일리가 있었지만 노골적인 공격은 사람들에게 수학자들이 틀렸음을 납득시키기에 좋은 방법이 아니었다. 수학자들은 외부인이 수학을 어떻게 받아들여야 하는지를 말해 주려 하면 화를 낸다. 결국 버클리는 요점을 놓쳤고 전문가들은 비록 엄밀한 논리적 기반을 구축할 수 없었지만 버클리의 실패를 인지했다.

조건부 확률과 베이즈 정리

미적분학에 관한 책이 아닌데도 이 이야기를 언급하는 이유는 사망할 당시에는 지극히 평범했으나 시간이 지날수록 과학적 명성이 높아진, 인정받지 못한 위대한 수학 영웅 한 사람과 직접적인 연관이 있기 때문이다. 그의 이름은 토머스 베이즈였으며 오늘날 그 어느 때보다 중요성이 커진 '통계학의 혁명'을 일으킨 인물이다.

베이즈는 1701년에 아마도 영국 하트퍼드셔에서 태어났을 것이다. 부친 조슈아(Joshua)는 장로교 목사였으며 그 역시 아버지의 뒤를 이어 같은 교단의 목회자가 되었다. 그는 에든버러 대학교에서 논리학과 신학 학위를 받고 잠시 부친의 일을 도운 뒤에 턴브리지 웰스에 있는 시온산 교회에 부임했다. 베이즈는 매우 다른 두 종의 책을 썼다. 1731년에 출간된 첫 번째 책 《신의 자비 또는 신의 섭리와 통치의 주목적이 피조물의 행복임을 입증하려는 시도》(Divine Benevolence, or an Attempt to Prove That the Principal End of the Divine Providence and Government is the Happiness of His Creatures)는 정확하게 비국교도 성직자들이 기대할 만한 내용이었다. 1736년에 발간된 두 번째 책 《유율의 원칙 입문 및 분석가를 쓴 저자의 반론에 대한 수학자의 변론》(An Introduction to the Doctrine of Fluxions, and Defence of the Mathematicians against the Objections of the Author of the Analyst)은 우리가 기대할 만한 내용이 전혀 아니었다. 베이즈 목사는 버클리 주교의 공격으로부터 과학자 뉴턴을 변호하고 있었다. 이유는 간단했다. 그는 버클리의 수학에 동의하지 않았다.

베이즈가 사망했을 때 친구 리처드 프라이스(Richard Price)는 몇 건의 논문을 전달받고 그중 수학 논문 두 편을 발표했다. 하나는 다수의 단순항을 더함으로써 중요한 양을 거의 정확하게 구하는 공식인 점근 급수(asymptotic series)에 관하여 '근사'(approximate)의 기술적인 의미를 구체적으로 논의한 논문이었다. 1763년에 발표된 두 번째 논문은 〈가능성의 원칙에 입각한 문제 해결에 관한 에세이〉(An Essay towards solving a problem in the doctrine of chances)로 조건부 확률을 다루는 내용이었다.

베이즈가 통찰한 핵심은 논문의 초반부에 나온다. '명제 2'는 이렇게 시작한다. '어떤 사건의 발생에 따르는 기대가 있는 사람이 있다면, 그 사건의 확률은 (비율로 볼 때) 사건이 일어나지 않았을 때 입을 손실로서의 실패 확률과 사건이 일어났을 때 얻을 이익으로서의 성공 확률의 비다.' 다소 장황한 표현이지만 베이즈는 그 의미를 구체적으로 설명했다. 나는 이를 현대 용어로 재구성할 것이며 모든 내용은 그의 논문에서 찾을 수 있다.

E와 F가 사건이라면 F가 이미 일어난 상태에서 E가 일어날 조건부 확률은 $P(E \mid F)$로 표기한다.('주어진 F에 대한 E의 확률'이라 읽는다.) 두 사건 E와 F가 상호 독립적이라고 가정하자. 그러면 오늘날 우리가 베이즈 정리(Bayes' theorem)라 부르는 다음과 같은 공식을 얻는다.

$$P(E \mid F) = \frac{P(F \mid E)P(E)}{P(F)}$$

이는 오늘날 조건부 확률의 정의라고 여겨지는 다음 식에서 쉽게 유도된다.[27]

$$P(E \mid F) = \frac{P(E \text{ and } F)}{P(F)}$$

두 번째 공식을 스미스 부부의 자녀의 성별에 대한 첫 번째 조건, 즉 부부의 두 아이 중 적어도 하나는 딸이라는 점을 우리가 아는 수수께끼에 적용해 보자. 전체 표본 공간에는 GG, GB, BG, BB의 네 사건이 있고 각각의 확률은 4분의 1이다. E가 '딸이 두명', 즉 GG라 하자. F를 확률이 4분의 3인 부분 집합 $\{GG, GB, BG\}$, 즉 '둘 다 아들은 아님'이라 하자. 사건 'E와 F'(E and F)는 사건 E와 같은 GG다. 공식에 따르면 부부의 두 아이 중 적어도 하나가 딸일 때 둘 다 딸일 확률은 다음 결과와 같다.

$$P(E \mid F) = \frac{P(F \mid E)P(E)}{P(F)} = \frac{1/4}{3/4} = \frac{1}{3}$$

베이즈는 이어서 더욱 복잡한 조건들의 조합과 그에 대한 조건부 확률을 생각했다. 그 결과와 보다 광범위한 현대적 일반화도 역시 베이즈 정리라 불린다.

주어진 조건에서 실제 사건이 일어날 확률

베이즈 정리는 제조업의 품질 관리와 같은 실용적인 문제에 유용하게 쓰인다. 즉 '우리 회사가 제작한 장난감 자동차에서 바퀴가 하나 빠졌다면 그 자동차가 워밍햄 공장에서 제작되었을 확률은 얼마인가?' 같은 질문의 답을 제공한다. 그러나 시간이 흐르면서 베이즈 정리는 확률이란 무엇이며 어떻게 다뤄야 하는가에 대한 전반적인 철학으로 확장되었다.

확률의 고전적인 정의('해석'이라는 편이 나을지도 모르겠다.)는 빈도적인 정의, 즉 실험이 여러 번 반복될 때 특정한 사건이 일어나는 빈도수다. 앞에서 보았듯이 이러한 해석은 초기의 선구자들까지 거슬러 올라간다. 그러나 이 정의에는 여러 가지 결함이 있다. '여러 번'이 정확히 몇 번인지 명확하지 않기 때문이다. 일련의 시행에서 (드문 경우지만) 빈도수가 잘 정의된 숫자로 수렴하지 않을 수도 있다. 하지만 더욱 중요한 결함은 우리가 원하는 대로 몇 번이든 같은 실험을 수행할 수 있다는 가정에 의존한다는 것이다. 그러한 일이 가능하지 않다면 '확률'의 의미가 불명확해지고 확률을 찾아내는 방법도 알 수 없게 된다.

예를 들어 서기 3000년까지 지능을 갖춘 외계인을 발견할 확률은 얼마인가? 이는 당연히 오직 한 번만 수행할 수 있는 실험이다. 하지만 우리 대부분은 직관적으로 이 확률에 무언가 의미가 있어야 한다고 (확률값에 전적으로 동의하지 않더라도) 생각한다. 확률이 0이라고 주장하는 사람도 있고 0.99999라고 주장하는 사람도 있을 것이다. 우유부단하게 중립을 취하는 사람은 0.5(틀릴 것이 거의 확실한 50 대 50)를 선택할 것이다. 개중에는 변수가 너무 부정확하여 크게 도움이 되지 않는 드레이크 방정식(Drake equation)을 들먹이는 사람도 있을 것이다.[28]

빈도주의(frequentism)의 주요 대안은 베이지안 접근법이다. 베이즈 목사가 이를 자신의 독창적인 작품으로 인식했을지는 명백하지 않지만 자신의 (관점에 따라 모호할 수도 있으나) 업적으로 여겼음은 확실하다. 실제로 이러한 접근 방식은 '내일 해가 뜰 가능성은 얼마나 되는가?' 같은 문제를 논의했던 라플라스까지 거슬러 올라간다. 그러나 이 책에서는 역사적인 이유에서라도 '베이지안'이라는 용어를 고수하려 한다.

베이즈는 논문에서 확률을 이렇게 정의했다. '모든 사건의 확률은 그 사건의 발생에 의존하는 기대(expectation)로, 계산되어야 하는 값과 사건이 일어날 가능성의 비율이다.' 이 문장은 다소 모호하다. '기대'란 무엇인가? '계산되어야 하는'은 무슨 뜻인가? 한 가지 합리적인 설명은 특정한 사건의 확률을 그 사건이 일어날 것을 '믿는 정도'로 해석할 수 있다는 점이다. 가설을 얼마나 확신하는지, 어떤 승산이 있어서 도박을 하려고 하는지, 우리의 믿음이 얼마나 강한지.

이러한 해석에는 여러 이점이 있다. 특히 오직 한 번만 일어날 수 있는 사건에 확률을 부여해 준다. 외계인에 대한 질문에도 합리적으로 답할 수 있다. '3018년까지 지능을 갖춘 외계인이 우리를 방문할 확률은 0.316이다.' 이 말은 '1000년 역사를 1000번 반복하면 그중 316번은 외계인이 나타날 것이다.'라는 의미가 아니다. 우리에게 타임머신이 있고 그것을 사용해도 역사가 바뀌지 않는다 하더라도, 외계인의 침입은 0번이나 1000번이 될 것이다. 0.316은 외계인이 나타날 가능성이 작지 않다는 우리의 믿음을 의미한다.

확률을 신념의 정도로 해석하는 데는 명백한 난점도 있다. 1854년에 조지 불(George Boole)이 《사고의 법칙에 관한 연구》(An Investigation into the Laws of Thought)라는 저서에서 말한 대로 '마음의 감정으로 여겨지는 기대의 강도를 수치 표준으로 삼을 수 있다고 단언하는 것은 철학적 이치에 반한다. 낙관적인 사람은 큰 기대를 품을 것이고 소심하고 비관적이며 우유부단한 사람은 의심에 빠질 것이다.' 다시 말해서 당신이 나의 추정에 동의하지 않고 외계인이 침입할 확률이 0.003에 불과하다고 말하더라도 누구 말이 맞는지를 알아낼 방법이 없다. 혹시 둘 중 하나가 맞더라도 또는 외계인이 실제로 나타난다 해도 그렇다. 외계인이 나타나지 않는다면 당신의 추정이 나보다 낫고, 나타난다면 나의 추정이 당신보다 나을 뿐이다. 그러나 우리 둘 다 자신의 추정이 정확함을 입증할 수 없으며 어떤 일이 일어나는가에 따라 다른 수치가 우리의 추정보다 나을 수도 있다.

베이지안들(Bayesians)은 그러한 반론에 대한 답을 지니고 있다. 그 답은 정확히 똑같은 상황에서는 아니지만 실험을 되풀이할 가능성을 다시 도입한다. 단 한 번의 1000년 대신에 다시 1000년을 기다리면서 또 다른 외계인의 무리가 나타나는지를 지켜보는 것이다. 하지만 그 전에 우리는 믿음의 정도를 수정한다.

논의를 진행하기 위해서 '아펠로벳니스 3번' 행성에서 온 외계인 원정대가 2735년에 나타난다고 해 보자. 그러면 나의 0.316이 당신의 0.003보다 나은 추정이 된다. 이에 따라 이어지는 1000년에 대한 우리 둘의 믿는 정도를 수정한다. 당신의 추정은 확실히 상향 조정이 필요하고 나의 추정 역시 상향 조정을 해야 할 수도 있다. 어쩌면 우리는 0.718이라는 절충점에 합의할지도 모른다.

거기에서 멈출 수도 있다. 정확한 사건은 되풀이될 수 없다. 하지만 추정하는 대상이 무엇이든 실험을 계속할수록 더 나은 추정을 얻는다. 더 야심을 품는다면 문제를 '1000년 안에 외계인이 도착할 확률'로 수정하고 실험을 다시 할 수 있다. 이번에는 놀랍게도 어떤 외계인도 오지 않는다. 그러면 우리는 다시 믿음의 정도를 0.584로 낮추고 또 다시 1000년을 기다린다.

이 모든 것은 약간 임의적으로 들리고 실제로도 그렇다. 베이즈 버전은 보다 체계적이다. 베이즈 버전의 아이디어는 초기의 믿음 정도, 즉 사전(prior) 확률을 가지고 시작한다. 우리는 실험(1000년의 기다림)을 수행하여 결과를 관찰한 뒤 베이즈 정리에 따라 더 많은 정보에 기초하여 개선된 믿음의 정도, 즉 사후(posterior) 확률을 산출한다. 이는 단순한 추측이 아니고 제한적이지만 증거에 기초한 확률이다. 설사 거기서 멈추더라도 유용한 결과를 얻은 것이다. 하지만 상황이 허락한다면 사후 확률을 새로운 사전 확률로 재해석할 수 있다. 그리고 두 번째 실험을 하여 어떤 의미에서는 더욱 개선되어야 하는 두 번째 사후 확률을 얻는다. 우리는 이를 새로운 사전 확률로 삼아서 다시 실험을 하고 더욱 개선된 사후 확률을 얻는 식으로 …… 시험을 계속한다.

여전히 주관적으로 들리는 이야기며 실제로 그렇다. 그러나 이 접근 방식이 종종 놀라울 정도로 잘 작동한다는 점은 주목할 만하다. 베이지안 접근법은 빈도 모델에서 찾을 수 없는 방법을 제안하고 결과를 제공한다. 그 방법과 결과로 중요한 문제를 해결할 수 있다. 따라서 오늘날 통계학의 세계는 빈도주의와 베이즈주의(bayesianism)라는 두 가지 이념에 따라 빈도 대 베이즈라는 두 분야로 명확히 분화되었다.

실용적인 견해는 우리가 하나만을 선택하지 않아도 된다는 생각일 것이다. 두 머리가 하나보다 낫고, 두 가지 해석이 한 가지보다 나으며, 두 사람의 철학자가 한 사람보다 낫다. 하나가 미흡하면 다른 쪽을 시도해 보라. 이러한 견해가 점진적으로 우세해지는 추세지만 오직 한 분야만이 옳다고 주장하는 사람도 여전히 많다. 다양한 분야의 과학자들은 기꺼이 두 접근 방식을 모두 채택하며 상대적으로 융통성이 높은 베이즈 방식을 광범위하게 사용한다.

베이즈 정리와 법정 판결

법정은 수학적인 정리의 시험장으로 어울리지 않는 곳이라고 생각하지만 베이즈 정리는 형사 재판에서 중요하게 응용될 수 있다. 유감스럽게도 법조인들은 대체로 이 사실을 무시하며 재판에 잘못된 통계적 추론이 개입하는 사례가 허다하다. 불확실성을 줄이는 일이 매우 중요한 인간사에서 불확실성을 낮추도록 개발된 수학 도구가 있는데도 검찰과 변호인 측이 낡아 빠지고 잘못된 추론에 의지하는 편을 선호한다는 것은 역설적이다.(하지만 충분히 예상할 수 있다.) 더 나쁜 것은 사법 체계 자체가 수학의 사용을 어렵게 한다는 사실이다. 당신은 법정에서 확률 이론을 활용하는 일이 산술을 이용하여 누군가가 제한 속도보다 얼마나 초과하여 차를 몰았는지를 결정하는 것보다 더한 논란거리가 되리라고는 생각지 않을 것이다. 중요한 문제는 통계적 추론에 오해의 소지가 있고 검찰과 변호인 모두가 이용할 수 있는 허점을 만들어 낸다는 점이다.

베이즈 정리의 이용과 상반되는 특히 충격적인 판결은 1998년 리자이나 대 애덤스 사건 항소심에서 내려졌다. 이는 유죄 판결의 유일한 증거가 피해자에게서 채취한 DNA 샘플과의 일치 여부였던 강간 사건이다. 피고인은 알리바이가 있었고 피해자가 진술한 공격자의 인상착의와 비슷하지도 않았지만 DNA가 일치한다는 이유로 유죄 판결을 받았다. 항소심에서 변호인은 전문가 증언에 따르면 DNA가 일치할 확률이 2억분의 1이라는 검찰 측 주장을 반박하고 통계와 관련된 모든 주장에는 피고 측 증거도 함께 고려되어야 하며 베이즈 정리가 정확한 접근법이라고 설명했다. 계속 진행된 재판에서 판사는 모든 통계적 추론을 비판했다. '배심원의 임무는 …… 증거를 평가하고 수학적이든 아니든 공식 말고 건전한 상식과 세상사의 이치를 제시된 증거에 적용하여 결론을 내리는 것이다.' 아주 그럴듯한 이야기다. 하지만 우리는 그러한 상황에서 '건전한 상식'이 얼마나 쓸모없을 수 있는지를 제6장에서 살펴보았다.

2013년 널티와 오르스 대 밀턴케인스 자치구 평의회 사건은 영국 밀턴케인스 인근의 재활용 센터에서 발생한 화재에 대한 민사 소송이었다. 판사는 화재의 원인이 버려진 담배꽁초라는 결론을 내렸다. 사고와 관련이 있어 보여 또 다른 원인으로 거론된 전기 아크(electrical arcing)가 화재 가능성이 훨씬 더 낮다고 보았기 때문이다. 담배꽁초를 던졌다는 엔지니어가 보험을 든 보험 회사는 소송에서 패하고 200만 파운드를 배상하라는 판결을 받았다. 항소 법원은 판사의 추론을 받아들이지 않았으나 항소심은 각하(却下)했다. 그러한 판단은 베이즈 통계의 전반적인 기초를 내동댕이치는 것이었다. '때로 개연성의 기준이 수학적으로 50+% 확률이라고 표현되지만 이 표현에는 유사 수학(pseudo-mathematics)이 수반될 위험이 있으며 …… 일어난 사건의 확률을 퍼센트로 표현하는 것은 환상에 불과하다.'

노마 펜턴(Norma Fenton)과 마틴 닐(Martin Neil)은[29] 변호인이 '피고인은 그와 같은 일을 했거나 하지 않았거나 둘 중 하나고, 했다면 100퍼센트 유죄, 하지 않았다면 0퍼센트 유죄다. 따라서 그 사이의 어떤 확률로 유죄의 가능성을 판단하는 것은 전혀 이치에 맞지 않고 법정에서 논할 가치도 없다.'라고 주장한 사례를 보고했다. 일어났음(또는 일어나지 않았음)을 아는 사건에 확률을 부여하는 것은 불합리하다. 그러나 일어났음을 모르는 사건에 확률을 부여하는 것은 전적으로 합리적이며, 베이즈주의는 합리적으로 확률을 적용하는 방법을 말해 준다.

예를 들어 누군가가 동전을 던진다고 가정해 보자. 다른 사람들은 동전 던지기를 지켜보지만 당신은 그렇지 않다. 그들은 결과를 알며 그 확률은 1이다. 그러나 당신에게는 앞면과 뒷면이 나올 확률이 각각 2분의 1이다. 일어난 사건이 아니라 자신의 추측이 맞을 가능성이 얼마나 되는지를 평가하기 때문이다. 모든 형사 재판에서 피고인은 유죄 아니면 무죄다. 그러나 그 정보는 어느 쪽이 잘못했는지를 가려내는 임무를 맡은 법정과는 관계가 없다. 변호인이 헛소리를 늘어놓는 유서 깊은 방식에 배심원이 속아 넘어가도록 허용한다면 배심원을 헷갈리게 할 염려가 있다는 이유로 유용한 도구를 거부하는 것은 약간 우스꽝스러울 것이다.

검사의 오류와 변호사의 오류

수학의 표기법은 많은 사람을 혼란스럽게 하며 조건부 확률에 대한 빈약한 직관 또한 전혀 도움이 되지 않는다. 그러나 이는 귀중한 통계 도구를 거부할 충분한 이유가 되지 못한다. 판사와 배심원은 대단히 복잡한 상황을 일상적으로 다룬다. 전통적인 안전장치는 전문가의 증언(앞으로 살펴보겠지만 그들도 틀릴 수 있다.)과 배심원에 대한 판사의 세심한 지도 편달 같은 것이다.

앞서 언급한 두 사건에서는 변호인이 충분히 설득력 있는 통계적 주장을 제시하지 못했다는 판결이 타당할 것이다. 그러나 미래에 통계와 조금이라도 관련되는 모든 주장을 사용하는 것까지 거부하는 판결을 내린 것은 많은 평론가가 보기에 너무 지나쳤으며 범죄를 저지른 사람에게 유죄 판결을 내리는 일을 훨씬 더 어렵게 함으로써 무고한 사람들을 보호하는 효과를 약화했다. 결과적으로 불확실성을 줄이는 데 대단히 유용한 도구로 입증된 단순하면서도 탁월한 발견이, 법조인들이 이해하지 못하거나 오남용을 서슴지 않는다는 이유로 찬밥 신세가 되었다.

유감스럽게도 통계적 추론, 특히 조건부 확률을 오남용하기란 너무도 쉽다. 제6장에서 우리는 주어진 문제와 관련된 수학이 명백하고 정확한 경우조차 우리의 직관이 잘못된 길로 들어설 수 있다는 사실을 확인했다. 당신이 살인 혐의로 재판을 받는다고 상상해 보라. 희생자의 옷에 묻은 피 한 방울로 DNA 검사가 이루어지고 당신의 DNA와 일치하는 결과가 나왔다. 검사는 DNA가 정확하게 일치하고 무작위로 선택된 사람에게 그러한 일이 일어날 가능성은 100만분의 1이라고 주장하면서(아마도 사실일 것이며 사실이라고 가정하자.) 당신이 무죄일 가능성 또한 100만분의 1이라는 결론을 내린다. 이는 가장 단순한 형태로 나타나는 검사의 오류로 터무니없는 주장이다.

피고 측 변호인이 벌떡 일어선다. 영국에는 6000만 명이 산다. 100만분의 1이라는 가능성을 인정하더라도 영국 국민 중에 피고처럼 유죄가 될 수 있는 사람이 60명이다. 따라서 당신이 유죄일 가능성은 60분의 1, 즉 1.6퍼센트 정도라고 말한다. 이는 변호인의 오류며 역시 터무니없는 주장이다.

이런 예는 꾸며 낸 것이지만 법정에는 이와 비슷한 주장이 제시된 수많은 사례가 존재하며 그중에는 사건과 무관한 용의자와 피해자 사이의 DNA가 일치했던 리자이나 대 애덤스 사건도 포함된다. 무고한 사람들이 검사의 오류로 유죄 판결을 받고 항소심에서 유죄 판결이 번복됨으로써 법원 스스로 오류를 인정한 명백한 사례들이 있다. 통계 전문가들은 이와 비슷한 잘못된 통계적 추론에 따른 수많은 오심이 번복되지 않았다고 믿는다. 입증하기는 어렵지만 법정이 피고 측 변호인의 오류에 속아서 범죄자가 무죄 판결을 받은 사례도 적지 않을 것이다. 하지만 이 사건에 대한 두 가지 추론이 오류인 이유를 설명하는 것은 전혀 어렵지 않다.

애당초 재판에서 확률이 허용되어야 하는가의 문제는 잠시 제쳐 놓자. 재판이란 어쨌든 유죄나 무죄를 가리는 것이지, 당신이 더러운 짓을 했을 가능성을 근거로 유죄 판결을 내리는 자리가 아니다. 지금 논의하는 주제는 통계를 사용할 수 있을 때 무엇을 조심해야 하는가다. 공교롭게도 영국이나 미국의 법률에 확률을 증거로 제출하는 것을 막는 조항은 없다. 앞서 제시한 DNA 시나리오에서는 검사와 변호인의 추정에 엄청난 차이가 있으므로 두 입장 모두 옳을 수 없다는 점이 명백하다. 그렇다면 무엇이 문제일까?

코넌 도일(Conan Doyle)의 단편 소설 〈실버 블레이즈〉에서 셜록 홈스가 '밤중에 보여 준 개의 기묘한 행동'에 주의를 돌리는 것은 플롯의 중요한 대목이다. "그 개는 밤중에 아무것도 하지 않았습니다." 런던 경찰국의 그레고리 수사관이 항변한다. 홈스는 늘 그랬듯이 수수께끼 같은 대답을 한다. "그거 기묘한 일이군." 앞의 두 주장에는 아무것도 하지 않은 개가 있다. 이는 무엇일까? 유죄나 무죄를 가릴 만한 추가 증거에 대한 아무런 언급이 없다. 하지만 추가 증거는 당신이 유죄라는 사전 확률에 큰 영향을 미치며 계산 결과를 바꾼다.

문제를 더욱 명확히 하는 데 도움이 될 또 다른 시나리오가 있다. 당신이 무려 1000만 파운드의 복권에 당첨되었다는 전화를 받는다. 거짓말이 아니다. 당신은 당첨금 수표를 수령한다. 그러나 수표를 은행에 제시했을 때 누군가가 당신의 어깨에 손을 얹는다. 그 경찰관은 당신을 절도 혐의로 체포한다. 법정에서 검사는 당신이 복권 회사로부터 당첨금을 사취하려고 속임수를 쓴 혐의가 짙다고 주장한다. 그렇게 주장하는 이유는 간단하다. 무작위로 선택된 사람이 그 복권에 당첨될 가능성은 2000만분의 1이기 때문이다. 검사의 오류에 따라 당신이 무죄일 확률도 2000만분의 1이다.

이 경우에는 무엇이 잘못되었는지가 명확하다. 매주 수천만 명이 복권을 산다. 따라서 누군가가 당첨될 가능성이 매우 크다. 당신은 사전에 무작위로 선택되지 않았다. 당첨되었기 때문에 사건이 일어난 뒤에 선택되었다.

통계적 증거와 관련된 특히 충격적인 사건은 영아 돌연사 증후군으로 두 아이를 잃은 영국 변호사 샐리 클라크(Sally Clark)의 재판이었다. 검찰 측 증인으로 나온 전문가는 이 비극이 우연히 두 번 일어날 확률이 7300만 분의 1이라고 증언했다. 그는 또한 실제로 알려진 사례는 그보다 많다고 덧붙이면서 영아 돌연사가 두 번 일어난 다수의 사례가 우연이 아니라 자신의 전문 분야인 뮌하우젠 증후군(Munchausen syndrome by proxy, 타인의 주의를 끌기 위하여 자신이 돌보는 아이를 아프게 하거나 신체 상태를 과장하는 등의 증세를 보이는 정신 질환.—옮긴이)의 결과였다는 의견을 제시했다. 클라크는 자신의 아이들을 살해한 혐의로 유죄 판결을 받고 언론의 맹렬한 비난을 받았으며 종신형에 처해졌다.

유죄 판결에 경악한 영국 왕립 통계 협회는 언론 발표를 통하여 검찰 측 주장에 처음부터 명백하게 중대한 결함이 있다고 지적했다. 3년이 넘게 교도소 생활을 한 클라크는 항소심을 거친 뒤 석방되었는데, 이는 검찰 측 주장의 결함 때문이 아니라 아이들의 시신을 검사한 병리학자가 무죄를 입증할 증거를 숨겼다는 사실이 밝혀졌기 때문이다. 오심의 충격을 극복하지 못한 클라크는 정신적인 문제에 시달렸고 4년 뒤 알코올 중독으로 사망했다.

검찰 측 주장에는 여러 결함이 있다. 영아 돌연사 증후군에는 유전적 요인이 작용한다는 명백한 증거가 있으며 영아 돌연사를 겪은 가정에서는 또다시 사고가 발생할 가능성이 더 크다. 따라서 한 번 돌연사가 일어난 확률을 곱하는 방법으로는 연속해서 돌연사가 일어날 가능성을 타당하게 추정할 수 없다. 두 사건은 서로 독립적이지 않다. 돌연사가 두 번 발생한 대부분의 사례가 뮌하우젠 증후군에 따른 것이라는 주장에도 의문의 여지가 있다. 뮌하우젠 증후군은 자해의 한 가지 유형이며 타인을 해침으로써 자신에게 해를 가하는 증상이다.(이것이 말이 되는지는 논란거리다.) 법원은 전문가가 증언한 연속 돌연사의 예상치보다 더 높은 수치가 단지 우연에 의한 실제 발생률일 수도 있음을 인식하지 못한 것으로 보인다. 물론 실제로 아이들이 살해된 매우 드문 사례도 있었을 것이다.

그러나 이 모든 것은 요점에서 벗어난 논의다. 우연에 따른 연속 돌연사에 어떤 확률을 적용하든, 그 확률은 가능성이 있는 대안과 비교되어야 한다. 더욱이 모든 확률은 두 번의 돌연사가 일어났다는 기존의 증거를 조건으로 한다. 이에 따라 세 가지 설명이 가능하다. 돌연사가 모두 우연이었거나, 두 번 다 살인이었거나, 아니면 전혀 다른 사건(하나는 살인이고 다른 하나는 돌연사 같은)이었을 수 있다. 세 가지 모두 극단적으로 가능성이 낮다. 이들을 확률 문제로 다룰 수 있다면 중요한 것은 서로 비교되는 상대적인 가능성이 얼마나 낮은가다. 설령 두 죽음이 살인이었더라도 여전히 의문이 남는다. 누가 살인을 저질렀는가? 자동으로 어머니가 살인범이 되는 것은 아니다.

그래서 법정은 다음에 초점을 맞췄다.

- 무작위로 선택된 가족이 두 번의 영아 돌연사를 겪을 확률

하지만 법정은 다음 조건을 고려했어야 했다.

- 두 번의 영아 돌연사가 일어났을 때 어머니가 두 아이를 죽인 살인범일 확률

법정은 부정확한 숫자를 사용하는 한편 두 가지를 혼동했다.

수학자 레이 힐(Ray Hill)은 영아 돌연사의 실제 데이터를 이용한 통계를 분석하여 한 가족에게 두 번의 영아 돌연사 증후군 사건이 발생할 가능성이 두 번의 살인이 일어날 가능성보다 4.5~9배 높다는 사실을 밝혔다. 그러므로 통계적 관점으로만 보면 클라크가 유죄인 확률이 10~20퍼센트에 불과했다.

다시 한번 개는 짖지 않았다. 이러한 유형의 사건에서 통계적 증거는 다른 성격의 증거가 뒷받침되지 않는 한 전혀 신뢰할 수 없다. 예컨대 피고인이 자신의 아이들을 학대한 전력이 있다는 사실이 독립적으로 입증된다면 검찰 측 주장이 타당성을 얻었겠지만 그와 같은 전력은 아무것도 존재하지 않았다. 궁극적으로 그녀가 유죄라는 유일한 '증거'는 영아 돌연사 증후군처럼 보이는 두 아이의 죽음이었다.

펜턴과 닐은 통계적 추론이 잘못 적용되었을 가능성이 있는 수많은 사례를 논의한다.[30] 2003년에 네덜란드의 소아과 간호사 루시아 드 베르크(Lucia de Berk)는 네 건의 살인과 세 건의 살인 미수 혐의로 기소되었다. 검사는 그녀가 병원에서 근무한 시간에 이례적으로 많은 환자가 사망했다면서, 상황 증거를 종합하여 이러한 일이 우연히 일어날 확률이 3억 4200만 분의 1이라고 주장했다. 이는 피고인이 무죄라는 전제하에 제시된 증거로부터 산출한 확률이었다. 그러나 실제로 계산되었어야 할 확률은 제시된 증거에 근거한 유죄 확률이었다. 베르크는 유죄 판결을 받고 종신형을 선고받았다. 항소심에서도 판결은 바뀌지 않았다. 한 증인이 '꾸며 낸 말'이었다며 유죄의 근거가 된 증언을 철회했는데도 말이다. (당시에 이 증인은 범죄 심리 치료 시설에 수용된 상태였다.) 언론은 당연히 유죄 판결을 비판했으며 대중의 청원 운동이 일어났다. 네덜란드 대법원은 2008년에 이 사건을 암스테르담 법원으로 돌려보냈지만 암스테르담 법원은 유죄 판결을 고수했다. 여론이 극도로 악화된 2008년에 대법원은 사건을 재심하기로 결정했다. 2010년에 진행된 재심에서는 모든 사망 사례가 자연적인 원인에 따른 것이었으며 관련된 간호사들이 많은 생명을 구했다는 사실이 밝혀졌다. 그제야 대법원은 유죄 판결을 파기했다.

병원에서 일어나는 수많은 죽음과 다수의 간호사를 고려하면 일부 죽음과 특정한 간호사 사이에 이례적으로 밀접한 관련성이 있을 가능성이 높아 보인다. 로널드 미스터(Ronald Meester)의 연구팀은 '3억 4200만분의 1'이라는 숫자가 이중 수령(제6장 참조)의 좋은 예라고 주장했다.[31] 그들은 보다 적절한 통계 기법을 사용하면 300분의 1, 심지어 50분의 1이라는 결과를 얻게 된다는 것을 증명해 보였다. 이들 수치는 유죄의 증거로 판단할 만한 통계적 유의성이 부족하다.

베이즈 정리에서 베이지안 네트워크로

2016년에 펜턴, 닐, 대니얼 버거(Daniel Berger)는 법률 사건에서의 베이지안 추론에 관한 리뷰를 발표하여 법조인들이 그러한 주장을 의심스럽게 여기는 이유를 분석하고 베이지안 추론의 잠재력을 검토했다. 그들은 우선 과거 40년 동안 소송 과정에서 통계를 사용한 사례가 상당히 늘어난 점에 주목했다. 그런 뒤 베이지안 접근법이 고전 통계학의 여러 함정을 피하고 더 널리 적용될 수 있는데도 대부분 사례에서 고전적인 통계가 사용되었음을 지적했다. 그들의 주요 결론은 통계가 소송 과정에 미치는 영향력이 미미한 이유가 '베이즈 정리에 대한 법조인들의 오해 …… 그리고 현대적인 계산 기법 채택의 미흡함' 때문이라는 것이었다. 그들은 또한 '법률 문제에 베이지안 통계를 사용하는 데 대한 대부분의 우려를 해결하는 방식으로 계산을 자동화하는' 새로운 기법, 즉 베이지안 네트워크(Bayesian networks)를 사용할 것을 강력히 추천했다.

다소 경직된 가정과 오랜 전통을 가진 고전 통계학은 잘못 이해될 소지가 다분하다. 통계적 유의성 검증을 강조하면 검사의 오류에 빠질 수 있다. 유죄라는 조건에 따른 증거의 확률이 제시된 증거에 대한 유죄의 확률로 잘못 해석될 수 있기 때문이다. 어떤 숫자가 위치할 것으로 확신하는 범위인 신뢰 구간 같은 좀 더 전문적인 개념은, 적절한 정의가 복잡하고 반직관적이기 때문에 (실제로 숙련된 통계학자 중에도 올바르게 이해하지 못하는 사람이 많다.) '거의 언제나' 잘못 해석된다. 이러한 고전 통계학의 어려움과 과거의 미흡한 실적 때문에 많은 법조인이 모든 유형의 통계를 마땅치 않게 여긴다.

이것이 베이즈 기법을 거부하는 이유 중 하나일 수 있다. 펜턴의 연구팀은 더욱 흥미로운 이유를 하나 더 제시했다. 법정에서 제시된 베이즈 모델은 지나치게 단순화된 사례가 너무 많다는 것이다. 그 모델들은 관련된 계산을 수작업으로 수행할 정도로 충분히 간단하므로 판사와 배심원이 이해할 수 있다는 가정에 따라 사용되었다.

오늘날 같은 컴퓨터 시대에 이러한 제한은 불필요하다. 물론 이해할 수 없는 컴퓨터 알고리즘에 대한 우려는 타당하다. 극단적인 경우로 우리는 조용히 증거를 평가한 뒤에 아무런 설명도 없이 '유죄' 또는 '무죄' 판결을 내리는 인공 지능 사법 컴퓨터를 상상해 볼 수 있다. 그러나 알고리즘을 완벽히 이해하고 계산이 복잡하지 않다면 잠재적인 문제점에 대비하는 보다 명확한 안전장치를 마련하는 일이 어렵지 않을 것이다.

앞에서 논의된 단순한 베이즈 모델들은 아주 적은 진술을 포함하며 우리가 한 일은 어떤 진술이 주어졌을 때 다른 진술이 타당할 가능성이 얼마나 되는지를 생각해 본 것이 전부였다. 그러나 법률 사건에서는 수많은 증거가 제시되며 '피의자가 범죄 현장에 있었다.', '피고인의 DNA가 희생자에게 남은 혈흔과 일치한다.' 또는 '은색 자동차가 인근에서 목격되었다.' 같은 진술이 이루어진다.

베이지안 네트워크는 이 모든 요소를 표현하고 그들이 서로 어떤 영향을 미치는지를 화살표로 연결된 상자를 이용해 도표화한다. 요소마다 하나의 상자가 있고 영향 관계마다 하나의 화살표가 있다. 더욱이 각 화살표에는 꼬리 쪽의 요소가 주어질 때 머리 쪽의 요소에 대한 조건부 확률을 나타내는 숫자가 붙는다. 그러면 베이즈 정리의 일반화를 통하여 한 요소가 주어질 때나 심지어 알려진 모든 요소에 대한 조건부 확률을 계산할 수 있다.

펜턴의 연구팀은 적절하게 개발 및 검증된 베이지안 네트워크를 '재판과 관련된 정확한 가설과 증거의 인과 관계에 대한 전반적인 맥락을 모델링' 하는 중요한 사법 도구로 제안했다. 어떤 유형의 증거를 베이지안 접근법에 적합하다고 간주할지에 대해서는 분명 많은 논란이 있으며 이는 토론을 거쳐 합의되어야 한다. 그렇지만 그러한 토론은 과학계와 법조계 사이에 현존하는 높은 장벽에 가로막혀 있다.

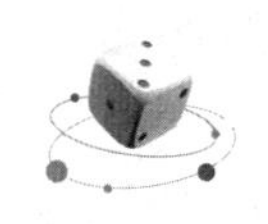

제9장

법칙과 무질서

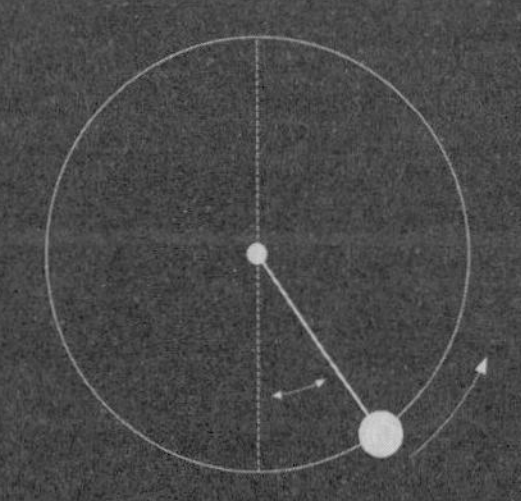

THTTT
HTHHT
THTTT
HTHHT
ABC ACB BAC
BCA CAB CBA

$\binom{n}{r}$ $\frac{n!}{r!(n-r)!}$

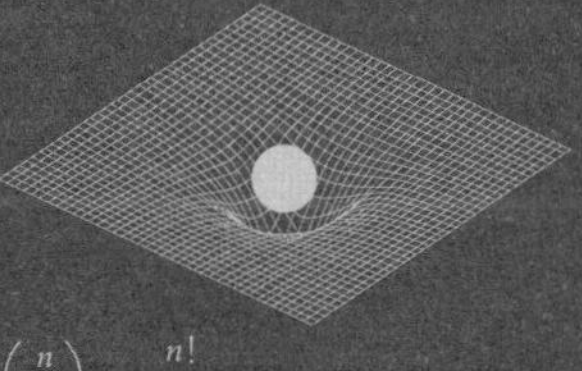

열은 차가운 물체에서 뜨거운 물체로
전달되지 않는다.
원한다면 시험해 볼 수도 있지만
하지 않는 편이 훨씬 낫다.

–
마이클 플랜더스와 도널드 스완, 〈제1법칙과 제2법칙〉 노래 가사 중에서

• • • 법칙과 질서에서 법칙과 무질서로. 인간사에서 물리학으로.

누구나 이름을 아는 혹은 적어도 그와 비슷한 몇몇 과학 원리 중 하나는 열역학 제2법칙(the second law of thermodynamics)이다. 소설가 찰스 퍼시 스노(Charles Percy Snow)는 '두 문화'(two cultures)에 대해 악명 높았던 1959년 케임브리지 대학교의 리드 강연(Rede lectures)과 이어 출간한 자신의 책에서 이 법칙이 무엇을 말하는지 모르는 사람은 스스로를 교양인이라 생각하면 안 된다고 말했다.

> 나는 전통문화의 기준으로 볼 때 높은 수준의 교육을 받았다고 생각되는, 하지만 믿기 힘들 정도로 교양이 없는 과학자들에 대한 놀라움을 열정적으로 토로하는 사람들의 모임에 참석할 기회가 여러 번 있었다. 한 번인지 두 번인지 화가 난 나는 그들 중 몇 사람이나 열역학 제2법칙을 설명할 수 있는지 물었다. 그들의 반응은 차갑고 부정적이었다. 하지만 내가 물은 것은 과학적으로 '셰익스피어의 작품을 읽어 봤는가?'

와 동등한 질문이었다.

스노의 말은 일리가 있었다. 기초 과학은 최소한 문학에서 호라티우스(Horatius)의 라틴어 시를 알거나 바이런(Byron)과 콜리지(Coleridge)의 시를 인용하는 만큼이라도 교양의 일부가 되어야 한다. 하지만 스노는 다른 예를 드는 편이 더 나았을 것이다. 과학자 중에도 열역학 제2법칙에 정통하지 못한 사람이 적지 않기 때문이다.[32]

공정하게 말하자면 스노는 앞의 말에 이어서 '읽을 줄 아는가?'라는 질문과 과학적으로 동등한, 질량이나 가속도 같은 보다 단순한 개념을 설명할 수 있는 사람도 열 명 중 하나를 넘지 않을 것이라고 했다. 문예 평론가 프랭크 레이먼드 리비스(Frank Raymond Leavis)는 존재하는 유일한 교양이 그의 교양뿐이었다고 말함으로써 의도와 다르게 스노의 주장에 동조한 셈이 되었다.

보다 긍정적인 반응도 있는데 영국의 개그 콤비 마이클 플랜더스(Michael Flanders)와 도널드 스완(Donald Swann)은 1956년과 1967년 사이에 '주저하지 말고'(At the Drop of a Hat)와 '다시 주저하지 말고'(At the Drop of Another Hat)라는 제목의 순회공연으로 큰 인기를 얻었고 이 장의 도입부에서 소개한 구절은 공연에서 부른 〈제1법칙과 제2법칙〉(First and Second Law)이란 노래 가사의 일부다.[33] 이 가사에서는 제2법칙에 대한 과학적인 진술이 다소 모호하게 표현되었으며 노래의 마지막은 '그래, 그게 바로 엔트로피야, 친구.'라는 말로 마무리된다.

열역학은 열이 한 물체에서 다른 물체로 어떻게 전달되는지를 다루는 과학이다. 주전자의 물을 끓이거나 촛불 위에 풍선을 올려놓은 것을 예로

들 수 있다. 우리에게 가장 익숙한 열역학 변수는 온도, 압력, 부피다. 이상 기체 법칙(ideal gas law)은 이들 변수가 어떻게 관련되는지를 말해 준다. 압력과 부피의 곱은 절대 온도에 비례한다. 예컨대 풍선 내부의 공기를 가열하면 온도가 상승하고, 그에 따라 더 큰 부피를 차지하거나(풍선의 팽창) 내부의 압력이 증가하거나(결국 풍선이 터질 때까지) 아니면 두 가지 현상이 조금씩 함께 일어나야 한다. 나는 여기서 열이 풍선을 태우거나 녹이는 명백한 가능성을 무시하고 있다. 이상 기체 법칙의 영역 밖에 있는 문제이기 때문이다.

다른 열역학 변수로는 온도와 구별되고 여러 면에서 더 단순한 열이 있다. 열이나 온도보다 훨씬 더 미묘한 변수는, 흔히 약식으로 열역학 시스템이 얼마나 무질서한지를 나타내는 척도라고 설명되는 엔트로피다. 제2법칙에 따르면 외부 요인의 영향을 받지 않는 시스템의 엔트로피는 항상 증가한다. 이러한 맥락에서의 '무질서'는 정의(definition)가 아니라 은유(metaphor)며 쉽사리 잘못 해석될 수 있다.

열역학 제2법칙은 우리의 주변 세계를 이해하는 데 중요한 시사점을 제공한다. 그중에는 머나먼 미래에 모든 것이 균일하고 미지근한 수프가 되고 만다는 우주적 스케일의 예측도 있다. 제2법칙에 따르면 진화가 불가능하다는 (더 복잡한 생명체가 더 질서 있는 존재이므로) 오해도 있다. 그리고 '시간의 화살'처럼 제2법칙이 시간이 흐르는 방향과 무관한 방정식에서 유도되었음에도 엔트로피는 시간의 흐름에 미래를 지향하는 특정한 방향을 지정하는 것으로 보인다는 매우 알쏭달쏭하고 역설적인 시사점도 있다.

제2법칙의 이론적 기반은 1870년대에 오스트리아 물리학자 루트비히 볼츠만(Ludwig Boltzmann)이 소개한 기체 분자 운동론이다. 이것은 서로 충돌하여 튕겨 나가는 작고 단단한 공으로 취급되는 기체 분자의 운동에 대한 단순한 수학적 모델이다. 이 이론에서 분자는 액체나 고체처럼 빼곡하게 뭉친 상태가 아니라 자신의 크기에 비하여 평균적으로 매우 멀리 떨어져 있다고 가정되었다. 당시 대부분의 주요 물리학자는 분자의 존재를 믿지 않았다. 실제로 그들은 물질이 분자를 구성하는 원자로 이루어졌다는 것도 믿지 않았기에 자신의 이론을 인정받지 못한 볼츠만은 어려운 시기를 보내야 했다. 볼츠만의 아이디어에 대한 회의적인 시선은 일생 동안 계속되었고 그는 1906년에 휴가를 보내던 중 목매어 자살했다. 자신의 아이디어가 거부되어 이런 선택을 했다고 단언하기 어렵지만 분명히 안타까운 일이었다.

기체 분자 운동론의 두 번째 특성은 분자들이 무작위로 운동하는 것처럼 보인다는 점이다. 불확실성을 다루는 책에 열역학 제2법칙에 관한 장이 포함된 것은 이 때문이다. 그러나 분자들은 혼란스럽게 운동하지만 서로 충돌하는 공들의 모델은 결정론적이다. 수학자들이 이를 입증하는 데는 한 세기가 넘는 시간이 필요했다.[34]

그게 바로 엔트로피야

열역학과 기체 분자 운동론의 역사는 매우 복잡하므로 여기서는 세부 사항을 생략하고 상대적으로 단순한 기체의 문제로 논의를 제한하려 한다. 이 분야의 물리학은 중요한 두 단계를 거쳤다. 첫 번째 단계인 열역학에서는 앞에서 언급한 온도, 압력, 부피 등 기체의 전반적인 상태를 기술하는 변수들이 기체의 중요한 특성이었다. 과학자들은 기체가 분자로 이루어졌다는 사실을 알았으나(비록 1900년대 초까지도 논란거리로 남아 있었지만) 전반적인 상태에 영향을 미치지 않는 한 분자의 정확한 위치와 속도를 고려하지 않았다. 예컨대 열은 분자들의 총 운동 에너지(kinetic energy)다. 충돌로 인하여 일부 분자의 속도가 증가해도 다른 분자의 속도가 감소하여 총 에너지에는 변화가 없으므로 그러한 변화가 거시적인 변수에 영향을 주지 않는다. 수학적으로 중요한 문제는 거시 변수들이 서로 어떻게 연관되는지를 기술하고 그 결과로 얻은 방정식('법칙')을 이용하여 기체가 어떻게 거동(behave)할지를 추론하는 것이었다. 초기의 중요한 실용적인 응용 분야는 증기 기관을 비롯한 산업용 기계류의 설계였다. 실제로 증기 기관 효율의 이론적 한계에 대한 분석에서 엔트로피라는 개념이 등장했다.

두 번째 단계에서는 개별 기체 분자의 위치와 속도 같은 미시 변수가 우위를 차지했다. 여기서 가장 중요한 이론적 문제는 분자들이 용기 안에서 충돌하면서 돌아다닐 때 이들 변수가 어떻게 변하는지를 기술하는 것이었다. 그다음으로는 이렇게 상세한 미시적인 기술로부터 고전 열역학을 도출하는 문제였다. 나중에 양자 열역학(quantum thermodynamics)이 등장하고 양자 효과를 아울러 고려하게 되면서 '정보'와 같은 새로운 개념이 포함되고 고전적인 열역학 이론을 뒷받침하는 상세한 기반을 제공하게 되었다.

고전적인 접근법에서 시스템의 엔트로피는 간접적인 방식으로 정의된다. 우리는 우선 시스템 자체가 변할 때 이 변수가 어떻게 변하는지를 정의한다. 그리고 엔트로피를 얻기 위하여 작은 변화를 모두 더한다. 시스템의 상태가 소폭으로 변할 때 엔트로피의 변화는 열의 변화량을 온도로 나눈 것이다. (상태의 변화가 충분히 소폭이라면 온도를 상수로 간주할 수 있다.) 큰 폭의 상태 변화는 많은 소폭의 변화가 순차적으로 일어난 결과로 볼 수 있으며 그에 따른 엔트로피의 변화는 각 단계에서의 작은 변화를 모두 더한 것이다. 더 엄밀하게는 미적분학에서 말하는, 그 변화들에 대한 적분이다.

이 같은 방법으로 엔트로피의 변화를 알 수 있지만 변화가 아닌 엔트로피 자체는 어떻게 되는가? 수학적인 관점에서 엔트로피의 변화는 엔트로피를 유일무이하게 정의하지 않는다. 임의의 상수가 더해질 수 있는 상태로 정의한다. 우리는 잘 정의된 상태에 해당하는 엔트로피의 특정한 값을 선택함으로써 이 상수를 정할 수 있다. 표준 선택은 절대 온도에 기초한 방식이다. 유럽에서 흔히 사용하는 섭씨나 미국에서 주로 쓰는 화씨같이 우리에게 익숙한 온도 측정 척도는 임의적인 선택을 포함한다. 섭씨에서 0도는 얼음의 녹는점, 100도는 물의 끓는점(boiling point)이다. 화씨에서는 이들이 각각 32도와 212도다. 원리상으로는 원한다면 어떤 것이든 두 온도 단위를 선택할 수 있으며 질소와 납의 끓는점 같은 전혀 다른 기준을 사용할 수도 있다.

과학자들은 점점 더 낮은 온도를 만들어 내려 노력하는 과정에서 물질이 차가워지는 데 확실한 한계가 있다는 사실을 발견했다. 그 한계는 '절대 영도'로 불리는 섭씨 −273도쯤이며 열역학의 고전적인 기술에서 모든 열운동(thermal motion)이 멈추는 온도다. 아무리 노력하더라도 그보다 차갑게 만들 수는 없다. 아일랜드에서 태어난 스코틀랜드인 물리학자 켈빈 경(Lord Kelvin)의 이름을 딴 켈빈 온도는 절대 영도를 0으로 선택한 열역학적 온도며 단위는 켈빈(K)이다. 켈빈은 모든 온도에 273을 더해야 한다는 점을 제외하면 섭씨와 같다. 얼음은 273K에서 녹고 물은 373K에서 끓으며 절대 영도는 0K다. 이제 시스템의 엔트로피는 (단위의 선택에 따라) 절대 온도가 0도일 때 임의로 더해지는 상수를 0으로 선택하는 방법으로 정의된다.

이것이 엔트로피의 고전적인 정의다. 오늘날의 통계 역학적 정의는 어떤 면에서 더욱 단순하다. 두 가지 정의 모두 기체에 대하여 즉각 명확하지는 않지만 결국에는 같은 결과에 이르게 되므로 동일한 단어를 사용하는데 아무런 문제도 없다. 통계 역학적 엔트로피를 구하는 방법은 간단하다. 시스템이 N가지 미시 상태 중 어떤 상태에도 존재할 수 있고 그 가능성이 모든 미시 상태에 대하여 동일하다면 엔트로피 S는 다음과 같다.

$$S = k_B \log N$$

여기서 k_B는 볼츠만 상수(Boltzmann's constant)라 불리며 1.38065×10^{-23} joules/kelvin이라는 값을 갖는다. log는 자연로그(natural logarithm), 즉 $e = 2.71828\cdots\cdots$이 밑수(base)인 로그다. 달리 말해서 시스템의 엔트로피는 원리상 시스템이 차지할 수 있는 미시 상태 수의 로그에 비례한다.

구체적인 설명을 위하여 시스템이 카드 한 벌이고 미시 상태는 카드를 섞는 모든 순서라고 생각해 보자. 제4장에서 살펴본 것처럼 미시 상태의 수는 52!로, 80568로 시작하여 자릿수가 68개인 상당히 큰 수치다. 엔트로피는 이 수치의 로그를 취하고 볼츠만 상수를 곱하는 방법으로 계산할 수 있고 결과는 다음과 같다.

$$S = 2.15879 \times 10^{-21}$$

이제 카드가 한 벌 더 있다면, 그 역시 엔트로피 S의 값은 동일하다. 그러나 우리가 카드 두 벌을 합쳐서 104장의 카드를 섞는다면 미시 상태의 수는 N=104!이 되며 이는 10299로 시작하여 자릿수가 167개에 달하는 훨씬 더 큰 수치다. 이제 합쳐진 시스템의 엔트로피는 다음과 같다.

$$T = 5.27765 \times 10^{-21}$$

합쳐지기 전 하위 시스템(카드 두 벌)의 엔트로피 합은 다음과 같다.

$$2S = 4.31758 \times 10^{-21}$$

T가 $2S$보다 크므로 결합한 시스템의 엔트로피가 두 하위 시스템의 엔트로피를 더한 것보다 크다.

비유하자면 합쳐진 카드는 독자적인 두 벌에 속한 카드들 사이에 가능한 모든 상호 작용을 포함한다. 우리는 각각의 카드 한 벌을 별도로 섞을 수 있을 뿐만 아니라 두 벌을 혼합함으로써 추가 배열을 얻을 수도 있다. 따라서 상호 작용이 허용되는 시스템의 엔트로피는 상호 작용하지 않는 두 하위 시스템의 엔트로피 합계보다 크다. 확률 이론을 연구한 수학자 마크 캑(Mark Kac)은 이러한 결과를 벼룩이 많은 고양이 두 마리의 예로 설명하곤 했다. 고양이들이 떨어져 있을 때는 벼룩이 '자신의' 고양이 안에서만 돌아다닐 수 있다. 그러나 고양이들이 접촉하면 둘 사이를 자유롭게 왕래할 수 있으므로 가능한 배열의 수가 늘어난다.

두 인자(factor)의 곱의 로그는 각 인자의 로그의 합과 같으므로, 결합

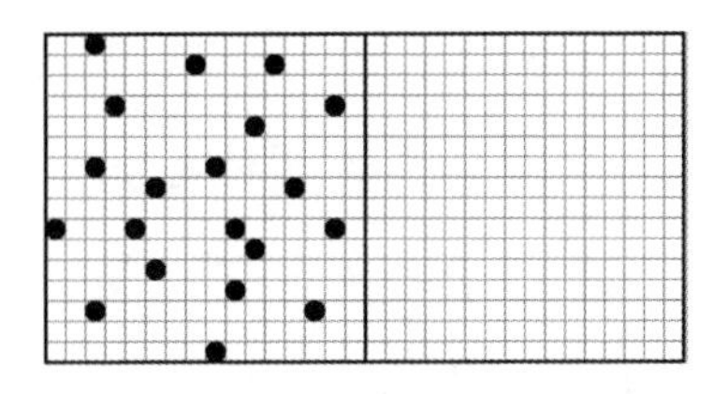
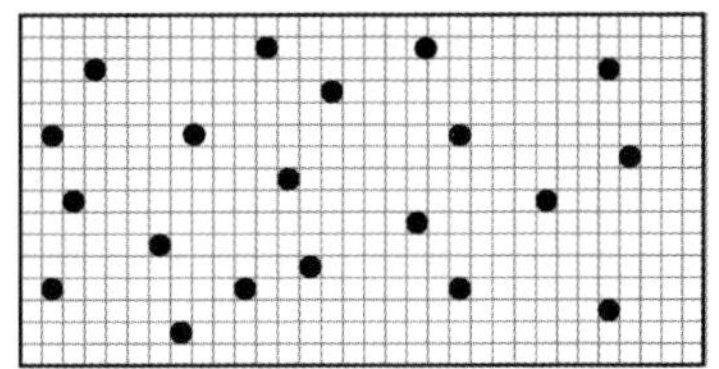

그림 12 칸막이의 유무에 따른 분자 상태. 왼쪽은 칸막이가 있는 경우고 오른쪽처럼 칸막이를 제거하면 새로운 미시 상태가 많아진다. 작게 구분된 상자들은 회색으로 표시되었다.

한 시스템의 미시 상태 수가 결합하기 전 두 시스템의 미시 상태 수를 곱한 것보다 크면 항상 엔트로피가 증가한다. 이는 대부분의 경우에 사실이다. 두 시스템의 미시 상태 수를 곱한 값은 섞이는 현상이 허용되지 않는 상태로 결합된 시스템의 미시 상태 수이기 때문이다. 섞일 수 있다면 미시 상태가 늘어난다.

이제 칸막이가 있는 상자를 생각해 보자. 한쪽에는 수많은 산소 분자가 있고 다른 쪽은 진공 상태다. 각각의 하위 시스템은 특정한 엔트로피 값을 갖는다. 우리가 매우 크지만 유한한 수의 아주 작은 상자로 공간을 구분하여 개별 분자의 위치를 결정하는 데 사용한다면 이들 시스템의 미시 상태를 분자를 배열하는 방법의 수로 생각할 수 있다. 칸막이를 제거하면 이전에 분자들이 차지했던 미시 상태는 그대로 남아 있다. 그러나 수많은 새로운 미시 상태가 추가로 생겨난다. 분자들이 상자의 다른 쪽으로 이동할 수 있기 때문이다. 새로운 배열 방식은 이전보다 훨씬 많아지며 결국 기체가 균일한 밀도로 상자 전체를 채울 확률이 압도적으로 커진다.

더 간단히 말해서 칸막이를 제거하면 가용한 미시 상태가 늘어나므로 미시 상태 수의 로그인 엔트로피도 증가한다.

물리학자들은 한편에 있는 산소 분자들이 다른 편의 진공과 구분된다는 의미에서 칸막이가 남겨진 것이 질서 있는 상태라고 말한다. 칸막이를 제거하면 구분이 사라지고 더 무질서한 상태가 된다. 엔트로피가 무질서의 정도로 해석될 수 있는 것은 이런 의미에서다. 그다지 크게 도움이 되는 비유는 아니다.

시간의 화살과 열역학 제2법칙

이제 시간의 화살이라는 골치 아픈 문제를 생각해 보자.

기체의 상세한 수학 모델은 상자 안에서 서로 충돌하면서 돌아다니는, 많지만 유한한 수의 매우 작고 단단한 공들로 구성된다. 분자 간의 충돌은 완전 탄성 충돌(perfectly elastic collision, 충돌 전후의 운동 에너지 합계가 보존되는 충돌.—옮긴이)로 가정되며, 이는 충돌 과정에서 잃거나 얻는 에너지가 없다는 뜻이다. 공이 벽에 충돌할 때도 당구대의 쿠션에 충돌하는 이상적인 당구공처럼 튕긴다고 가정한다. 즉 충돌한 각도와 같은 각도에서(회전이 없다.) 반대 방향으로 튕겨 나오며 벽에 충돌하기 전과 정확히 같은 속도를 유지한다.(완전 탄성 충돌) 이때 역시 에너지는 보존된다.

작은 공의 움직임은 뉴턴의 운동 법칙에 지배된다. 여기서 중요한 점은 제2법칙, 즉 물체에 작용하는 힘이 가속도와 질량의 곱과 같다는 법칙이다. (제1법칙은 힘이 작용하지 않는 물체는 일정한 속도로 직선 운동을 한다는 것이고, 제3법칙은 모든 작용에는 크기가 같고 방향이 반대인 반작용이 존재한다는 것이다.) 우리가 역학 시스템을 생각할 때는 작용하는 힘을 아는 상태에서 입자들이 어떻게 운동하는지를 밝히려고 하는 것이 보통이다. 운동 법칙은 어떤 특정한 순간이든 가속도가 힘을 질량으로 나눈 것과 같음을 시사한다. 법칙은 모든 작은 공에 적용되므로 원리상으로는 그들 모두가 어떻게 움직이는지 알아낼 수 있다.

뉴턴의 운동 법칙을 적용할 때 나타나는 방정식은 미분 방정식의 형태를 취한다. 이들은 어떤 양이 시간의 흐름에 따라 변화하는 비율을 기술한다. 사람들은 보통 얼마나 빨리 변화하는지보다 변화량 자체를 알고 싶어 한다. 적분을 이용하면 변화율로부터 해당되는 양을 알아낼 수 있다. 가속도는 속도의 변화율이고 속도는 위치의 변화율이다. 그러므로 특정한 순간에 공들이 어디에 있는지를 알려면 뉴턴의 법칙을 이용하여 모든 공의 가속도를 찾아내고 적분으로 속도를 구한 뒤에 다시 적분을 사용하여 위치를 찾아내면 된다.

이를 위해서는 두 가지 추가 요소가 필요하다. 첫 번째 요소는 초기 조건(initial conditions)이다. 초기 조건은 특정한 시점(예컨대 t=0)에 모든 공이 어디에 있으며 얼마나 빠르게 (그리고 어느 방향으로) 움직이는지를 결정한다. 이 정보는 방정식이 유일무이한 해를 갖게 하며 시간의 흐름에 따라 초기 상황에 무슨 일이 일어나는지를 말해 준다. 충돌하는 공들의 경우에는 모든 것이 기하학으로 귀결된다. 각각의 공은 다른 공과 충돌할 때까지 일정한 속도로 직선(초기 속도의 방향)을 따라 운동한다. 두 번째 요소는 충돌할 때 무슨 일이 일어나는가다. 충돌한 두 공은 각자 새로운 속도와 방향으로 다음번 충돌이 일어날 때까지 직선 운동을 계속한다. 이들 법칙은 기체 분자 운동론을 결정하며 거기에서 다른 기체 법칙을 도출할 수 있다.

움직이는 물체들로 이루어진 모든 시스템에 뉴턴의 운동 법칙을 적용하면 시간 역전이 가능한 방정식을 얻게 된다. 방정식의 아무 해든지 선택하여 시간을 거꾸로 돌려도 (시간 변수 t를 음수인 −t로 바꾸어) 역시 타당한 해를 얻는다. 동일한 해가 아닌 경우가 보통이지만 때로는 같은 해를 얻을 때도 있다. 직관적으로 어떤 해를 영화로 만들고 그것을 거꾸로 돌리면 그 결과 역시 해가 된다. 예컨대 당신이 공을 수직 방향으로 던진다고 생각해 보자. 처음에 상당히 빠르게 출발한 공은 중력의 끌어당김에 따라 느려지고 정점에서 순간 멈춘 뒤에 다시 손에 잡힐 때까지 가속이 붙는다. 영화를 거꾸로 돌려도 같은 현상을 볼 수 있다. 또는 큐로 당구공을 쳐서 쿠션에 맞고 튕겨 나오도록 해 보자. 거꾸로 돌린 영화에서도 쿠션에 충돌한 뒤에 튀어나오는 당구공을 볼 수 있다. 이처럼 튕김의 법칙이 시간의 반대 방향으로도 동일하게 성립하는 한, 튕김을 허용하는 일은 가역성(reversibility)에 영향을 미치지 않는다.

이는 모두 지극히 타당한 이야기지만 시간을 거꾸로 돌리는 영화를 볼 때면 기묘한 일들이 일어난다. 그릇에 담겼던 달걀 흰자와 노른자가 갑자기 허공으로 떠올라 깨진 달걀 껍데기 사이로 들어가고 깨진 껍데기가 합쳐져서 요리사의 손에 들린 온전한 달걀이 된다. 바닥에 흩어진 유리 조각들이 기묘하게 모여들어 멀쩡한 병이 된 뒤에 공중으로 튀어 오른다. 폭포수는 떨어지는 대신에 절벽 위로 거슬러 올라간다. 와인이 잔에서 솟아올라 병으로 들어간다. 샴페인이라면 거품이 수축하여 병으로 들어가고 저만치 떨어져 있던 코르크 마개가 불현듯 나타나 병 주둥이에 박혀서 병 속에 담긴 와인을 가둔다. 케이크를 먹는 사람을 찍은 영화를 거꾸로 돌리면 특히 역겨운 모습을 볼 수 있다. 어떤 모습일지 상상이 갈 것이다.

현실 세계에서 일어나는 대부분의 프로세스는 시간을 역전시킨다면 자연스러워 보이지 않는다. 간혹 그렇지 않을 때도 있으나 예외에 속한다. 시간은 오직 한 방향으로만 흐르는 것 같다. 시간의 화살은 과거로부터 미래를 가리킨다.

이는 그 자체로는 수수께끼가 아니다. 영화를 거꾸로 감는 것은 실제로 시간을 뒤로 돌리는 것이 아니다. 단지 시간을 역전시킬 수 있다면 어떤 일이 일어날지를 보여 주는 것뿐이다. 그러나 열역학은 시간의 화살의 불가역성을 강화한다. 제2법칙은 시간이 흐름에 따라 엔트로피가 증가한다고 말하기 때문에 시간을 거꾸로 돌리면 엔트로피가 감소하는 현상이 일어나 제2법칙에 어긋나는 결과를 얻게 된다. 이 역시 타당한 이야기다. 당신은 심지어 시간의 화살을 엔트로피가 증가하는 방향으로 정의할 수도 있다.

이것이 기체 분자 운동론과 어떻게 연결되는지를 생각하면 문제가 까다로워지기 시작한다. 뉴턴의 제2법칙은 시스템의 시간 역전이 가능하다고 말하고 열역학은 그렇지 않다고 말한다. 하지만 열역학은 뉴턴의 법칙에서 나온 결과물이다. 무언가 분명 이상하다. 셰익스피어의 말처럼 '시간이 혼란에 빠졌다.'(the time is out of order, 셰익스피어의 비극 《햄릿》에 나오는 대사. — 옮긴이)

이러한 역설과 관련한 문헌은 엄청나게 많으며 그중 다수는 대단히 학구적이다. 볼츠만은 처음으로 기체 분자 운동론을 생각할 때 이와 같은 역설을 우려했다. 역설에 대한 부분적인 답변은 열역학 법칙이 통계 법칙이라는 것이다. 열역학 법칙은 서로 충돌하는 100만 개의 공에 대한 뉴턴 방정식의 모든 해에 적용되지 않는다. 원리상으로는 상자 안의 산소 분자가 모두 한쪽으로 이동할 수 있다. 칸막이를 막아라, 빨리! 그러나 그와 같은 일은 거의 일어나지 않는다. 그에 대한 확률은 0.000000……으로, 0이 아닌 숫자가 처음 나올 때까지 써야 할 0이 너무 많아서 지구 전체를 돌아도 모자랄 것이다.

하지만 이야기는 그것으로 끝이 아니다. 시간이 흐름에 따라 엔트로피가 증가하는 모든 해에는 시간에 따라 엔트로피가 감소하는 역전된 해가 따른다. 매우 드물게는 역전된 해가 원래의 해와 일치할 때도 있다.(궤도의 정점에 도달한 순간을 초기 조건으로 설정한 던져 올린 공이나 쿠션에 부딪힌 순간을 초기 조건으로 설정한 당구공처럼.) 이러한 예외를 무시하면 운동 방정식의 해는 엔트로피가 증가하는 해와 감소하는 해의 쌍으로 나타난다. 통계적 효과가 두 해 중 하나만을 선택한다는 주장은 말이 되지 않는다. 공정한 동전은 항상 앞면이 나온다고 주장하는 것이나 마찬가지다.

또 다른 부분적인 해결책은 '대칭의 파괴'와 관련된다. 나는 뉴턴 법칙의 해에 대하여 시간을 역전시키면 반드시 일치하지는 않는 또 다른 해를 얻는다고 말했을 때 매우 세심한 주의를 기울였다. 법칙의 시간-역전 대칭성이 임의로 주어진 해의 시간-역전 대칭성을 시사하는 것은 아니다. 이는 분명한 사실이지만 그다지 큰 도움이 되지 않는다. 여전히 해가 쌍으로 나오고 같은 문제가 제기되기 때문이다.

그렇다면 시간의 화살이 오직 한 방향만을 가리키는 이유는 무엇일까? 나는 종종 무시되는 경향이 있는 무언가에 답이 존재한다는 느낌이 든다. 모든 사람이 법칙의 시간-역전 대칭성에 초점을 맞추지만 나는 초기 조건의 시간-역전 비대칭성에 주목해야 한다고 생각한다.

이 말 자체가 하나의 경고다. 시간의 방향이 바뀌면 초기 조건은 더 이상 초기의 조건이 아니다. 마지막 조건이다. 시간이 0인 시점에서 무슨 일이 일어나는지를 특정하고 양의 시간(positive time)에 대한 운동을 추론한다면 이미 화살의 방향을 고정한 것이다. 수학이 음의 시간에 무슨 일이 일어나는지도 추정할 수 있음을 생각할 때 실없는 이야기처럼 들리겠지만 조금만 참고 끝까지 들어 보라. 바닥에 떨어져 박살난 병을 부서진 파편이 다시 모여 병이 되는 시간-역전과 비교해 보자.

'박살나는' 시나리오는 초기 조건이 단순하다. 당신이 허공에서 온전한 병을 쥐고 있다. 그리고 쥐고 있던 병을 놓아 버린다. 시간이 흐르면서 떨어진 병은 박살나고 수많은 유리 조각이 흩어진다. 최종 조건은 매우 복잡하다. 질서가 있던 병이 바닥에 흩어진 무질서한 난장판으로 바뀌고 엔트로피가 증가하여 제2법칙이 준수되었다.

'박살나지 않는' 시나리오는 상당히 다르다. 수많은 유리 조각으로 이루어지는 초기 조건이 매우 복잡하다. 유리 조각들은 정지한 것처럼 보이지만 실제로는 모두 미세하게 움직이고 있다. (우리가 마찰을 무시하고 있음을 기억하라.) 시간이 흐르면서 유리 조각이 모여들어 온전한 병이 되고 공중으로 솟아오른다. 최종 조건은 매우 간단하다. 바닥에 있던 무질서한 난장판이 질서 있는 병으로 바뀌고 엔트로피가 감소했으며 제2법칙의 위반이 일어났다.

이러한 차이는 뉴턴의 법칙이나 법칙의 가역성과 아무런 관련이 없다. 양자 모두 엔트로피의 지배를 받지 않으며 두 시나리오 모두 뉴턴 법칙에 어긋나지 않는다. 차이점은 초기 조건의 선택에 있다. 박살나는 시나리오는 실험의 구현이 어렵지 않다. 초기 조건을 쉽게 설정할 수 있기 때문이다. 병을 쥐고 있다가 놓으면 그만이다. 박살나지 않는 시나리오는 실험으로 구현하기가 불가능하다. 초기 조건을 설정하기가 너무 복잡하고 미묘하기 때문이다. 원리상으로는 그러한 설정이 가능하다. 추락하는 병에 대하여 박살난 이후 특정 시점까지의 방정식을 풀면 된다. 그 시점의 상태를 초기 조건으로 설정하되 모든 속도를 반대 방향으로 바꾸는 것이다. 수학의 대칭성은 실제로 유리 조각들이 다시 병으로 모여드는 것을 의미한다. 하지만 현실에서는 불가능할 정도로 복잡한 '초기' 조건을 정확하게 실현할 수 있을 때만 그렇게 된다.

음의 시간에 대한 해를 구하는 우리의 능력 또한 온전한 병에서 시작된다. 운동 방정식은 병이 어떻게 그러한 상태에 있게 되었는지를 계산한다. 틀림없이 누군가가 병을 거기에 두었을 것이다. 그러나 시간의 방향을 바꾸어 뉴턴 법칙을 적용한다 하더라도 신비스러운 손의 출현을 추론할 수는 없다. 손을 구성하는 입자들은 당신이 풀고 있는 모델에 포함되지 않는다. 당신이 얻는 해는 선택된 '초기' 상태와 수학적으로 모순이 없는 가상의 과거다.

실제로 허공에 병을 던지는 행동이 자체적인 시간의 역전에 해당하므로 반대 방향의 해에서도 역시 병이 바닥으로 떨어지고 '대칭성에 따라' 박살난다. 단지 시간의 방향이 바뀐 가운데 말이다. 병에 대한 완전한 이야기(시간이 0인 시점에서의 신의 손[Hand of God]이 모델에 포함되지 않으므로 실제로 일어난 일이 아니다.)는 수많은 유리 조각이 모여들기 시작하고, 온전한 병이 되어 공중으로 올라가며, 시간이 0일 때 궤도의 정점에 이른 다음, 다시 떨어져 박살나고 수많은 파편으로 흩어지는 과정으로 구성된다. 처음에는 엔트로피가 감소하다가 다시 증가한다.

카를로 로벨리(Carlo Rovelli)는 《시간은 흐르지 않는다》에서 매우 비슷한 말을 했다.[35] 시스템의 엔트로피는 특정한 배치(내가 '거친 격자'[coarse-graining]라 부른)를 구별하지 않는다는 합의로 정의된다. 따라서 엔트로피는 시스템에 대하여 우리가 접근할 수 있는 정보에 의존한다. 로벨리의 견해에 따르면, 우리는 엔트로피가 증가하는 방향에 놓여 있기 때문에 시간의 화살을 경험하는 것이 아니다. 과거의 엔트로피가 더 작아 보이기 때문에 엔트로피가 증가한다고 생각한다.

초기 조건 설정의 중요성

병을 박살 내기 위한 초기 조건을 설정하는 일이 쉽다고 했지만 이 말은 어떤 의미에서 사실이 아니다. 우리가 슈퍼마켓에 가서 와인을 한 병 사고 다 마신 뒤에 빈 병을 사용한다면 어렵지 않게 초기 조건을 설정할 수 있다. 하지만 그 병은 어디에서 왔는가? 병의 역사를 추적한다면 아마도 병을 구성하는 분자들이 재활용 과정에서 흔히 깨지는 수많은 다른 병에서 왔으며 여러 차례 녹아 재활용되는 과정을 거쳤음을 알게 될 것이다. 하지만 궁극적으로 그 모든 병은 녹아서 유리가 된 모래 알갱이들로 거슬러 올라간다. 수십 년이나 수백 년 전의 실제 '초기 조건'은 최소한 내가 불가능하다고 선언했던 박살나지 않는 시나리오만큼이나 복잡하다.

하지만 불가사의하게도 병이 만들어졌다.

이는 열역학 제2법칙이 틀렸음을 입증하는 것일까?

전혀 그렇지 않다. 사실상 열역학의 전부라 할 수 있는 기체 분자 운동론은 단순화를 위한 가정들을 포함한다. 이 이론은 평범한 시나리오를 모델로 하며 해당 시나리오가 적용될 때 타당성을 확보한다.

그러한 가정 중 하나는 시스템이 '닫혀 있다.'라는 것이다. 이 가정은 보통 '외부로부터 에너지 유입이 허용되지 않음'으로 표현되지만 실제로 우리에게 필요한 것은 '모델에 내재하지 않는 외부 영향을 허용하지 않는 것'이다. 당신이 병을 구성하는 분자들만을 추적한다면 모래에서 병이 제조된 과정 중에 수반된 엄청난 영향을 고려하지 않는 것이다.

열역학 교과서에 나오는 전통 시나리오는 모두 이러한 단순화를 포함한다. 교과서는 칸막이를 친 상자와 한쪽에 모여 있는 기체 분자(또는 유사한 설정)를 논의한다. 그런 뒤에 칸막이를 제거하면 엔트로피가 증가할 것이라고 설명한다. 하지만 초기의 설정에서 기체가 어떻게 상자 안으로 들어갔는지는 논의하지 않는다. 상자 안에 있는 기체의 엔트로피는 지구 대기의 일부였을 때보다 작다. 지구의 대기가 더 이상 닫힌 시스템이 아니라는 데는 이견이 있을 수 없다. 그러나 여기서 정말로 중요한 것은 시스템의 유형 또는 보다 구체적으로 가정된 초기 조건이다. 수학은 그와 같은 조건들이 실제로 어떻게 실현되었는지를 말해 주지 않는다. 병을 박살 내는 모델을 거꾸로 돌려도 모래에 이르지는 못한다. 따라서 모델은 사실상 미래로 향하는 시간에만 적용된다. 나는 앞의 설명에서 '그런 뒤에'와 '초기'를 강조했다. 과거로 향하는 시간에서는 이들을 '이전'(before)과 '마지막'(final)으로 바꿔야 한다. 방정식이 시간-가역적임에도 불구하고 열역학에서 시간의 화살이 유일한 방향을 갖는 이유는 상정된 모델에 초기 조건의 사용이라는 시간의 화살이 내재하기 때문이다.

이는 인류 역사에서 되풀이되어 온 익숙한 이야기다. 모든 사람이 내용(content)에 초점을 맞춘 나머지 맥락(context)을 무시한다. 이 경우에 내용은 가역적이지만 맥락은 그렇지 않다. 열역학이 뉴턴 법칙과 모순되지 않는 이유다. 하지만 여기에는 메시지가 하나 더 담겼다. '무질서' 같은 모호한 용어를 사용하여 엔트로피처럼 미묘한 개념을 논의하는 일은 혼란을 초래할 가능성이 크다는 점이다.

제10장

예측할 수 있는 것의 예측 불가성

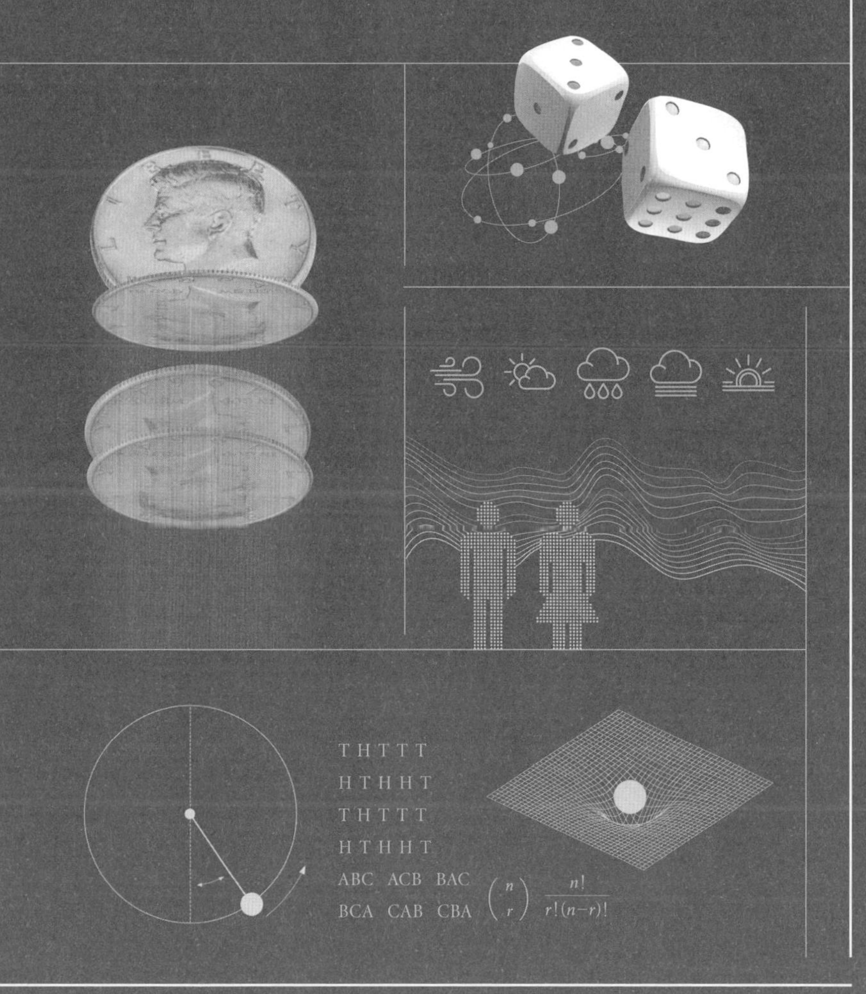

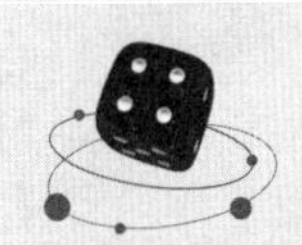

우리는 의심과 불확실성이
확실하게 정의된 영역을 요구한다.

–

더글러스 애덤스, 《은하수를 여행하는 히치하이커를 위한 안내서》

• • • 16세기와 17세기에 과학계의 위대한 두 인물이 자연계의 수학적 패턴에 주목했다. 갈릴레오 갈릴레이(Galileo Galilei)는 지상에서 구르는 공과 떨어지는 물체의 운동에서, 요하네스 케플러(Johannes Kepler)는 천상에서 화성의 궤도 운동을 통하여 수학적 패턴을 발견했다. 그들의 연구를 기반으로 1687년에 발간된 뉴턴의 저서 《프린키피아》는 자연의 불확실성을 지배하는 심원한 수학 법칙을 밝힘으로써 자연에 대한 우리의 사고 방식을 바꿔 놓았다. 거의 하룻밤 사이에 밀물과 썰물에서 행성과 혜성에 이르기까지 수많은 자연 현상을 예측할 수 있게 되었다. 유럽의 수학자들은 재빠르게 뉴턴의 발견을 미적분의 언어로 바꾸고 열, 빛, 소리, 파동, 유체(fluids), 전기, 자기에 유사한 방법을 적용했다. 수리 물리학(mathematical physics)의 탄생이었다.

《프린키피아》에서 가장 중요한 메시지는 자연이 움직이는 방식 대신 이를 지배하는 심원한 법칙을 찾아야 한다는 것이다. 법칙을 알면 움직임을 추론할 수 있고 주변 환경에 대한 영향력을 확보하여 불확실성을 줄일 수 있다. 그러한 법칙은 대부분 형태가 대단히 명확하다. 순간순간 시스템의 상태를 상태의 변화율로 표현하는 미분 방정식이 이에 해당한다. 방정식은 법칙 또는 게임의 규칙을 명시한다. 방정식의 해는 과거, 현재, 미래의 모든 순간에서 자연이 어떻게 움직이는지 또는 게임이 어떻게 진행되는지를 구체화한다. 뉴턴의 방정식으로 무장한 천문학자들은 달과 행성의 운동, 일식이 일어나는 시간, 소행성의 궤도를 매우 정확하게 예측할 수 있었다. 신들의 기분에 지배되었던 천체의 불확실하고 변덕스러운 운동이 구조와 작동 방식에 따라 완벽하게 결정되는 거대한 우주의 시계 장치로 대치되었다.

법칙을 알면 불확실성을 줄일 수 있다

인류는 예측할 수 없는 것을 예측하는 방법을 배웠다.

1812년에 라플라스는 《확률에 대한 철학적 시론》에서 우주는 원리상 완전히 결정론적이라고 단언했다. 충분한 지적 능력을 갖춘 존재가 우주에 존재하는 모든 입자의 현재 상태를 안다면 우주에서 일어나는 모든 사건의 추이를 과거와 미래에 걸쳐서 정교하고도 세부적으로 추론할 수 있을 것이다. 그는 다음과 같이 말했다. "그러한 지적 존재에게는 불확실성이 전혀 없을 것이며 그의 눈앞에는 마치 과거처럼 미래가 펼쳐질 것이다." 더글러스 애덤스는 《은하수를 여행하는 히치하이커를 위한 안내서》에서 라플라스의 주장을 패러디했다. 삶, 우주, 모든 것의 궁극적인 문제를 숙고하는 슈퍼컴퓨터 딥 토트(Deep Thought)는 750만 년이 지난 뒤에 42라는 답을 내놓는다.

당시 천문학자들에게 라플라스의 견해는 상당히 설득력이 있었다. 딥토트는 오늘날의 실제 컴퓨터처럼 훌륭한 답을 얻을 수도 있었을 것이다. 그러나 천문학자들이 더 어려운 질문을 시작하면서 라플라스의 견해가 원리상으로는 타당할지 몰라도 허점이 존재한다는 사실이 명백해졌다. 특정한 시스템의 미래를 예측하는 일은 때로 불과 며칠 뒤의 미래조차 시스템의 현재 상태에 대하여 불가능할 정도로 정확한 데이터를 요구했다. 이러한 효과는 혼돈(chaos)이라 불리며 결정론과 예측 가능성의 관계에 대한 관점을 완전히 바꿔 놓았다. 우리는 결정론적 시스템을 지배하는 법칙을 완벽하게 알 수 있으나 여전히 미래를 확실하게 예측할 수 없다. 현재 자체가 문제의 원인이 아니라는 것은 역설적이다. 문제는 우리가 현재에 대하여 정확하게 알 수 없기 때문에 생긴다.

몇몇 미분 방정식은 정상적인 거동의 해를 어렵지 않게 구할 수 있다. 이들은 선형 방정식이다. 대략 결과가 원인에 비례하는 현상을 기술하는 방정식이라는 뜻이다. 이 방정식들은 흔히 변화량이 작은 자연 현상에 적용된다. 초창기의 수리 물리학자들은 진전을 이루기 위하여 변화량이 작다는 제한 조건을 수용했다. 비선형 방정식은 풀기 어려우나 (고속 컴퓨터가 출현하기 전에는 풀지 못하는 경우도 흔했다.) 보통 자연에 대한 더 좋은 모델이 된다. 19세기 말에 프랑스의 수학자 앙리 푸앵카레(Henry Poincare)는 수치 대신 기하학을 기반으로 비선형 방정식을 생각하는 새로운 방법을 소개했다. '미분 방정식의 정성적 이론'이라 불리는 그의 아이디어는 비선형성을 다루는 능력에 점진적인 혁명을 촉발했다.

푸앵카레의 업적을 이해하기 위하여 단순한 물리 시스템인 진자(pen-

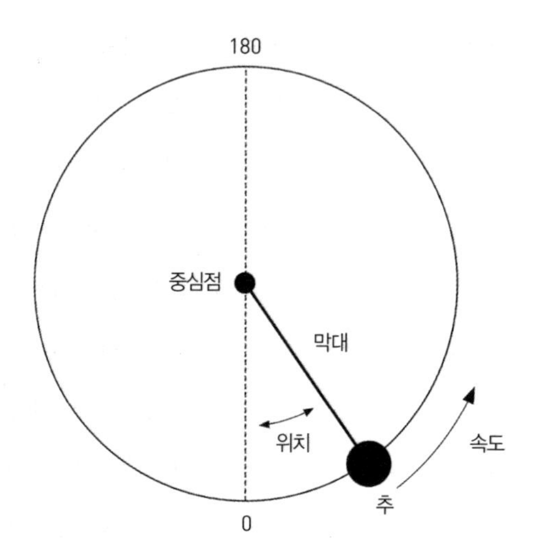

그림 13 진자와 진자의 상태를 명시하는 두 변수. 반시계 방향으로 측정된 위치와 역시 반시계 방향으로 측정된 속도(각속도, angular velocity)를 나타낸다.

dulum)를 살펴보자. 가장 간단한 모델은 막대 끝에 무거운 추가 달려서 고정점을 중심으로 수직 평면에서 흔들리는 진자다. 우선 추를 아래쪽으로 끌어당기는 중력 외에는 다른 힘이 작용하지 않는다고(마찰조차 없다.) 가정하자. 우리는 모두 할아버지 시대의 골동품 같은 진자시계에서 무슨 일이 일어나는지를 안다. 진자시계의 진자는 규칙적으로 좌우로 움직인다. (스프링이나 도르래에 매달린 중량이 마찰 등에 따른 에너지 손실을 보충한다.) 전해 오는 이야기에 따르면 갈릴레오는 교회에서 등잔이 흔들리는 모습을 보고 진자시계의 아이디어를 얻었다고 한다. 한 차례 진동하는 데 걸리는 시간이 흔들리는 각도와 상관없이 동일함에 주목한 것이다. 선형 모델은 흔들림의 폭이 아주 작은 한, 갈릴레오의 관찰 결과가 사실임을 확인시켜 준다. 그러나 더 정확한 비선형 모델은 흔들림의 폭이 커지면 이것이 사실이 아니라고 말한다.

운동하는 물체를 모델로 삼는 전통적 방법은 뉴턴의 법칙에 기초하여 미분 방정식을 세우는 것이다. 추의 가속도는 움직이는 방향(추가 있는 위치에서 원호의 접선 방향)으로 작용하는 중력의 크기에 따라 결정된다. 순간순간의 속도는 가속도로부터, 위치는 속도로부터 구할 수 있다. 진자의 동역학적인 상태는 위치와 속도라는 두 변수에 따라 결정된다. 예컨대 수직 방향으로 매달리고 속도가 0인 상태에서 출발한다면 진자는 그대로 멈춰 있을 것이다. 그러나 초기 속도가 0이 아니면 진자가 흔들리기 시작한다.

진자 운동에 대한 비선형 모델은 풀기가 무척 어렵다. 이 난제를 정확하게 해결하기 위해서는 타원 함수라 불리는 새로운 수학 도구가 발명되어야 했다. 푸앵카레의 혁신은 문제를 기하학적으로 생각하는 접근법이었다. 위치와 속도라는 변수는 두 변수에서 나올 수 있는 모든 조합, 즉 진자의 모든 동역학적인 상태를 나타내는 이른바 '상태 공간'의 좌표가 된다. 위치를 나타내는 각도는 보통 바닥에서 반시계 방향으로 측정된다. 360도가 0도와 같으므로 각도 좌표는 그림 13에서 보는 것처럼 원형을 그리게 된다. 속도는 실제로 임의의 값을 취할 수 있는 실수인 각속도며 운동 방향이 반시계 방향일 때는 양수, 시계 방향일 때는 음수다. 따라서 상태 공간(나로서는 알 수 없지만 위상 공간이라 불리기도 하는)은 단면이 원형이고 길이가 무한한 원통이다. 상태 공간의 길이 방향의 위치는 속도를 나타내고 원주상의 각도는 위치를 나타낸다.

원통 위 임의의 자리에 해당하는 위치와 속도의 초기 조합으로 진자를 출발시키면 두 수치는 시간이 흐르면서 미분 방정식을 따라 변화한다. 좌표점은 원통의 표면을 따라 곡선을 그리며 이동한다.(때로는 한 점에 멈춰 있기도 한다.) 이 곡선은 초기 상태의 궤적이며 진자가 어떻게 운동하는지를

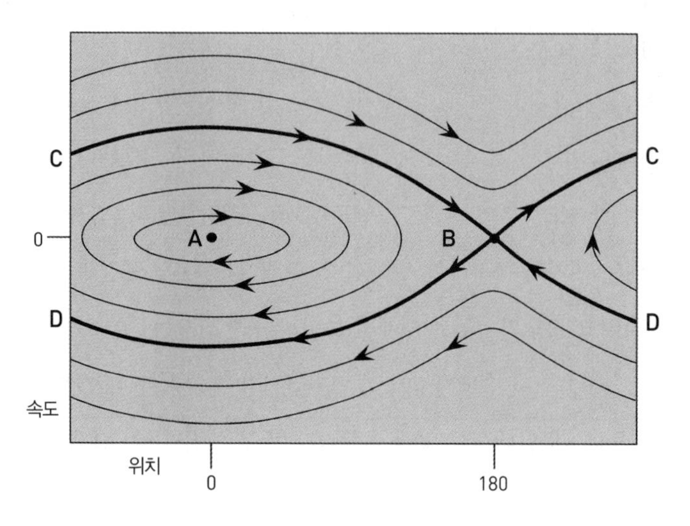

그림 14 진자의 위상 궤적. 위치가 각도로 표시되므로 사각형의 좌측과 우측 면은 동일하다. A는 중심, B는 안장(saddle), C는 호모 클리닉 궤적, D는 또 다른 호모 클리닉 궤적이다.

말해 준다. 초기 상태가 달라지면 다른 곡선이 나타난다. 대표적인 초기 조건들을 선택하여 도표로 그리면 위상 궤적(phase portrait)이라 불리는 우아한 곡선들을 얻게 된다. 그림 14는 기하학적인 형태를 명확히 보이려고 원통을 270도 위치에서 수직으로 절단하여 펼친 형태다.

궤적은 대부분 매끄러운 곡선이다. 이들은 원통의 표면에 연결되어 우측 모서리로 빠져나간 곡선이 좌측 모서리로 돌아오는 구조를 띤다. 따라서 대부분의 곡선이 닫힌 고리 모양을 형성한다. 이들 매끄러운 곡선은 모두 주기적인 궤적이다. 진자는 동일한 운동을 영구히 되풀이한다. 점 A를 둘러싼 궤적들은 할아버지의 시계와 같은 진자들이다. 좌우로 움직이는 진자는 절대로(180도의) 수직 위치를 통과하지 않는다. 굵은 선 위쪽과 아래쪽에 있는 궤적들은 반시계 방향(굵은 선 위)이나 시계 방향(굵은 선 아래)

으로 프로펠러처럼 빙글빙글 돌아가는 진자를 나타낸다.

A는 진자가 아래쪽으로 매달려 정지된 상태다. 점 B는 더 흥미로운데 (할아버지의 시계에서는 볼 수 없다!) 진자가 거꾸로 선 채 멈춘 상태다. 이론상으로는 이러한 균형이 영구히 유지될 수 있지만 현실에서는 불안정하다. A의 상태는 안정적이다. 미세한 교란은 그저 진자를 가까운 폐곡선으로 밀어내어 약간 흔들리게 할 뿐이다.

굵은 선으로 표시된 곡선 C와 D 또한 흥미롭다. C는 수직에 매우 가까운 위치에 거꾸로 선 진자에 약하게 미는 힘을 가하여 반시계 방향으로 회전하도록 하는 궤적이다. 그러면 내려갔던 진자가 거의 수직 위치가 될 때까지 다시 올라온다. 정확하게 적절한 힘을 가하면 진자가 올라오는 속도가 점점 느려져서 무한대로 가는 시간 동안에 수직 위치로 접근하게 된다. 시간을 거꾸로 돌려도 진자가 수직 위치로 접근하지만 이번에는 반대쪽에서 움직인다. 이러한 궤적은 호모 클리닉(homoclinic, 안장 평형점으로 돌아오는 동역학 시스템의 흐름을 뜻하는 수학 용어.—옮긴이)이라 불린다. 호모 클리닉은 미래와 과거를 향하는 무한대의 시간 동안에 동일한(homo) 정지 상태로 근접해 간다. D는 시계 방향으로 회전하는 두 번째 호모 클리닉의 궤적이다.

이제 모든 가능한 궤적을 기술했다. 안정적인 A와 불안정한 B라는 두 가지 정지 상태, 할아버지 시계와 프로펠러의 주기적인 상태, 반시계 방향 C와 시계 방향 D의 두 가지 호모 클리닉 궤적. 더욱이 A, B, C, D의 특성은 이 모두를 일관된 패키지로 구성한다. 하지만 여기에는 특히 시간을 비롯하여 많은 정보가 빠져 있다. 예컨대 그림 14는 궤적의 주기를 말해 주지 않는다. (화살표는 시간의 흐름에 따라 궤적이 가로지르는 방향을 표시하여 시간

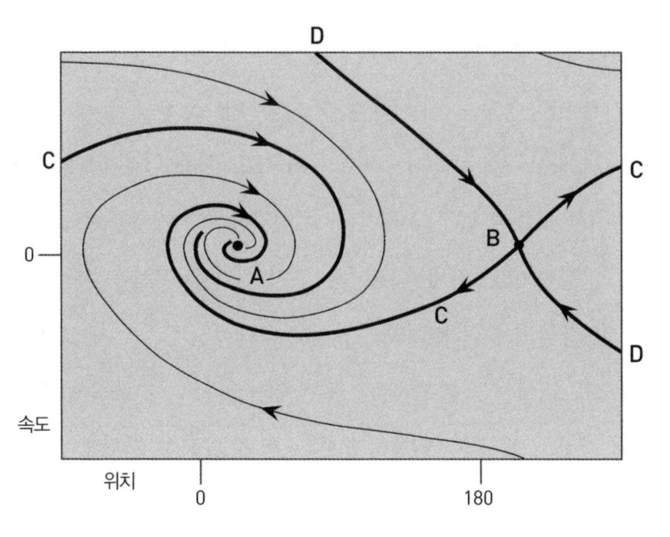

그림 15 감쇠 진자의 위상 궤적. A는 싱크, B는 안장, C는 싱크를 향한 헤테로 클리닉 연결을 형성하는 안장의 아웃-셋 두 갈래, D는 안장의 인-셋 두 갈래다.

에 대한 부분적인 정보를 보여 준다.) 호모 클리닉 궤적 전체를 가로지르는 데는 무한대의 시간이 걸린다. 진자가 수직 위치로 접근하면서 점점 느려지기 때문이다. 따라서 인근에 있는 궤적의 주기는 매우 길며 C나 D와 가까울수록 더 길어진다. 진자의 작은 진동에 대해서는 갈릴레오가 옳았지만 큰 진동에 대해서는 그렇지 못했던 이유는 이 때문이다.

A와 같은 정지(또는 평형) 점은 중심이라 불린다. B 같은 점은 안장(saddle)이며 근처에 굵은 곡선이 교차하는 형태가 형성된다. 그중 방향이 서로 반대인 두 곡선은 B를 향하고 다른 두 곡선은 B를 떠난다. 나는 이들을 인-셋(in-set)과 아웃-셋(out-set)이라 부를 것이다.(기술적인 용어로는 안정한 매니폴드[manifold] 및 불안정한 매니폴드라 불리지만 독자에게는 약간 혼란스러울 것 같다. 인-셋 위의 점들은 B를 향하므로 '안정한' 방향이고 아웃-셋 위의 점

들은 B에서 떠나므로 '불안정한' 방향이라는 아이디어다.)

A는 닫힌 곡선들에 둘러싸여 있다. 우리가 마찰을 무시함에 따라 에너지가 보존되기 때문이다. 각 곡선은 특정한 에너지 값에 해당하며 그 에너지는 운동 에너지(진자의 속도와 관련된)와 위치 에너지(중력 때문에 위치에 따라 달라지는)의 합이다. 약간의 마찰이 존재한다면 진자가 '감쇠' 진자가 되어 양상이 달라진다. 닫힌 곡선이 나선으로 바뀌고 중심 A는 인접한 모든 상태가 그 점을 향하여 움직인다는 의미인 싱크가 된다. 안장 B는 안장으로 그대로 남아 있지만 아웃-셋 C는 A를 향하는 두 개의 나선으로 분리된다. 이는 B를 다른(hetero) 정지 상태 A로 연결하는 헤테로 클리닉 궤적(heteroclinic trajectory)이다. 인-셋 D 역시 두 부분으로 분리되며 각각 원통을 계속 돌면서 A 근처로는 결코 접근하지 않는다.

이 두 가지 예(마찰이 없는 진자와 감쇠 진자)는 상태 공간이 2차원일 때, 즉 상태가 두 변수에 의하여 결정되는 경우에 대한 위상 궤적의 모든 주요 특성을 나타낸다. 한 가지 경고할 점은 싱크뿐만 아니라 궤적들이 밖으로 나가는 출발점인 소스가 존재할 수 있다는 것이다. 모든 화살표의 방향을 바꿀 때 A는 소스가 된다. 또 다른 경고는 에너지가 보존되지 않더라도 마찰이 작용하는 역학 모델에서는 아니지만 여전히 닫힌 궤적이 생길 수 있다는 사실이다. 예컨대 심장 박동의 표준 모델에서 볼 수 있는 닫힌 궤적은 정상으로 뛰는 심장을 나타낸다. 근처에 있는 모든 초기 점이 나선을 따라 닫힌 궤도에 점점 더 가깝게 접근하므로 안정적인 심장 박동이 이루어진다.

푸앵카레와 이바르 벤딕손(Ivar Bendixson)은 모든 전형적인 2차원의 미분 방정식이 기본적으로 다양한 수의 싱크, 소스, 안장, 호모 클리닉 및 헤테로 클리닉 궤적으로 구분되는 닫힌 사이클을 가질 수 있고 그 밖의 다른 것은 없다는 유명한 정리를 입증했다. 이는 모두 상당히 단순하며 우리는 모든 주요 요소를 안다. 곧 살펴보겠지만 상태 변수가 셋 또는 그 이상일 때 상황은 극적으로 변한다.

갈매기의 날갯짓과 나비 효과

1961년에 기상학자 에드워드 로렌츠(Edward Lorenz)는 대기권의 대류를 단순화하는 모델을 연구하고 있었다. 그는 방정식의 수치 해를 구하기 위하여 컴퓨터를 이용했는데 계산이 진행되던 중에 멈춰야 했다. 계산을 재개하기로 한 그는 우선 모든 것이 이상 없음을 확인하기 위한 과정으로 부분적인 중첩을 포함하여 수치들을 수작업으로 다시 입력했다. 얼마쯤 시간이 지난 뒤에 계산 결과가 이전의 계산에서 벗어나기 시작하자 수치를 입력할 때 실수를 저지른 것이 아닌가 하는 생각이 들었다. 그러나 확인 결과 입력된 수치들은 정확했다. 그는 결국 컴퓨터가 출력하는 것보다 더 많은 자릿수를 다룬다는 사실을 발견했다. 이렇게 미세한 차이가 어쩌다가 '폭발하여' 출력된 수치에 큰 영향을 주었던 것이다. 로렌츠는 말했다. "한 기상학자는 이론이 정확하다면 갈매기의 날갯짓 한 번으로도 날씨가 변화하는 과정을 영구히 바꿀 수 있다고 했다."

과장된 의도가 있기는 했으나 로렌츠의 말은 옳았다. 갈매기는 머지않아 더욱 시적인 나비로 바뀌었고 그의 발견은 '나비 효과'로 알려졌다. 로렌츠는 나비 효과를 연구하기 위하여 푸앵카레의 기하학적 기법을 적용했다.

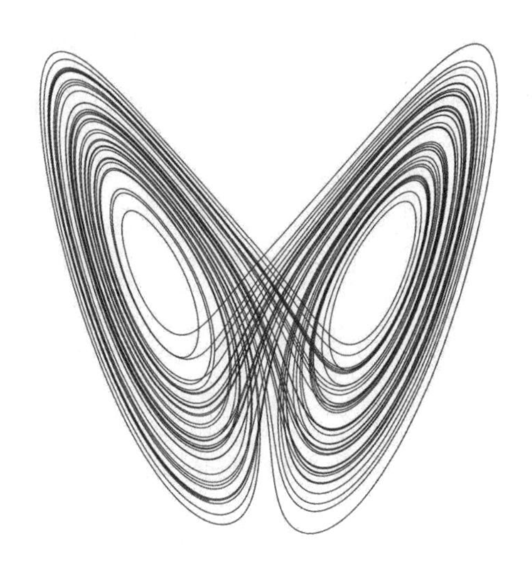

그림 16 로렌츠 방정식의 전형적 궤적. 3차원 공간에서 혼돈의 끌개(chaotic attractor)로 수렴한다.

그의 방정식에는 세 개의 변수가 있었으므로 상태 공간도 3차원이었다. 그림 16은 우측 아래에서 출발하는 전형적인 궤적을 보여 준다. 이 궤적은 왼쪽 절반이 우리를 향하고 오른쪽 절반은 우리에게서 멀어지는, 마스크와 상당히 비슷한 형태에 빠르게 접근한다. 궤적은 한동안 한쪽에서 나선을 그린 뒤에 반대쪽으로 이동하는 과정을 반복한다. 하지만 교체되는 시간이 불규칙하며(무작위적으로 보인다.) 주기적이지 않다.

다른 지점에서 출발하면 다른 궤적을 얻지만 결국에는 동일한 마스크 형태 주위로 나선을 그리게 된다. 이러한 형태는 끌개라 불린다. 끌개는 각각 궤적의 절반에 해당하며 윗부분 중앙에서 합쳐지는 두 평평한 표면처럼 보인다. 그러나 미분 방정식의 기본 정리에 따르면 궤적들이 절대로 합쳐지지 않는다. 따라서 두 표면은 매우 가까우나 떨어져 있어야 한다. 이는 바닥의 단일 표면에 사실은 두 개의 층이 존재함을 시사한다. 그렇다면 합쳐지는 표면에도 역시 두 개의 층이 있어야 하므로 바닥의 단일 표면에는 실제로 네 개의 층이 있다. 그리고…….

유일한 해결책은 복잡한 방식으로 밀접하게 포개진 모든 표면이 무한히 많은 층을 갖는 것이다. 이는 아무리 확대하더라도 세부적인 구조가 남아 있는 모든 형태에 대하여 브누아 망델브로(Benoit Mandelbrot)가 붙인 이름인 프랙털(fractal)의 한 예다.

로렌츠는 이렇게 이상한 형태가 컴퓨터를 이용한 두 번째 계산이 첫 번째 계산에서 벗어난 이유를 설명해 준다는 사실을 깨달았다. 매우 가까운 상태에서 출발한 두 궤적을 생각해 보자. 각각의 궤적은 끌개의 한쪽을 향하고 그 안에서 나선을 그린다. 그러나 시간이 지나면 끌개 안에 남아 있는 나선 경로가 분기하여 분리되기 시작한다. 표면이 합쳐지는 중앙부에 접근하면 한 궤적이 왼쪽에서 나선을 몇 번 더 그리는 동안 다른 궤적이 오른쪽으로 향하는 것이 가능하다. 궤적이 오른쪽으로 넘어가는 시점에 이르면 나머지 궤적은 너무 멀어지게 되어 거의 독립적으로 움직인다.

나비 효과를 일으키는 원인은 이와 같은 분기(divergence)다. 이런 유형의 끌개에서는 가까운 상태로 출발한 궤적들이 모두 동일한 미분 방정식을 따를지라도 움직이면서 사이가 벌어져 사실상 독립적인 상태가 된다. 미래의 모습을 정확하게 예측할 수 없다는 뜻이다. 초기 오차가 아무리 작더라도 시간이 흐르면서 끌개의 전체 크기에 달할 정도로 빠르게 증가할 것이다. 이 유형의 동역학은 혼돈이라 불리며 완전히 무작위로 보이는 동역학적인 특성들이 존재하는 이유를 설명한다. 하지만 명백하게 무작위적인 특성이 하나도 없는 방정식을 갖는 시스템은 완벽히 결정론적이다.[36]

로렌츠는 이러한 거동을 '불안정'하다고 이야기했지만 오늘날에는 끌개와 관련된 새로운 유형의 안정성으로 본다. 간략하게 말하자면 끌개는 상태 공간의 특정한 영역 가까이에서 출발한 어떤 초기 조건이든 그 영역에 속한 궤적으로 수렴하는 영역이다. 점, 폐곡선(closed loop) 같은 고전적인 끌개와 달리 혼돈의 끌개는 프랙털이라는 더욱 복잡한 위상을 갖는다.

끌개는 정지 상태나 주기적인 상태에 해당하는 점이나 폐곡선일 수 있다. 하지만 3차원이나 그 이상의 차원에서는 훨씬 더 복잡할 수도 있다. 끌개 자체는 안정된 존재며 끌개 위의 동역학은 튼튼하다. 시스템에 작은 교란이 가해질 때 궤적이 극적으로 변할 수 있지만 여전히 동일한 끌개상에 있게 된다. 실제로 거의 모든 궤적이, 결국에는 끌개 안에 있는 어떤 점이든 우리가 원하는 만큼 가깝게 접근한다는 의미에서 끌개 전체를 탐색한다. 무한대의 시간 동안에 거의 모든 궤적이 끌개를 빽빽하게 채우게 된다.

이 유형의 안정성은 심 끝에서 균형을 이루는 연필처럼 현실 세계에서는 찾아보기 힘든 통상적인 불안정성의 개념과 달리 혼돈적 거동이 물리적으로 가능함을 시사한다. 그러나 이렇게 보다 일반적인 안정성의 개념에서는 세부 조건이 반복될 수 없고 전반적인 '골격'만이 반복 가능하다. 로렌츠의 관찰을 지칭하는 기술 용어가 '나비 효과'가 아닌 '초기 조건에 대한 민감성'이라는 것이 이러한 상황을 반영한다.

신뢰도에 대한 추정치로 미래에 대한 최선의 추측을 제시하다

로렌츠의 논문은 자신들의 모델이 지나치게 단순화되었기 때문에 이상한 움직임이 발생한다고 우려했던 기상학자들을 당황하게 했다. 그들은 단순한 모델이 그토록 이상한 움직임을 보인다면 복잡한 모델은 더 알 수 없는 결과로 이어질 수 있다는 생각을 하지 못했다. 기상학자의 '물리적 직관'(physical intuition)은 보다 현실성 있는 모델이 더 좋은 움직임을 보일 것이라고 말했다. 우리는 제11장에서 그들의 생각이 틀렸음을 확인하게 될 것이다. 수학자들은 기상학 저널을 읽지 않기 때문에 오랫동안 로렌츠의 논문에 주목하지 않았다. 그러다가 미국인 수학자 스티븐 스메일(Stephen Smale)이 더 오래된 (푸앵카레가 1887~1890년에 발견한) 힌트를 수학 문헌에서 찾아내고 후속 연구 결과를 내놓은 뒤에야 로렌츠의 논문에 주목했다.

푸앵카레는 지구, 달, 태양 등 세 물체로 이루어진 시스템에 뉴턴의 중력이 작용할 때 이것이 어떻게 거동하는지와 같은 악명 높은 삼체문제(三體問題)에 자신의 기하학적인 방법을 적용했다. 그가 중대한 실수를 바로잡은 뒤에 궁극적으로 얻은 해답은 시스템의 움직임이 놀라울 정도로 복잡할 수 있다는 것이었다. 푸앵카레는 기록했다. '이토록 복잡한 결과에 충격을 받은 나는 그림으로 그리려는 시도조차 하지 못했다.' 1960년대에 스메일과 러시아 수학자 블라디미르 아르놀트(Vladimir Arnold)의 연구팀은 푸앵카레의 접근법을 확장하고, 역시 푸앵카레가 개척한 유연성 있는 기하학인 위상 기하(topology)에 기초하여 비선형 동역학 시스템을 다루는 체계적이고 강력한 이론을 개발했다. 위상 기하는 폐곡선이 매듭을 형성하거나 어떤 형태가 단절된 조각들로 바뀌는 것처럼 모든 연속적인 변형에 대하여 불변하는 기하학의 특성을 다룬다. 스메일은 동역학적 거동의 모든 가능한 정성적 형태를 분류하려 했다. 이는 결국 과욕으로 밝혀졌지만 그 과정에서 스메일은 몇몇 단순한 모델에서 혼돈을 발견했으며 혼돈이 매우 흔한 현상이어야 함을 깨달았다. 그 뒤에 수학자들은 로렌츠의 논문을 찾아냈고 그의 끌개가 상당히 매혹적인 혼돈의 또 다른 예라는 사실을 알아냈다.

우리가 진자 문제에서 마주쳤던 몇몇 기하학적인 기본 구조는 더 일반적인 시스템으로 연결된다. 이제 상태 공간은 동역학 변수마다 하나의 차원이 할당됨에 따라 다차원이 되어야 한다.('다차원'은 불가사의가 아니며 그저 대수적으로 변수가 많다는 뜻이다. 그러나 2차원과 3차원에 대해서는 유추를 통한 기하학적인 사고가 가능하다.) 궤적은 여전히 곡선이며 위상 궤적은 더 높은 차원에 위치한 곡선들로 이루어진 시스템이 된다. 거기에는 정지 상태와 주기적인 상태를 나타내는 폐곡선, 호모 클리닉 및 헤테로 클리닉 연결이 포함된다. 진자 모델의 안장점(saddle point) 같은 일반화된 인–셋과 아웃–셋도 있다. 추가된 주요 요소는 3차원 또는 그 이상의 차원에서 혼돈의 끌개가 존재할 수 있다는 점이다.

빠르고 강력한 컴퓨터의 출현은 이 주제 전반에 활력을 불어넣었는데, 시스템의 거동을 수치적으로 근사하는 방법을 통하여 비선형 동역학 연구가 훨씬 더 수월해졌기 때문이다. 이론상으로는 수치적 근사라는 선택 방안이 항상 존재했지만 수십억이나 수조 번에 달하는 계산을 수작업으로 수행하기란 불가능한 일이었다. 그러나 이제 이처럼 복잡한 계산을 할 수 있게 된 기계는 인간 계산원과 달리 산술 오류를 범하는 일조차 없다.

위상 기하학적인 통찰, 응용의 필요성, 컴퓨터의 계산 능력이라는 세 가지 원동력의 시너지 효과가 비선형 시스템, 자연계, 인간사에 대한 이해에 혁명을 일으켰다. 특히 나비 효과는 '예측 지평선'(prediction horizon)에 도달할 때까지만 혼돈 시스템을 헤아릴 수 있음을 시사한다. 그 뒤에는 필연적으로 예측이 너무도 부정확해져서 쓸모없어진다. 날씨에 대한 예측 지평선에 다다르기까지는 며칠이 걸린다. 조수의 경우는 수개월이다. 태양계 행성들에 대해서는 수천만 년이다. 그러나 2억 년 뒤 지구의 위치를 예측하려 한다면 지구의 궤도가 크게 바뀌지 않을 것이라는 점은 상당히 확신할 수 있지만 정확한 위치까지는 알 수 없다.

하지만 통계적 의미에서 바라본 장기간의 거동에 대해서는 여전히 많은 이야기를 할 수 있다. 예컨대 궤적을 따라가는 변수의 평균치는 모든 궤적에서 동일하다. 끌개 안에서 공존할 수 있는 주기가 불안정한 궤적 같은 희귀한 경우를 무시한다면 말이다. 이는 거의 모든 궤적이 끌개의 전 영역을 탐색함에 따라 평균치가 끌개에만 의존하기 때문이다. 이 유형의 가장 중요한 특성은 불변 측도라 불리는데, 제11장에서 날씨와 기후의 관계를 논의할 때와 제16장에서 양자의 불확실성을 고찰할 때를 위하여 알아 둘 필요가 있다.

우리는 이미 측도가 무엇인지를 안다. 측도는 '면적' 같은 양을 일반화한 것이며 확률 분포와 매우 비슷하게 특정한 공간의 적절한 부분 집합에 대한 수치를 제공한다. 여기서 관련되는 공간은 끌개다. 끌개에 수반하는 측도를 설명하는 가장 간단한 방법은 오래 기다리기만 하면 어떤 점으로든 원하는 만큼 가깝게 접근하는 짙은 궤적을 살펴보는 것이다. 우리는 끌개의 어떤 영역이 주어지든 아주 오랫동안 이 궤적을 따라가면서 궤적이 영역 안에 머무는 시간의 비율을 측정하여 측도를 부여한다. 그러므로 시간을 매우 길게 잡으면 해당 영역의 측도를 찾아낼 수 있다. 짙은 궤적은 실질적으로 끌개에서 임의로 선택된 점이 그 영역 안에 있을 확률을 정의한다.[37]

끌개의 측도를 정의하는 방법은 여러 가지다. 우리가 원하는 방법은 동역학적 불변성이라는 특별한 특성을 갖는 측도다. 어떤 영역을 선택하고 그곳의 모든 점이 각자의 궤적을 따라 특정한 시간 동안 흘러가게 한다면, 실질적으로 전체 영역이 흐르는 것과 같다. 불변성이란 영역에 속한 점이 궤적을 따라 흐르면서 측도가 변하지 않는 것을 의미한다. 끌개의 모든 중요한 통계적 특성은 불변 측도로부터 추론할 수 있다. 따라서 혼돈에도 불구하고 우리는 신뢰도에 대한 추정치와 함께 미래에 대한 최선의 추측을 제시하는 통계적 예측이 가능하다.

주어진 끌개로 수렴할 확률을 추정하다

이제부터는 동역학 시스템, 그들의 위상 기하학, 불변 측도가 되풀이하여 나올 것이다. 따라서 이야기가 나온 김에 몇 가지 요점을 명확하게 정리하는 것이 좋겠다.

미분 방정식은 두 종류로 뚜렷이 구별된다. 상미분 방정식은 유한한 변수들이 시간이 흐르면서 어떻게 변해 가는지를 기술한다. 예를 들면 태양계에 속한 행성들의 위치가 변수가 될 수 있다. 편미분 방정식은 공간과 시간 모두에 의존하는 양에 적용되며 시간 변화율과 공간 변화율을 연결한다. 예컨대 바다 위의 파도에는 공간 구조와 시간 구조가 있다. 즉 파도는 형태를 형성하고 그 형태가 움직이며 나아간다. 편미분 방정식은 특정한 위치에서 물이 얼마나 빨리 움직이는지와 파도의 전체 형태가 어떻게 변해 가는지를 연결한다. 수리 물리학에서 다루는 방정식은 대부분 편미분 방정식이다.

오늘날 상미분 방정식으로 이루어진 시스템은 '동역학 시스템'이라 불리는데, 이 용어를 변수가 무한히 많은 미분 방정식으로 볼 수 있는 편미분 방정식까지 은유적으로 확장하는 것이 편리하다. 따라서 나는 동역학 시스템이라는 용어에 넓은 의미를 부여하여 임의의 순간 상태(변수들의 값)에 따라 시스템의 미래 거동을 예측하는 모든 수학 법칙에 사용할 것이다.

수학자들은 동역학 시스템을 이산(discrete)과 연속(continuous)이라는 두 가지 기본 유형으로 구분한다. 이산 시스템에서는 시간의 흐름이 시계의 분침처럼 정수로 표시된다. 이 시스템의 법칙은 현재의 상태가 한 단계 후의 미래에 어떻게 변할지를 말해 준다. 우리는 법칙을 다시 적용하여 두 단계 후의 미래를 추론하는 식으로 예측을 이어나갈 수 있다. 100만 단계의 시간이 지나면 무슨 일이 일어날지 알고 싶다면 법칙을 100만 번 적용하면 된다. 이러한 시스템은 명백하게 결정론적이다. 초기 조건이 주어지면 이후의 모든 상태가 수학 법칙에 따라 유일무이하게 결정된다. 법칙이 가역적이라면 과거의 모든 상태도 결정할 수 있다.

연속 시스템에서는 시간이 연속 변수다. 이 시스템에는 임의의 순간에 변수들이 얼마나 빨리 변하는지를 기술하는 미분 방정식이 적용된다. 거의 언제나 타당한 기술적인 조건의 제한 안에서 주어진 임의의 초기 상태를 통해 과거나 미래 모든 순간의 상태를 추론할 수 있다.

나비 효과는 테리 프래쳇(Terry Pratchett)의 '디스크월드'라는 코믹 판타지 소설 시리즈 중 《재미있는 시간》(Interesting Times)과 《진흙의 발》(Feet of Clay)에서 양자 기상 나비(quantum weather butterfly)로 풍자될 정도로 유명하다. 하지만 결정론적 동역학에 불확실성을 초래하는 여러 다른 요인이 존

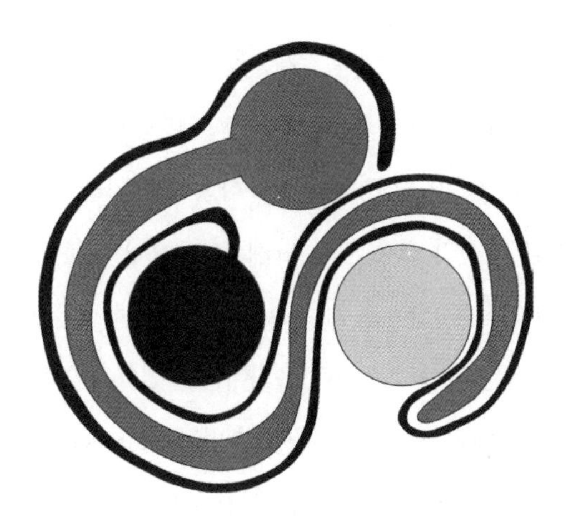

그림 17 와다 호수가 구성되는 초기 단계. 각 원반은 다른 원반들과의 사이로 감기는, 점점 더 미세해지는 돌기를 만들어 낸다. 이 과정은 영역 사이의 간격을 채우면서 영원히 계속된다.

재한다는 사실은 그렇게 잘 알려지지 않았다. 끌개가 여러 개 있다고 가정해 보자. 기본적인 질문은 다음과 같다. 초기 조건이 주어질 때 시스템이 어느 끌개를 향하여 수렴할까? 그 답은 '끌림의 유역'(basins of attraction)의 기하학적 형태에 의존한다. 끌개 유역은 상태 공간에 있는 궤적이 그 끌개로 수렴하도록 하는 초기 조건의 집합이다. 이는 그저 원래의 질문을 다르게 말한 것이지만 유역들은 상태 공간을 각 끌개에 해당하는 영역으로 구분하며 우리는 이들 영역이 어디에 위치하는지를 알아낼 수 있다. 유역은 흔히 지도에 표시되는 나라 간의 국경처럼 경계가 단순하다. 그러나 유역의 위상 기하학은 훨씬 더 복잡할 수 있으며 폭넓은 범위의 초기 조건에 대하여 불확실성을 만들어 낼 수 있다.

상태 공간이 평면이고 유역들의 형태가 비교적 단순하다면 두 유역이 공통의 경계선을 공유할 수 있지만, 셋 또는 그 이상의 유역에서는 불가능하다. 셋 이상의 유역은 기껏해야 경계점을 공유할 수 있을 뿐이다. 그러나 일본의 수학자 요네야마 구니조(米山国蔵)는 1917년에 세 개의 충분히 복잡한 유역이 고립된 점이 아닌 경계를 공유하는 공간임을 입증했다. 그는 이러한 아이디어를 자신의 스승 와다 다케오(和田健雄) 덕분에 얻었다고 했으며 따라서 그의 업적은 와다 호수(Lakes of Wada)라 불린다.

동역학 시스템은 와다 호수처럼 움직이는 끌림의 유역을 가질 수 있다. 중요한 예는 수치 해석 기법인 뉴턴-랩슨법(Newton-Raphson method)에서 자연스럽게 나타난다. 뉴턴-랩슨법은 시간을 한 단계씩 증가시키면서 계산을 반복하는 방법으로, 시스템을 이산 동역학 시스템으로 만드는 일련의 근사를 통하여 대수 방정식의 해를 구하는 유서 깊은 수치 해석 기법이다. 와다 호수는 서로 접하는 동일한 공 네 개에서 빛이 반사될 때와 같은 물리 현상에서도 나타난다. 이 경우의 유역은 궁극적으로 빛이 빠져나오는 공 사이에 있는 네 곳의 틈에 해당한다.

체와 같이 구멍이 가득한 유역은 와다 호수의 극단적인 사례다. 이제 우리는 어떤 끌개들이 생길 수 있는지를 정확하게 알지만 그 유역이 너무나 복잡하게 얽혀 있어서 시스템이 어느 끌개로 수렴할지를 알지 못한다. 상태 공간의 모든 영역(아무리 작더라도)에는 서로 다른 끌개로 귀결되는 초기 조건들이 존재한다. 초기 조건들을 무한한 정밀도로 정확하게 안다면 궁극의 끌개를 예측할 수 있겠지만 가장 작은 오차라도 생길 경우에는 최종 결과를 추측할 수 없다. 가능한 최선은 주어진 끌개로 수렴할 확률을 추정하는 것이다.

구멍이 많은 유역(riddled basins)은 단지 수학적인 흥밋거리가 아니다. 그들은 여러 표준적이고 중요한 물리 시스템에서 나타난다. 약간의 마찰이 존재하는 상태에서 중심축에 작용하는 주기적으로 변하는 힘으로 구동되는 진자를 예로 들 수 있다. 이 경우 끌개들은 다양한 주기적 상태다. 주디 케네디(Judy Kennedy)와 제임스 요크(James Yorke)는 이러한 끌림의 유역들이 구멍으로 가득함을 입증했다.[38]

제11장

날씨 공장

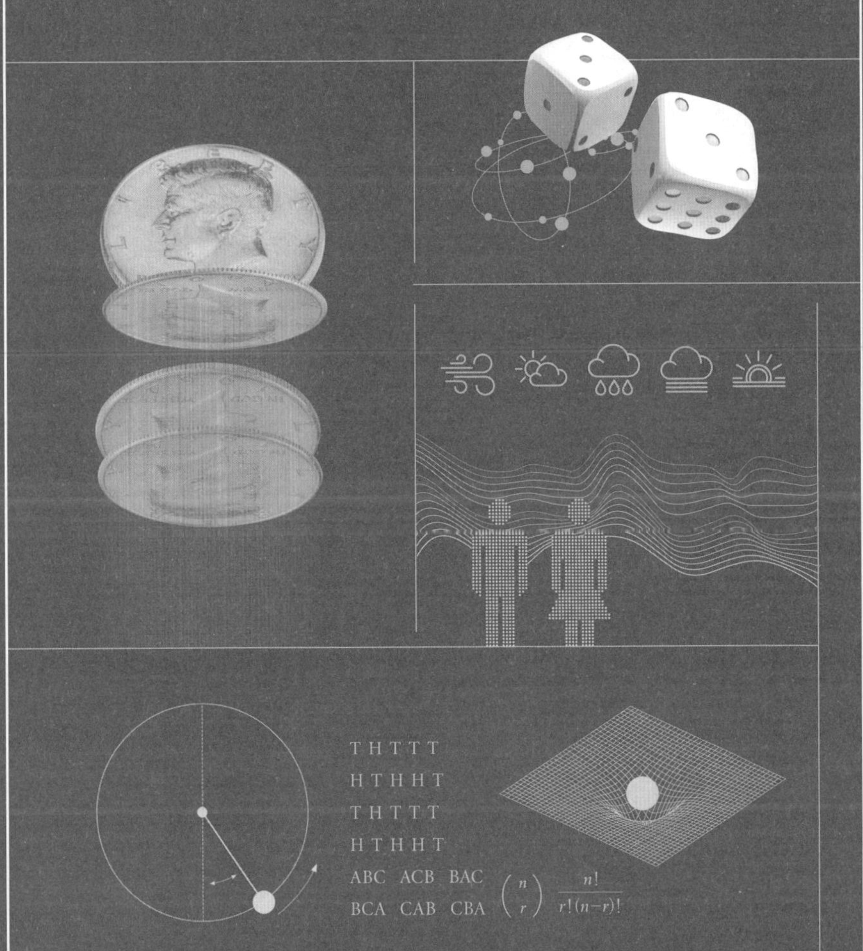
T H T T T
H T H H T
T H T T T
H T H H T
ABC ACB BAC
BCA CAB CBA
$\binom{n}{r}$ $\frac{n!}{r!(n-r)!}$

겨울의 화창한 날은
폭풍우의 어머니다.

–

조지 허버트, 《이상한 속담들》

• • • 날씨보다 더 불확실한 것은 거의 없다. 하지만 우리는 날씨의 기저를 이루는 물리학을 잘 이해하고 관련된 방정식을 안다. 그렇다면 왜 날씨를 예측하기가 그토록 어려울까?

방정식을 풀어서 날씨를 예측하고자 했던 수치적 기상 예보의 초창기 선구자들은 모두 낙관적이었다. 밀물과 썰물은 수개월 앞서서 예보할 수 있다. 날씨는 왜 안 되는가? 날씨는 다르다는 것이 명백해지면서 그들의 희망은 사라졌다. 당신의 컴퓨터가 아무리 강력하더라도 장기 예보는 물리적인 특성 때문에 불가능하다. 모든 컴퓨터 모델은 근사치며 조심하지 않으면 방정식을 현실에 가깝게 만드는 일이 더 나쁜 예측 결과를 초래할 수 있다.

관측을 개선하는 일도 큰 도움이 되지 못할 수 있다. 일기 예보는 현재 상태에 대한 방정식을 풀어서 미래에 대기가 어떻게 움직이는지를 예측하는 초기치 문제(initial value problem)다. 하지만 날씨의 동역학이 혼돈의 역학이라면, 대기의 현재 상태를 측정할 때 따르는 가장 작은 오차조차 기하급수적으로 폭발하여 예보를 쓸모없게 만들어 버린다. 로렌츠가 단기 날씨를 모델로 하면서 발견했듯이 혼돈이 특정한 예측 지평선 너머로의 예측을 가로막는다. 실제 날씨에 대한 예측 지평선은 가장 현실적인 기상 모델을 사용한다 하더라도 며칠에 불과하다.

미래를 향한 비전을 품었던 루이스 프라이 리처드슨(Lewis Fry Richardson)은 1922년에 《수치 처리에 의한 날씨 예측》(Weather Prediction by Numerical Process)을 출간했다. 그는 물리적인 원리에 기초하여 대기의 상태에 대한 일련의 방정식을 유도하고 이들 방정식을 기상 예보에 이용하자고 제안했다. 내일의 날씨를 예측하려면 그저 오늘의 데이터를 입력하고 방정식을 풀면 된다. 리처드슨은 '날씨 공장'이라 명명한 보스의 지휘 아래 엄청난 양의 계산을 수행하는 컴퓨터(당시에 이 말은 '계산하는 사람'을 의미했다.)로 가득 찬 거대한 건물을 상상했다. 이 위엄 있는 보스는 '계산자(slide rules)와 계산기라는 악기로 구성된 오케스트라의 지휘자 같은 존재'였다. 하지만 그는 지휘봉을 휘두르는 대신 다른 사람보다 앞서 나가는 사람에게는 장밋빛을 비추고 뒤처지는 사람에게는 푸른빛을 비추었다.

오늘날 리처드슨의 날씨 공장은 그가 상상했던 형태는 아니지만 여러 유형으로 존재한다. 이는 기계식 계산기를 사용하는 수백 명의 사람이 아니라 슈퍼컴퓨터로 무장한 기상 예보 센터다. 당시에 리처드슨에게 최선은 계산기를 이용하여 느리고 힘겹게 직접 계산하는 것이었다. 그는 1910년 5월 20일, 오전 7시 기상 관측 결과를 이용하여 여섯 시간 뒤의 날씨를 계산함으로써 자신의 수치 기상 '예측' 기법을 시험해 보았다. 여러 날에 걸쳐 도출한 계산 결과는 기압이 큰 폭으로 상승할 것이라고 예측했다. 그러나 실제로는 기압이 거의 변하지 않았다.

새로운 분야를 개척하는 일은 항상 어설픈 법이다. 훗날 리처드슨의 전략은 시시한 결과에 비해 훨씬 더 훌륭했다는 사실이 밝혀졌다. 그의 방정식과 계산은 옳았지만 전술이 잘못되었던 것이다. 전술의 문제는 대기에 대한 현실적인 방정식이 수치적으로 불안정하기 때문에 생긴다. 방정식을 디지털 형태로 변환하면 압력(pressure) 같은 양을 모든 점이 아닌 격자의 모서리에서만 계산하게 된다. 수치 계산은 이들 격자점의 값을 취하고 참된 물리 법칙의 근사를 이용하여 아주 짧은 시간 간격으로 수치를 업데이트한다. 날씨를 결정하는 변수는 압력처럼 느리고 광범위하게 변한다. 하지만 대기는 규모가 작고 빠른 압력 변화인 음파의 매질(媒質)이 되기도 하므로 음파를 다루는 방정식을 적용할 수 있다. 컴퓨터 모델이 계산한 음파해(sound wave solutions)는 격자와 공명을 일으키고 폭발하여 실제 날씨를 집어삼킬 수 있다.

기상학자 피터 린치(Peter Lynch)는 음파를 감쇠하기 위하여 오늘날의 평활 기법(smoothing methods)이 사용되었다면 리처드슨의 예측이 맞아떨어졌으리라는 사실을 발견했다.[39] 때로 우리는 모델 방정식을 덜 현실적으로 만듦으로써 기상 예보를 개선할 수 있다.

나비 효과와 기상 예보

수학 모델에서 발생하는 나비 효과가 현실 세계에서도 일어날까? 아마도 나비 한 마리가 허리케인을 일으킬 수는 없을 것이다. 나비의 날갯짓은 극

미량의 에너지를 대기에 가하지만 허리케인의 에너지는 엄청나다. 에너지가 보존되어야 하지 않느냐고? 물론 그렇다. 수학적으로 볼 때 나비의 날갯짓은 무(無)에서 허리케인을 창조하는 것이 아니다. 이것은 폭포수처럼 단계적으로 날씨 패턴의 재배열을 촉발한다. 이러한 재배열은 초기에는 규모가 작고 국부적이지만 세계의 전반적인 날씨가 상당히 달라질 때까지 신속하게 확장된다. 항상 존재했던 허리케인의 에너지는 이제 나비의 날갯짓에 의하여 재배치된다. 따라서 에너지 보존 법칙이 허리케인 발생에 장애가 되지는 않는다.

역사적으로 혼돈은 놀라움의 대상이었다. 공식으로 풀 만큼 단순한 방정식에서는 볼 수 없는 현상이었기 때문이다. 그러나 푸앵카레의 기하학적 관점에서는 정지 상태나 주기적인 순환 같은 정상적인 유형의 거동들과 전혀 다를 바 없이 타당하고 평범한 현상이다. 상태 공간의 일부 영역이 국부적으로는 확장되지만 경계가 있는 영역으로 제한된다면 나비 효과가 필연적이다. 2차원에서는 이 같은 일이 일어날 수 없어도 3차원 이상에서는 어렵지 않게 벌어질 수 있다. 혼돈하는 움직임은 신기하게 보일 수도 있으나 사실은 물리 시스템에서 흔히 일어나는 현상이며 특히 다양한 혼합 프로세스가 작동하는 이유다. 하지만 실제 날씨에서 혼돈 현상이 일어나는지를 판단하는 일은 더 까다롭다. 우리는 나비 한 마리의 날갯짓을 제외한 지구의 모든 조건이 변하지 않은 상태로 날씨를 다시 한번 돌려 볼 수 없다. 하지만 보다 단순한 유체 시스템을 이용한 실험은 이론적으로 실제 날씨가 초기 조건에 민감하다는 견해를 뒷받침한다. 로렌츠를 비판한 사람들이 틀렸던 것이다. 나비 효과는 지나치게 단순화된 모델의 결점이 아니다.

이러한 발견은 기상 예보가 계산되고 제공되는 방식을 바꿔 놓았다. 본래의 아이디어는 방정식이 결정론적이므로 관측의 정확도와 현재의 데이터를 미래로 투사하는 수치 기법을 개선하는 것이 정확한 장기 예보를 얻는 방법이란 생각이었다. 혼돈은 그 모든 것을 바꿔 놓았다. 날씨 예측을 수치화하는 기상 예보 분야의 종사자들은 결정론 대신에 범위를 가지는 예보와 예보의 정확도에 대한 추정치를 제공하는 확률 기법으로 전환했다. 실제로 텔레비전이나 웹 사이트에는 가장 가능성이 높은 예보만이 제공되며 흔히 '25퍼센트 강우 가능성' 같은 확률적인 평가가 덧붙는다.

이러한 기본 기법을 앙상블 예측이라 부른다. '앙상블'은 수학자라면 집합이라 부를 것에 대하여 물리학자들이 사용하는 멋진 용어다.(열역학에서 나온 용어인 듯하다.) 당신은 하나가 아닌 예보의 집합(앙상블)을 구성한다. 19세기의 천문학자들처럼 현재의 대기 상태를 반복해서 관측하는 방법을 쓰지는 않는다. 그 대신에 당신은 관측 데이터 한 벌을 확보하여 열흘 예보 소프트웨어를 실행한다. 그리고 데이터에 무작위로 작은 변화를 준 뒤에 다시 소프트웨어를 돌린다. 이런 식으로 50번을 반복한다. 무작위로 변화한 관측 결과에 기초하여 산출된 예측의 50가지 표본을 구할 수 있다. 이는 사실상 실제로 관측된 수치들에 가까운 데이터로부터 일어날 법한 예측들의 범위를 탐색하는 것이다. 그 뒤에는 비를 예측하는 예보가 몇 개나 되는지를 세어서 확률을 얻을 수 있다.

1987년 10월에 BBC 기상 캐스터 마이클 피시(Michael Fish)는 시청자들에게 누군가가 BBC로 영국에 허리케인이 접근하고 있음을 경고하는 전화를 걸어 왔다고 알렸다. 그는 말했다. "지금 텔레비전을 보고 계시는 시청자 여러분, 걱정하지 마세요. 허리케인은 없으니까요."[40] 그는 강풍의 가능성이 있지만 최악의 강풍은 스페인과 프랑스 지역에 국한될 것이라고 덧

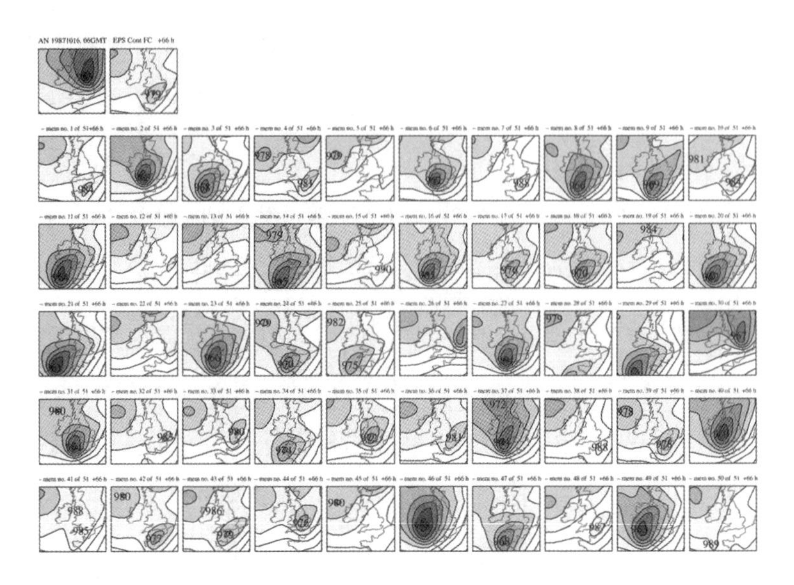

그림 18 1987년 10월 15~16일 66시간 앙상블 예보. 첫 줄 두 번째 지도는 결정론적 예보, 첫 줄 첫 번째 지도는 남쪽 가장자리를 따라 낮은 저기압과 강한 바람이 동반될 경우의 예보다. 나머지 50개 패널은 초기 조건의 작고 무작위적인 변화에 기초하여 나올 수 있는 결과들을 보여 준다. 그중 다수에서 강한 저기압(어두운 타원)이 발달한다.

붙였다. 그날 밤 '1987년의 대폭풍우'(the Great Storm of 1987)가 영국 남동부 지역을 강타했다. 순간 풍속이 시속 220킬로미터에 달하는 돌풍이 불고 일부 지역에서 시속 130킬로미터가 넘는 강풍을 동반한 폭풍우가 내리기도 했다. 나무 1500만 그루가 쓰러지고 도로가 차단되었고 수십만 인구가 사는 지역에 정전이 발생했고 시링크 페리선(Sealink ferry)을 비롯한 선박들이 해안으로 떠밀려 오고 벌크선이 전복되었다. 보험 회사들은 20억 파운드의 피해 보상금을 지급했다.

피시의 언급은 그림 18의 첫 번째 줄 오른쪽 지도가 보여 주는 단 한 가지 예보에 기초했다. 당시에 사용할 수 있는 예보는 그것이 다였다. 그림에 있는 나머지 예보는 유럽 중기 기상 예보 센터(ECMWF)가 같은 데이터를 사용하여 나중에 수행한 앙상블 예측이다. 앙상블 예보 중 약 4분의 1이 허리케인의 특징인 매우 강한 저기압을 보여 준다.

정확도를 높이기 위한 앙상블 예보

더 구체적인 문제에도 유사한 접근법을 적용할 수 있다. 일단 형성된 허리케인이 어디로 이동할지를 예측할 때도 응용이 가능하다. 육지에 상륙한다면 어마어마한 피해를 초래할 수 있는 엄청난 에너지를 보유한 허리케인의 진행 경로는 놀라울 정도로 불규칙하다. 하지만 가능한 경로의 앙상블을 계산하면 나올 수 있는 오차의 크기와 함께 언제 어디에서 허리케인이 덮칠지를 비슷하게 추정할 수 있다. 따라서 도시들은 최소한 어느 정도 신뢰할 만한 피해치를 추정하는 것과 더불어 사전에 대비책을 마련할 수 있다.

효과적인 앙상블 예보를 만드는 일은 여러 세부적인 수학 문제를 포함한다. 앙상블의 정확도는 기법의 개선을 위하여 사후에 평가되어야 한다. 수치 모델은 연속적인 대기의 상태를 수치의 집합으로 근사할 수밖에 없다. 중요한 결과를 유지하면서 가능한 대로 계산을 단순화하기 위하여 다양한 수학 기법이 사용된다. 커다란 진보 중 하나는 대양의 상태를 계산에 포함하는 다루기 쉬운 방법을 찾아낸 것이었다. 서로 다른 유용한 모델이 여럿일 때는 다중 모델 예보라는 새로운 확률적 기법을 쓸 수 있다. 단일 모델로 모의실험을 여러 번 하는 것이 아니라 다수의 모델을 사용하는 것이다. 이 방법으로 초기 조건에 대한 모델의 민감성뿐만 아니라 모델에 내재된 가정에 대한 민감성의 표지까지 얻을 수 있다.

수치 기상 예보의 초창기에는 컴퓨터가 존재하지 않았으며 12시간 이후의 날씨를 예보하기 위하여 수작업으로 계산하는 데 여러 날이 걸렸다. 이는 개념을 입증할 때 유용했고 수치 기법을 개선하는 데 도움이 되었지만 실용적이지는 못했다. 컴퓨터가 등장함에 따라 기상학자들은 사전에 날씨를 계산할 수 있게 되었으나 가용한 가장 빠른 컴퓨터를 구비한 대규모 공공 기관조차 하루에 한 건의 예보만을 다룰 수 있었다. 오늘날에는 한두 시간 동안 50건 이상의 예보를 만들어 내는 데 전혀 어려움이 없다. 그러나 예보의 정확도를 높이기 위하여 더 많은 데이터를 사용할수록 컴퓨터도 더 빨라져야 한다. 다중 모델 기법은 더욱 강력한 컴퓨터 성능을 요구한다.

실제 날씨는 다른 효과들의 영향도 받으며 초기 조건에 대한 민감성이 항상 예측 불가성의 가장 중요한 원인이 되는 것은 아니다. 특히 나비는 단 한 마리가 아니다. 대기의 소규모 변화는 전 지구상에서 끊임없이 일어난다. 1969년에 에드워드 엡스타인(Edward Epstein)은 대기 상태의 평균과 분산이 시간에 따라 어떻게 변하는지를 예측하기 위하여 통계 모델을 사용하자고 제안했다. 세실 리스(Cecil Leith)는 채택된 확률 분포가 대기 상태의 분포와 일치할 때에만 엡스타인이 제안한 접근 방식이 효과가 있음을 깨달았다. 예컨대 무작정 정규 분포를 가정할 수는 없다. 그러나 머지않아 결정론적인 혼돈 모델에 기초한 앙상블 예보가 등장하면서 이러한 명백히 통계적인 접근법이 쓸모없어졌다.

천문 관측의 작은 오차처럼 헤아릴 수 없이 많은 나비의 날갯짓이 대부분 상쇄될 것이라고 기대할 수도 있다. 하지만 로렌츠가 발견한 이러한 기대조차 지나치게 낙관적으로 보인다. 이 유명한 나비는 1972년에 '브라질에 있는 나비의 날갯짓이 텍사스의 회오리바람을 유발할 수 있는가?'라는 제목으로 로렌츠가 펼친 대중 강연에서 처음으로 등장했다. 이 제목은 오랫동안 로렌츠가 1963년에 발표한 논문을 가리킨 것으로 생각되었지만 사실은 1969년에 발표한 다른 논문을 언급한 것이었다는 팀 파머(Tim Palmer), A. 되링(A. Döring), C. 세르진(C. Seregin)의 주장에 설득력이 있다.[41] 1969년 논문에서 로렌츠는 기상 시스템이 초기 조건에 민감하게 의존한다는 것보다 훨씬 더 강한 의미에서 허리케인의 예측이 불가능하다고 말했다.[42]

로렌츠는 우리가 사전에 얼마나 정확히 허리케인을 예측할 수 있는지를 강연 참석자들에게 물었다. 허리케인의 공간 규모는 약 1000킬로미터다. 그 속에는 10킬로미터 정도 크기의 중간 규모 구조들이 있고 그들 속에는 폭이 1킬로미터에 불과한 구름 시스템이 존재한다. 구름 속 난류 와류(turbulent vortices)의 폭은 수 미터 정도다. 로렌츠는 이들 중 어느 것이 허리케인을 예측하기 위한 가장 중요한 척도인지를 물었다. 그 답은 명확하지 않다. 소규모 난류들이 '평균화'되어 허리케인과 관련성이 거의 없을 것인가 아니면 시간이 흐름에 따라 증폭되어 큰 차이를 만들어 낼 것인가?

로렌츠의 해답은 이러한 다중 척도 기상 시스템의 세 가지 특징을 강조한다. 첫째로 이 대규모 구조의 오차는 대략 사흘마다 두 배로 증가한다. 만약 이것만이 유일하게 중요한 효과라면 대규모 관측의 오차를 절반으로 줄여 정확한 예측의 범위를 사흘 더 연장할 수 있으며 여러 주 앞선 정확한 예보를 기대할 수 있는 길이 열릴 것이다. 그러나 이 일은 두 번째 특징 때문에 가능하지 않다. 구름의 위치 같은 미세 구조의 오차는 대략 한 시간 동안 두 배가 되는 식으로 훨씬 더 빠르게 증가한다. 이는 그 자체로 문제가 되지는 않는다. 미세 구조를 예측하려는 사람이 아무도 없기 때문이다. 하지만 세 번째 특징 때문에 문제가 된다. 미세 구조의 오차가 더 큰 구조로 전파되어 미세 구조의 관측 오차를 절반으로 줄여도 예측의 범위는 며칠이 아니라 한 시간 연장되는 데 그친다. 이 세 가지 특징을 종합한 결론은 2주 앞선 정확한 예보가 불가능하다는 것이다.

지금까지 논의된 내용은 초기 조건의 민감성에 대한 것이었다. 그러나 로렌츠는 강연 말미에 1969년 논문에서 직접 인용한 이야기를 언급했다. '초기에 작은 관측 오차만큼의 차이가 있는 두 가지 시스템의 상태는, 초기 오차를 줄이는 방법으로 연장할 수 없는 유한한 시간 안에 무작위로 선택된 두 가지 상태만큼이나 차이를 보이며 진화한다.' 달리 말하면 관측이 아무리 정확하더라도 연장될 수 없는 예측 지평선의 절대적 한계가 존재한다는 것이다. 나비 효과보다 훨씬 더 강력한 주장이다. 나비 효과에서는 충분한 자릿수까지 정확하게 관측한다면 예측 지평선을 원하는 만큼 확대할 수 있었다. 로렌츠는 관측이 아무리 정확하더라도 일주일 정도가 한계라고 말했다.

파머와 동료들은 이어서 상황이 로렌츠의 생각만큼 나쁘지 않다는 것을 보여 주었다. 유한한 한계를 만들어 낸 이론적 문제들이 항상 작용하는 것은 아니다. 앙상블 예보를 이용하면 때로는 2주 앞선 정확한 예보가 가능하다. 하지만 그러려면 대기 중에 더 촘촘하게 관측 위치를 설정해야 하고 슈퍼컴퓨터의 계산 능력 및 속도를 개선해야 한다.

날씨를 예측하지 않고 기상을 과학적으로 예측하는 일도 가능하다. 대기가 거의 변함없는 상태로 일주일 이상 지속되다가 갑자기 무작위적인 패턴으로 바뀌어 그 상태를 오랫동안 유지하는 현상처럼, 흔히 볼 수 있는 차단된 기상 패턴(blocked weather patterns)이 적절한 보기다. 동서 방향과 남북 방향의 주기적인 흐름이 교대로 나타나는 북대서양과 북극 지역의 진동 패턴이 여기에 속한다. 각각의 상태에 대하여는 많은 것이 알려졌지만 가장 중요하게 다뤄야 할 상태 변환의 특성은 완전히 다른 문제다.

1999년에 팀 파머는 장기적인 대기 흐름의 예측을 개선하기 위하여 비선형 동역학을 이용하자고 제안했다.[43] 파머의 아이디어에 대한 후속 연구를 수행한 단 크로멜린(Daan Crommelin)은 차단된 대기 영역이 대규모 대기 동역학의 비선형 모델에서 발생하는 헤테로 클리닉 순환과 관련이 있을 것이라는 설득력 있는 증거를 제시했다.[44] 제10장에서 살펴본 바와 같이 헤테로 클리닉 순환은 어떤 방향으로는 안정하지만 다른 방향으로는 불안정한 평형 상태인 안장점을 연속으로 연결한 것이다. 헤테로 클리닉 연결은 갑자기 다른 패턴으로 바뀔 때까지 오랜 시간 유지되는 패턴의 흐름을 만들어 낸다. 이는 반직관적으로 보이지만 헤테로 클리닉 순환의 맥락에서 전적으로 타당한 거동이다.

헤테로 클리닉 순환은 예측이 불가능한 요소도 있지만 그 동역학이 비교적 간단하며 대부분의 특성을 예측할 수 있다. 이 동역학은 때때로 발생하는 활발한 거동 뒤에 장기간의 휴면기가 이어지는 특징이 있다. 휴면 상태는 예측이 가능하며 시스템이 평형 상태에 가까울 때 일어난다. 불확실성의 주된 요소는 언제 휴면기가 멈추고 새로운 날씨 패턴으로 바뀔 것인가다.

크로멜린은 데이터에서 그러한 순환을 탐지하기 위하여 '경험적 고유함수'(empirical eigenfunctions), 즉 대기의 공통된 흐름 패턴을 분석한다. 이와 같은 기법에서는 실제의 흐름이 최대한 가까운 독립적인 기본 패턴의 조합으로 근사된다. 그리하여 복잡한 기상 편미분 방정식이, 전체 흐름에 요소 패턴들이 어느 정도 기여하는지를 나타내는 유한한 변수를 가진 상미분 방정식으로 변환된다.

크로멜린은 1948~2000년 북반구 데이터를 사용하여 자신의 이론을 시험했다. 그는 대서양 지역에서 차단된 여러 영역의 흐름을 연결하는 동역학 순환의 공통된 증거를 찾아냈다. 이 순환은 태평양과 북대서양의 남북 방향 흐름으로 출발한 뒤에 합쳐져서 단일한 동서 방향의 대서양 흐름을 형성한다. 그리고 유라시아와 북미 대륙의 서해안까지 나아가 남북 방향을 주도하는 흐름으로 이어진다. 순환의 후반부에서는 흐름의 패턴이 다른 순서를 따라 원래 상태로 돌아간다. 완전히 순환하기까지는 약 20일이 걸린다. 이러한 세부 사항은 북대서양과 북극의 진동이 서로 부분적인 도화선으로 작용하며 연결됨을 시사한다.

온실가스와 겨울 한파의 상관관계

진정한 날씨 공장은 우리의 대기, 바다, 육지에 에너지를 보내 주는 태양이다. 지구가 회전하면서 태양이 뜨고 짐에 따라 지구 전체는 매일같이 가열과 냉각의 순환을 반복한다. 이는 기상 시스템의 원동력이 되어 상당히 규칙적인 대규모 패턴으로 이어지지만 물리 법칙의 강한 비선형성이 세부 효과를 대단히 가변적으로 만든다. 태양 에너지의 출력 변화, 우주 공간으로 반사되는 열량의 변화, 대기 중에 남는 열량의 변화 같은 요소들이 날씨의 패턴을 바꾼다. 체계적인 변화가 오랫동안 지속되면 세계 기후까지 바뀔 수 있다.

'푸리에가 우리 행성을 따뜻하게 유지하는 것이 지구의 대기'임을 입증한 1824년 이래로 과학자들은 지구의 열 균형 변화가 초래하는 효과를 연구해 왔다. 1896년에 스웨덴 과학자 스반테 아레니우스(Svante Arrhenius)는 대기 중 이산화탄소가 기온에 미치는 영향을 분석했다. 이산화탄소는 태양열을 가두는 데 도움을 주는 '온실가스'다. 태양의 빛과 열을 반사하는 얼음 덮개의 변화 같은 다른 요인들을 고려한 아레니우스는 지구의 이산화탄소 수준이 절반으로 줄면 빙하 시대가 촉발될 수 있다는 계산 결과를 얻었다.

처음에 아레니우스의 이론은 주로 화석 기록의 급격한 변천을 기후 변화로 설명할 수 있으리라 생각한 고생물학자들의 관심을 끌었다. 그러나 1938년에 영국 엔지니어 가이 캘런더(Guy Callendar)가 과거 50년 동안 이산화탄소와 온도가 모두 증가해 왔다는 증거를 모으면서 이 이론이 더욱 긴급한 문제로 떠올랐다. 대부분의 과학자들은 아레니우스의 이론을 무시하거나 반대하는 주장을 폈지만 1950년대 말에 이르자 이산화탄소 농도의 변화가 지구를 서서히 가열할 수 있다고 생각하는 과학자들이 나타나기 시작했다. 1960년에 찰스 킬링(Charles Keeling)은 이산화탄소가 확실히 늘어나고 있음을 보여 주었다. 소수의 과학자는 분무제가 지구의 냉각을 유도하여 빙하기가 시작될 수도 있다고 우려했으나 온난화를 예측한 논문의 수가 6 대 1의 비율로 우세했다. 1972년에 존 소여(John Sawyer)는 〈인공 이산화탄소와 '온실' 효과〉(Man-made Carbon Dioxide and the 'Greenhouse' Effect)라는 논문에서 이산화탄소 증가로 2000년까지 지구가 0.6도 더 더워질 것이라고 예측했다. 언론 매체는 계속하여 임박한 빙하 시대를 강조했지만 과학자들은 지구 냉각에 대한 우려를 멈추고 지구 온난화를 심각하게 고려하기 시작했다.

1979년에 전미 연구 평의회(USNRC)는 이산화탄소 증가가 억제되지 않는다면 지구의 온도가 수십 도까지 상승할 것이라고 경고했다. 세계 기상기구(WMO)가 이 문제를 조사하기 위하여 1988년 기후 변화에 관한 정부간 협의체(IPCC)를 창설했고 마침내 전 세계가 임박한 재앙에 관심을 기울이기 시작했다. 점점 더 정확해진 관측 결과는 온도와 이산화탄소 모두 상승하고 있음을 보여 주었다. 2010년 미국 항공 우주국(NASA)의 연구가 소여의 예측이 사실임을 확인해 주었다. 대기 중 탄소 동위 원소(서로 다른 원자 형태) 비율을 측정한 결과 이산화탄소가 추가로 증가한 주요인이 인간의 활동, 특히 석탄과 석유의 연소에 있다는 사실이 밝혀졌다. 이후 지구 온난화를 둘러싼 격렬한 논쟁이 벌어졌다. 과학자들은 이미 여러 해 전에 논쟁을 끝냈지만 반대하는 사람들(취향에 따라 '회의론자'나 '부정론자')은 과학에 계속 도전했다. 때로 그들의 반론에서 순진한 호소력이 느껴지기도 했지만 기후학자들은 그 모든 주장이 틀렸음을 (대부분 수십 년 전에) 입증했다.

이제 거의 모든 국가의 정부는 지구 온난화가 현실이고 위험하며 우리가 지구 온난화의 원인임을 인정한다. 두드러진 예외는 온실가스 증가를 제한하기 위하여 만들어진 파리 협정에서 2015년 탈퇴한 미국 정부다. 그들은 과학의 증거에 꿈쩍도 안 하는 것처럼 보이는 동시에 단기적이며 정치적인 이유를 댔다. 부정론자들이 물을 흐리는 50년 동안 주저한 끝에 마

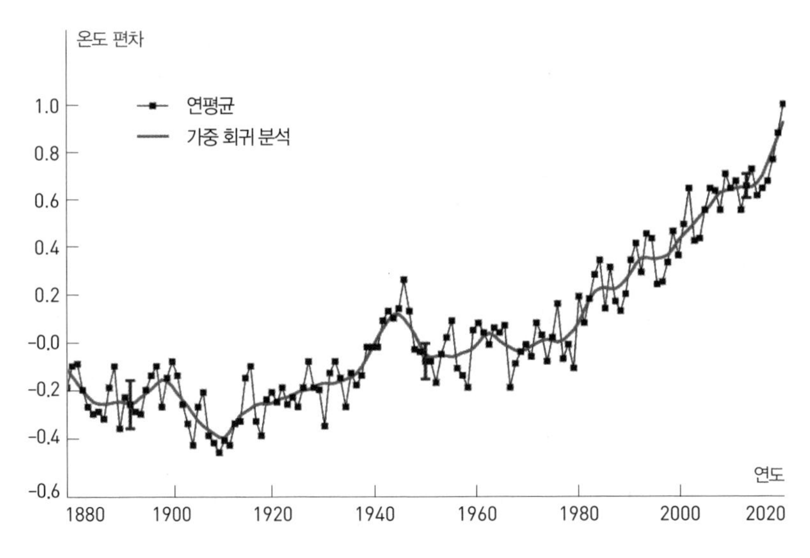

그림 19 1880~2020년 지구 평균 온도의 추청치. 육지와 바다의 데이터에 기초했다.

침내 미국을 제외한 나머지 세계가 진지한 행동에 나서기 시작했다. 백악관에서 여전히 잡음이 나오고 있지만 미국의 몇몇 주(州)도 이에 동참하고 있다.

'동쪽에서 온 야수'(2018년에 영국과 아이슬란드에 밀어닥친 한파의 별명.—옮긴이)는 달랐다. 북극을 중심으로 회전하는 차가운 공기의 거대한 소용돌이인 제트 기류에 밀려서 저기압대가 형성되는 전형적인 영국의 겨울 폭풍은 서쪽에서 온다. 그러나 2018년에는 북극에서 형성된 이례적으로 따뜻한 조건이 대량의 차가운 공기를 남쪽으로 밀어냈으며 그에 따라 시베리아에서 더 많은 찬 공기가 중부 유럽과 영국으로 밀려왔다. 이는 또한 폭풍 에마로 이어졌고 이러한 기상 조건들이 결합되어 최대 57센티미터의 폭설이 기록되고 온도가 영하 11도까지 내려갔으며 16명이 사망했다. 이례적으로 추운 날씨가 일주일 넘게 계속되었고 강도는 덜하지만 비슷한 날씨가 한 달 뒤에도 발생했다.

미국 역시 유사한 일을 겪었다. 2014년에 미국의 여러 지역에 대단히 추운 겨울이 찾아왔다. 슈피리어 호수는 6월까지 얼음에 덮이는 신기록을 세웠다. 7월까지도 멕시코만 연안을 제외한 미국 동부 대부분의 주에서 평년에 비해 기온이 15도나 더 떨어지는 추운 날씨가 이어졌다. 그와 동시에 동부의 주들은 평년보다 상당히 더운 겨울을 보냈다. 2017년에도 같은 현상이 되풀이되어 인디애나와 아칸소주에서는 그해 7월이 지금까지 겪은 7월 중 가장 서늘한 것으로 기록되었고 미국 동부 지역 대부분이 평년보다 시원한 여름을 보냈다.

기후학자들이 자신 있게 단언하듯이 인간의 활동으로 지구가 더워진다면 이렇게 전례 없이 추운 날씨가 계속해서 발생하는 이유는 무엇일까?

그 답은 인간의 행동이 세상을 더 덥게 만들고 있기 때문이다.

지구의 모든 곳이 같은 정도로 더워지는 것은 아니다. 온난화는 가장 큰 피해를 초래할 수 있는 북극과 남극에서 제일 심각하다. 북극의 더워진 공기는 제트 기류를 남쪽으로 밀어냄과 동시에 약화시킨다. 따라서 제트 기류의 위치가 더욱 빈번하게 바뀐다. 2014년에는 이 효과가 미국의 동부 지역으로 차가운 공기를 보냈다. 동시에 미국의 나머지 지역에는 제트 기류가 S형 꼬임을 형성함에 따라 이례적으로 따뜻한 공기가 유입되었다. 그해 7월은 서부 지역의 워싱턴, 오리건, 아이다호, 캘리포니아, 네바다, 유타의 여섯 개 주에서 가장 따뜻한 열 번의 7월 중 하나로 기록되었다.

온난화가 진행되는 세계에서 역설적으로 느껴지는, 이례적인 일시적 한파라는 문제의 실체를 알고 싶고 인터넷 접속이 가능한 사람이라면 누구라도 뒷받침하는 증거와 설명을 찾아볼 수 있다. 그저 기상과 기후의 차이만 이해하면 된다.

기후는 정말 항상 변하는가

기후는 항상 변한다.

기후 변화에 대한 이런 반론은 오랫동안 사랑받아 왔다. 미국 대통령 도널드 트럼프는 자신의 트위터에서 지구 온난화와 기후 변화를 언급할 때마다 이 말을 반복한다. 다른 여러 가지 반론과 달리 여기에는 마땅히 답을 해야 한다. 그 답은 이렇다. '아니, 기후가 항상 변하는 것은 아니다.' 어떤 날은 해가 나고 화창했다가 어떤 날은 억수같이 비가 오고 만물이 두껍게 쌓인 눈 속에 묻히는 날도 있음을 생각하면 바보 같은 소리로 들릴 수 있다. 물론 날씨는 항상 변화한다. 사실이다. 그러나 변하는 것은 기상이지 기후가 아니다. 기상과 기후는 다르다. 일상 언어에서는 다르지 않을 수 있으나 과학적인 의미에서는 엄격히 구분된다.

우리는 모두 기상이 무엇인지를 이해한다. 기상은 텔레비전의 일기 예보 시간에 기상 캐스터가 말해 주는 비, 눈, 구름, 바람, 햇빛이다. 그들은 내일 혹은 며칠 뒤에 일어날 일을 말하고, 이는 몇 시간 또는 며칠에 걸쳐 일어나는 현상이라는 날씨의 과학적 정의와 일치한다. 기후는 다르다. 기후라는 용어는 흔히 더 막연하게 사용되지만 정확하게는 장기간에 걸친 (예컨대 수십 년) 기상의 일반적인 패턴을 의미한다. 기후의 공식적인 정의는 기상의 30년 '이동 평균'(moving average)이다. 이 말의 의미는 곧 설명하겠지만 우선 그러한 평균이 매우 섬세하다는 사실을 인식할 필요가 있다.

지난 90일 동안의 평균 온도가 16도였다고 가정하자. 그 뒤에 열파(熱波)가 밀려와 열흘 동안 온도가 30도까지 치솟았다. 평균은 어떻게 될까? 훨씬 더 높은 온도가 되어야 할 것으로 생각할 수 있지만 실제로는 불과 1.4도 상승에 그친다.[45] 단기적으로 큰 변동이 있더라도 평균은 크게 변하지 않는다. 반면 열파가 90일 동안 계속되었다면 180일간의 평균 온도는 16도와 30도의 중간인 23도가 된다. 장기적인 변동이 평균에 더 큰 영향을 미친다.

특정한 날짜에 대한 30년 이동 평균 온도는 이전 30년 동안의 모든 날의 온도를 더하고 총 날수로 나누어 계산한다. 이 숫자는 매우 안정적이며 온도가 대단히 오랜 기간 이 값에서 벗어났을 때(그리고 평균적으로 더 덥거나 추운 단일한 방향으로 움직인 경향이 있었을 때)라야 변한다. 다소간 덥고 추운 기간이 교대하는 것은 상쇄된다. 일반적으로 여름이 겨울보다 덥고 연간 평균은 여름과 겨울 사이에 있다. 30년 평균은 모든 변동의 중심이 되는 대표적인 온도다.

아마도 기후가 '항상' 변할 수 없는 이유는 이 때문일 것이다. 오늘의 날씨가 아무리 극적으로 변하고 그 변화가 영구할지라도 30년 평균에 의미 있는 영향을 미치는 데는 여러 해가 걸린다.

게다가 이제까지 우리가 고려한 것은 단지 당신의 고향 마을 같은 국부적인 기후였다. '기후 변화'는 당신의 고향 마을 이야기가 아니다. 기후학자들이 온난화가 진행 중이라고 말하는 지구의 기후는 장기간에 걸칠 뿐만 아니라 사하라 사막, 히말라야산맥, 얼음으로 덮인 극지방, 시베리아의 툰드라 지대, 오대양을 포함한 지구 전 지역의 평균을 요구한다. 가령 인디애

그림 20 과거 40만 년 동안의 이산화탄소 농도 변화. 1950년까지 이산화탄소 농도가 300피피엠을 넘은 적이 없었다. 2018년에는 407피피엠이다.

나주가 평년보다 추워지고 우즈베키스탄은 더워진다면 두 효과가 상쇄되고 지구의 평균에는 거의 변화가 없다.

마지막으로 용어에 대하여 말해 둘 것이 있다. 기후에는 중기적으로 영향을 미치는 '자연적'(인위적이지 않은) 효과들이 있다. 우리에게 가장 익숙한 엘니뇨, 즉 동부 태평양의 해수 온도가 상승하는 현상은 몇 년마다 자연적으로 발생한다. 오늘날의 관련 문헌 대부분에서 '기후 변화'는 인간의 활동에 기인한 기후의 변화, 즉 '인위적 기후 변화'(anthropogenic climate change)의 줄임말이다. 엘니뇨 같은 현상이 미치는 영향은 설명될 수 있다. 현재 논의되는 것은 설명할 수 없는 변화다. 그러한 변화는 기후에 영향을 미치는 새로운 요인이 존재할 때에만 나타나기 때문이다.

여러 갈래의 증거는 그와 같은 요인이 존재함을 입증하는데, 이는 다름 아닌 우리 인간이다. 인간의 활동이 대기 중 이산화탄소 농도를 400피피엠

(ppm, 100만분의 1)까지 끌어올렸다. 이산화탄소 농도는 과거 80만 년 동안의 대부분 기간에 170피피엠에서 290피피엠 사이에 머물렀다.(그림 20은 과거 40만 년 동안의 데이터를 보여 준다.)[46] 300피피엠 이상의 모든 수치는 산업혁명 이후에 나타났다. 우리는 기본 물리학을 통하여 늘어난 이산화탄소가 더 많은 열을 가둔다는 사실을 안다. 지난 150년 동안에 지구의 온도(얼음 핵과 대양 침전물에 대한 매우 정밀한 측정을 통하여 유추된)는 거의 1도 가깝게 상승했으며, 이는 물리적인 원리에 따라 늘어난 이산화탄소가 초래했을 것으로 생각되는 온도 상승과 일치하는 수준이다.

일주일 뒤의 날씨조차 예측할 수 없다면 도대체 20년이라는 기간에 걸친 기후를 어떻게 예측할 수 있을까?

날씨와 기후가 같은 것이었다면 대단한 파괴력을 가진 질문이겠지만 날씨와 기후는 같지 않다. 시스템의 특성 전부는 아닐지라도 일부를 예측할 수 있는 경우가 있다. 제1장에 나왔던 아포피스 소행성을 기억하는가? 중력 법칙은 이 소행성이 2029년이나 2036년에 확실히 지구와 충돌할 가능성이 있다고 말하지만 우리는 2029년이나 2036년에 실제로 충돌이 일어날지를 알지 못한다. 하지만 그해에 정말로 충돌이 일어난다면 그 날짜가 4월 13일이라는 추측은 절대적으로 확신할 수 있다. 우리의 예측 능력은 예측의 대상이 무엇인지와 그에 대한 사전 지식에 의존한다. 시스템의 다른 특성은 전혀 예측이 불가할지라도 일부 특성은 상당히 자신 있게 예측할 수 있는 경우도 있다. 케틀레는 개개인의 특성은 예측이 불가하지만 인구 집단에 대한 평균은 상당히 정확하게 예측할 수 있다는 점을 발견했다.

기후 예측을 위하여 우리가 모델로 삼아야 할 것은 30년간 일어나는 느리고 장기적인 이동 평균의 변화가 전부다. 기후 변화를 예측하기 위해서는 그러한 장기 변화와 함께, 인간의 활동에 따라 추가되는 온실가스의 양 같은 변화하는 상황 간의 관계도 모델화해야 한다. 이것은 쉬운 일이 아니다. 기후 시스템이 대단히 복잡하고 반응 또한 섬세하기 때문이다. 온도가 높아지면 구름이 더 많이 생기고 태양에서 오는 열을 더 많이 반사한다. 또한 더 많은 얼음이 녹고 얼음이 녹은 물이 태양에서 오는 열을 더 적게 반사할 수도 있다. 이산화탄소 농도가 높아지면 식물의 성장 방식이 달라져서 이산화탄소를 더 많이 제거할 수 있고 그에 따라 온난화가 어느 정도 '자기 수정적'(self-correcting)이 될 수 있다. (최근 연구에 따르면 이산화탄소의 증가가 초기에는 식물의 성장을 촉진한다. 하지만 유감스럽게도 10년 정도 지나면 효과가 사라진다.) 우리는 이러한 유형의 중요한 효과들이 모델에 모두 반영되도록 최선을 다해야 한다.

기후 모델(다양한 모델이 존재한다.)은 미세한 스케일의 기상 데이터가 아니라 기후 데이터를 직접 다룬다. 여기에는 매우 단순한 모델에서 지나치게 복잡한 모델까지 다양한 종류가 있다. 대기의 흐름에 대한 물리학과 기타 관련된 인자를 많이 포함하는 복잡한 모델은 더욱 '현실적'이다. 단순한 모델은 제한된 수의 인자에 초점을 맞춘다. 이들의 장점은 이해하고 계산하기 쉽다는 것이다. 과도한 사실성, 즉 복잡성이 늘 더 좋은 것은 아니지만 언제나 더 어려운 계산을 요구한다. 훌륭한 수학 모델의 목적은 실험과 무관한 복잡성을 배제하면서 중요한 특성은 모두 유지하는 것이다. 아인슈타인이 했다는 말처럼 '최대한 단순하게 만들어야 하지만 그보다 더 단순하면 안 된다.'[47]

독자가 감을 잡을 수 있도록 한 가지 기후 모델을 일반 용어로 논의하고자 한다. 모델을 정하는 목적은 지구의 평균 온도가 과거부터 미래에 이르는 시간에 따라 어떻게 변하는지를 이해하는 것이다. 이는 원론적으로 회계 과정이라 할 수 있다. 1년에 걸친 여분의 열에너지는 에너지 소득(주로 태양에서 오지만 화산에서 방출된 이산화탄소 등을 포함할 수도 있다.)과 에너지 비용(복사나 반사를 통하여 지구를 떠나는 열)의 차이다. 소득이 지출을 초과한다면 지구가 더워지고 그 반대면 서늘해질 것이다. 우리는 또한 '저축'(아마도 일시적으로 어딘가에 저장된 열)도 고려해야 한다. 저축은 일종의 지출이지만 소득으로 인식한다면 돌아와서 우리를 괴롭힐 수 있다.

소득은 (상당히) 간단하다. 대부분 태양에서 온다. 우리는 태양이 얼마나 많은 에너지를 방출하는지를 알고 그중 얼마나 지구에 도달하는지 계산할 수 있다. 가장 큰 두통거리는 지출이다. 모든 뜨거운 물체는 열을 방출하며 방출 과정의 물리 법칙이 알려져 있다. 온실가스가 등장하는 장소는 이러한 과정이 벌어지는 곳이다. 온실가스는 '온실 효과'에 따라 열을 가두어 방출되는 에너지의 양을 줄이기 때문이다. 반사는 더 까다롭다. 얼음(흰색이므로 더 많은 빛과 열을 반사한다.)이나 구름 등 다양한 곳에서 열이 반사되기 때문이다. 구름의 형태는 매우 복잡하고 모델을 찾기 어렵다. 게다가 열은 흡수될 수도 있다. 특히 대양은 거대한 열 흡수원(저축) 역할을 한다. 흡수된 열은 계좌에서 저축의 일부를 인출하는 것처럼 나중에 다시 나타날 수 있다.

수학 모델은 이 모든 인자를 고려하여 태양, 지구, 대기, 대양 사이에서 열이 어떻게 흐르는지 기술하는 방정식을 세운다. 방정식을 푸는 것은 컴퓨터의 일이다. 모든 모델은 근사치다. 어느 인자가 중요하고 어느 인자가 무시될 수 있는지에 대한 가정을 세워서 유용성을 확보한다. 어떤 단일 모델도 복음으로 여겨서는 안 된다. 회의론자들은 기회를 만난 듯이 옥신각신하지만 요점은 간단하다. 이들은 모두 화석 연료와 삼림에 저장된 탄소의 연소를 통하여 인간이 만들어 낸 과도한 양의 이산화탄소가 우리의 활동이 없었을 경우와 비교하여 지구 전체의 온도를 높여 왔고 앞으로도 높여 갈 것임을 예측한다. 여분의 모든 에너지는 기후 변화의 평균을 이루면서 기상 패턴을 새로운 극단으로 몰아간다.

정확한 상승률과 상승이 얼마나 지속될 것인가는 확실치 않지만 향후 수십 년 동안 온도 상승이 일어날 것이라는 데는 모든 모델의 예측이 일치한다. 지금까지의 관측 결과는 1880년 이래로 이미 0.85도의 온도 상승이 일어났음을 보여 준다. 실제로 지구의 온도는 제조업 분야에서 화석 연료가 대량으로 소비되기 시작한 산업 혁명 이래 줄곧 상승했다. 상승률은 가속화되었으며 근년에는 이전보다 두 배 빠른 속도로 온난화가 진행되고 있다. 지난 10년 동안에는 상승 속도가 느려졌는데, 많은 국가가 부분적으로나마 화석 연료 사용을 줄이는 조치를 취한 덕분이었고 2008년 금융 위기에 따른 전 세계적인 불경기 때문이기도 했다. 이제 상승 속도가 다시 빨라지고 있다.

아마도 가장 심각한 위협은 얼음이 녹고 바닷물이 데워지면서 팽창한 결과 나타나는 해수면 상승일 것이다. 하지만 그 밖에도 해빙의 상실, 영구동토층이 녹는 데 따른 메탄(더욱 강력한 온실가스) 방출, 질병을 옮기는 곤충의 지리적인 분포 변화 등 여러 가지 문제가 속출한다. 지구 온난화의 악영향은 한 권의 책으로 쓰기에 부족함이 없는 이야기며 실제로 많은 사람이 책을 썼기 때문에 더 언급하지 않으려 한다. 회의론자들의 부당한 요구처럼 환경에 미칠 영향을 수십 년 앞서서 완벽하게 예측할 수는 없지만 이미 매우 다양한 악영향이 발생하고 있다. 모든 모델이 대규모 재앙을 예측한다. 유일한 논쟁거리는 그 재앙이 얼마나 광범위하고 비참할 것인가다.

지구 온난화 그리고 확률

한 세기 동안에 1도라면 아주 나쁜 소식은 아니지 않을까?

기후가 1도 따뜻해지면 기뻐할 사람들이 지구상의 여러 지역에 있을 것이다. 그것이 전부라면 크게 걱정할 사람은 거의 없다. 그러나 한번 생각해 보자. 그렇게 간단한 문제였다면 현명한 기후학자들이 이미 알아차렸어야 한다. 그들은 우려하지도 않고 경고를 하지도 않았을 것이다. 따라서 이 문제는 대부분의 인간사와 비선형 동역학의 모든 문제처럼 그리 단순하지 않다.

1도라면 대단치 않게 들리지만 지난 세기 동안 인류는 지구의 전체 표면을 그만큼 덥히는 일을 해냈다. 이는 온난화를 단순화한 설명이다. 대기, 대양, 육지가 더워진 양은 서로 다르다. 어쨌든 이렇게 광범위한 변화를 달성하는 데는 막대한 에너지가 필요하다. 그리고 그것이 첫 번째 문제다. 우리는 지구의 기후를 구성하는 비선형 동역학 시스템에 엄청난 양의 과잉 에너지를 투입하고 있다.

인류에게 그토록 큰 영향력이 있다고 생각하는 것은 오만이라고 말하는 사람들을 믿지 말자. 한 사람이 숲을 태워 버릴 수 있다. 엄청난 양의 이산화탄소다. 우리는 작은 존재일 수 있으나 수가 많고 이산화탄소를 방출하는 기계도 여러 대 가지고 있다. 이산화탄소 측정 결과는 우리에게 그

만한 영향력이 있었음을 명백히 보여 준다. 앞서 제시한 그림 20을 보라. 우리는 이와 비슷하게 광범위한 영향력을 다른 방식으로도 행사했다. 강과 바다에 쓰레기를 버렸고 대양 구석구석에 엄청난 양의 플라스틱 쓰레기가 흩어진 것이 뒤늦게 발견되었다. 그것은 부인할 수 없는 우리의 잘못이다. 인간 말고는 아무도 플라스틱을 만들지 않는다. 그저 쓰레기를 버리는 것으로 대양의 먹이 사슬을 훼손할 수 있다면, 우리가 지구상의 모든 화산(수중 화산을 포함하여)을 합친 것의 120배 정도에 해당하는 엄청난 양의 온실가스를 만들어 냄으로써 환경을 훼손할 수 있다는 말을 절대 오만이라 할 수 없다.[48]

1도 정도는 무해하다고 생각할 수 있지만 전 지구 규모의 막대한 에너지 증가는 그렇지 않다. 비선형 동역학 시스템에 여분의 에너지를 주입하면 모든 곳에서 작은 규모로 일정한 변화가 일어나지 않는다. 시스템 변동의 격렬성, 변화의 신속성, 변화의 양과 불규칙성이 바뀐다. 여름에 온도가 고르게 1도 더워지지 않는다. 역사상 찾아볼 수 없는 열파와 한파가 닥친다. 이런 사건이 일회성으로 발생한다면 수십 년 전에 일어난 특정 사건에 비교될 수도 있지만, 상당히 잦은 빈도로 극단적인 사건이 발생하면 우리는 무언가가 달라졌음을 감지하게 된다. 지구 온난화는 이제 역사상 유례가 없는 열파가 발생하는 단계로 들어섰다. 미국에서는 2010~2013년에, 동남아시아에서는 2011년에, 오스트레일리아에서는 2012~2013년에, 유럽에서는 2015년에, 중국과 이란에서는 2017년에 열파가 발생했다. 2016년 7월에는 쿠웨이트의 기온이 54도, 이라크 바스라(Basra)의 기온이 53.9도에 달했다. 이는 미국 캘리포니아주 데스밸리를 제외하고 (지금까지) 지구상에서 기록된 가장 높은 온도다.

2018년 전반기에는 세계의 여러 지역이 맹렬한 열파를 겪었다. 영국에서는 장기간의 가뭄으로 농작물 피해가 발생했다. 스웨덴은 산불 피해에 시달렸다. 알제리에서는 아프리카 역사상 가장 높은 기온인 51.3도를 기록했다. 일본에서는 기온이 40도를 넘어섰을 때 최소한 30명이 열사병으로 사망했다. 오스트레일리아의 뉴사우스웨일스주는 물 부족, 농작물 피해, 가축 사료의 결핍을 초래한 최악의 가뭄에 시달렸다. 미국 캘리포니아주는 멘도시노 단지(Mendocino Complex) 화재로 25만 에이커(acre, 토지 면적 단위로 1에이커는 약 4050제곱미터에 해당한다.—옮긴이)가 넘는 면적이 황폐화되었다. 해마다 자연재해의 기록들이 깨진다. 홍수, 폭풍우, 눈보라 같은 극단적인 사건들도 점점 악화되고 있다.

기상 시스템에 추가로 투입된 에너지는 또한 공기가 흐르는 방식을 변화시킨다. 예컨대 북극 지방이 지구의 다른 지역보다 훨씬 더 더워지는 현상은 현재 진행 중인데, 이는 위도가 높은 지역에서 극 주위로 돌아가는 찬바람인 극소용돌이(polar vortex)의 흐름을 바꾼다. 흐름을 약화시켜 찬 공기가 오래 머물도록 하고 남쪽으로 더 많이 내려가게 한다. 또한 순환하는 찬 공기의 흐름 전체를 남쪽으로 밀어낼 수도 있는데 2018년 초에 바로 그러한 일이 일어났다. 지구 온난화가 평년보다 훨씬 더 추운 겨울을 초래할 수 있다는 말이 역설적으로 들릴지 모르지만 사실은 그렇지 않다. 이 현상은 에너지를 추가하여 비선형 시스템을 교란할 때 일어난다. 유럽에서 평년보다 5도 낮은 기온이 유지되는 동안에 북극 지역은 평년보다 20도 높아진 기온 덕에 따뜻함을 즐겼다. 우리가 과도하게 만들어 낸 이산화탄소가 북극이 찬 공기를 수출하도록 하는 원인으로 작용한 것이다.

지구 반대편에서도 비슷한 일이 생기는데, 이는 훨씬 더 나쁜 재앙이 될 수 있다. 남극에는 북극보다 얼음이 훨씬 많다. 과거에는 남극의 얼음이 북극보다 천천히 녹는다고 여겼다. 그러나 실제로는 남극의 얼음이 더 빨리 녹고 있으며 물속 깊이 연안 빙상(coastal ice sheet)의 바닥에 가려 알아채지 못했을 뿐이라는 사실이 밝혀졌다. 이것은 매우 나쁜 소식이다. 연안 빙상은 불안정해지기 쉽고 그렇게 되면 모든 얼음이 대양으로 흘러들 것이기 때문이다. 이미 빙붕(ice shelf)의 거대한 덩어리들이 떨어져 나가고 있다.

극지방의 빙원이 녹는 것은 전 세계에 영향을 미치는 참으로 심각한 문제다. 추가로 물이 유입되어 대양의 해수면이 상승하기 때문이다. 현재는 북극과 남극 지역의 얼음이 모두 녹는다면 해수면이 80미터 이상 상승할 것으로 예상된다. 물론 그렇게 되는 데는 오랜 시간이 걸리겠지만 우리가 무엇을 하든 2미터 정도의 해수면 상승은 이미 피할 수 없을 것으로 여겨진다. 온난화가 1도에 그친다면 이들 숫자가 더 낮아질까. 그렇지 않다. 평균 온난화가 단지 1도(산업 혁명 이래 실제로 일어난 온도 상승 폭)일지라도 그렇게 되지 않을 것이다. 왜 그럴까? 온난화가 균일하지 않기 때문이다. 온난화가 가능한 한 작기를 바라는 극지방의 온도 상승률이 온대 지역보다 훨씬 높다. 북극 지역은 평균 5도 더 따뜻해졌다. 남극 대륙의 온난화는 상대적으로 약해 보여서 덜 위협적으로 여겨졌지만, 이는 과학자들이 바닷속을 살펴보기 전의 이야기였다.

남극 대륙이 해수면 상승에 얼마나 기여하는지 이해하려면 상실되는 얼음과 표면에 새로 축적되는 얼음에 대한 정확한 데이터가 반드시 필요하다. 앤드루 셰퍼드(Andrew Shepherd)와 에리크 이빈스(Erik Ivins)가 이끄는 빙상 질량 균형 상호 비교 연습(IMBIE)은 극지 과학자들이 모인 국제 연구팀으로, 빙상의 용해에 따라 예상되는 해수면 상승의 추정치를 제공한다. 24건의 독립적인 연구 결과를 종합한 IMBIE의 2018년도 보고서는 1992~2017년에 남극 대륙의 빙상에서 2.72±1.39조 톤의 얼음이 사라짐에 따라 지구의 해수면이 7.6±3.9밀리미터 상승했음을 보여 준다.(±오차는 표준 편차를 나타낸다.)[49] 남극 대륙의 서부 지역에서는 과거 25년 동안 얼음이 사라지는 속도(주로 대륙의 가장자리에서 녹는 빙상에 기인하는)가 연간 530±290억 톤에서 1590±260억 톤으로 세 배 증가했다.

스티븐 린툴(Stephen Rintoul)의 연구팀은 2070년 남극 대륙의 기후와 환경에 대한 두 가지 시나리오를 연구했다.[50] 현재의 온실가스 방출 추세가 억제되지 않는다면(전 지구적으로 과감한 조치를 취하지 않는 한 그렇게 될 것이다.) 지구 육지의 평균 온도가 1900년보다 3.5도 증가할 것이다. 2015년에 세계 196개국은 파리 협정에서 1900년을 기준으로 평균 온도가 2도 이상 높아지지 않게 하자고 결의한 바 있다. 남극 대륙에서 녹는 얼음은 다른 요인과 함께 27센티미터의 해수면 상승을 초래한다. 남반구의 대양이 1.9도 따뜻해지고 여름에 남극해 얼음의 43퍼센트가 사라질 것이다. '외래' 생물 종의 침입 빈도가 열 배로 증가할 것이며 펭귄과 크릴새우로 이루어진 오늘날의 생태계가 게와 플랑크톤의 일종인 살파(salpa)의 생태계로 바뀔 것이다.

녹는 얼음은 '양성 되먹임'(positive feedback, 현상이나 반응의 산출물이 그 현상이나 반응을 더욱 촉진하는 되먹임.—옮긴이)을 갖춘 악순환을 형성하여 문제를 더욱 악화시킨다. 신선한 얼음은 흰색이며 태양열의 일부를 우주 공간으로 반사한다. 바다의 얼음이 녹으면서 흰색 얼음이 어두운색 물로 바뀌면 열의 흡수가 늘어나고 반사가 줄어든다. 그 결과 그 지역의 온난화가 더욱 가속화된다. 그린란드(Greenland)의 빙하 지대에서 녹는 얼음은 흰 색 빙하를 지저분하게 만들어 더 빨리 녹도록 한다. 영구 동토 지대였던 시베리아와 캐나다 북부 지역은 이제 더 이상 1년 내내 얼어 있지 않다. 영구 동토도 녹고 있다. 영구 동토 내부에는 부패하는 식물군이 만들어 낸 막대한 양의 메탄이 들어 있으며, 당신도 알겠지만 메탄은 이산화탄소보다 훨씬 강력한 온실가스다.

물의 결정 구조 속에 메탄 분자를 가두고 있는 얼음과 비슷한 고체인 메탄 수화물(methane hydrate)은 말할 나위도 없다. 전 세계의 얕은 대륙붕 지역에 막대한 양의 메탄 수화물이 쌓여 있다. 이 양은 이산화탄소 3조 톤과 맞먹는 것으로 추정되는데 현재 인간의 활동으로 만들어지는 이산화탄소 100년분 정도에 해당한다. 대륙붕에 쌓여 있는 메탄 수화물이 녹기 시작한다면……!

한 세기에 1도 상승이라면 별로 나쁜 뉴스가 아니라고 여겼는가? 다시 생각하라.

우리가 힘을 합쳐 행동에 나설 수만 있다면 모든 것이 비관적이고 절망적이지는 않다. 지구의 온도 상승을 0.9도로 억제하도록 온실가스 방출을 줄일 수 있다면 6센티미터의 해수면 상승이 예상된다. 남반구의 대양은 0.7도 더워질 것이다. 여름에 남극해 얼음의 12퍼센트만이 사라질 것이며 남극 대륙 생태계가 지금처럼 유지될 것이다. 196개 국가가 파리 협정을 비준했다는 사실과 오늘날 효율과 비용 측면에서 재생 가능 에너지원이 급속히 발전하는 추세를 생각하면 온실가스 방출을 줄이는 시나리오는 전적으로 실현 가능하다. 미국이 자국 석탄 산업을 부활시키기 위하여 2020년에 효력이 발생하는 협정 탈퇴 결정을 내린 것은 불행한 일이다. 하지만 석탄 산업의 부활은 미국 정부가 무슨 환상을 품고 있든 경제적인 이유로도 실현 가능성이 낮다. 그들은 어떤 행동이든 할 수 있겠지만, 세계는 앞으로 50년 동안 어리석은 정치적인 지연 전술을 계속 받아들일 여유가 없다.

비선형 동역학과 기상, 기후

비선형 동역학은 우리가 기상과 기후, 그리고 두 가지가 어떻게 관련되고 변화하는지를 살필 때 유용한 관점을 제공한다. 편미분 방정식의 지배를 받는 비선형 동역학은 동적 시스템을 기술하는 적절한 언어다. 나는 이를 수학적인 사고방식 한 가지를 요약하는 은유로 사용하고자 한다.

특정한 지역의 대기에 대한 상태 공간은 대기에 영향을 미치는 모든 온도, 압력, 습도 등의 조합이다. 상태 공간의 모든 점은 기상 관측 결과 얻을 수 있는 하나의 집합을 나타낸다. 시간이 흐름에 따라 점은 궤적을 그리면서 이동한다. 우리는 이동하는 점을 따라가며 그 점이 상태 공간의 어느 영역을 통과하는지 살핌으로써 기상을 판독할 수 있다. 서로 다른 일련의 단기 기상 데이터는 모두가 동일한 (혼돈) 끌개 위에 있는 서로 다른 궤적을 형성한다.

기상와 기후에는 차이점이 있다. 기상이 끌개를 통과하는 단일한 경로인 반면 기후는 끌개 전체다. 변화하지 않는 기후 속에는 같은 끌개를 통과하는 수많은 경로가 있을 수 있으며 모두가 장기적으로 유사한 통계적 특성을 갖는다. 같은 사건들이 동일한 빈도로 일어난다. 기상은 항상 변한다. 동역학이 같은 끌개 위에 위치한 기후를 수많은 다른 경로로 이끌기 때문이다. 그러나 기후는 특이한 일이 일어나지 않는 한 바뀔 수 없다. 기후 변화는 끌개가 변할 때라야 발생한다. 끌개의 변화가 클수록 더 극적인 기후 변화가 일어날 가능성이 높다.

지구상의 모든 기상 시스템에도 비슷한 이미지를 적용할 수 있다. 이제 상태 공간은 무한 차원의 함수 공간(function space)이 된다. 변수들은 지구상의 위치에 의존하지만 기상 패턴은 끌개 위의 궤적이고 기후는 끌개 전체라는 구분이 마찬가지로 유지된다. 이는 은유적인 설명이다. 우리에게는 끌개 전체를 관찰할 방법이 없다. 그러려면 지구의 기상 패턴에 대한 수조 건의 기록이 필요할 것이다. 그러나 우리는 덜 세부적인 무언가, 즉 날씨가 주어진 상태에 있을 확률을 예측할 수 있다. 이는 끌개상의 불변 측도와 관련되므로 확률이 변하면 끌개도 바뀌어야 한다. 30년 이동 평균이 기후를 정의하고 기후의 변화 여부를 감시하는 데 사용될 수 있으며, 우리가 기후 변화를 확신할 수 있는 것은 그 때문이다.

기후가 변했을 때조차 기상은 대부분 변하기 전과 비슷하게 보일 수 있다. 이는 기후 변화를 알아채지 못하는 이유 중 하나다. 인간은 우화에 나오는 냄비 속 개구리와 같다. 냄비의 물이 서서히 가열되어 끓지만 우리는 느리게 상승하는 온도 변화를 감지하지 못한 채 냄비 밖으로 뛰쳐나가지 않는다. 그러나 60년도 더 전에 이에 주목한 기후학자들이 알아내고 기록하고 시험하고 반증을 위한 온갖 노력을 기울여 밝힌 사실은 전 세계적으로 극단적인 기상 현상이 점점 더 보편화되고 있다는 것이었다. 그것은 명백한 사실이다. 지구 온난화가 예측한 그대로다.

이것이 오늘날의 과학자들이 지구 온난화 대신에 기후 변화를 이야기하는 주된 이유다. 기후 변화라는 표현은 관련된 효과들을 더 정확하게

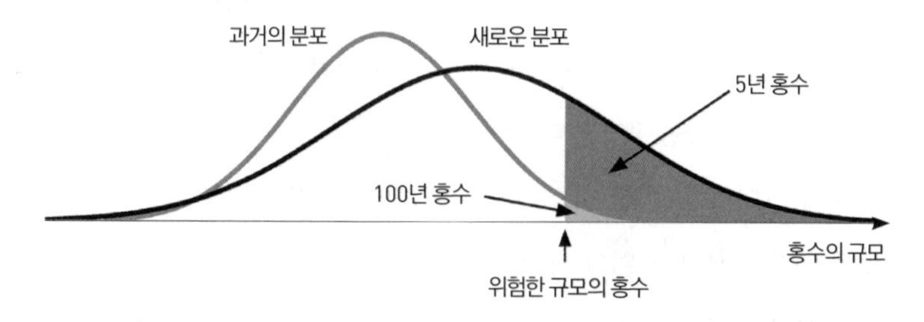

그림 21 대규모 홍수에 대한 변화. 평균과 표준 편차가 증가하면 100년 홍수가 5년 홍수로 바뀔 수 있다.

묘사한다. 원인은 전과 같다. 인간이 지나치게 많은 온실가스를 만들어 내기 때문에 지구가 뜨거워지고 있다.

기후 끝개의 변화는 매우 우려스럽다. 작은 변화조차 심각한 악영향을 초래할 수 있어서다. 내가 말하려는 일반적인 요지는 모든 극단의 기상 현상에 적용되지만 편리한 예로 홍수를 생각해 보자. 홍수의 대비책을 세우는 엔지니어들은 10년 홍수, 50년 홍수 또는 100년 홍수라는 유용한 개념을 사용한다. 이것은 평균 10년, 50년 또는 100년에 한 번 일어나는 홍수의 규모를 말한다. 대규모 홍수는 드물게 일어나고 대비하는 데 많은 비용이 든다. 언젠가는 대비를 위한 비용이 예상되는 피해를 넘어설 수도 있다. 그러한 규모의 홍수가 100년 홍수라고 가정하자.

이 모든 것은 홍수의 통계가 변하지 않는 한 아무런 문제가 없다. 하지만 통계가 변한다면 어떻게 될까? 홍수의 평균 규모가 증가한다면 대규모 홍수가 발생할 가능성이 더 높아진다. 평균을 중심으로 변동 폭이 커져서 표준 편차가 증가할 때도 마찬가지다. 이 두 가지, 지구 온난화에 따라 추가로 공급된 에너지가 홍수를 만들어 낼 가능성이 큰 요인이 결합하면 서로를 강화한다. 그림 21은 이 효과가 어떻게 결합하는지를 정규 분포를 이용하여 보여 주며 더 현실적인 분포에도 비슷한 추론을 적용할 수 있다.

과거의 확률 분포에서 위험한 규모의 홍수에 해당하는 부분은 옅은 음영으로 표시된 작은 영역이다. 그러나 분포가 변하면 위험한 규모에 해당하는 면적에 짙은 음영으로 표시된 부분이 추가되어 위험 영역이 훨씬 더 커진다. 새로운 면적은 위험한 규모의 홍수가 5년마다 발생할 확률을 나타낼지도 모른다. 그렇다면 과거의 100년 홍수가 이제는 5년 홍수가 된다. 위험한 홍수가 20배 더 자주 발생할 수 있으며 100년에 한 번 일어나는 홍수에 대한 대비가 부족한 이유를 정당화했던 경제적인 계산이 더는 통하지 않는다.

해안 지역에서는 지속되는 폭우에 기인한 폭풍 해일과 해수면 상승이 더해진다. 지구 온난화는 이 모든 홍수의 요인을 악화시킨다. 현실적인 수학 모델은 전 지구상의 이산화탄소 방출이 획기적으로 줄어들지 않는 한 뉴저지주 애틀랜틱시티가 머지않아 만성적 홍수에 시달릴 것이라고 경고한다.[51] 지금은 한 세기에 한 번꼴로 발생하는 수위의 홍수가 2년에 한 번씩 일어나게 된다. 100년 홍수가 6개월 홍수가 되어 경제 가치가 1080억 달러에 달하는 주택들이 위험에 빠질 것이다. 게다가 이는 단지 해안 지역 근처의 도시 하나에 대한 이야기다. 현재 미국 인구의 39퍼센트가 해안과 인접한 지역에 살고 있다.

제12장

치료법

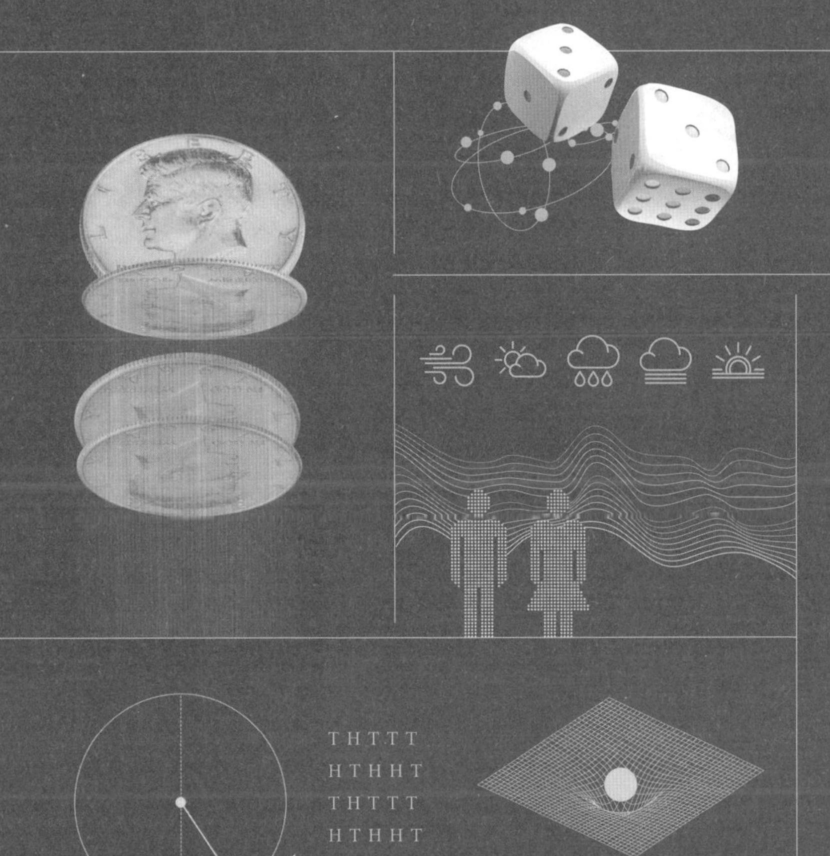
T H T T T
H T H H T
T H T T T
H T H H T
ABC ACB BAC
BCA CAB CBA
$\binom{n}{r}$ $\frac{n!}{r!(n-r)!}$

자연사란 의사의 도움 없이
혼자서 죽는 죽음이다.

–
무명의 초등학교 남학생, 시험 답안지

• • • 1957년에 독일에서 놀라운 신약이 등장했다. 의사의 처방이 없어도 살 수 있는 약이었다. 처음에는 불안증 치료제로 팔렸지만 나중에는 임산부의 입덧에 대처하는 약으로도 추천되었다. 신약의 상표명은 콘테르간(Contergan)이었으나 일반적으로 탈리도마이드(thalidomide)라 불렸다. 시간이 지난 뒤에 의사들은 단지증(팔다리가 완전히 형성되지 않은 상태로 태어나며 사산에 이르기도 하는 증상)을 갖고 태어나는 아기의 수가 급격히 증가했음에 주목하고 탈리도마이드가 원인임을 깨달았다. 약 1만 명의 아동이 단지증에 걸렸고 2000명이 사망했다. 임산부들은 이 약을 먹지 말도록 권고받았고, 장기간 사용하면 신경이 손상될 수 있음이 밝혀진 1959년에는 의약품 승인이 취소되었다. 그러다 특별한 유형의 나병과 다발성 골수증(multiple myeloma, 혈액의 혈장 세포에 생기는 암) 등 몇몇 특수한 질병의 치료제로 다시 승인을 받았다.

탈리도마이드의 비극은 의학 치료의 불확실성을 상기시킨다. 탈리도마이드는 광범위한 테스트를 거친 약이었다. 일반적인 통념은 약이 산모와 아기 사이의 태반이라는 장벽을 통과하지 못하므로 태아에게 아무런 영향을 미칠 수 없으리라는 것이었다. 그렇지만 연구자들은 태아의 기형 유발 효과를 탐지하기 위한 표준 시험을 수행했다. 그 결과 해로운 효과는 아무것도 나타나지 않았다. 나중에 인간이 이 같은 측면에서 특이한 존재라는 사실이 명백해졌다. 의료계, 제약 회사, 대치 고관절 같은 기타 의료 기기 제조자 또는 그저 치료법의 여러 선택지를 시험하는(암 환자에게 어떤 방사선 치료법을 적용하는 것이 최선인지 같은) 의사들은 치료 효과가 있는지를 확인하고 환자가 부작용을 겪을 위험성을 줄이기 위한 방법을 개발해 왔다. 이들은 탈리도마이드 사례에서 보듯이 완벽하지는 않지만 불확실성을 완화하는 합리적인 수단을 제공한다. 주된 도구는 통계다. 우리는 의료 분야에서 통계가 어떻게 사용되는지 살펴봄으로써 여러 기본적인 통계 개념과 기법을 이해할 수 있다. 통계학자들이 새로운 아이디어를 제시함에 따라 이 기법들은 끊임없이 개선되고 있다.

의료 분야의 모든 조사 연구는 윤리적인 측면을 수반한다. 어느 단계에 가서는 새로운 약품, 치료법, 치료 방침을 인간 검체에 시험해야 하기 때문이다. 과거에는 의학 실험이 범죄자, 군대 구성원, 극빈층, 노예들을 대상으로 그 내용을 알려 주거나 동의를 받지 않은 상태에서 흔히 수행되었다. 오늘의 윤리 규범은 더 엄격하다. 여전히 비윤리적인 실험이 수행되지만 그러한 사례는 대부분 예외에 속하며 발견된다면 형사 소추의 대상이 된다.

중요한 의학적인 불확실성 세 가지는 약품, 장비, 치료 방침에 대한 것이다. 세 가지 모두 인간을 대상으로 시험하기 전에 실험실에서 개발되고 시험이 이뤄진다. 이러한 실험은 때로 동물을 대상으로 이루어지기에 윤리적인 고려 사항을 지켜야 한다. 동물은 필요한 정보를 얻기 위한 다른 수단이 없을 때가 아니라면 사용해서는 안 되며 불가피하게 이용할 때도 엄격한 안전장치를 적용해야 한다. 동물 실험의 전면 불법화를 원하는 사람들도 있다.

의사가 새로운 약품, 의료 장비, 치료법을 환자에게 적용하는 데 필요한 후기 시험 단계에는 사람을 대상으로 이루어지는 임상 시험이 포함되는 것이 보통이다. 정부의 규제 기관은 위험성과 잠재적 이득의 상대 평가에 기초하여 이를 승인한다. 시험의 허용이 반드시 그 안전성을 시사하는 것은 아니다. 따라서 이 모든 과정은 위험에 대한 통계적인 개념과 깊은 관련이 있다.

상황이 달라지면 시험의 형태도 달라지지만(의료 분야는 놀라울 정도로 복잡하다.) 대개 몇몇 자원자나 질병을 앓고 있는 소수의 환자를 대상으로 예비 시험을 시작한다. 통계적으로 볼 때 소수의 표본에 근거한 결론은 다수를 대상으로 한 시험 결과보다 신뢰도가 떨어지지만, 예비 시험은 위험성에 대한 유용한 정보를 제공하여 추후의 시험을 위한 개선된 실험 설계로 이어진다. 예컨대 치료 과정에서 여러 가지 부작용이 나타나면 시험이 종료된다. 특별한 부작용이 아무것도 관찰되지 않으면 더 큰 집단을 대상으로 시험을 확대할 수 있으며 이 단계에서 새로운 치료법의 효과에 더 신뢰할 만한 평가를 내리는 데 통계 기법이 쓰인다.

충분한 시험을 통과하면 의사들은 치료법을 적용하기에 적합한 환자의 유형의 제한 사항과 함께 새로운 치료법을 사용할 수 있다. 연구자들은 계속하여 치료 결과의 데이터를 수집하는데, 이 데이터들은 새로운 치료법의 사용에 대한 신뢰도를 높이거나 아니면 처음에는 나타나지 않았던 또 다른 문제들을 드러낸다.

데이터를 어떻게 수집할 것인가

실용적이고 윤리적인 문제 외에도 임상 시험을 설정하는 방식에는 두 가지 난점이 있다. 하나는 시험에서 생성된 데이터의 통계 분석이다. 다른 하나는 실험 설계의 문제다. 가능한 한 유용하고 많은 정보를 주고 신뢰할 수 있는 데이터를 얻으려면 어떻게 시험을 구성할 것인가. 데이터 분석을 위하여 선택된 기법은 무슨 데이터를 어떻게 수집할 것인지에 영향을 미친다. 실험 설계는 수집할 수 있는 데이터의 범위와 숫자의 신뢰도에 영향을 준다.

다른 분야의 모든 과학 실험에도 이와 유사한 고려가 이루어진다. 따라서 의료인들은 실험 과학 분야의 기법을 빌려 올 수 있으며 그들의 연구 또한 보편적인 과학의 이해에 기여한다.

임상 시험에는 두 가지 중요한 목적이 있다. 새로운 치료법이 효과가 있으며 안전한가? 현실적으로 두 가지 요소가 모두 완벽할 수 없다. 소량의 물을 마시는 방법은 100퍼센트 안전(정확히는 아니다. 물을 마시다가 숨이 막힐 수 있다.)하다고 볼 수 있으나 홍역을 치료하지는 못할 것이다. 유아기 예방 접종은 홍역 예방에 거의 100퍼센트 효과적이지만 완전히 안전하지는 않다. 드물지만 예방 접종에 심각한 부작용을 보이는 아이들이 있다. 물론 이들은 극단적인 예이며 대다수 치료법은 물을 마시는 것보다 위험하고 예방 접종보다 효과가 떨어진다. 따라서 절충점이 있어야 한다. 이 단계에서 위험성이 고려된다. 부정적인 사건에 수반되는 위험은 그 사건이 일어날 확률과 일어났을 때 초래할 피해의 확률을 곱한 것이다.

실험자들은 심지어 설계 단계에서도 이러한 요소들을 고려하는 노력을 기울인다. 다른 증상을 치료하려고 시험 대상인 약을 복용한 사람들이 심각한 부작용을 겪지 않았다는 증거가 있다면 안전성 문제가 어느 정도 해결된다. 그렇지 않다면 적어도 초기 결과가 나올 때까지는 시험의 규모를 작게 유지해야 한다. 실험 설계에서 중요한 요소는 약이나 치료법이 적용되지 않은 대조군이다. 두 집단의 비교는 단일 집단을 대상으로 한 시험보다 더 많은 것을 알려 준다. 또 다른 중요한 요소는 시험이 수행되는 조건이다. 시험이 결과를 신뢰할 수 있도록 구성되었는가? 탈리도마이드의 시험은 태아에 미치는 영향을 과소평가했다. 돌이켜 보면 임신한 여성을 대상으로 한 시험에 더 큰 비중을 두었어야 했다. 실제로 임상 시험의 구조는 새로운 교훈을 얻어 가며 진화한다.

더 미묘한 문제는 실험자 스스로 수집하는 데이터에 미치는 영향에서 발생한다. 의식하지 못한 편향이 영향을 미칠 수 있다. 실제로 자신이 선호하는 가설을 '입증하기로' 작정하고 거기에 맞는 데이터를 선별해서 수집한다면 의식적인 편향이 생길 수 있다. 오늘날의 임상 시험에서 흔히 볼 수 있는 일이다. 확실한 예를 들기 위하여 우리가 신약을 시험한다고 가정하자. 일부 대상자는 진짜 약을 받고 대조군에게는 진짜 약처럼 보이도록 만들어졌으나 아무 효과도 없는 위약(placebo)이 주어진다.

이때 지켜야 할 첫 번째 요소는 무작위화다. 어느 환자가 진짜 약을 받고 누가 위약을 받을지를 무작위로 결정해야 한다.

두 번째는 무지(blindness)다. 시험 대상자들이 진짜 약을 받았는지 위약을 받았는지를 알면 안 된다. 그렇게 되면 자신의 증세를 다르게 보고할 수 있다. 이중 맹검법(double-blind)으로 설계된 시험에서는 연구자들조차 환자가 진짜 약을 받았는지 위약을 받았는지를 알지 못한다. 이러한 기법은 데이터를 수집하거나 해석하거나 통계적 아웃라이어를 제거하는 것 같은 과정에서 의식하지 못한 편향의 개입을 방지한다. 한층 더 개선된 이중-더미(double-dummy) 설계는 모든 대상자에게 진짜 약과 위약을 교대로 주는 방식이다.

세 번째로 연구자들은 대조군에 위약을 사용한다. 이로써 단지 의사가 약을 주었다는 이유만으로 환자의 상태가 좋아지는 효과인, 잘 알려진 플라시보 효과(placebo effect, 위약 효과)를 설명할 수 있다. 플라시보 효과는 심지어 환자가 위약을 받았음을 알 때에도 나타난다.

시험의 특성(치료 또는 완화하려는 질병과 환자의 상태)에 따라 이들 기법 중 일부가 배제되기도 한다. 진짜 약 대신 위약을 주는 일은 환자의 동의가 없었다면 비윤리적일 수 있다. 하지만 환자의 동의를 얻어야 한다면 아는 상태에서 시험을 수행하게 된다. 이러한 문제를 우회하는 방법 중 하나는 새로운 치료법에 대한 시험의 목적이 다소간 효과가 있는 것으로 알려진 기존의 치료법과 비교하는 데 있을 때, 일부 환자에게 기존의 치료법을 적용하고 나머지 환자에게 새로운 치료법을 적용하는 '능동 제어'(active control) 시험을 수행하는 것이다. 심지어 환자들에게 시험이 진행되는 방식을 알려 주고 두 가지 치료법의 임의적인 적용에 대한 동의를 얻을 수도 있다. 그와 같은 상황이라면 여전히 무지한 상태에서 시험이 이루어지는 셈이다. 통계적 의미에서 완전히 만족스럽지는 못하겠지만 윤리적인 고려가 다른 대부분의 고려 사항에 우선한다.

임상 시험에 채택되는 전통적 기법은 1920년대에 영국의 농업 연구 센터인 로탐스테드 실험소(Rothamstead Experimental Station)에서 개발되었다.

농업은 의료 분야와 동떨어진 것으로 생각할 수 있지만 두 분야는 실험 설계와 데이터 분석에서 유사한 문제들을 공유한다. 여기서 가장 중요한 인물은 로탐스테드에서 일했던 농학자 겸 경제학자 로널드 피셔(Ronald Fisher)다. 그가 저술한 《실험 설계의 원리》(Principles of Experimental Design)는 임상 시험의 여러 중심 아이디어의 기반이 되었으며 오늘날에도 광범위하게 사용되는 다수의 기본 통계 도구를 다루었다. 당시에 이러한 통계 도구를 마련하는 데 힘을 보탠 개척자 중에는 칼 피어슨과 윌리엄 고셋(William Gosset, '학생'이라는 필명을 사용했던)도 있었다. 그들은 통계적 검증과 확률 분포에 대표적인 기호를 사용하여 이름을 붙이고는 했다. 그에 따라 오늘날 T검정(–Test), 카이제곱(x^2), 감마(Γ)분포 같은 통계 분석 기법을 사용하게 되었다.

통계 자료의 분석에는 두 가지 중요한 방법이 있다. 모수 통계(parametric statistics)는 수치 파라미터(평균과 분산 같은)를 포함하는 다양한 확률 분포(이항 분포, 정규 분포 등)를 사용하여 데이터를 모델화한다. 모수 통계를 분석하는 목적은 데이터와 가장 일치하는 모델의 파라미터 값을 찾아내고 가능한 오차의 범위 및 모델과 데이터가 얼마나 정확하게 일치하는지를 추정하는 것이다. 또 다른 방법인 비모수 통계(non-parametric statistics)는 명시적인 모델을 사용하지 않고 오직 데이터에만 의존한다. 추가 언급 없이 데이터를 제시하는 막대그래프가 간단한 예다. 데이터와 모델이 아주 잘 일치할 때는 모수 통계 쪽이 더 낫다. 비모수 통계는 상대적으로 매우 유연하며 부적절할 수도 있는 가정을 세우지 않는다. 두 가지 유형 모두 수많은 통계 기법이 존재한다.

그중에서 가장 널리 알려진 기법은 아마도 과학적인 가설을 뒷받침하는 (또는 하지 않는) 데이터의 유의성을 검증하는 피셔 기법(Fisher's method)일 것이다. 피셔 기법은 보통 정규 분포를 기초로 하는 모수 통계 기법이다. 1770년대에 라플라스는 거의 50만 명에 달하는 출생아의 성별을 분석했다. 수집된 데이터는 여아보다 남아가 더 많이 태어났음을 보여 주었으며 라플라스는 이 같은 남초 현상에 어느 정도의 유의성이 있는지를 알아내려 했다. 그는 이항 분포에 따라 남아와 여아의 출생 확률이 같은 모델을 설정했다. 그리고 이 모델이 적용된다면 실제로 관찰된 수치가 나올 가능성이 얼마나 되는지 알아보았는데 계산된 확률이 매우 낮았다. 따라서 라플라스는 남아와 여아의 출생 가능성이 실제로 50 대 50이라면 관찰된 결과가 나올 가능성이 매우 작다는 결론을 내렸다.

이 유형의 확률은 오늘날 p값(p-value)으로 알려져 있으며 이 분석 절차를 공식화한 사람이 피셔다. 그의 기법은 상반된 두 가설의 비교다. 이른바 귀무가설(null hypothesis, 통계학에서 처음부터 버릴 것을 예상하는 가설.—옮긴이)은 관찰된 결과를 순전히 우연에 의한 것으로 본다. 우리가 실제로 관심이 있는 것은 그렇지 않다고 말하는 다른 가설이다. 우리는 귀무가설을 가정하고 주어진 데이터(또는 특정한 숫자의 확률이 0이므로 적절한 범위에 있는 데이터)를 얻을 확률을 계산한다. 확률이 p로 표시되는 것이 보통이기 때문에 p값이라는 용어가 생겼다.

예를 들어 출생아 1000명의 표본에서 남아와 여아의 수를 세어 남아 526명과 여아 474명이라는 결과를 얻었다고 가정하자. 우리는 초과한 남아의 수치에 유의성이 있는지 알고 싶어 한다. 그래서 이 수치가 우연의 결과라는 귀무가설을 세운다. 다른 가설은 그렇지 않다는 것이다. 실제로 우리가 관심이 있는 것은 우연의 결과로 정확하게 이 수치가 나타날 확률이 아니라 남아가 여아보다 많은 데이터가 얼마나 극단적인지에 대한 문제다. 남아의 수가 527이나 528 또는 그 이상이었더라도 이례적인 초과 현상을 가리키는 증거를 얻었다는 결과는 마찬가지다. 중요한 것은 우연의 결과로 526명 또는 그 이상의 남아를 얻을 확률이다. 적절한 귀무가설은 우연히 남아의 수가 이 수치 또는 더 큰 수치를 초과했다는 것이다.

이제 우리는 귀무가설이 말하는 사건이 일어날 확률을 계산한다. 여기에서 내가 귀무가설을 설명하면서 이론상의 확률 분포라는 핵심 요소를 빠뜨렸음이 명백해진다. 이 보기에서는 라플라스를 따라서 남아와 여아의 확률이 50 대 50인 이항 분포를 선택하는 것이 타당하다고 생각되지만, 우리가 어떤 분포를 선택하든 귀무가설에는 선택된 분포가 암묵적으로 내재한다. 우리는 다수의 출생아를 다루고 있으므로 라플라스가 선택한 이항 분포를 적절한 정규 분포로 근사할 수 있다. 이 보기의 결론은 우연의 결과로 이처럼 극단적인 숫자가 나올 확률이 5퍼센트에 불과하다는 것이다. 따라서 피셔의 표현을 빌리자면 95퍼센트 수준에서 귀무가설을 폐기한다. 이는 95퍼센트의 신뢰도로 귀무가설이 틀렸음을 판단하고 다른 가설을 받아들인다는 뜻이다.

이 말은 관찰된 수치가 우연의 결과가 아니고 통계적 유의성이 있음을 95퍼센트 확신한다는 뜻일까? 그렇지 않다. 이 말의 의미는 관찰된 숫자가 명시된 50 대 50 이항 분포(또는 그에 해당하는 정규 분포)의 기준으로, 우연히 발생한 결과가 아님을 95퍼센트 신뢰한다는 교묘한 조건의 제한을 받는 것이다. 달리 말하면 관측된 숫자가 우연의 결과가 아니거나 가정된 분포가 틀렸음을 95퍼센트 신뢰한다는 뜻이다.

피셔가 대단히 복잡한 용어를 사용하며 얻은 한 가지 결과는 틀리게 가정된 분포에 대한 마지막 문구가 쉽게 잊힐 수 있다는 것이다. 그렇다면 우리가 검증한다고 생각하는 가설은 다른 가설과 같은 유형이라 할 수 없다. 두 번째 가설은 애당초 우리가 잘못된 통계 모델을 선택했을 가능성 있다는 문제를 추가로 제기한다. 이항 분포나 정규 분포가 매우 타당할 것으로 생각되는 이 보기에서 크게 우려할 문제는 아니지만 때로 부적절한 경우에도 무조건 정규 분포를 가정하는 경향이 존재한다. 귀무가설에 토대를 둔 통계 기법을 배울 때는 이런 경고를 받는 것이 일반적이지만 시간이 지나면 기억이 희미해질 수 있다. 출간된 논문조차 같은 오류를 범할 때가 있다.

근래에는 p값의 두 번째 문제가 대두되고 있다. 이는 통계적 유의성(statistical significance)과 임상적 유의성(clinical significance)의 차이에 대한 문제다. 예를 들어 암 발생 위험을 탐지하는 유전 검사가 99퍼센트 통계적 신뢰 수준을 확보했다고 가정하자. 꽤 훌륭한 결과로 들린다. 하지만 이는 10만 명을 기준으로 한 건의 암이 진단되는 동안에 1000건의 '거짓 양성 진단'(false positive, 암을 탐지한 것처럼 보이지만 사실이 아닌 것으로 밝혀지는 경우)이 이루어진다는 뜻이다. 이 같은 검사는 통계적 유의성이 큰데도 임상적으로는 쓸모가 없을 것이다.

의료 연구를 위한 적절한 통계 기법의 발전

의료 분야에서 생기는 확률 문제 중에는 베이즈 정리를 이용하여 해결할 수 있는 것이 있다. 한 가지 전형적인 예를 제시한다.[52] 여성의 유방암 가능성을 탐지하는 표준 기법은 저강도 X선으로 흉부를 찍는 유방 촬영술(mammogram) 검사다. 40세 여성의 유방암 발병률은 약 1퍼센트다.(일생에 걸쳐서는 10퍼센트에 가까우며 시간이 가면서 증가한다.) 유방 촬영술 검사로 이 연령대 여성 중에서 유방암 환자를 가려낸다고 가정하자. 유방암에 걸린 여성의 약 80퍼센트가 양성 반응을 보이고 걸리지 않은 여성의 10퍼센트도 양성(즉 '거짓 양성')을 보일 것이다. 한 여성의 검사 결과가 양성으로 나왔다면 그녀가 유방암에 걸렸을 확률은 얼마일까?

1995년에 게르트 기거렌처(Gerd Gigerenzer)와 울리히 호프라주(Ulrich Hoffrage)는 해당 질문을 받은 의사 중 올바르게 답하는 사람이 겨우 15퍼센트에 불과하다는 사실을 발견했다.[53] 의사들 대부분은 70~80퍼센트라고 답한다.

우리는 베이즈 정리를 이용하여 관련된 확률을 계산할 수 있다. 아니면 제8장에서 살펴본 것과 같은 추론을 적용할 수도 있다. 구체적으로 이 연령 집단에 속한 여성 1000명의 표본을 생각해 보자. 비율을 살펴보는 것이므로 표본의 크기는 중요하지 않다. 우리는 고려하는 수치들이 확률로 특정되는 수치들과 정확히 일치한다고 가정한다. 현실적인 표본에서는 맞지 않지만 확률을 계산하기 위한 가상 표본에서는 합리적인 가정이다. 여성 1000명 중에 유방암 환자는 열 명이며 그중 여덟 명이 검사를 통하여 암 진단을 받을 것이다. 나머지 990명 중 99명도 검사 결과가 양성으로 나올 것이다. 따라서 양성이 나온 여성은 총 107명이며 그중에 암 환자가 여덟 명 있으므로 확률이 107분의 8, 약 7.5퍼센트다.

이는 통제된 연구에서 확률을 추정하도록 요청받은 의사의 대부분이 생각하는 확률의 약 10분의 1이다. 의사들이 실제 환자를 다룰 때는 즉석에서 추정을 요청받을 때보다 더 세심하게 주의를 기울일 수도 있다. 그러기를 바라자. 아니면 의사가 곤경에서 벗어날 수 있도록 적절한 소프트웨어를 제공하자. 의사의 추론에서 발생하는 주된 오류는 80퍼센트의 추정으로 이어지는 거짓 양성을 무시하거나 추정되는 숫자를 70퍼센트 정도로 줄이면서 거짓 양성의 효과가 작다고 생각하는 것이다. 이 사례에서 그러한 생각이 옳지 않은 이유는 암에 걸리지 않은 여성이 암에 걸린 여성보다 훨씬 많기 때문이다. 거짓 양성의 가능성이 진짜 양성의 가능성보다 작더라도 암에 걸리지 않은 여성의 수 자체가 암에 걸린 여성을 압도한다.

이는 조건부 확률에 대한 잘못된 추론을 보여 주는 또 다른 예다. 의사들은 사실상 다음과 같이 생각한다.

- 유방암에 걸린 여성은 유방 촬영술 검사에서 양성 반응을 나타낸다.

하지만 실제로는 다음과 같이 생각해야 한다.

- 유방 촬영술 검사에서 양성 반응을 나타낸 여성이 암에 걸렸을 확률.

흥미롭게도 기거렌처와 호프라주는 의사가 수치를 말로 표현한 설명을 들으면 더 정확하게 확률을 추정한다는 사실을 입증했다. 만약 '1퍼센트의 확률'이 '여성 100명 중 한 명'이라는 말로 대치되면 의사는 우리가 방금 계산한 결과에 더 가까운 무언가를 마음속으로 그린다. 심리학 연구 결과는 특히 익숙한 사회적인 설정에서 이야기로 문제를 제시할 때 수학적, 논리적 문제를 해결하는 능력이 늘어난다는 것을 증명한다. 역사적으로 도박사들은 수학자들이 연구에 착수하기 훨씬 전부터 확률의 여러 가지 기본 특성을 직감했다.

잠시 뒤에 더욱 정교한 통계 기법을 사용하는 현대적인 임상 시험을 살펴볼 것이다. 우선 통계 기법 자체에 대한 설명으로 이야기를 시작하려 한다. 두 가지 기법은 최소 제곱법과 피셔의 접근법이라는 전통 방식을 따르지만 설정은 덜 전통적이다. 세 번째 기법은 더욱 현대적이다.

때로 가용한 데이터가 운전면허 시험의 합격/불합격처럼 이항적인 예/아니오의 선택뿐인 경우가 있다. 당신이 어떤 요소가 결과에 영향을 미치는지, 예컨대 운전 교육에서 수강한 과목 수가 합격 가능성에 영향을 주는지 알아내려 한다고 가정하자. 이를 위하여 교육받은 시간 대 시험 결과(예컨대 불합격은 0, 합격은 1처럼)를 도표로 그릴 수 있다. 결과가 연속 범위에 더 가깝다면 회귀 분석을 이용하여 데이터와 가장 정확히 일치하는 직선을 구하고 상관 계수를 계산한 뒤에 유의성을 검증할 것이다. 그러나 데이터 값이 두 가지밖에 안될 경우에는 직선 모델의 타당성이 별로 없다.

1958년에 데이비드 콕스(David Cox)는 로지스틱 회귀(logistic regression)를 사용하자고 제안했다. 로지스틱 곡선은 0에서 서서히 출발하여 상승 속도가 빨라진 뒤에 다시 서서히 1로 접근하는 곡선이다. 중앙부의 상승 기울기와 위치가 이들 곡선의 형태를 결정하는 두 매개 변수(parameter)다. 당신은 이 곡선을 시험관이 운전자를 열등에서 우수까지의 척도에 따라 평가한 의견에 대한 추측 또는 시험이 실제로 그러한 방식으로 진행된다면 운전자가 얻은 점수에 대한 추측으로 간주할 수 있다. 로지스틱 회귀 분석은 오직 합격/불합격 데이터만을 사용하여 이렇게 가정된 의견이나 점수

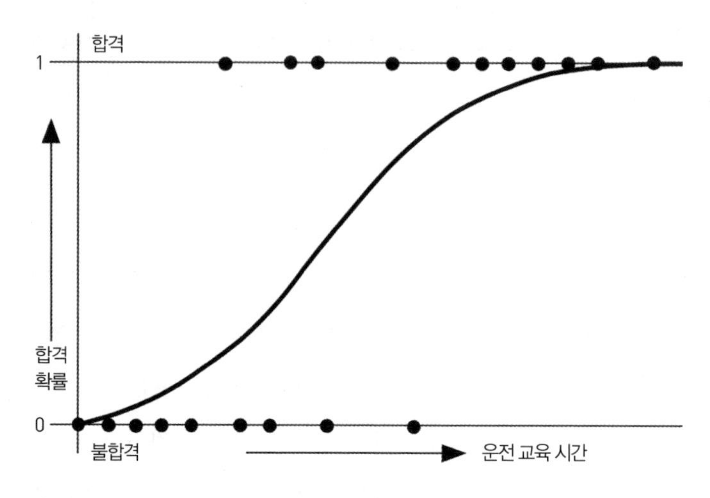

그림 22 가상 운전면허 시험 데이터(점들)에 맞춘 로지스틱 곡선.

를 맞추려는 시도다. 이 기법은 무엇이 되었든 원하는 방향으로 설정한 '최적 맞춤'(best fit)의 정의에 따라 데이터와 가장 잘 맞는 곡선의 매개 변수를 추정함으로써 이러한 일을 해낸다. 우리는 가장 잘 맞는 직선 대신 가장 잘 맞는 로지스틱 곡선을 구한다. 주요 매개 변수는 통상적으로 두 가지 가능한 결과에 대한 상대적인 확률을 알려 주는 교차비(odds ratio)로 표현된다.

두 번째 방법인 콕스 회귀(Cox regression) 역시 1972년에 콕스가 개발한 것으로, 콕스 회귀 분석은 시간에 따라 변하는 사건을 다루는 '비례 위험'(proportional hazards) 모델이다.[54] 예컨대 특정한 약을 먹으면 뇌졸중 발병을 줄일 수 있을까? 만약 그렇다면 얼마나 줄일 수 있을까? 위험률은 주어진 기간 동안 뇌졸중이 발병할 가능성을 말해 주는 수치다. 위험률의 기반이 되는 통계 모델은 위험성이 시간에 어떻게 의존하는지를 나타내는 특정한 형태의 위험 함수(hazard function)를 가정함으로써 정할 수 있다. 이 모델에는 위험 함수가 의학 치료 같은 다른 요인들에 어떻게 의존하는지를 모델로 하는 수치 매개 변수들이 포함된다. 모델의 목적은 이들 매개 변수를 추정하고 그 값을 사용하여 매개 변수가 뇌졸중 발병 가능성(또는 연구 대상인 어떤 결과든)에 얼마나 유의미한 영향을 미치는지를 판단하는 것이다.

세 번째 방법은 표본 평균(sample mean)처럼 표본에서 계산된 통계 자료의 신뢰도를 추정하는 데 사용된다. 이 문제는 라플라스까지 거슬러 올라가며 천문학에서는 동일한 관측을 여러 번 반복하고 중심 극한 정리를 적용하는 방법으로 다룰 수 있다. 임상 시험과 다른 여러 과학 분야에서는 이 방법이 가능하지 않을 수도 있다. 1979년에 브래들리 에프론(Bradley Efron)은 〈부트스트랩 기법: 잭나이프를 바라보는 다른 시각〉(Bootstrap methods: another look at the jackknife)이라는 논문에서 더 많은 데이터를 수집하지 않고 분석을 진행하는 방법을 제안했다.[55] 부트스트랩이라는 용어는 '혼자 힘으로 곤경을 벗어나라.'(pull yourself up by your bootstrap)라는 표현에서 유래했고 잭나이프는 이전에 행해진 유사한 시도들을 의미했다. 부트스트랩 기법은 동일한 데이터에 대한 '표본 재추출'에 기초한다. 즉 기존의 데이터에서 일련의 무작위 표본을 선택하여 평균(또는 무엇이든 관심의 대상인 통계 자료)을 계산하고 그에 따른 평균치들의 분포를 찾아낸다. 이렇게 다시 선택된 표본들의 분산이 작다면 원래의 평균이 모집단의 참평균에 가까울 가능성이 크다.

예를 들어 20명으로 이루어진 표본 집단의 신장 데이터로 지구 전체 인구의 평균 신장을 추정한다고 가정하자. 표본의 크기가 매우 작으므로 표본 평균의 신뢰도가 의심스러운 상황이다. 부트스트랩 기법의 가장 간단한 버전은 20명의 표본 집단을 무작위로 선택하고 표본의 평균을 계산하는 방법이다.(표본을 다시 선택하는 과정에서 동일인이 한 번 이상 선택되기도 한다. 통계학자들은 이를 '대치가 수반된 표본 재추출'[resampling with replacement]이라 부른다. 이 방법으로 얻는 평균은 매번 달라질 수 있다.) 당신은 데이터의 표본 재추출을 여러 번, 예컨대 만 번 정도 반복한다. 그리고 재추출된 데이터 점들의 분산 같은 통계 자료를 계산하거나 막대그래프로 그린다. 이는 컴퓨터를 이용하면 어렵지 않지만 근대 이전에는 비현실적이었으므로 아무도 제안하지 않았던 방법이다. 이상하게 생각할 수 있으나 부트스트랩 기법은 전통적인 정규 분포의 가정이나 원래 표본의 분산을 계산하는 것보다 더 나은 결과를 제공한다.

통계 분석 기법을 활용한 임상 시험의 예

이제 우리는 잘 설계된 현대적인 임상 시험을 살펴볼 준비를 마쳤다. 나는 의학 관련 문헌에서 알렉산더 빅토린(Alexander Viktorin)의 연구팀이 2018년에 발표한 연구 논문을 선택했다.[56] 그 연구는 이미 광범위하게 사용되던 기존의 약품을 대상으로 의도되지 않은 효과를 찾아내려는 탐구였다. 특히 어머니가 아이를 임신한 시기에 아버지가 항우울제를 사용할 때 무슨 일이 일어나는지를 조사하는 것이 주목적이었다. 항우울제가 아이에게 해로운 영향을 미친다는 증거가 있는가? 연구팀은 조산, 기형, 자폐증, 지적 장애라는 네 가지 가능성을 검토했다.

연구는 1만 7508명의 아동이라는 대규모 표본을 대상으로 진행되었다. 출생아의 99퍼센트를 파악하는 스웨덴의 의료 출생 등록부에 따르면 모두 스웨덴에서 2005년 7월 29일과 2007년 12월 31일 사이에 임신된 아이들이었다. 이 데이터베이스는 임신이 이루어진 날짜를 일주일 이내로 산출하는 데 이용할 수 있는 정보를 포함한다. 아버지들은 스웨덴 통계국이 제공하는 생물학적 부모와 양부모가 구별되는 다세대 등록부를 이용하여 식별되었다. 오직 생물학적인 부모만이 포함되어야 했기 때문이다. 필요한 데이터가 없는 아이는 표본에서 배제되었다. 스톡홀름의 지역 윤리위원회가 연구를 승인했는데, 이는 스웨덴 법률에 따라 개개인의 동의를 요청할 필요가 없음을 의미했다. 비밀 보장을 위한 추가 예방 조치로 모든 실험 대상자는 익명 처리되었다. 데이터는 아이들이 8세나 9세가 된 2014년까지 수집되었다.

임신이 이루어진 시기에 아버지가 항우울제를 사용한 사례는 3983건으로 밝혀졌다. 아동 16만 4492명으로 이루어진 대조군의 아버지들은 항우울제를 복용하지 않았다. 아동 2033명으로 이루어진 세 번째 '음성 대조군'에 속한 아버지들은 임신 당시에 항우울제를 사용하지 않았으나 이후 어머니의 임신 기간에 항우울제를 먹었다.(항우울제가 유해하다면 첫 번째 군에서만 유해성이 나타나고 두 번째 군에서는 나타나지 않아야 한다. 더욱이 세 번째 군에서도 유해성이 나타나리라고 예상할 수 없다. 약품이나 그 효과가 아버지에서 아이에게 전달되는 주된 경로는 임신이기 때문이다. 그러한 예상을 검증하는 것은 유용한 점검 사항이다.)

연구 결과는 조사된 네 가지 해로운 영향 중 어느 것도 임신 기간 동안 아버지의 항우울제 사용에 기인하지 않았다고 보고했다. 연구팀이 어떻게 이러한 결론에 이르렀는지 살펴보자.

연구자들은 데이터를 객관화하기 위하여 네 가지 악조건을 탐지하고 정량화하는 표준 임상 분류(clinical classifications) 기법을 사용했다. 그들은 다양한 통계 분석을 이용했으며 모두 관련된 상황과 데이터에 적합한 기법이었다. 연구자들은 가설 검증에 95퍼센트 신뢰 수준을 선택했다. 조산과 기형이라는 두 조건에 대하여 가용한 데이터는 이항적(binary)이었다. 즉 조건에 맞든 그렇지 않든 둘 중 하나였다. 여기에 적절한 기법은 95퍼센트 신뢰 수준으로 정량화된 조산과 기형을 유발할 교차비에 대한 추정치를 제공하는 로지스틱 회귀 분석이다. 이는 통계 자료가 해당 범위 안에 있음을 95퍼센트 확신하는 값의 범위를 정의한다.[57]

자폐 범주성 장애와 지적 장애라는 나머지 두 조건은 정신 장애다. 이 같은 장애는 아이들이 나이를 먹어 가면서 더 많이 나타나므로 이들에 대한 데이터는 시간에 따라 달라진다. 연구자들은 콕스 회귀 분석 모델로 위험률을 추정함으로써 그러한 영향을 교정했다. 같은 부모에게서 태어난 형제자매의 데이터가 그럴싸한 상관관계를 보일 가능성이 있으므로 부트스트랩 기법으로 통계 자료의 신뢰도를 평가하기 위한 민감도 분석(sensitivity analyses)도 수행했다.

연구팀은 결론에서 네 가지 조건과 항우울제의 연관 가능성을 정량화하는 증거를 제공했다. 우선 세 가지 조건에 대해서는 연관성을 보이는 증거가 아무것도 없었다. 두 번째 가닥(strand)은 첫 번째 군(아버지가 임신 당시에 약을 사용했다.)과 세 번째 군(임신 당시는 아니지만 어머니의 임신 기간에 아버지가 약을 사용했다.)의 비교였다. 그 결과 처음 세 조건에 대해서는 역시 별다른 차이가 없었지만 네 번째 경우인 지적 장애에서는 약간의 차이가 드러났다. 이 차이가 첫 번째 군에서 지적 장애가 발생할 위험성이 더 높음을 가리켰다면, 태아에 영향을 미칠 수 있는 유일한 시점인 임신할 당시 아버지의 약물 복용이 장애와 깊은 연관이 있음을 암시했을 것이다. 그러나 실제로는 첫 번째 군의 지적 장애 위험성이 세 번째 군보다 약간 낮았다.

이러한 연구 사례는 인상적이다. 이 연구는 주의 깊은 실험 설계와 윤리적인 절차에 대한 모범적인 사례를 보여 주었으며 가설 검증을 위한 피셔의 접근법을 넘어서서 다양한 통계 기법을 적용했다. 그리고 결과의 신뢰 수준을 나타내는 신뢰 구간 같은 전통적인 아이디어를 사용하면서 이를 연구 방식과 데이터 유형에 맞게 조정했다.

제13장

경제 점치기

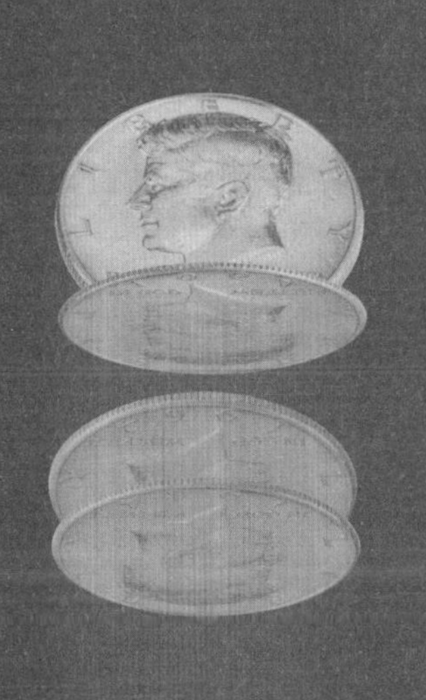

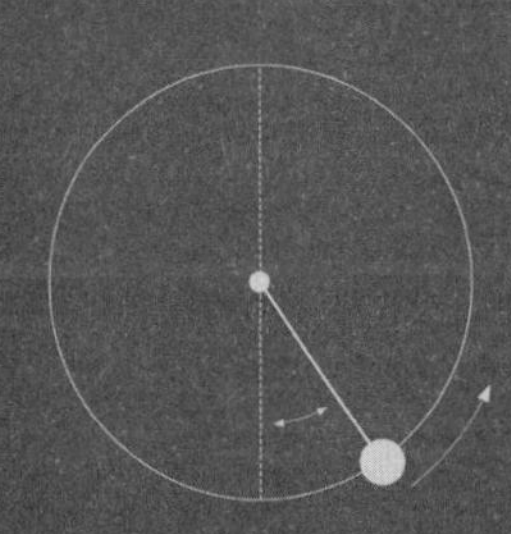
THTTT
HTHHT
THTTT
HTHHT
ABC ACB BAC
BCA CAB CBA
$\binom{n}{r}$ $\frac{n!}{r!(n-r)!}$

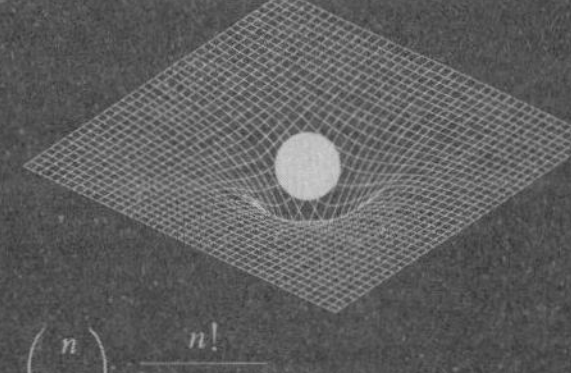

투기꾼들은 거품을 만들어
정상적인 기업 활동에 해를 끼칠 수 있다.
그러나 기업이 투기의 소용돌이 속 거품이 될 때는
상황이 심각해진다.
국가의 자본 개발이 카지노 활동의 부산물일 때
국가 경제가 무너질 가능성이 크다.

–
존 메이너드 케인스, 《고용, 이자 및 화폐에 관한 일반 이론》

• • • 2008년 9월 15일에 대형 투자 은행 리먼 브라더스(Lehman Brothers)가 파산했다. 상상할 수 없는 일이 현실이 되었고 장기적인 호경기가 갑자기 멈춰 섰다. 미국의 주택 담보 대출 시장이라는 전문 영역에서 서서히 끓어오르던 경제 위기에 대한 우려가 금융의 모든 부문에 영향을 미치는 본격적인 재앙으로 폭발했다. 2008년 금융 위기는 전 세계적인 은행 시스템을 붕괴 직전까지 몰고 갔으며 위기를 초래한 바로 그 은행들에 각국 정부가 막대한 국민의 세금을 투입하여 가까스로 최악의 상황을 막아 낸 참사였다. 금융 위기는 전 세계적으로 모든 유형의 경제 활동이 침체되는 대불황을 유산으로 남겼다. 그 악영향은 10년이 지난 지금도 광범위하게 남아 있다.

나는 복잡하고 다양하며 논란이 많은 금융 위기의 원인에 엮이고 싶지는 않다. 일반적인 견해는 오만과 탐욕이 결합하여 '파생 상품'이라는, 사실상 아무도 이해하지 못한 복잡한 금융 수단의 가치와 위험에 지나치게 낙관적인 평가를 내렸다는 것이다. 원인이 무엇이었든 이 위기는 금융과 관련된 문제에 불확실한 요소가 매우 많다는 생생한 증거를 제공했다. 예전에는 금융계가 튼튼하고 안정적이며, 우리의 돈을 책임지는 사람들이 폭넓은 경험에 따라 신중하고 보수적으로 위험에 접근하는 고도로 훈련된 전문가라고 생각했다. 나중에 우리는 그렇지 않다는 것을 알았다. 금융 위기가 발생하기 전에도 예전 생각이 지나치게 장밋빛이었음을 경고하는 수많은 작은 위기가 있었지만 대부분 드러나지 않은 채 넘어갔고 눈에 띄었더라도 되풀이되지 않을 실수로 치부되었다.

금융 기관의 종류는 다양하다. 당신이 수표를 입금하기 위하여 방문하거나, 점점 늘어나는 추세대로 현금 지급기(ATM) 앞에 서거나, 은행 거래 앱을 사용하거나, 돈을 보내거나 받은 돈을 확인하기 위하여 직접 온라인에 접속하는 보통 은행이 있다. 프로젝트, 신규 사업, 투기적인 벤처 기업에 돈을 빌려 주는 투자 은행은 매우 다른 유형에 속한다. 전자는 위험을 피해야 하고 후자는 확실한 위험 요소를 피할 수 없다.

영국에서는 두 가지 유형의 은행을 구분하는 울타리가 분명했었다. 주택 담보 대출은 '상호'(mutual), 즉 비영리 기관인 주택 금융 조합(Building Society)이 제공했다. 보험 회사는 보험 상품만 취급했고 슈퍼마켓은 고기와 야채를 파는 일만 고수했다. 그러나 1980년대 금융 규제 완화는 그 모두를 바꿔 놓았다. 은행이 주택 담보 대출로 몰려들었고 주택 금융 조합이 사회적 역할을 포기하고 은행으로 변신했으며 슈퍼마켓에서 보험 상품을 팔았다. 당시 정부는 이른바 번거로운 규제를 폐지함으로써 서로 다른 유형의 금융 기관 사이를 가로막던 방화벽도 없앴다. 따라서 몇몇 주요 은행에서 '비우량'(subprime) 주택 담보 대출 문제가 발생했을 때,[58] 다른 모든 금융 기관도 같은 실수를 저지르고 있었음이 밝혀졌고 위기가 들불처럼 확대되었다.

금융과 관련한 문제는 예측하기가 대단히 어렵다. 증권 시장은 기본적으로 노름꾼의 소굴이다. 고도로 조직되고 기업 자금 조달에 유용하며 일자리 창출에 이바지하지만 궁극적으로는 샌다운의 경마장에서 '질주하는 지롤라모'에 돈을 거는 것과 다를 바 없다. 거래인들이 달러를 유로, 엔, 루블, 파운드 등 다른 화폐와 교환하는 통화 시장이 존재하는 주된 이유는 대규모 거래를 통하여 아주 낮은 비율의 이익을 얻기 위함이다. 숙련된 전문 도박사가 승산을 알고 판돈을 최적화하려고 노력하는 것과 마찬가지로, 전문 거래인은 자신의 경험을 바탕으로 위험을 낮추고 수익을 높이기 위해 애쓴다. 그러나 증권 시장은 경마보다 복잡하고 오늘날의 거래인들은 컴퓨터에 구현된 복잡한 알고리즘에 의존한다. 많은 거래가 자동화되어 인간의 개입 없이 순간적인 결정을 내리는 알고리즘 간에 이루어진다.

이 모든 발전은 금융 문제의 불확실성을 낮추고 예측할 수 있는 문제로 만들어 위험을 줄이려는 바람에 힘입은 것이다. 금융 위기는 자신이 그 일을 해냈다고 생각한 은행가가 너무 많았기 때문에 일어났다. 알고 보니 그들은 수정 구슬을 들여다보는 편이 나았을 수도 있었다.

수학 모델의 심각한 한계

금융 위기는 새로운 문제가 아니다.

이탈리아 르네상스 시대에 전 유럽에서 가장 크고 영향력 있는 가문으로 존경받았던 메디치(Medici)가는 1397~1494년에 은행을 경영했다. 이 은행은 한동안 메디치가를 유럽에서 가장 부유한 가문으로 만들어 주었다. 1397년에 조반니 디 비치 데 메디치(Giovanni di Bicci de' Medici)는 자신의 은행을 조카의 은행에서 분리하여 피렌체로 옮겼다. 그의 은행은 로마, 베네치아, 나폴리에 지점을 내면서 확장되었으며 제네바, 브루게(Bruges, 벨기에 서북부의 도시.—옮긴이), 런던, 피사, 아비뇽, 밀라노, 리옹까지 촉수를 뻗쳤다. 코시모 데 메디치(Cosimo de Medici)의 통치 기간에는 1494년에 코시모가 사망하고 아들 피에트로(Pietro)로 교체되기 전까지 모든 일이 순조롭게 진행되는 것처럼 보였다. 하지만 그 이면에서 메디치가는 1434~1471년 연간 지출이 약 1만 7000플로린 금화(gold florins)에 달할 정도로 돈을 헤프게 쓰고 있었다. 이는 오늘날의 화폐 가치로 2000~3000만 달러에 해당하는 금액이다.

오만에는 응보가 따랐다. 런던 지점은 당시 통치자에게 막대한 금액을 빌려 주는 위험한 결정을 내렸는데 왕이나 여왕은 다소 덧없는 존재며 빚을 갚지 않기로 악명이 높았다. 결국 런던 지점은 1478년에 5만 1533플로린 금화라는 막대한 손실을 입고 파산했다. 브루게 지점도 같은 실수를 저질렀다. 니콜로 마키아벨리(Niccolo Machiavelli)에 따르면 피에트로는 대출금을 회수하여 재정을 강화하려고 지역의 여러 기업을 도산시키고 수많은 유력 인사의 비위를 건드렸다고 한다. 지점은 하나씩 문을 닫았으며 메디치가가 영광의 자리에서 추락해 정치적인 영향력을 잃은 1494년에 은행의 종말이 보이기 시작했다. 이때까지도 메디치 은행은 유럽에서 가장 큰 금융 기관이었으나 부정직한 지점장이 관리하던 리옹 지점에서 기어이 붕괴가 일어난 것이었다. 폭도들이 피렌체의 중앙은행을 전소시키는 사태가 벌어졌고 리옹 지점은 인수를 피할 수 없게 되었다. 리옹 지점장은 너무 많은 불량 대출을 저지르고 나서 재앙을 감추기 위하여 다른 은행에서 거액을 빌렸다.

모두 소름 끼칠 정도로 익숙한 이야기다.

1990년대에는 실제로 투자자들이 제품을 만들어 엄청난 이익을 낼 수 있는 기업의 주식을 팔아 치우고 컴퓨터와 모뎀이 갖춰진 다락방에 모인 대여섯 명의 젊은이에 불과하던 벤처 기업에 도박을 건 결과, 닷컴 버블(dotcom bubble)이 일어났다. 연방 준비 제도(Fed) 의장 앨런 그린스펀(Allen Greenspan)은 1996년에 시장의 '비이성적 과열'(irrational exuberance)을 비난하는 연설을 했다. 그때는 그의 말에 아무도 주의를 기울이지 않았지만 2000년에 인터넷 주식이 폭락했다. 2002년까지 주식 시장 시가 총액이 5조 달러나 감소했다.

이런 일 역시 과거에 여러 번 일어났다.

17세기 네덜란드는 극동과의 무역에서 막대한 수익을 올리는 번영하고 자신감이 넘치는 나라였다. 그러던 중 터키가 원산지인 희귀한 꽃 튤립이 사회적 신분을 나타내는 상징이 되어 가격이 폭등했다. '튤립 광기'(Tulipomania)가 폭발적으로 증가하고 전문적으로 튤립을 교환하는 사람들이 나타났다. 투기꾼들은 재고를 확보한 뒤 내놓지 않는 방법으로 인공 품귀 현상을 조성하여 가격을 끌어올렸다. 튤립 구근을 사고파는 계약이 이뤄지는 선물 시장이 생겨났다. 1623년에는 아주 희귀한 품종의 튤립이 암스테르담에 거주하는 상인의 주택보다 가치가 높았다. 이 거품이 터지자 네덜란드 경제가 40년을 후퇴했다.

1711년에 영국 기업인들은 남태평양 및 아메리카 대륙과 다른 지역의 교역과 어업을 장려하기 위한 대영 제국 상인들의 회사인 '남해 회사'(South

Sea Company)를 설립했다. 국왕은 남해 회사에 남미 대륙과의 독점적인 교역권을 부여했다. 투기꾼들이 남해 회사 주식의 가격을 열 배로 올려놓았고 사람들이 투기 열기에 휩쓸리면서 괴상한 유사 기업들이 생겨났다. '무슨 사업인지 아무도 알아서는 안 되지만 막대한 수익을 올릴 수 있는 사업이 진행 중'이라고 했던 투자 설명서는 유명하다. 각진 대포알을 만든다는 회사도 있었다. 사람들이 정신을 차렸을 때 시장은 이미 무너지고 있었었다. 그 결과로 일반 투자자가 평생 저축한 재산을 잃었을 때 대주주와 경영자들은 오래전에 침몰하는 배에서 내려 위기를 피한 뒤였다. 결국 보유했던 주식 전부를 시장 최고 가격으로 처분했던 재무부 제1대신 호러스 월폴(Horace Walpole)이 정부와 동인도 회사(East India Company)가 채무를 분담하도록 조치함으로써 질서를 회복했다. 회사의 경영자들은 투자자들에게 보상금을 지급해야 했지만 많은 악덕 범죄자가 의무를 회피했다.

수학, 통계학, 경제학 그리고 수리 경제학

남해 회사 거품이 터졌을 때, 당시 조폐국장이어서 대규모 금융 거래를 이해할 수 있는 인물로 여겨진 뉴턴은 말했다. '나는 별들의 운동을 계산할 수 있지만 인간의 광기는 계산할 수 없다.' 수학적인 사고방식을 갖춘 학자들이 시장의 작동 원리를 밝히기 위하여 나서기까지는 시간이 필요했으며 그들조차도 합리적인 의사 결정이나 최소한 어떤 행동이 합리적인가에 대하여 최선을 다해 추측하는 데 초점을 맞췄다. 19세기 경제학은 수학의 덫에 걸리기 시작했다. '통계학'이라는 용어를 창안한 독일의 통계학자 고

트프리트 아헨발(Gottfried Achenwall)과 1600년대 중반에 세금 징수에 관한 글을 쓴 영국의 윌리엄 페티 경(Sir William Petty) 같은 사람들의 업적에 힘입어 아이디어가 이미 서서히 형성되고 있었다. 페티는 세금이 공정하고 균형 잡히고 규칙적이며 정확한 통계 자료에 기초해야 한다고 주장했다. 1826년에 요한 폰 튀넨(Johaan von Thünen)은 경작을 위한 농지의 사용 같은 경제 시스템의 수학 모델을 구성하고 분석 기법을 개발하는 데 착수했다.

초기의 기법은 대수와 산술에 기초했지만 나중에는 수리 물리학 훈련을 받은 신세대 학자들이 참여하게 되었다. 윌리엄 제번스(William Jevons)는 《정치 경제학의 원리》(The Principles of Political Economy)에서 경제학이 '양을 다룬다는 단순한 이유만으로도 수학적이어야 한다.'라고 주장했다. 제품이 어떤 가격으로 얼마나 많이 팔리는지에 대한 데이터를 충분히 모으면 틀림없이 경제적인 거래의 기반을 이루는 수학 법칙이 드러난다는 것이었다. 그는 한계 효용(marginal utility)이라는 개념을 최초로 사용한 개척자였다. '예컨대 기본적인 식품처럼 사람이 소비해야 하는 상품의 양이 증가함에 따라 최종 소비분에서 얻어지는 효용 또는 이익의 정도는 감소한다.' 말하자면 당신이 가진 것이 충분할 때는 거기에 더해지는 부분의 유용성이 그렇지 않을 때보다 덜하다는 것이다.

'고전적' 수리 경제학(mathematical economics)은 특정한 상품이 구매자에게 얼마나 가치가 있는가라는 효용의 개념을 강조한 레옹 발라(Léon Walras)와 오귀스탱 쿠르노(Augustin Cournot)의 연구에서 분명히 파악할 수 있다. 당신이 암소를 살 때는 암소에게 먹이는 사료를 포함한 사육 비용과 우유와 고기로 얻을 이익의 균형을 판단하여 결정을 내린다. 구매자는 다양한 선택 중에서 효용을 최대화하는 쪽을 택한다는 이론이다. 효용이 선택에 어떻게 의존하는지를 표현하는 그럴듯한 효용 함수(utility function) 공식을 만들 수 있다면 미적분을 이용하여 함수의 최대치를 구할 수 있다. 수학자였던 쿠르노는 1838년에 '복점'(duopoly)이라 불리는 체계, 즉 두 회사가 같은 시장을 두고 경쟁하는 모델을 개발했다. 각 회사는 다른 회사의 생산량에 따라 가격을 조정하며 두 회사 모두 각자에게 최선의 행동을 하는 균형 상태에 이르게 된다. 균형(equilibrium)이라는 단어는 '평형 상태의 저울'(equal balance)을 뜻하는 라틴어에서 유래했으며 일단 그 상태에 도달하면 변하지 않음을 시사한다. 복점의 맥락에서 균형 상태가 변하지 않는 이유는 어떤 변화가 생기든 어느 한쪽 회사에 불이익이 생길 것이기 때문이다.

평형 동역학(equilibrium dynamics)과 효용이 수리 경제학을 지배하게 되는 추세에 큰 영향을 미친 것은 그 모델을 국가 경제 전체, 심지어 세계 경제 전체로까지 확장하려 한 듯한 발라의 시도였다. 이것이 바로 그의 일반 경쟁 균형(general competitive equilibrium) 이론이다. 어떤 거래든 구매자와 판매자의 선택을 기술하는 방정식을 세우고 지구상의 모든 거래를 종합한 뒤에 균형 상태에 대한 해를 구하면 모든 사람을 위한 최선의 선택을 찾아낼 수 있다는 것이다. 이들 보편적인 방정식은 당시에 가용했던 방법으로 풀기에는 너무 어려웠으나 두 가지 기본 원리로 이어졌다. 발라의 법칙은 하나를 제외한 모든 시장이 균형 상태에 있을 때, 나머지 하나도 그렇게 된다고 말한다. 그 시장에서 변화가 일어날 수 있다면 다른 시장의 변화도 초래할 것이기 때문이다.

두 번째 원리는 실제 시장이 어떻게 균형을 달성하는지에 대한 발라의 생각이 담긴 '암중모색'이라는 의미의 프랑스어 타토느머(tâtonnement)다. 시장은 경매인이 가격을 부르고 구매자가 자신이 선호하는 가격이 제시될 때 원하는 수량의 상품을 사려고 응찰하는 경매장으로 간주된다. 구매자에게는 모든 상품에 대하여 그러한 선호(유보 가격)가 있는 것으로 가정한다. 이 이론의 한 가지 결함은 모든 상품의 경매가 완료될 때까지 어떤 상품이든 실제로 구매하는 사람이 나올 수 없으며 경매가 진행되는 도중에 유보 가격(reservation prices)을 변경하는 사람도 없다는 것이다. 실제 시장은 그렇지 않다. 사실상 '균형'이 현실의 시장에 유의미하게 적용할 수 있는 상태인지도 그다지 확실치 않다. 발라는 불확실성투성이 시스템에 대한 단순한 결정론적 모델을 구축하고 있었다. 그의 접근 방식이 지속된 이유는 더 나은 방법을 찾아낸 사람이 아무도 없었기 때문이다.

통계학의 수학적인 형식주의를 정리하느라 바빴던 경제학자 프랜시스 에지워스(Francis Edgeworth)는 1881년에 출간된 《수리 정신학》에서 비슷한 접근법을 경제학에 적용했다. 20세기 초에는 새로운 수학 기법이 나타나기 시작했다. 빌프레도 파레토(Vilfredo Pareto)는 경제 행위자들이 자신의 선택을 개선할 목적으로 상품을 거래하는 모델을 개발했다. 이 시스템은 다른 행위자의 형편을 악화시키지 않으면서 자신의 선택을 개선할 수 있는 행위자가 아무도 없는 상황에 도달할 때 균형 상태가 된다. 그러한 상태는 오늘날 파레토 균형(Pareto equilibrium)이라 불린다. 1937년에 존 폰노이만(John von Neumann)은 브라우어르 고정점 정리(Brouwer fixed-point theorem)라는 위상 기하학의 강력한 정리를 적용하여 적절한 유형의 수학 모델에는 항상 균형 상태가 존재함을 증명했다. 그의 논리에 따르면 경제는 가치를 기반으로 성장할 수 있었으며 이로써 그는 균형 상태에서의 성장률이 이자율과 같아야 함을 입증했다. 그는 또한 보상을 최대화하기 위하여 제한된 범위 내에서 전략을 선택하며 경쟁하는 행위자들을 기술하는 단순한 수학 모델인 게임 이론도 개발했다. 나중에 존 내시(John Nash)는 파레토 균형과 밀접한 관련이 있는 게임 이론의 균형에 대한 업적으로 노벨 경제학상을 받았다.[59]

20세기 중반에는 수십 년 동안 경제와 관련된 모든 곳에서 가르쳤으며 지금까지도 대학에서 널리 교육하는 고전 수리 경제학의 주요소가 대부분 확고하게 자리를 잡았다. 많은 낡은 용어들(시장, 상품 바구니)이 오늘날에도 여전히 사용되고 경제의 건전성을 나타내는 척도로 성장을 강조하는 것도 이 시기에서 유래한다. 고전 수리 경제학 이론은 불확실한 경제 환경에서 결정을 내리기 위한 체계적인 도구를 제공했으며 종종 매우 유용할 정도로 잘 맞아떨어졌다.

하지만 이 수학 모델에 심각한 한계가 있다는 사실이 점점 더 명백해졌다. 특히 경제 행위자들이 자신의 효용 곡선이 어떤 것인지를 정확하게 알고 효용의 최대화를 추구하는 완벽하게 합리적인 존재라는 생각은 현실에 맞지 않는다. 고전 수리 경제학이 널리 수용되었다는 사실에서 주목할 만한 점은 실제 데이터에 기초한 검증이 거의 이루어지지 않았다는 것이다. 한마디로 실험 근거가 없는 '과학'이었다. 위대한 경제학자 존 메이너드 케인스(John Maynard Keynes)는 말했다. "최근의 수학적 경제학은 그들이 기반으로 삼는 초기의 가정만큼이나 부정확하며 복잡하고 도움이 되지 않는 기호들의 잡탕으로서 올바른 시각을 상실하게 한다." 이 장의 끝에서 우리는 보다 개선된 몇 가지 현대적인 제안을 빠르게 살펴볼 것이다.

주식과 채권도 예측이 가능한가

1900년에 파리에서 발표된 루이 바슐리에(Louis Bachelier)의 박사 학위 논문에서 금융 수학(financial mathematics)의 한 갈래에 대한 매우 다른 접근법을 찾을 수 있다. 바슐리에는 당시 프랑스의 일류 수학자였고 세계 최고의 수학자에 속했던 앙리 푸앵카레의 제자였으며 〈투기의 이론〉(Theory of Speculation)이라는 논문을 썼다. 이는 수학의 특정한 기술 분야를 지칭하는 제목일 수도 있었지만 바슐리에가 말한 것은 주식과 채권에 대한 예측이었다. 통상적으로 수학이 적용된 분야가 아니었기 때문에 바슐리에는 (논문을 방어하는 데) 어려움을 겪었다. 그의 수학은 그 자체로도 놀라운 것이었으며 같은 아이디어를 다른 대상에 적용하는 수리 물리학의 발전에 크게 기여했지만, 수십 년 뒤에 다시 발견될 때까지는 전혀 관심을 받지 못했다. 바슐리에는 무작위 요소를 내재한 모델을 지칭하는 용어인 '추계적'(stochastic) 접근법의 개척자였다.

신문의 경제면을 읽거나 웹을 활용하여 증권 시장을 주시하는 사람이라면 누구라도 주식과 채권 가격이 불규칙하고 예측할 수 없는 방식으로 빠르게 변한다는 사실을 안다. 그림 23은 FTSE 100 지수(영국 증시에 상장된 시가 총액 상위 100대 기업의 주가를 종합한 지수)가 1984년부터 2014년까지 어떻게 변했는지를 보여 준다. 이 지수는 매끄러운 곡선보다는 랜덤 워크에 가까워 보인다. 바슐리에는 이러한 유사성에 주목하고 브라운 운동(Brownian mothion)이라는 물리 현상의 관점에서 주가의 변동을 모델링 했다. 1837년에 스코틀랜드의 식물학자 로버트 브라운(Robert Brown)은 꽃가루 입자 내부의 공동(cavity)에 갇혔던 미세 입자들이 물에 떠 있는 상태를

그림 23 1984~2014년의 FTSE 100 지수.

현미경으로 관찰했다. 그는 입자들이 무작위로 빠르게 돌아다니는 현상에 주목했으나 이유를 밝힐 수 없었다. 이와 관련해 아인슈타인은 1905년에 입자들이 물 분자와 충돌하는 것이라는 설명을 제시했다. 이 물리 현상을 수학적으로 분석한 아인슈타인이 얻은 결과는 다수의 과학자에게 물질이 원자로 이루어졌다는 확신을 심어 주었다.(1900년대에 이 같은 생각이 격렬한 논쟁거리였다는 것은 놀라운 일이다.) 장 페랭(Jean Perrin)은 1908년에 실험으로 아인슈타인의 설명을 확인했다.

바슐리에는 증권 시장에 대한 통계 문제에 답하기 위하여 브라운 운동 모델을 사용했다. 기대 주가(통계적인 평균)는 시간에 따라 어떻게 변하는가? 더 구체적으로 주가의 확률 밀도가 어떤 형태며 어떻게 진화하는가? 이러한 질문에 대한 답은 가장 가능성이 큰 미래 가격과 이 가격을 중심으로 일어날 수 있는 변동 폭을 추정하게 해 준다. 바슐리에는 오늘날 채

프먼-콜모고로프 방정식(Chapman-Kolmogorov equation)이라 불리는 확률 밀도를 기술하는 방정식을 세우고 풀어서 분산(퍼짐)이 시간에 따라 선형으로 증가하는 정규 분포를 얻었다. 이제 우리는 이것이 열과 관련된 분야에서 처음으로 나타났기 때문에 열 방정식이라고도 불리는 확산 방정식의 확률 밀도임을 안다. 화덕에서 냄비를 가열하면 가열 장치와 직접 접촉하지 않았더라도 손잡이가 뜨거워진다. 열이 금속을 통하여 확산되기 때문이다. 1807년에 푸리에가 이러한 프로세스를 기술하는 열 방정식을 세웠다. 물 잔에 떨어진 잉크 방울이 퍼져 나가는 현상 같은 다른 종류의 확산에도 동일한 방정식이 적용된다. 바슐리에는 브라운 운동 모델에서 옵션의 가격이 열처럼 확산된다는 것을 입증했다.

그는 또한 랜덤 워크를 이용한 두 번째 기법도 개발했다. 랜덤 워크는 보폭이 점점 빠르게 작아질수록 브라운 운동에 접근한다. 바슐리에는 이 사고방식을 통하여 브라운 운동 모델에서 열 방정식과 동일한 결과를 얻을 수 있다는 사실을 보인 뒤에 스톡옵션(stock option)이 시간에 따라 어떻게 변하는지를 계산했다.(스톡옵션은 특정한 상품을 미래의 특정 시점에 고정된 가격으로 사거나 팔 수 있는 권리를 말한다. 이 내용이 담긴 계약을 사거나 팔 수 있는데, 그것이 좋은 생각인지는 상품의 실제 가격이 어떤 방향으로 움직이는지에 달렸다.) 우리는 현재의 가격이 어떻게 확산하는지를 이해함으로써 미래의 실제 가격에 대한 최선의 추정치를 얻을 수 있다.

바슐리에의 논문은 아마도 응용 분야가 이례적이었기 때문에 반응이 미온적이었지만 어쨌든 심사를 통과했으며 최고 수준의 과학 저널에 게재되었다. 이후 그의 경력은 비극적인 오해로 인하여 큰 어려움을 겪는다. 확산 및 확산과 관련된 확률 문제를 계속 연구하면서 소르본 대학교의 교수가 된 바슐리에는 제1차 세계 대전이 발발하자 군에 입대했다. 전쟁이 끝나고 몇몇 임시 교직을 거친 뒤에는 디종에서 종신 교수직에 지원했다. 후보자를 심사한 수학자 모리스 제브리(Maurice Gevrey)는 바슐리에의 논문에서 중대한 오류를 찾아냈다고 믿었으며 수학자 폴 레비(Paul Lévy) 역시 이 의견에 동의했다. 바슐리에의 경력은 몰락의 길로 들어섰다. 하지만 이는 두 수학자 모두 바슐리에의 표기법을 잘못 이해했기 때문이었으며 논문에는 아무런 오류도 없었다. 바슐리에는 이 점을 지적하는 분노에 찬 편지를 보냈으나 소용이 없었다. 결국 레비는 바슐리에가 전적으로 옳았음을 깨닫고 사과했으며 비로소 묵은 감정의 응어리를 풀었다. 그럼에도 불구하고 레비는 끝까지 증권 시장에의 응용을 달가워하지 않았다. 그의 노트에는 바슐리에의 논문에 대한 논평이 다음과 같이 기록되어 있다. "금융에 관한 내용이 너무 많다!"

결국 수리 경제학자와 시장을 연구하는 학자들은 스톡옵션의 가치가 무작위적인 변동을 통하여 시간에 따라 어떻게 변하는지에 대한 바슐리에의 분석을 받아들였다. 분석의 목적은 기저가 되는 상품보다는 옵션이 거래되는 시장의 흐름을 이해하는 것이었다. 옵션에 가치를 부여하는, 즉 관련된 모든 사람이 같은 법칙을 사용하여 독자적으로 산출할 수 있는 가치를 결정하는 합리적인 방법을 찾아내는 일이 근본 문제였다. 그러면 어떤 특별한 거래라도 수반되는 위험을 평가할 수 있고 시장의 활성화가 가능했다.

1973년에 피셔 블랙(Fisher Black)과 마이런 숄스(Myron Scholes)는 〈옵션과 기업 책임의 가격 결정〉(The pricing of options and corporate liabilities)이라

는 논문을 〈정치 경제학 저널〉(Journal of Political Economy)에 게재했다. 이전 10년 동안의 옵션에 대하여 합리적인 가격을 결정하는 공식을 개발한 것이다. 공식을 실제 거래에 적용한 실험이 그다지 성공적이지 못했지만 자신들의 추론을 공표하기로 했다. 로버트 머튼(Robert Merton)은 나중에 블랙-숄스 가격 결정 모델로 알려지게 되는 그들의 공식에 대한 수학적인 설명을 제시했다. 머튼의 설명은 옵션 가치의 변동을 기저 상품의 위험과 구별하여 델타-헤징(delta-hedging)으로 알려진 거래 전략으로 이어진다. 이는 옵션과 관련된 위험을 제거하는 방식으로 기저 상품의 사고팔기를 반복하는 전략이다.

블랙-숄스 모델은 바슐리에가 브라운 운동에서 도출한 확산 방정식과 밀접한 관계가 있는 편미분 방정식으로 구성된다. 그것이 블랙-숄스 방정식이다. 어떤 상황에서든 수치 해법으로 구한 방정식의 해가 옵션의 적정 가격을 알려 준다. 유일무이하게 '합리적인' 가격의 존재(현실에 적용하지 못할 수도 있는 특별한 모델에 기초했을지라도)는 금융 기관들이 블랙-숄스 방정식을 사용하도록 부추겼으며 그에 따라 거대한 옵션 시장이 생겨났다.

이 방정식에 내재한 수학적 가정이 완전히 현실적이지는 않다. 중요한 가정 하나는 기반을 이루는 확산 프로세스에 대한 확률 분포가 정규 분포이므로 극단적인 사건이 벌어질 가능성이 매우 낮다는 것이다. 실제로는 극단적인 사건이 훨씬 더 자주 일어나는데, 이는 팻 테일로 알려진 현상이다.[60] 그림 24는 주요 매개 변수의 값에 따른 세 가지 확률 분포를 보여 준다. 이들은 안정적인 분포라 불리는 4-매개 변수 확률 분포에 속한다. 주요 매개 변수값이 2일 때는 팻 테일이 없는 정규 분포(회색 곡선)를 얻는다. 나머지 두 분포(검은색)에는 팻 테일이 있으며 그림의 가장자리 영역에서는

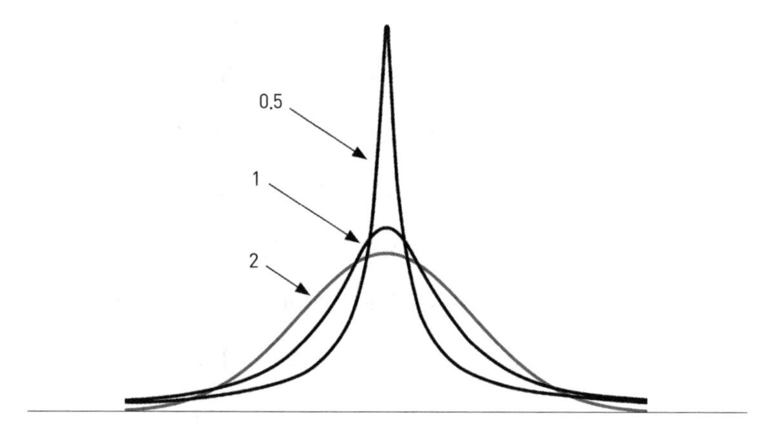

그림 24 팻 테일이 있는 두 분포(검은색)와 정규 분포(회색)의 비교. 세 분포 모두 (0.5, 1, 2)의 값으로 표시된 매개 변수를 포함하는 '안정적인 분포'다.

검은 곡선이 회색 곡선 위에 있다.

실제로 팻 테일이 있는 금융 데이터를 모델링 할 때 정규 분포를 사용하면 극단적인 사건의 위험성을 상당히 과소평가하게 된다. 극단적인 사건은 팻 테일이 있든 없든 정상적인 사건에 비하여 드물게 일어나지만, 팻 테일이 있는 경우에는 심각한 문제가 되기에 충분할 정도로 자주 일어나는 사건으로 바뀔 수 있다. 많은 돈을 잃는 것이 극단적인 사건임은 물론이다. 갑작스러운 정변이나 대기업의 파산 같은 예상하지 못한 충격이 극단적인 사건의 발생 가능성을 팻 테일의 분포가 가리키는 것보다 높일 수 있다. 닷컴 버블과 2008년 금융 위기 모두 이 유형의 예상치 못했던 위험을 포함했다.

이러한 불안 요소에도 불구하고 블랙-숄스 방정식은 계산하기 쉽고 대부분 실제 시장의 상태에 대한 훌륭한 근삿값을 제공한다는 실용적인 이유에서 널리 사용되었다. 억만장자 투자가 워런 버핏(Warren Buffett)은 경고했다. "블랙-숄스 공식은 금융 분야에서 성서의 위치에 접근해 왔다. 그러나 이 공식을 장기간 사용하면 터무니없는 결과를 초래할 수 있다. 공정하게 말하자면 블랙과 숄스는 이 사실을 잘 이해했을 것이다. 하지만 그들의 충실한 추종자들은 두 사람이 처음 공식을 발표하면서 첨부했던 경고들을 무시할 수도 있다."[61]

더 복잡한 금융 상품인 '파생 상품'에 대해서는 훨씬 정교하고 현실적인 모델이 개발되었다. 2008년 금융 위기의 원인 중 하나는 신용 부도 스와프와 부채 담보부 증권 같은 가장 인기 있는 파생 상품의 진정한 위험성을 인식하지 못한 것이었다. 모델을 통하여 위험이 없다고 주장했던 투자가 위기를 불러온 셈이다.

생태학에서 교훈을 얻는 금융학

이제 전통 수리 경제학과 통계적 가정에 기초한 금융 모델이 더 이상 시장의 위험성을 예측하는 목적에 부합하지 않는다는 것이 명확해지고 있다. 덜 명확한 것은 우리가 이 문제에 어떻게 대처해야 하는가다. 나는 개별 딜러와 거래인들의 행동을 모델로 하는 '상향식' 분석과 시장의 전반적인 상태에 주목하는 '하향식' 분석이라는 두 가지 접근법 그리고 두 기법 간에 충돌이 일어나지 않도록 통제하는 방법을 간단히 살펴보고자 한다. 이들은 방대한 문헌에서 뽑은 작은 샘플이다.

1980년대에 수학자와 과학자들은 다수의 개체가 비교적 단순한 법칙에 따라 상호 작용하는 결과로 전체 시스템에서 예상치 못한 '창발적'(emergent) 거동을 만들어 내는 '복잡계'(complex systems)에 큰 관심을 갖게 되었다. 100억 개의 신경 세포가 있는 인간의 뇌가 실세계에 존재하는 복잡계의 좋은 예다. 각 신경 세포는 (상당히) 단순하고 그들 사이에 전달되는 신호도 그렇지만 충분한 수의 신경 세포를 적절한 방식으로 결합하면 베토벤, 제인 오스틴(영국의 저명한 여류 소설가. — 옮긴이), 아인슈타인이 된다. 독자적인 의도와 능력을 가진 관중이 서로 걸리적거리기도 하고 조용히 매표소 앞에 줄을 서기도 하는 복잡한 축구 경기장을 10만 명의 개개인으로 이루어진 시스템으로 모델화하면 군중이 움직이는 방식에 대하여 매우 현실적인 예측이 가능하다. 예컨대 통로를 따라 서로 반대 방향으로 이동하는 밀집한 군중은 흐름의 방향이 엇갈리는 길고 평행한 선을 형성하면서 '맞물릴' 수 있다. 군중을 흐름으로 취급하는 전통적인 하향식 모델은 이러한 움직임을 재현할 수 없다.

다수의 거래인이 수익을 올리기 위하여 경쟁하는 증권 시장의 상태도 구조가 비슷하다. 윌리엄 브라이언 아서(William Brian Arthur) 같은 경제학자는 경제 및 금융의 복잡성 모델을 연구하기 시작했다. 그 결과물 중 하나는 오늘날 행위자-기반 수리 경제학(ACE, agent-based computational economics)이라 불리는 유형의 모델이다. 이 모델의 전반적인 구조는 상당히 보편적이다. 다수의 행위자가 상호 작용하는 모델을 구축하고 그들이 상호 작용하는 방식에 대하여 그럴듯한 규칙을 설정한 뒤에 컴퓨터를 돌려서 무슨 일이 일어나는지를 찾아내는 것이다. 모든 사람이 자신의 효용을 최적화하려고 노력한다는 완벽한 합리성을 말하는 고전 경제학적인 가정은 시장의 상태에 적응하는 '제한된 합리성을 갖춘 행위자들'로 대치될 수 있다. 그들은 항상 시장이 무엇을 하고 어디로 향하는지에 대한 자신의 제한된 정보에 기초하여 합리적이라고 생각되는 행동을 취한다. 이러한 행위자는 자신뿐만 아니라 다른 모든 사람이 볼 수 있는 멀리 떨어진 곳에 위치한 산 정상을 향하여 오르는 등산가가 아니다. 산이 정말로 거기에 있는지조차 확신하지 못한 채 조심하지 않으면 절벽에서 떨어질지도 모른다는 두려움을 안고 안개 속에서 경사로를 더듬어 나가는 사람들이다.

1990년대 중반에 블레이크 레바론(Blake LeBaron)은 증권 시장에 대한 ACE 모델을 검토했다. 고전 경제학이 가정하는 대로 모든 것이 균형 상태로 정착하는 대신에 주식 가격은 행위자들이 무슨 일이 일어나는지를 관찰하고 그에 맞춰 전략을 바꿈에 따라 변동한다. 실제 시장과 같다. 이 중 몇몇 모델은 단지 이러한 정성적인 거동뿐만 아니라 시장 변동의 전반적인 통계까지 재현한다. 1990년대 말에 뉴욕 나스닥 증권 거래소는 표시 가격을 분수(23과 3/4 같은)에서 소수점을 사용하는 숫자(23.7이나 어쩌면 23.75까지)로 바꾸려 했다. 그렇게 하면 가격을 더욱 정확하게 표시할 수 있지만 가격이 더 작은 폭으로 움직일 수 있어 거래인들이 사용하는 전략에 영향을 미칠 수 있었다. 증권 거래소는 정확한 통계를 산출하기 위하여 조율된 ACE 모델을 개발할 목적으로 바이오스 그룹(BiosGroup)의 복잡성 과학자들을 고용했다. 개발된 모델은 지나치게 작은 폭의 가격 변동이 허용된다면 거래자들이 시장의 효율성을 감소시키면서 단기 이익을 얻는 방식으로 행동할 수 있음을 보여 주었다. 이는 바람직한 아이디어가 아니었고 나스닥은 모델의 메시지를 받아들였다.

이러한 상향식 철학과 대조적으로, 잉글랜드 은행의 앤드루 홀데인(Andrew Haldane)과 생태학자 로버트 메이(Robert May)는 2011년에 팀을 이루어 금융계가 생태학에서 교훈을 얻을 수 있다고 제안했다.[62] 그들은 복잡한 파생 상품과 관련한 추정된 위험(또는 그러한 위험의 결여)의 강조가 이들 금융 상품이 전체 금융 시스템 전반의 안정성에 미칠 수 있는 총체적인 영향력을 무시했다고 말했다. 이를테면 코끼리가 번성한다고 해 보자. 코끼리의 수가 지나치게 증가하면 너무 많은 나무를 쓰러뜨려 다른 동물들이 고통을 겪는다. 경제학자들은 이미 경제적 코끼리인 헤지 펀드(hedge fund)의 대규모 성장이 시장을 불안정하게 만들 수 있음을 보였다.[63] 홀데인과 메이는 단순성 때문에 의도적으로 선택한 모델을 사용하고, 생태학자들이 상호 작용하는 종들과 생태계의 안정성을 연구하는 데 쓰는 방법을 가미하여 자신들의 제안을 설명했다. 그 모델 중 하나는 어느 종이 다른 종의 먹이가 되는지를 나타내는 먹이 그물이다. 이 네트워크의 교점은 개별 종에 해당하며 종 간의 연결은 어느 쪽이 어떤 방식으로 다른 쪽의 먹이가 되는지를 나타낸다. 비슷한 아이디어를 금융 시스템에 적용할 때, 각각의 주요 은행은 교점으로 표시되며 그들 사이에 흐르는 것은 먹이가 아니라 돈이다. 제법 괜찮은 유추다. 잉글랜드 은행과 뉴욕의 연방 준비은행(FRB)은 한 은행의 도산이 금융 시스템 전체에 미치는 결과를 탐색하기 위하여 이러한 구조의 모델을 개발했다.

네트워크의 핵심을 이루는 수학은 모든 은행이 전반적인 평균값이 행동한다고 가정하는 '평균장 근사'(mean field approximation)를 사용하여 포착할 수 있다.(케틀레의 용어로 말하자면 모든 은행을 평균적인 은행으로 가정하는 것이다. 대형 은행들은 서로를 모방하므로 그렇게 불합리한 가정은 아니다.) 홀데인과 메이는 시스템의 움직임이 은행의 순자산과 자산에서 은행 간 대출이 차지하는 비율이라는, 두 매개 변수와 어떻게 관련되는지를 조사했다. 대출 상

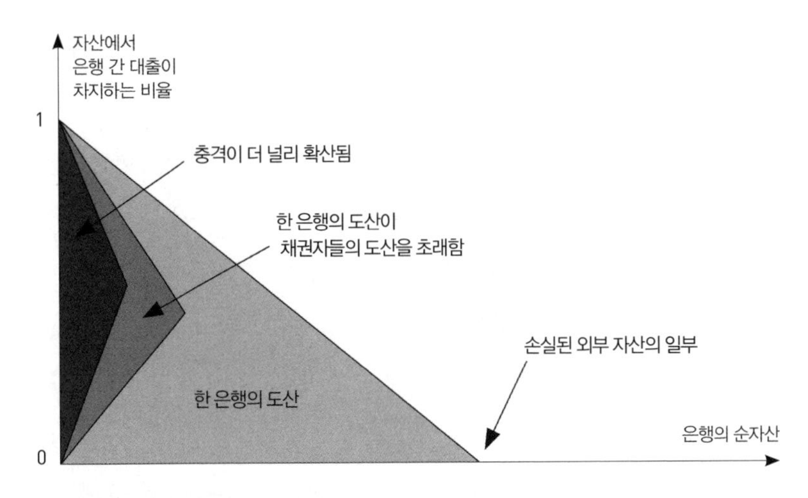

그림 25 외부 자산의 손실에 따른 은행의 도산이 어떻게 채권자나 전체 시스템에 전염병을 퍼뜨릴 수 있는지를 나타내는 도표. 각 영역은 순자산과 자산에서 은행 간 대출이 차지하는 비율에 따라 무슨 일이 일어나는지를 보여 준다.

환이 이루어지지 않을 수 있으므로 은행 간 대출에는 위험이 따른다. 은행 하나가 도산하면 그 효과가 네트워크를 통하여 전파된다.

이 모델은 은행이 소매 금융(중심가)과 투자 금융(도박장)에 모두 매우 적극적일 때 가장 위험하다. 금융 위기 이래로 각국 정부는 뒤늦게 대형 은행들에 두 가지 활동 영역을 분리하여 도박장의 실패가 중심가를 오염시키지 않도록 하라고 요구했다. 모델은 또한 2008년 금융 위기에서 매우 분명하게 드러난 것처럼, 은행들이 껍질 속에 숨어서 서로 간의 대출을 중단함에 따라 금융 시스템을 통하여 충격이 전파되는 또 다른 방식을 포함한다. 전문 용어로 '자금 유동성 충격'(funding liquidity shocks)이 발생하는 것이다. 프라산나 가이(Prasanna Gai)와 수지트 카파디아(Sujit Kapadia)는 이러한 거동이 도미노 효과처럼 은행에서 은행으로 빠르게 확산될 수 있으며 은행

간 대출이 재개되도록 하는 주요 정책이 나오지 않는 한 오랜 기간 유지되는 경향이 있음을 보였다.[64]

그림 25 같은 단순한 모델은 정책 입안자에게 정보를 제공하는 데 유용하다. 예컨대 은행에 자본금과 유동성 자산을 늘릴 것을 요구할 수 있다. 전통적으로 이러한 규제는 개별 은행이 과도한 위험을 떠맡는 것을 막는 수단으로 여겨졌다. 생태학적 모델은 이 규제에 은행 한 곳의 도산이 폭포수처럼 시스템 전체로 확산되는 사태를 방지하는 훨씬 더 중요한 기능이 있음을 밝혔다. 또 다른 시사점은 시스템의 일부 영역을 다른 영역과 분리하는 '방화벽'의 필요성이다.(이는 1980년대에 정치적인 의도에 따른 규제 완화를 논하여 철거된 바로 그 방화벽이다.) 전반적인 메시지는 금융을 규제하는 기관이 단지 개별 종뿐만 아니라 전체 생태계의 건전성에 관심을 두는 생태학자를 닮아야 한다는 것이다.

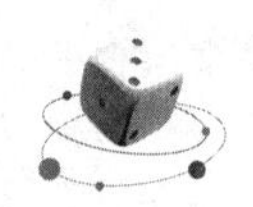

제14장

우리의 베이지안 뇌

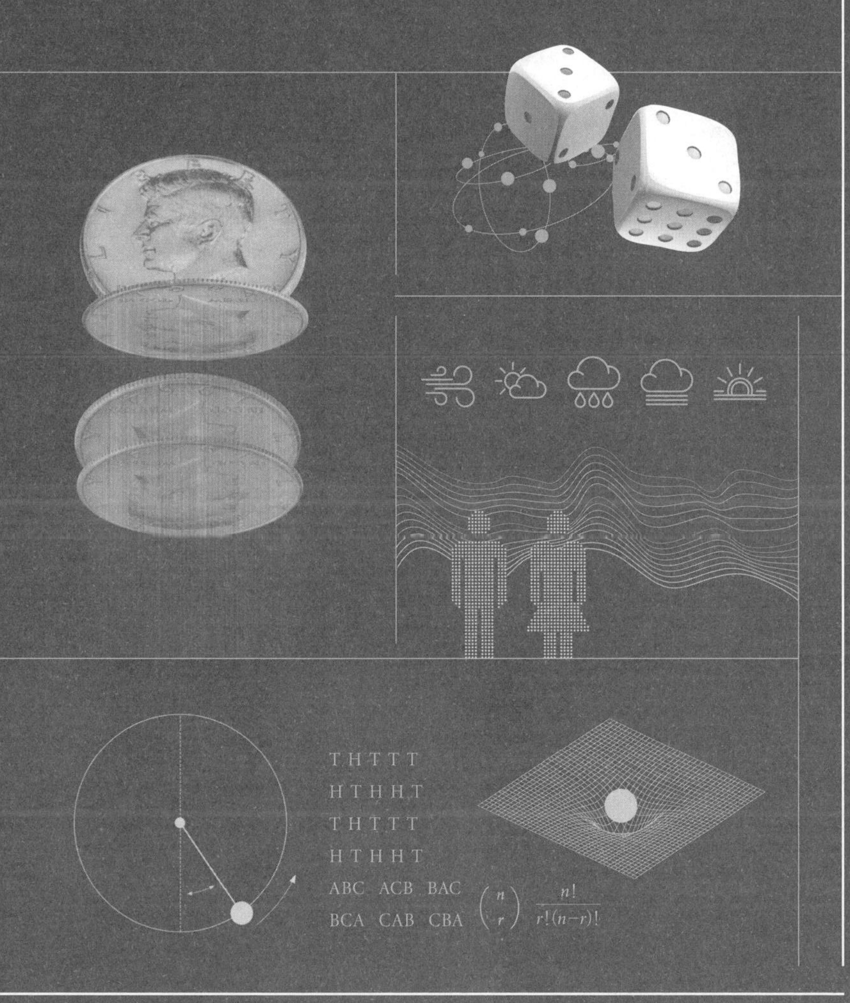

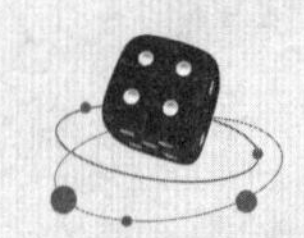

나는 우유부단한 편이었지만
지금은 잘 모르겠다.

–
티셔츠에 인쇄된 문구

• • • 제2장에서 나는 사람들이 중요한 증거가 뒷받침되지 않는 포괄적인 주장을 그토록 쉽게 받아들이고 믿음과 상반되는 명백한 증거가 있을 때조차 비합리적인 주장을 서슴없이 수용하는 이유를 물었다. 각자가 어떤 믿음이 합리적인지 그렇지 않은지에 대해 자기 나름대로 견해를 갖는 것은 자연스러운 일이지만, 왜 많은 사람이 증거의 유무와 상관없이 한번 받아들인 의견을 무조건 믿는지에 대해서는 논의할 필요가 있다.

불확실하지만 생명을 위협할 수도 있는 가능성에 대하여 신속한 결정을 내리려고 수백만 년에 걸쳐 진화해 온 우리의 뇌에 부분적인 답이 있을지도 모른다. 이러한 진화론적인 설명은 추측이다. 뇌는 화석이 되지 않으므로 조상들의 마음속에서 무슨 일이 있었는지를 확실하게 알아낼 방법이 없으나 그럴듯해 보인다. 뇌의 구조와 기능을 관련짓고 이를 유전학에 연결하는 실험이 가능한 현대인의 뇌에 대해서는 더 확실히 밝힐 수 있다.

뇌를 이해하기 어렵다는 사실(고도로 복잡한 인간의 뇌는 고사하고 초파리의 뇌조차)을 과소평가하는 것은 어리석은 일이 될 것이다. 노랑초파리

(Drosophila melanogaster)는 유전학 연구 분야의 단골손님이다. 노랑초파리의 뇌에는 서로 전기 신호를 전달하는 접합부인 시냅스(synapse)로 연결된 13만 5000개의 신경 세포 뉴런(neureon)이 존재한다. 요즘 과학자들은 노랑초파리 커넥톰(connectome)으로 알려진 네트워크를 조사하고 있다. 아직까지는 뇌의 76개 주요 구획 중에 두 영역의 지도만이 작성되었기에 어떻게 작동하는지는 고사하고 초파리 커넥톰의 구조조차 알지 못한다. 수학자들은 8~10개의 신경 세포로 구성된 네트워크라도 매우 알쏭달쏭한 움직임을 보일 수 있다는 점을 안다. 그러한 네트워크의 가장 단순한 모델도 비선형 동역학 시스템이기 때문이다. 네트워크에는 일반 역학 시스템에서 쉽게 찾아볼 수 없는 특별한 성질이 있다. 그렇기 때문에 자연스럽게 네트워크를 그토록 많이 사용하는지도 모른다.

인간의 뇌에는 약 1000억 개의 신경 세포와 100조 개가 넘는 접합부가 존재한다. 특히 교질 세포(glial cell)를 비롯하여 신경 세포와 거의 비슷한 수의 다른 세포들도 뇌의 작동에 관여할 수 있지만 그들의 기능은 아직까지 불가사의로 남아 있다.[65] 인간 뇌의 커넥톰에 대한 연구도 진행 중인데 이는 뇌를 모사하려는 목적이 아니고 미래의 뇌 연구에 신뢰할 만한 데이터베이스를 제공하기 위함이다.

수학자들이 신경 세포가 열 개인 '뇌'조차 이해할 수 없다면 1000억 개의 신경 세포로 이루어진 뇌를 이해하는 일에 무슨 희망이 있겠는가? 기상과 기후의 관계와 마찬가지로 모든 것의 해답은 무슨 질문을 하는가에 달렸다. 신경 세포 열 개 정도의 네트워크는 상당히 세부적으로 이해할 수 있다. 뇌 전체가 당혹스러울 정도로 복잡하더라도 일부 영역은 헤아릴 수 있다. 이는 뇌가 구성되는 몇 가지 일반 원리를 찾아낸 덕분이다. 이 같은 유형의 요소를 열거하고 연결 방식을 밝힌 뒤에 상향식으로 연구를 진행하여 전체 시스템의 움직임을 기술하는 '상향식' 접근만이 유일한 방법은 아니다. 뇌의 전반적인 특성과 움직임에 기초한 '하향식' 분석이 가장 명백한 대안이다. 두 가지 접근법을 매우 복잡한 방식으로 혼합할 수도 있다. 실제로 인간의 뇌에 대한 우리의 이해가 신경 세포 네트워크의 연결 방식, 흐름을 밝히는 기술의 진보, 네트워크의 거동 방식을 다루는 수학적인 아이디어에 힘입어 빠르게 증가하고 있다.

믿음은 어떻게 뇌에 저장되는가

뇌 기능의 여러 측면은 의사 결정의 형태로 볼 수 있다. 바깥세상을 바라볼 때 우리의 시각 시스템은 보이는 대상이 무엇인지를 알아내고, 그것이 어떻게 행동할지를 추측하고, 위협이나 보상의 가능성을 평가한 뒤에 그에 따라 행동하도록 한다. 심리학자, 행동 과학자, 인공 지능 연구자들은 몇 가지 중요한 측면에서 뇌가 베이지안 결정 기계(Bayesian decision machine)로 기능하는 것처럼 보인다는 결론을 내렸다. 뇌는 일시 또는 영구히 자신의 구조와 연결된 세계에 대한 믿음을 구현하고 그에 따라 베이즈 확률 모델에서 나올 만한 결정과 매우 유사한 결정을 내린다.(앞에서 나는 확률에 대한 사람들의 직관이 대체로 형편없다고 말했다. 이는 방금 한 말과 모순되지 않는다. 확률 모델의 내부 작용에 의식적으로 접근할 수 없기 때문이다.)

뇌에 대한 베이지안 관점은 인간이 불확실성을 대하는 태도의 여러 특징을 설명한다. 특히 미신이 그토록 쉽게 뿌리내리는 이유를 설명하는 데

도움을 준다. 베이지안 통계에서 핵심을 이루는 해석은 확률이 믿음의 정도라는 것이다. 확률을 50 대 50으로 가늠할 때, 우리가 믿지 않는 것과 같은 정도로 믿을 용의가 있다고 말하는 것이나 마찬가지다. 이처럼 우리의 뇌는 세상에 대한 믿음을 구현하기 위하여 진화했고 이들은 일시 또는 영구히 뇌의 구조에 내장되었다.

이러한 방식으로 작동하는 것은 인간의 뇌만이 아니다. 우리의 뇌 구조는 먼 과거로 돌아가 포유류, 심지어 파충류의 진화적인 조상으로 거슬러 올라간다. 그들의 뇌 역시 '믿음'을 구현했다. 오늘날처럼 '거울을 깨뜨리면 7년 동안 재수가 없다.'와 같은 명확하게 말로 표현하는 믿음은 아니다. 우리의 뇌에 구현된 믿음의 대부분도 그렇지 않다. 내 말은 '이런 식으로 혀를 날름거린다면 파리를 잡을 가능성이 더 커질 것이다.' 같은 관련된 근육을 활성화하는 뇌 영역의 배선에 암호화된 믿음을 뜻한다. 인간의 언어는 믿음에 여분의 층을 추가하여 표현할 수 있게 했고 더 중요하게는 타인에게 전달하도록 작용했다.

단순하지만 유용한 정보를 주는 모델을 설정하기 위하여 다수의 신경 세포가 존재하는 뇌 영역을 상상해 보자. 신경 세포는 '연결 강도'(connection strength)가 있는 접합부로 결합된다. 약한 신호를 보내는 접합부가 있고 강한 신호를 보내는 접합부가 있다. 아예 존재하지 않아서 아무런 신호도 보내지 않는 경우도 있다. 신호가 강할수록 신호를 받은 신경 세포의 반응도 커진다. 우리는 강도에 수치를 부여할 수도 있으며 수치는 수학 모델을 구체화하는 데 편리하다. 예컨대 적절한 단위를 사용하여 약한 연결에는 0.2, 강한 연결에는 3.5, 존재하지 않는 연결에는 0을 부여하는 식이다.

신경 세포는 들어오는 신호에 반응하여 전기적인 상태를 빠르게 바꾸고 '발사'한다. 그러면 다른 신경 세포로 전달될 수 있는 전기 펄스(pulse)가 만들어진다. 어떤 신경 세포로 전달될 것인지는 네트워크의 연결에 달렸다. 외부에서 들어오는 신호가 신경 세포의 상태를 특정한 문턱값 위로 밀어 올릴 때 발사가 일어난다. 신호에는 두 가지 독특한 유형이 있다. 흥분성 신호는 신경 세포의 발사를 유발하는 성향이 있고 억제성 신호는 발사를 멈추도록 하는 성향이 있다. 이는 마치 신경 세포가 흥분성은 양수로 억제성은 음수로 취급하면서 들어오는 신호들을 더하여 합계가 충분히 클 때만 발사하는 것처럼 보인다.

신생아의 뇌는 다수의 신경 세포가 무작위로 연결되어 있으나 시간이 지나면서 일부 접합부의 강도가 변한다. 부분적으로 완전히 제거되고 새로운 연결이 형성되기도 한다. 도널드 헵(Donald Hebb)은 신경 세포의 네트워크에서 오늘날 헵 학습(Hebbian learning)이라 불리는 '학습'의 형태를 발견했다. '함께 발사하는 신경 세포는 함께 연결된다.' 즉 두 신경 세포가 거의 동시에 신호를 발사한다면 그들의 연결 강도가 커진다는 의미다. 베이지안 믿음이라는 은유에서 연결의 강도는 한 신경 세포가 발사하면 다른 세포도 발사하리라고 믿는 정도를 나타낸다. 헵 학습은 뇌의 믿음 구조를 강화한다.

심리학자들은 사람이 새로운 정보를 들었을 때 그저 기억 속에 저장해 놓기만 하지 않는다는 점에 주목하고 이를 관찰해 왔다. 만약 그랬다면 진화의 측면에서 재앙이 되었을 것이다. 당신이 들은 모든 이야기를 믿는 것은 좋은 생각이 아니기 때문이다. 사람들은 종종 타인을 통제하려는 목적을 달성하기 위하여 거짓말을 하고 다른 사람들을 오도한다. 자연 역시 거짓말을 한다. 저 멀리서 흔들리는 표범의 꼬리가 가까이 다가가 보니 포도 덩굴이나 나무에 매달린 과일일 수도 있다. 따라서 우리는 새롭게 접한 정보를 기존의 믿음과 비교하여 평가한다. 좀 더 현명하다면 정보의 신뢰성도 아울러 평가한다. 믿을 수 있는 원천에서 나온 정보라면 믿을 가능성이 크고 그렇지 않다면 가능성이 작다. 새로운 정보를 수용하고 그에 따라 우리의 믿음을 수정할지의 여부는 새로운 정보가 기존의 믿음과 어떻게 관련되는지와 그것이 진실이라고 얼마나 확신할 수 있는지 사이의 내부적인 다툼에 달렸다. 이러한 다툼은 흔히 무의식적으로 일어나지만 새로운 정보에 대하여 의식적으로 추론하는 것도 가능하다.

상향식 기술에서는 복잡하게 배열된 모든 신경 세포가 서로 발사하면서 신호를 보내는 현상이 일어난다. 이들 신호가 상쇄하거나 강화하는 방식은 새로운 정보가 자리를 잡을지의 여부와 그 정보를 수용하기 위한 연결 강도의 변화를 결정한다. 이는 다른 모든 사람에게는 압도적인 증거로 보일지라도 '확고하게 믿는 사람들'에게 그들이 틀렸음을 납득시키기가 대단히 어려운 이유를 설명한다. UFO가 목격된 것처럼 보인 사건이 사실은 풍선 실험이었다는 정부의 언론 발표가 나온다면 어떨까. UFO의 존재를 확신하는 사람의 베이지안 뇌는 그러한 설명을 선전으로 치부할 것이다. 언론 발표가 오히려 거짓말이고 그리 쉽게 속지 않는다는 자부심과 함께 정부를 신뢰하지 않는 그들의 신념을 강화할 가능성이 크다. 믿음은 양날의 검이다. 따라서 UFO를 믿지 않는 사람은 뚜렷한 증거가 없더라도 정부의 설명을 사실로 받아들일 것이며 UFO 같은 헛소리를 믿지 않는다는 자신의 신념을 견고히 할 것이다. 그들은 자신이 UFO를 믿을 정도로 쉽게 속아 넘어가는 사람이 아님을 자축할 것이다.

인간의 문화와 언어는 한 뇌의 믿음 체계가 다른 뇌로 전달되도록 진화했다. 이는 완벽하게 정확하거나 믿을 만한 것은 아니지만 효과적인 과정으로, 믿음의 대상이 무엇이며 과정을 분석하는 사람이 누구인가에 따라 교육, 세뇌, 아이들을 좋은 사람으로 키우기, 유일한 참종교 등 다양한 이름으로 불린다. 어린아이들의 뇌는 적응력이 뛰어나고 증거를 평가하는 능력이 계속해서 개발된다. 산타클로스, 이빨 요정(Tooth Fairy, 밤에 어린아이의 침대 머리맡에 빠진 이를 놓아두면 그것을 가져가는 대신에 동전을 놓고 간다는 상상 속의 요정.—옮긴이), 부활절 토끼(Easter Bunny, 아이들에게 부활절 바구니를 가져다준다는 상상 속의 토끼.—옮긴이)를 생각해 보라. 상당히 약삭빨라서 보상을 얻으려면 게임을 해야 한다는 것을 이해하는 아이들도 많지만. '나에게 아이를 일곱 살까지 맡겨 놓으면 어른을 돌려주겠다.'라는 예수회의 금언에는 두 가지 의미가 있다. 하나는 어린 시절에 배운 것이 오래간다는 뜻이다. 또 하나는 순진한 아이들이 세뇌를 통하여 받아들인 믿음 체계는 성인으로 살아가는 동안에도 마음속에 고정된다는 것이다. 두 가지 모두 사실인 듯하며 어떤 견지에서 보면 같은 뜻이다.

다양한 분야에서 활용되는 베이지안 이론

베이지안 뇌 이론은 해당되는 베이즈 통계학뿐만 아니라 기계 지능과 심리학 같은 다양한 과학 분야에도 모습을 드러냈다. 1860년대에 인간 지각(human perception)의 물리학과 심리학을 개척한 헤르만 헬름홀츠(Hermann Helmholtz)는 뇌가 외부 세계에 대한 확률 모델을 구축함으로써 지각을 통하여 얻은 정보를 정리한다고 제안했다. 인공 지능을 연구한 제프리 힌턴(Geoffrey Hinton)은 1983년에 인간의 뇌가 외부 세계를 관찰하면서 마주치는 불확실성에 대해 판단하고 결정을 내리는 기계라고 말했다. 이러한 아이디어는 1990년대에 확률 이론에 기초한 모델이 되어 헬름홀츠 기계라는 개념으로 구현되었다. 헬름홀츠 기계는 실제 기계 장치가 아니라 연관된 (수학적으로 모델화한) '신경 세포' 네트워크 두 개로 구성되는 수학적인 추상이다. 그중 하나인 인식 네트워크는 상향식으로 작동하며 실제 데이터로 훈련되고 일련의 숨겨진 변수로 데이터를 나타낸다. 하향식으로 작동하는 '생성적' 네트워크는 숨겨진 변수의 값과 그에 따른 데이터 값을 생성한다. 헬름홀츠 기계는 두 네트워크가 데이터를 정확하게 분류하도록 네트워크 구조를 수정하기 위한 학습 알고리즘을 사용해 훈련을 진행한다. 두 네트워크는 교대로 수정되는데 이 과정은 수면-각성 알고리즘(wake-sleep algorithm)으로 알려져 있다.

'심층 학습'이라 불리는 다수의 층이 추가된 유사한 구조는 현재 인공 지능 분야에서 상당한 성공을 거두고 있다. 심층 학습의 응용 분야는 컴퓨터의 자연 언어 인식, 동양의 보드 게임인 바둑에서 컴퓨터가 승리를 거둔 것 등을 포함한다. 이전에도 완벽한 착수가 이어지는 체커(checker) 보드 게임이 무승부로 끝난다는 것을 입증하기 위하여 컴퓨터가 사용된 적이 있다. IBM의 딥블루(Deep Blue) 컴퓨터는 1996년에 체스 세계 챔피언이며 최고수인 가리 카스파로프(Garry Kasparov)에게 이겼으나 6번기 승부에서는 4 대 2로 졌다. 대대적인 업그레이드를 마친 딥블루는 다시 벌어진 6번기에서 3과 1/2 대 2와 1/2로 승리했다. 하지만 당시의 프로그램은 바둑에서 이기는 데 사용한 인공 지능 알고리즘이 아니라 막무가내식 알고리즘을 사용했다.

바둑은 2500여 년 전에 중국에서 창안되었으며 외견상으로는 단순하나 끝없는 깊이의 미묘함을 갖추고 19×19줄의 판 위에서 진행되는 게임이다. 각자 흰 돌과 검은 돌을 가진 두 선수는 차례대로 돌을 바둑판에 올려놓으면서 자신의 돌로 상대의 돌을 둘러싸 잡기도 한다. 이 과정을 이어가다 더 넓은 영역을 차지한 사람이 승자가 된다. 바둑에 대한 엄밀한 분석은 매우 제한적이다. 데이비드 벤슨(David Benson)이 고안한 알고리즘은 일련의 돌이 상대가 무슨 수를 두든지 잡힐 수 없는 경우를 결정할 수 있다.[66] 얼윈 벌리캠프(Elwyn Berlekamp)와 데이비드 울프(David Wolfe)는 바둑판의 많은 부분이 채워지고 가능한 착수의 범위가 더욱 알쏭달쏭해지는 종반에 대한 복잡한 수학을 분석했다.[67] 게임이 마지막 단계에 이르면 실질적으로 상호 작용이 거의 없는 여러 영역으로 분리되며 선수는 어느 영역에서 다음번 착수를 할지 결정해야 한다. 벌리캠프와 울프의 수학 기법은 바둑판의 각 위치를 숫자 또는 더 난해한 구조와 결부시키고 이들 값을 결합하여 이길 수 있는 규칙을 제공하는 것이었다.

2015년에 구글의 자회사인 딥마인드(DeepMind)는 바둑판의 특정한 위치가 얼마나 바람직한지를 결정하는 가치 네트워크와 다음 착수를 선택하는 정책 네트워크라는 두 가지 심층 학습 네트워크에 기초한, 알파고(AlphaGo)라는 바둑 알고리즘을 시험했다. 이들 네트워크는 인간 고수의 게임과 알고리즘 스스로를 상대하는 게임을 통하여 훈련되었다.[68] 그 뒤에 알파고는 바둑의 최고수인 이세돌을 상대로 자신의 전자적인 지혜를 겨루어 4승 1패로 승리를 거뒀다. 프로그래머들은 알파고가 1패를 당한 이유를 찾아내고 전략을 수정했다. 2017년에 알파고는 세계 랭킹 1위였던 커제(柯洁)와의 3번기에서 승리했다. 한 가지 흥미로운 사실은 알파고가 바둑을 두는 스타일을 통하여 심층 학습이 반드시 인간의 뇌처럼 작동할 필요가 없음이 드러난 것이다. 알파고는 종종 인간이라면 아무도 생각지 못할 수를 두었고 그렇게 인간 고수들을 이겼다. 커제는 말했다. '인간이 수천 년 동안 바둑의 전술을 개선하려 노력해 온 지금, 컴퓨터는 우리에게 인간이 완전히 틀렸다고 말한다. …… 나는 바둑의 진리의 가장자리를 만져 본 사람이 아무도 없다고까지 말하고 싶다.'

인공 지능이 인간의 지능과 같은 방식으로 작동해야 할 논리적인 이유는 없다. 이것이 '인공'이라는 형용사가 붙은 이유이기도 하다. 그러나 전자 회로에 구현된 인공 지능의 구조는 신경 과학자들이 개발한 뇌의 인지 모델과 다소간 유사점이 있다. 그에 따라 인공 지능과 인지 과학 사이에 서로 아이디어를 빌려 주는 창조적인 '되먹임 회로'(feed loop)가 모습을 드러냈다. 우리의 뇌와 인공 지능이 때때로 어느 정도 비슷한 구조적인 원리를 실행하면서 작동하는 것처럼 보이기 시작한 것이다. 무엇으로 만들어지고 신호를 보내는 프로세스가 어떻게 작동하는지 같은 낮은 수준에서 볼 때 양자가 매우 다름은 물론이다.

불확실성이 갖는 독특한 두 가지 유형

이러한 아이디어를 구체적으로 설명하기 위하여 더욱 역동적인 수학 구조를 갖는 착시 현상을 생각해 보자. 모호하거나 불완전한 정보가 한쪽 눈 또는 양쪽 눈에 전달될 때 시지각에는 기묘한 현상이 일어난다. 모호성은

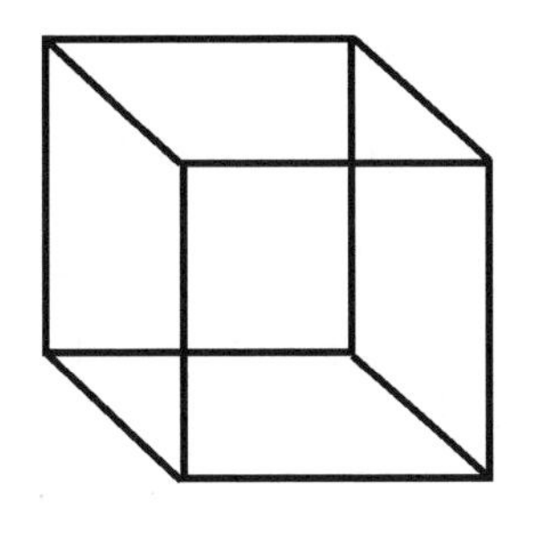

그림 26 착시 현상에 대한 대표 유형. 왼쪽 그림이 네커 정육면체, 오른쪽 그림이 재스트로의 토끼/오리다.

우리가 정확히 무엇을 보고 있는지 확신하지 못하는 불확실성의 한 가지 유형이다. 여기서 불확실성의 두 가지 독특한 유형을 간단히 살펴보려 한다.

첫 번째 유형은 1593년에 잠바티스타 델라 포르타(Giambattista della Porta)가 발견했으며 〈굴절에 관하여〉(On Refraction)라는 광학 논문에 포함되었다. 델라 포르타는 한쪽 눈앞에 책 한 권을 펼치고 다른 쪽 눈앞에는 다른 책을 놓았다. 그는 한 번에 한쪽 책만을 읽을 수 있었으며 '시각적 덕목'(visual virtue)을 반대편 눈으로 옮김으로써 다른 책으로 시선을 돌릴 수 있었다고 보고했다. 이것이 오늘날 양안 경합(binocular rivalry)이라 불리는 효과다. 이 현상은 양쪽 눈에 제시된 서로 다른 이미지가 번갈아 일어나는 지각(뇌가 보고 있다고 믿는)으로 이어질 때 발생한다.

두 번째 유형은 착시 또는 다중 안정 그림(multistable figure)이다. 이 현상은 정지하거나 움직이는 단일한 이미지가 여러 가지로 감지될 때 일어난다. 대표적인 예는 1832년에 스위스의 결정학자 루이스 네커(Louis Necker)가 소개한 두 방향으로 모양이 바뀌는 것처럼 보이는 네커 정육면체와 미국의 심리학자 조지프 재스트로(Joseph Jastrow)가 고안한 그다지 비슷하지

않은 토끼와 조금 닮은 오리 사이를 왔다 갔다 하는 토끼/오리 착시다.[69]

네커 정육면체의 지각에 대한 단순한 모델은 단 두 개의 접속점으로 구성된 네트워크다. 접속점들이 신경 세포 또는 신경 세포의 작은 네트워크를 나타내는 이 모델은 단지 도식적인 목적을 위한 것이다. 접속점 하나는 정육면체가 감지되는 한 가지 방향에 해당하고(그리고 거기에 반응하도록 훈련받은 것으로 가정되며) 다른 접속점은 반대 방향에 해당한다. 두 접속점은 '억제성 연결'(inhibitory connections, 신경 세포의 활성화를 억제하는 역할을 한다.—옮긴이)로 관계를 맺고 있다. 이러한 '승자 독식' 구조가 중요하다. 접속점 하나가 활성화되면 다른 접속점이 활성화되지 못하도록 보장하기 때문이다. 따라서 네트워크가 항상 확실한 결정을 내리게 된다. 모델의 또 다른 가정은 이러한 결정이 가장 활성화된 접속점에 의하여 정해진다는 것이다.

처음에는 두 접속점 모두 비활성 상태다. 눈이 네커 정육면체의 이미지를 보면 접속점들은 행동을 촉발하는 입력을 받게 된다. 하지만 승자 독식 구조는 두 접속점이 동시에 활성화되지 못하도록 작용한다. 수학 모델에서 접속점은 활성화 위치가 첫 번째 점에서 두 번째 점으로 바뀌는 식으로 번갈아 작동한다. 이론상으로는 이러한 교대가 규칙적인 간격으로 반복되는 현상이 가능하다. 그러나 실제 관찰 결과는 그렇지 않다. 실험 대상자들이 유사한 지각 변화를 보고하지만 변화가 불규칙한 간격으로 일어난다. 이는 뇌의 나머지 영역에서 오는 무작위적인 영향으로 설명되는 것이 보통이나 논쟁의 여지가 있다.

동일한 네트워크가 양안 경합도 모델화한다. 실험 대상자에게 두 접속점은 각각 왼쪽 눈과 오른쪽 눈에 보여 준 두 이미지에 해당한다. 사람들

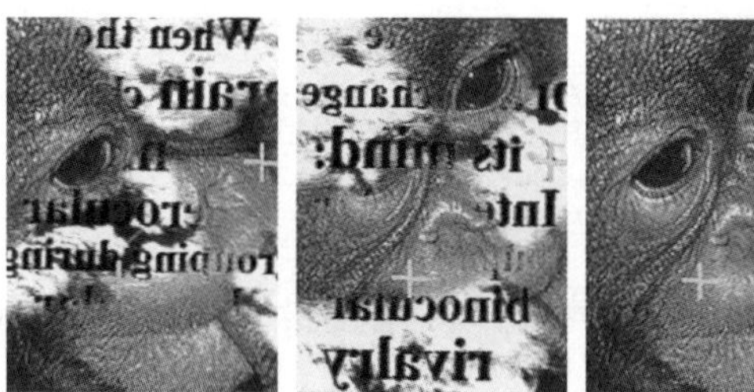

그림 27 원숭이/문자열 실험에 사용되는 이미지. 왼쪽의 두 '혼합' 이미지를 양쪽 눈에 별도로 보여 주면 일부 실험 대상자는 오른쪽과 같은 두 가지 완전한 이미지를 번갈아 본다.

은 두 이미지가 서로 겹쳐진 것으로 인식하지 않는다. 그 대신에 한쪽씩 번갈아서 본다. 이 같은 현상 역시 사물을 감지한 뒤 시각으로 전환하는 간격이 더 규칙적이기는 하지만 접속점 모델에서도 일어난다.

수학 모델이 단지 두 가지 알려진 가능성 사이의 전환만을 예측한다면 그다지 흥미롭지는 못할 것이다. 유사한 네트워크들이 약간 더 복잡한 상황에서는 더욱 놀라운 방식으로 움직인다. 고전적인 예는 일로나 코바치(Ilona Kovács) 연구팀의 원숭이/문자열 실험이다.[70] 원숭이(미심쩍게도 유인원에 속하는 새끼 오랑우탄처럼 보이지만 모두가 원숭이라 부른다.)의 사진을 여섯 조각으로 자른다. 녹색 배경에 청색 문자열이 있는 사진 역시 비슷한 모양의 여섯 조각으로 자른다. 그리고 각 이미지의 세 조각을 다른 이미지의 조각과 바꾸어 혼합된 이미지 두 개를 만든 다음 실험 대상자의 왼쪽과 오른쪽 눈에 각각의 이미지를 보여 준다.

그들은 무엇을 볼까? 사람들 대부분은 혼합된 이미지 두 개가 번갈아 보인다고 말한다. 이는 충분히 타당한 결과다. 책 두 권을 이용한 포르타의 실험에서도 확인했던 현상이다. 마치 한쪽 눈이 이겼다가 다른 쪽 눈이 이기는 식의 게임이 계속되는 것과 같다. 그러나 완전한 원숭이 이미지와 완전한 문자 이미지가 번갈아 보인다고 말하는 사람도 있다. 이 현상을 뒷받침하는 그럴듯한 설명이 있다. 그들의 뇌는 완전한 원숭이와 완전한 문자열이 어떻게 보이는지를 '알고' 적절한 조각들을 맞춘다. 하지만 실제로는 두 개의 혼합된 이미지를 보고 있으므로 자신이 보는 것이 무엇인지 결정하지 못하고 두 이미지를 번갈아 응시하게 된다. 이 같은 설명은 그다지 만족스럽지 않다. 실제로 혼합된 이미지 한 쌍을 보는 사람들과 완전한 이미지 한 쌍을 보는 사람들이 있는 이유를 설명하지 못한다.

더 밝은 빛을 비추는 수학 모델이 있다. 신경 과학자 휴 윌슨(Hugh Wilson)이 제안한 모델은 뇌의 고급 의사 결정에 대한 네트워크 모델에 기초한다. 나는 이 유형을 윌슨 네트워크(Wilson network)라 부를 것이다. 가장 단순한 형태의 (훈련받지 않은) 윌슨 네트워크는 접속점의 직사각형 배열이다. 이들은 모델 신경 세포 또는 신경 세포의 집단으로 간주할 수 있으며 모델을 만들기 위하여 특정한 생리학적 해석을 부여할 필요는 없다. 경합 설정(rivalry setting)에서 배열의 각 열은 색깔이나 방향 같은 눈에 제시된 이미지의 '속성'에 해당한다. 각 속성에는 색깔이 빨강, 파랑, 초록일 수 있고 수직, 수평, 대각선 방향 같은 대안의 범위가 존재한다. 이렇게 구분된 가능성은 해당 속성의 '단계들'이다. 각 단계는 속성을 나타내는 열에 위치한 접합점 하나에 해당한다.

모든 특정한 이미지는 관련된 속성마다 하나씩 선택된 단계들이 결합한 것으로 볼 수 있다. 가령 수평 방향의 붉은색 이미지는 색채 열의 '빨강' 단계와 방향 열의 '수평' 단계를 결합할 때 생긴다. 윌슨 네트워크의 구조는 속성마다 하나씩 존재하는 특정 단계들의 '학습된' 결합에 더 강하게

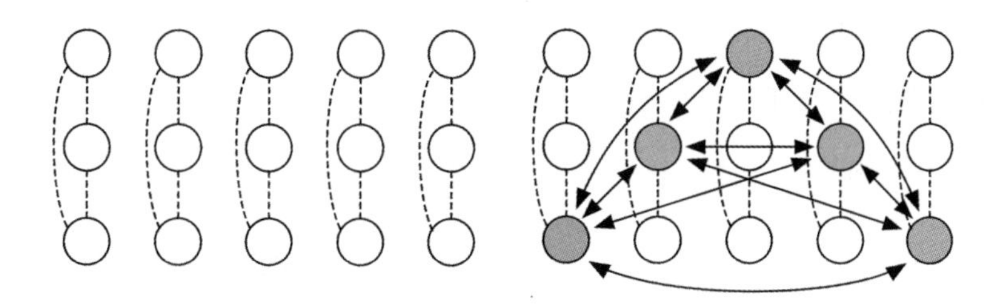

그림 28 시각 시스템에 대한 두 가지 모델. 왼쪽 그림은 각자 세 단계가 있는 다섯 가지 속성을 갖춘 훈련되지 않은 윌슨 네트워크로, 점선은 억제성 결합을 나타낸다. 오른쪽 그림은 접속점 간의 흥분성 연결(진한 화살선)을 표현한 패턴(각 속성의 음영 표시된 단계)으로, 이들 연결을 추가하여 패턴을 인식하도록 원래 네트워크를 훈련시킨다.

반응하여 패턴을 탐지하도록 설계되었다. 각 열에서 모든 접속점의 쌍들은 억제성 결합으로 연결된다. 이러한 구조는 추가 입력이나 수정 없이 각 열에서 승자 독식의 역학을 형성하므로 접속점 하나만이 최대로 활성화되는 것이 보통이다. 그러면 그 점이 포함된 열이 속성에 해당하는 단계를 탐지한다. 눈에 이미지를 제시하는 훈련은 단계들의 적절한 결합에 해당하는 접속점들 간에 흥분성 연결을 추가함으로써 모델에 반영된다. 경합 모델에서는 두 이미지에 모두 그러한 연결이 추가된다.

케이시 딕먼(Casey Diekman)과 마틴 골루비츠키(Martin Golubitsky)는 경합 모델의 윌슨 네트워크에서 때로 예상하지 못한 시사점이 나타날 수 있음을 입증했다.[71] 원숭이/문자열 실험에서 네트워크의 동역학은 두 가지 독특한 방식의 진동이 일어날 수 있다고 예측한다. 즉 눈에 비친 혼합된 두 이미지인 두 가지 학습 패턴이 번갈아 일어날 수 있다. 하지만 완전한 원숭이와 완전한 문자열의 이미지로 나타날 수도 있다. 어느 이미지 쌍이 보일지는 연결 강도에 따라 달라지며, 이는 실험 대상자 각각의 신경 세포

집단이 얼마만큼의 강도로 뇌에 연결되었는지와 관련이 있음을 시사한다. 실험을 묘사하는 가장 단순한 윌슨 네트워크가 실제 실험에서의 관찰 결과를 정확하게 예측하는 것은 놀라운 일이다.

인간의 학습된 시각 패턴

윌슨 네트워크는 단순한 동역학적 네트워크가 원리적으로 어떻게 외부 세계에서 받아들인 정보에 기초한 결정을 내릴 수 있는지에 빛을 비추기 위한 도식적인 수학 모델이다. 더 단호하게 말하자면 일부 뇌 영역의 구조는 윌슨 네트워크와 흡사하며 거의 비슷한 방식으로 의사 결정을 내리는 것처럼 보인다. 눈에서 오는 신호를 처리하는 시각 피질(visual cortex)이 대표적인 예다.

교과서에 뭐라고 쓰였든 인간의 눈은 카메라처럼 작동하지 않는다. 공정하게 말하자면 눈이 이미지를 탐지하는 방식은 카메라와 꽤 비슷하다. 인간의 눈에도 들어오는 빛의 초점을 맞추는 역할을 해 망막에 전달하는 렌즈가 있다. 망막은 구식 카메라의 필름보다 오늘날의 디지털카메라에 달린 전하-결합 장치(charge-coupled device)에 더 가깝다. 망막에는 간상체와 추상체라 불리는 수많은 수용체가 있다. 이들은 들어오는 빛에 반응하는 특별한 빛-민감성 신경 세포다. 추상체에는 세 종류가 있으며 각각 특정한 파장의 빛(즉 특정한 색깔의 빛)에 더 민감하게 반응한다. 그 색깔은 일상 용어로 빨강, 초록, 파랑이다. 간상체는 조도가 낮은 빛에 반응한다. '연청색' 근처 또는 청록색 파장의 빛에 가장 강하게 반응하며, 우리의 시각 시스템은 이 신호를 회색 조의 음영으로 해석한다. 우리가 밤에 색깔을 잘 보지 못하는 것은 이 때문이다.

인간의 시각이 카메라와 크게 달라지는 것은 여기부터다. 눈에 신호가 들어오면 시신경을 통하여 시각 피질이라 불리는 뇌 영역으로 전달된다. 시신경은 얇은 시각 피질 층이 겹쳐진 것으로 볼 수 있으며 눈에서 받아들인 신호의 패턴을 처리하여 뇌의 다른 영역이 무엇을 보는지 식별하도록 돕는다. 각 신경 세포층은 윌슨 네트워크가 네커 정육면체나 원숭이/문자열 이미지 쌍에 반응하는 것처럼 들어오는 신호에 동역학적으로 반응한다. 이것은 구조에 따라 신호의 다른 특성에 반응하는 다음 층으로 전달된다. 신호는 또한 깊은 층에서 표면으로도 전달되어 다음에 들어오는 신호에 표면층이 어떻게 반응할지에 영향을 미친다. 결국 이렇게 신호가 단계적으로 전달되는 과정의 어디에선가 지금 보는 대상이 '할머니'(또는 다른 무엇이든)라고 무언가가 결정을 내린다. 이 무언가는 흔히 할머니 세포라 불리는 특정한 하나의 신경 세포일 수도 있고 아니면 더 정교한 방식일지도 모른다. 우리는 아직 어느 쪽이 맞는지 알지 못한다. 일단 할머니를 인식한 뇌는 '할머니가 코트를 벗는 것을 도와드려.'나 '할머니는 집에 오시면 언제나 차를 한잔 마시고 싶어 하시지.' 또는 '오늘은 조금 걱정스러워 보이시는데.' 같은 다른 영역에 존재하는 정보를 호출할 수 있다.

컴퓨터에 연결된 카메라도 안면 인식 알고리즘을 이용하여 당신의 사진에 찍힌 사람들의 이름을 꼬리표로 다는 것 같은 앞의 사례와 유사한 작업을 수행하기 시작했다. 따라서 시각 시스템은 분명 카메라와 다르지만 카메라는 점점 더 시각 시스템에 가까워지고 있다.

신경 과학자들은 시각 피질의 배선도를 상당히 세부적으로 연구해 왔으며, 뇌의 내부적인 연결을 탐지하는 새로운 기법에 따라 더욱 개선된 결과가 폭발적으로 이어질 것이다. 그들은 전압에 민감한 특수 염료를 사용하여 동물 시각 피질의 최상층인 'V1'에 있는 신경 세포 연결의 일반 특성을 파악했다. 개략적으로 말하자면 V1은 눈이 바라보는 대상의 직선 조각들을 탐지하고 그들이 가리키는 방향을 알아낸다. 이는 물체의 테두리를 찾아내는 데 쓰이는 중요한 기능이다. V1의 구조는 다양한 방향의 직선을 이용하도록 학습된 윌슨 네트워크와 흡사하다는 사실이 밝혀졌다. 네트워크의 각 열은 '현 위치에서 보이는 직선의 방향'이라는 속성을 갖는 V1의 '대주'(hypercolumn)에 해당한다. 속성에 수반하는 단계들은 직선이 가리킬 수 있는 몇 가지 방향의 집합이다.

정말로 영리한 부분은 윌슨 네트워크의 학습된 패턴과의 유사점이다. V1에서 이들 패턴은 많은 대주의 시야를 길게 가로지르는 직선들이다. 한 대주가 어딘가에서 60도 기울어진 짧은 직선 조각을 탐지하여 그 '단계'에 해당하는 신경 세포가 신호를 발했다고 가정하자. 이 신경 세포는 인접한 대주에 있는 동일한 60도 단계에 해당하는 신경 세포들에게만 흥분성 신호를 보낸다. 더욱이 이들은 V1의 직선 조각을 따라 연속해서 놓인 대주들로만 연결된다. 실제로 정확히 그렇지는 않고 다른 약한 연결도 있으나 강한 연결은 내 설명에 매우 가깝다. V1의 구조는 직선과 그들이 가리키는 방향을 탐지하는 성향을 띤다. 직선 조각을 볼 때 V1은 그 선이 연속됨을 가정하고 간극을 채운다. 하지만 맹목적으로 이러한 행동을 하는 것은 아니다. 다른 대주들에서 온 충분히 강력한 신호가 가정과 상충된다면 그 신호가 이긴다. 예컨대 물체의 두 테두리가 만나는 모서리에서는 직선의 방향이 상충된다. 이와 같은 정보를 다음 층으로 내려보내면 직선뿐 아니라 모서리도 탐지하는 시스템이 갖춰진다. 결국 데이터가 단계적으로 전달되는 과정의 어느 시점에서 당신의 뇌가 할머니를 인식한다.

왜 우리는 가짜 뉴스에 조종되는가

대부분의 사람이 언젠가 경험하게 되는 불확실성은 '나는 어디에 있는가?'다. 신경 과학자 에드바르(Edvard)와 마이브리트 모세르(May–Britt Moser) 부부와 학생들은 2005년에 쥐의 뇌에 공간상의 위치를 파악하는 특수한 신경 세포인 격자 세포(grid cells)가 있음을 발견했다. 격자 세포는 등축 중추피질(dorsocaudal medial entorhinal cortex)이라는 다소 길고 복잡한 이름의 뇌 영역에 존재하며 위치와 기억을 관장하는 중앙 처리 장치다. 시각 피질과 마찬가지로 다층 구조를 갖지만 신호를 발사하는 패턴은 층마다 다르다.

과학자들은 쥐의 뇌에 전극을 심은 뒤에 개방된 공간에서 자유롭게 돌아다니도록 하고 쥐가 움직이는 동안 뇌의 어느 세포가 신호를 발하는지를 모니터링했다. 그 결과 쥐가 여러 작은 영역(발사 영역) 중 한 곳에 있을 때는 항상 특정한 세포들이 신호를 발한다는 사실이 밝혀졌다. 이 영역은 육각형 격자를 형성한다. 연구자들은 이들 신경 세포가 공간의 정신적인 표현, 즉 쥐의 뇌에 일종의 좌표 시스템을 제공하여 위치를 알려 주는 인지 지도를 구성한다고 추론했다. 격자 세포의 활동은 쥐의 움직임에 따라 지속해서 업데이트된다. 쥐가 어느 방향으로 향하든 신호를 발하는 세포도 있고 방향에 의존하여 반응하는 세포도 있다.

우리는 아직 격자 세포가 어떻게 쥐에게 자신의 위치를 말해 주는지 정확하게 이해하지 못한다. 쥐의 뇌에 있는 격자 세포의 배열이 불규칙하다는 점이 흥미롭다. 이들 격자 세포층은 돌아다니면서 생기는 작은 움직임을 놓치지 않고 적분하여 쥐의 위치를 '계산한다.' 이러한 프로세스는 각자의 크기와 방향을 갖는 수많은 변화를 더함으로써 움직이는 물체의 위치를 결정하는 벡터 계산을 이용하여 구현할 수 있다. 기본적으로 뱃사람들이 더 나은 항법 기기가 고안되기 전에 '추측 항법'(dead reckoning)으로 배를 몰았던 것과 같은 방법이다.

우리는 격자 세포의 네트워크가 아무런 시각 입력이 없이도 기능을 발휘할 수 있음을 안다. 완전한 암흑 속에서도 신호를 발하는 패턴이 바뀌지 않기 때문이다. 그러나 이 네트워크는 시각 입력에도 상당히 강하게 의존한다. 예를 들어 쥐가 원통형 공간의 내부에서 움직이며 벽에는 기준점으로 삼을 만한 카드가 한 장 있다고 가정하자. 그다음 특정한 격자 세포를 선택하여 그것이 담당하는 공간 영역의 격자를 측정한다. 그러고는 원통을 회전시킨 뒤에 다시 측정해 보자. 격자도 같은 양만큼 회전한다. 쥐가 새로운 환경에 처해도 격자와 격자의 간격이 변하지 않는다. 격자 세포가 위치를 어떤 방식으로 측정하든 이 시스템은 대단히 견고하다.

2018년에 안드레아 바니노(Andrea Banino)의 연구팀은 심층 학습 네트워크를 이용하여 유사한 항법 과제를 수행했음을 보고했다. 그들의 네트워크에는 수많은 되먹임 회로가 있었다. 항법은 한 처리 단계의 출력을 다음 단계를 입력하는 데 사용하는 방식에 의존하는 것으로 보이는, 사실상 함수가 반복됨에 따라 이루어지는 네트워크를 갖춘 불연속적인 동역학 시스템이기 때문이다. 연구팀은 다양한 설치류(쥐와 생쥐 같은)의 경로를 패턴화한 기록으로 네트워크를 훈련시키고 뇌의 나머지 영역이 격자 세포에 보낼 수 있는 유형의 정보를 제공했다.

네트워크는 다양한 환경에서 효율적으로 길을 찾는 방법을 학습했으며 성능 저하 없이 새로운 환경으로 이동했다. 연구팀은 특정한 목표를 부여하는 방법을 사용했으며 더 발전된 설정에서는 미로를 통과하게 하여 (전체 설정이 컴퓨터 내부에 있으므로 시뮬레이션을 통하여) 네트워크 성능을 시험했다. 그들은 또한 데이터를 세 가지 유형의 정규 분포가 혼합된 분포에 맞추는 베이즈 기법을 사용하여 네트워크 성능의 통계적 유의성을 평가했다.

한 가지 주목할 만한 결과는 쥐의 학습 과정이 진보함에 따라 네트워크의 중간층 하나에서, 특정한 공간 영역 격자에 있을 때 활성화되는 격자 세포에서 관찰된 것과 유사한 행동 패턴이 개발되었다는 사실이다. 네트워크의 구조에 대한 상세한 수학적인 분석은 네트워크가 벡터 계산을 모사하고 있음을 시사했다. 네트워크가 수학자들이 선택했을 법한 벡터를 표시하고 그들을 합하는 방식을 사용했다고 생각할 이유는 없다. 그렇지만 연구 결과는 격자 세포가 벡터-기반 항법에서 대단히 중요한 역할을 한다는 이론을 뒷받침한다.

더 일반적으로 말하자면 뇌가 외부 세계를 이해하기 위하여 사용하는 모델은 어느 정도 외부 세계를 기초로 한다. 뇌의 구조는 수십만 년에 걸쳐 주변 환경에 대한 정보를 '내장하는' 방식으로 진화해 왔다. 우리가 배우는 것은 자신의 생각이라는 조건의 제한을 받는다. 따라서 아주 어린 나이에 배운 믿음이 뇌에 확고하게 자리 잡는다. 이는 앞에서 언급한 예수회 격언의 신경 과학적인 증명이다.

문화적인 믿음은 우리가 성장한 문화의 영향을 강하게 받는다. 우리는 세계에서 자신의 위치와 주변 존재들과의 관계를, 어떤 찬송가를 알고 있는지나 어느 축구팀을 응원하는지나 어떤 음악을 연주하는지 같은 것을 통하여 식별한다. 우리의 뇌 회로에 암호화된 모든 '믿음'은 대부분 공통적이며 증거의 관점에서 합리적인 논쟁의 대상이 된다 하더라도 논란의 여지가 작다. 하지만 그러한 판별 없이 고수하는 믿음은 그 차이점을 인식하지 않는 한 문제가 될 수 있다. 불행하게도 우리의 문화에서는 그러한 믿음이 중요한 역할을 하며, 이는 애당초 그런 믿음이 존재하는 이유이기도 하다. 믿음은 증거가 아니라 신념에 기초하며 우리와 저들을 구별하는 데 매우 효과적이다. 모든 사람이 2+2=4임을 '믿는' 것은 틀림없는 사실이므로 그 점에서 당신과 나는 전혀 다를 것이 없다. 하지만 당신은 수요일마다 고양이 여신에게 기도를 드리는가? 아니라면 당신은 우리에 속하지 않는다.

작은 집단에서 살아갈 때는 이러한 믿음이 꽤 잘 통했다. 만나는 사람들 대부분이 고양이 여신에게 기도하며 그렇지 않은 사람을 경계하는 것이 좋은 생각이었기 때문이다. 하지만 믿음이 부족 정도로만 확장되더라도 종종 폭력으로 이어지는 마찰의 원천이 되었다. 그리고 오늘날과 같이 전 세계가 서로 연결된 시대에는 대규모 재앙이 되고 있다.

오늘날의 대중 영합 정치는 과거에 '거짓말'이나 '선전'으로 불리던 것에 새로운 표현을 제공했다. 바로 가짜 뉴스다. 가짜 뉴스와 진짜 뉴스를 구별하기가 점점 더 어려워진다. 수백 달러만 들이면 누구든지 성능이 뛰어난 컴퓨터를 손에 넣을 수 있다. 원리상 정교한 소프트웨어의 광범위한 가용성이 세계를 민주화한 점은 좋은 일이지만 종종 진실과 거짓말을 구별하는 문제를 복잡하게 만든다.

사용자가 어떤 유형의 정보를 접하든 자기 입맛에 맞게 손질할 수 있기 때문에 듣고 싶은 뉴스만을 접하는 정보 거품 속에서 살아가기가 점점 더 쉬워진다. 차이나 미에빌(China Miébille)은 SF범죄 소설 《이중 도시》에서 이러한 경향을 극단적인 방식으로 패러디했다. 소설에서 베셀이라는 도시의 강력반 형사 볼루는 살인 사건을 수사하고 있다. 그는 현지 경찰과의 협력 수사를 위하여 도시 간의 경계를 넘어 이웃한 쌍둥이 도시 울코마(Ul Qoma)를 여러 차례 방문한다. 처음에는 동과 서로 나뉜 베를린의 상황과 비슷하게 그려지지만 독자들은 서서히 두 도시가 동일한 지리 공간을 절반씩 차지하고 있음을 깨닫게 된다. 태어날 때부터 다른 도시 사람으로 구분된 이들은 같은 건물과 거리 사이로 걸어 다니는데도 서로를 알아채지 못하도록 훈련받았다. 오늘날 우리 중 다수가 인터넷상의 확증 편향에 사로잡혀 이렇게 행동하고 있다. 따라서 우리가 받아들이는 모든 정보가 자신이 옳다는 견해를 강화한다.

왜 우리는 그토록 쉽사리 가짜 뉴스에 조종당할까? 그것은 오래전부터 내재한 믿음에 기초하여 작동하는 베이지안 뇌 때문이다. 우리의 믿음은 마우스 조작 한 번으로 삭제하거나 대체할 수 있는 컴퓨터 파일과 다르다. 내장 하드웨어에 더 가깝다. 믿음이 강할수록, 아니면 단지 믿기를 원할 때도 믿음이 더욱 확고해진다. 우리 입맛에 맞기 때문에 믿는 모든 가짜 뉴스는 그렇게 내장된 연결의 강도를 높인다. 믿고 싶지 않은 항목은 모두 무시된다.

나는 이 같은 일을 막을 만한 좋은 방법을 모른다. 교육? 아이가 특정한 믿음을 권장하는 특수한 학교에 간다면 무슨 일이 일어날까? 사실임이 명백하지만 믿음과 상충하는 주제를 가르치는 일이 금지된다면 어떻게 될까? 과학은 지금까지 인류가 고안해 낸 사실과 허구를 구별하는 방법 중 최선의 수단이지만 정부가 연구비 지원을 중단하는 방법으로 불편한 진실을 다루기로 결정한다면 무슨 일이 일어날까? 미국에서는 이미 연방 정부가 총기 소유 결과에 관한 연구에 자금을 지원하는 것이 불법이며 트럼프 행정부는 기후 변화에 대해서도 같은 생각을 하고 있다. 이러한 일은 없어지지 않을 것이다.

한 가지 제안은 우리에게 새로운 문지기들이 필요하다는 것이다. 하지만 무신론자가 신뢰하는 웹 사이트는 광신자의 혐오 대상이며 그 반대도 마찬가지다. 사악한 기업이 우리가 신뢰하는 웹 사이트를 통제하게 되면 무슨 일이 일어날까? 늘 그렇듯이 이는 새로운 문제가 아니다. 서기 100년경에 로마의 시인 유베날리스(Juvenalis)가 《풍자 시집》(Satires)에서 말한 대로 "감시원은 누가 감시할 것인가?"(Quis custodiet ipsos custodes?) 하지만 오늘의 문제는 더 심각하다. 트윗 하나가 전 세계로 퍼질 수 있기 때문이다.

어쩌면 내가 지나치게 비관적인지도 모른다. 전반적으로 향상된 교육 수준은 사람들을 더 합리적으로 만든다. 그러나 동굴과 숲에 살았을 때 큰 도움이 되었던 빠르고 간편한 알고리즘을 갖춘 우리의 베이지안 뇌는 오늘날처럼 잘못된 정보가 만연한 시대에 더 이상 맞지 않을 수도 있다.

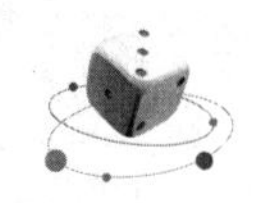

제15장

양자 불확실성

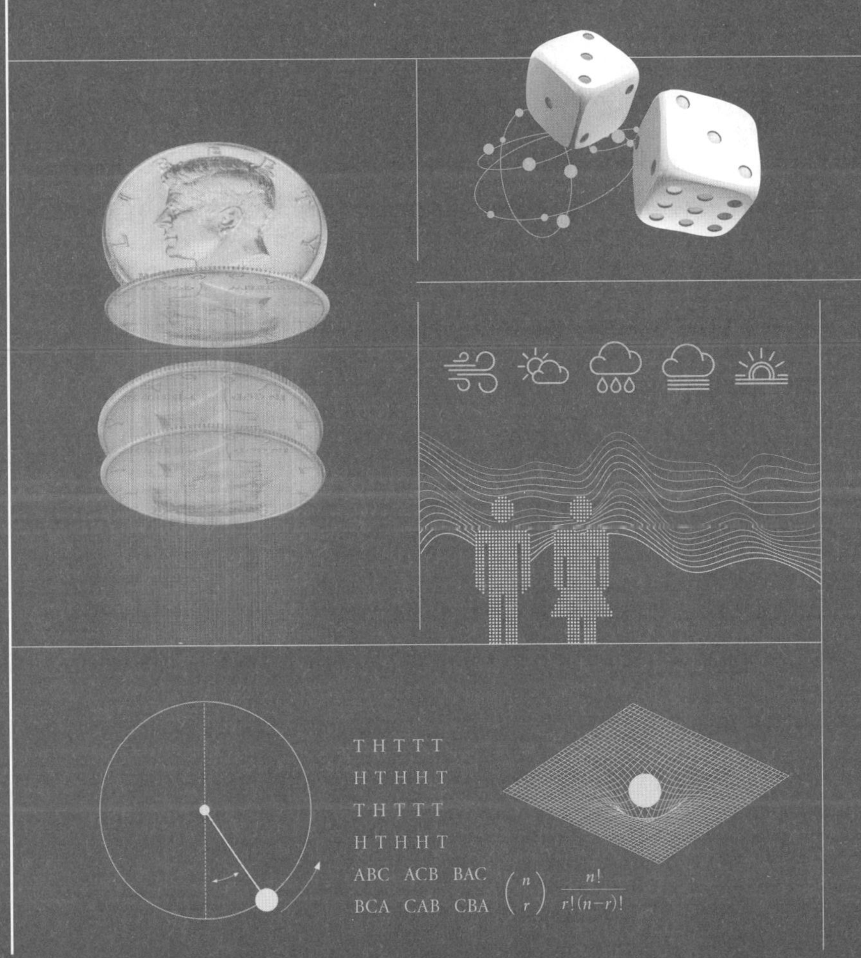

T H T T T
H T H H T
T H T T T
H T H H T
ABC ACB BAC
BCA CAB CBA
$\binom{n}{r}$ $\frac{n!}{r!(n-r)!}$

입자의 위치와 속력과 방향을 동시에
정확하게 결정하는 것은 불가능하다.

–
베르너 하이젠베르크, 《원자 물리학》

• • • 인간사의 대부분 영역에서 불확실성은 무지로부터 발생한다. 최소한 원리상으로는 지식이 불확실성을 해결할 수 있다. 물론 현실적인 장애가 존재한다. 민주적인 선거의 결과를 예측하려면 모든 유권자의 마음속에서 무슨 일이 일어나는지를 알아야 할지도 모른다. 실제로 그것을 안다면 누가 투표에 참여할 것이며 그들이 누구에게 투표할지를 확실히 파악할 수 있다.

그러나 물리학의 한 분야에서는 불확실성이 자연의 고유한 특성이라는 견해가 압도적인 공감대를 형성한다. 아무리 많은 지식이 추가되어도 사건을 예측할 수 없다. 시스템 자체가 스스로 무엇을 할지를 '모르기' 때문이다. 그저 자신의 행동을 할 뿐이다. 이 분야는 양자 역학이다. 태어난 지 120년쯤 된 양자 역학은 과학뿐 아니라 과학과 실세계의 관계에 대한 우리의 사고방식에 근본적인 혁명을 일으켰다. 양자 역학은 심지어 철학적인 사고방식을 가진 사람들이 '실세계가 어떤 의미에서 존재하는가?'라는 의문을 제기하도록 하는 역할을 했다. 뉴턴이 이룩한 가장 위대한 진보는 자연이 수학 법칙을 따른다는 사실을 보여 준 일이다. 양자 역학은 법칙에도 고유한 불확실성이 존재할 수 있다고 말한다. 거의 모든 물리학자가 그렇게 단언하며 그들에게는 주장을 뒷받침하기에 충분한 증거가 있다. 하지만 확률의 갑옷에도 몇 개의 틈이 존재한다. 나는 양자 불확실성이 영원히 예측 가능하지 않을 것이라고 생각하지만 결정론적인 설명이 나올 가능성도 배제할 수 없다. 이러한 추론적인 아이디어를 제16장에서 살펴보기 전에 정통적인 이야기를 정리할 필요가 있다.

모든 것은 영감을 받은 천재의 머릿속에 맴도는 은유의 대상이 아니고 실세계에 존재하는 전구와 함께 시작되었다. 1894년에 여러 전기 회사가 독일의 물리학자 막스 플랑크(Max Planck)에게 가장 효율적인 전구를 개발해 달라고 요청했다. 당연히 플랑크는 기본 물리학에서 시작했다. 빛은 인간의 눈이 감지할 수 있는 파장 영역에 존재하는 전자기 복사(electromagnetic radiation)의 한 형태다. 물리학자들은 가장 효율적인 복사체가 모든 파장의 복사를 완벽하게 흡수하는 상보적인 성질로 특징지어지는 '흑체'(black body)라는 사실을 깨달았다. 1859년에 구스타프 키르히호프(Gustav Kirchhoff)는 흑체 복사의 강도가 방출된 복사선의 진동수(frequency)와 흑체의 온도에 어떻게 의존하는지 의문을 제기했다. 이에 실험주의자들이 실험을 수행하고 이론가들이 이론을 만들어 냈는데 그 결과는 서로 일치하지 않았다. 플랑크는 이러한 혼란을 깔끔하게 정리하기로 했다.

그는 첫 시도에서 성공을 거두기는 했으나 가정이 상당히 임의적이었기 때문에 만족할 수 없었다. 한 달 뒤에 플랑크는 앞의 결과를 정당화하는 더 좋은 방법을 찾아냈다. 전자기 에너지의 크기가 연속이 아니고 불연속적이라는 혁신적인 아이디어였다. 더 정확하게 말하면 특정한 진동수가 주어졌을 때의 에너지가 항상 진동수의 정수 배라는 생각이었다. 오늘날 '플랑크 상수'(Planck's constant)라 불리며 *h*라는 기호로 표기되는 아주 작은 상수를 곱한 크기라는 그것이다. 플랑크 상수의 공인된 값은 6.626×10^{-34}줄-초(joule-seconds), 즉 소수점 뒤에 0이 33개 이어지는 0.0……0626이다. 1줄(joule)은 찻숟가락 하나의 물을 0.25도 정도 데울 수 있는 에너지다. 따라서 *h*는 실험에서 관찰되는 에너지 준위가 여전히 연속적으로 보일 정도로 정말 대단히 작은 에너지다. 그렇지만 연속하는 범위의 에너지를 아주 가까운 간격의 불연속적인 값의 집합으로 대치하면 잘못된 결과를 얻는 수학적인 문제를 피할 수 있었다.

당시에 플랑크는 깨닫지 못했지만 에너지에 관한 그의 기묘한 가정은 과학 분야 전반에 거대한 혁명을 일으킨 양자 역학의 시발점이었다. '양자'란 매우 작지만 불연속적인 양을 말한다. 양자 역학은 아주 작은 척도에서 물질이 행동하는 방식에 대하여 우리가 아는 최선의 이론이다. 양자 이론은 놀라울 정도로 정확하게 실험 결과와 일치하지만 양자 세계에 대한 우리의 지식 중에는 매우 당혹스러운 부분이 많다. 위대한 물리학자 리처드 파인먼(Richard Feynman)은 이렇게 말했다고 전해진다. "당신이 양자 역학을 이해한다고 생각한다면 양자 역학을 이해하지 못한 것이다."[72]

예를 들어 플랑크 공식의 가장 명백한 해석은 빛이 오늘날 광자라 불리는 작은 입자로 구성되며 광자의 에너지는 빛의 진동수에 플랑크 상수를 곱한 값이라는 것이다. 빛의 에너지는 이 값의 정수 배가 된다. 광자의 수가 정수여야 하기 때문이다. 이러한 설명은 매우 이치에 맞는 한편으로 다음의 어려운 문제도 제기한다. 입자가 어떻게 진동수를 가질 수 있는가? 진동수는 파동의 속성이다. 그렇다면 광자는 파동인가 입자인가?

둘 다다.

광자의 파동-입자 이중성

갈릴레오는 자연 법칙이 수학의 언어로 쓰였다고 주장했으며 뉴턴의 《프린키피아》는 그러한 견해가 타당함을 입증했다. 수십 년 동안 유럽 대륙의 수학자들은 이러한 통찰을 열, 빛, 소리, 탄성, 진동, 전기, 자기, 유체의 흐름으로 확대해 나갔다. 이 과정에서 얻은 방정식들의 폭발로 문을 연 고전역학의 시대는 물리학에 두 가지 중요한 요소를 도입하는 데 기여했다. 하나는 모델의 목적상 점으로 간주할 정도로 작은 물질 조각인 입자의 개념이었다. 또 다른 대표 개념은 파동이다. 대양을 가로지르는 파도를 생각해 보라. 바람이 강하지 않고 육지에서 멀리 떨어졌다면 파도는 형태의 변화가 없이 일정한 속도로 진행한다. 파도를 구성하는 실제 물 분자들은 파도와 함께 이동하지 않고 거의 제자리에 있다. 파도가 지나가는 동안 물 분자는 위아래로 그리고 좌우로 움직인다. 그들의 운동이 전달된 인접한 분자들도 비슷한 방식으로 움직여서 동일한 기본 형태를 만들어 낸다. 따라서 파도는 진행하나 물은 그렇지 않다.

파동은 어디에나 있다. 소리는 공기 중의 압력 파동이다. 지진은 땅속에 파동을 일으켜 건물을 쓰러뜨린다. 텔레비전, 레이더, 휴대 전화, 인터넷을 가능케 하는 전파 신호는 전기와 자기의 파동이다.

빛 또한 전자기 파동이라는 사실이 밝혀졌다. 17세기 말에는 빛의 성질이 논란의 대상이 되었다. 뉴턴은 빛이 수많은 작은 입자로 이루어진다고 믿었다. 반면 네덜란드의 물리학자 크리스티안 하위헌스는 빛이 파동이라는 강력한 증거를 제시했다. 뉴턴은 독창적인 설명으로 입자설을 주장했고 약 한 세기 동안 그의 견해가 우위를 차지했다. 그 뒤에는 하위헌스가 옳았다는 사실이 밝혀졌다. 최종적으로 파동을 지지한 진영에 유리하도록 논쟁을 매듭지은 것은 간섭이라는 현상이었다. 렌즈나 좁은 틈의 가장자리를 통과한 빛은 밝고 어두운 부분의 평행한 줄무늬로 구성되는 패턴을 형성한다. 현미경을 이용하면 쉽게 볼 수 있으며 빛이 단색일 때 더 잘 나타난다.

파동 이론은 이 현상을 간섭무늬(interference pattern)라는 단순하고 자연스러운 방식으로 설명한다. 두 파동이 겹칠 때 그들의 마루(peak)는 서로를 강화한다. 골(trough)도 마찬가지지만 마루와 골은 상쇄된다. 연못에 돌 두 개를 던져 보면 쉽게 관찰할 수 있다. 돌이 수면에 충돌하면 그 지점에서부터 밖으로 퍼져 나가는 원형의 물결이 형성된다. 그리고 두 물결이 만나는 곳에서 구부러진 체커 판과 비슷한 복잡한 패턴이 나타난다.

이 모든 것에 상당한 설득력이 있었으므로 과학자들은 빛이 입자가 아니고 파동이라는 견해를 받아들였다. 뚜렷한 사실이었다. 그런데 플랑크의 이론이 나오면서 갑자기 빛이 파동이라는 사실은 더 이상 명백하지 않았다.

광자가 때로는 입자, 때로는 파동으로 행동하는 '이중성'을 가졌다는 고전적인 증명은 일련의 실험을 통하여 이루어졌다. 1801년에 토머스 영(Thomas Young)은 평행한 두 개의 좁은 슬릿으로 광선을 통과시키는 실험을 상상했다. 빛이 파동이라면 좁은 슬릿을 통과하면서 '회절'(diffraction)

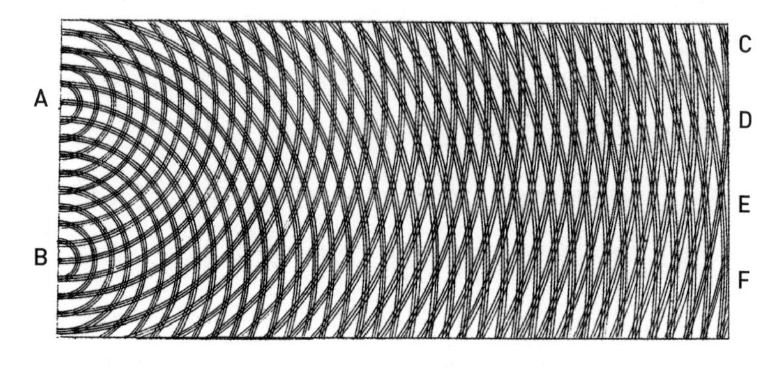

그림 29 물결의 관찰에 기초하여 이중-슬릿 간섭 현상을 보여 주는 토머스 영의 그림.

이 일어날 것이다. 즉 슬릿을 통과한 뒤에 연못의 원형 물결처럼 넓게 퍼져 나갈 것이다. 슬릿이 두 개일 때는 돌 두 개를 가깝게 던졌을 때처럼 독특한 간섭무늬가 형성되어야 한다.

그림 29에서 보듯 영은 마루를 검은 영역으로, 골을 흰 영역으로 표시한다. 슬릿 A와 B에서 발원한 파동의 동심원이 겹쳐지고 간섭을 일으켜 C, D, E, F를 향하여 방사되는 마루의 선들로 이어진다. 그림의 오른쪽 모서리에서 관측하면 교차하는 빛과 어두운 띠를 탐지할 수 있을 것이다. 영은 실제로 이러한 실험을 수행하지는 않았지만 카드 조각을 절반으로 나누어 만든 폭이 좁은 햇살을 이용하여 비슷한 결과를 입증했다. 회절 띠(diffraction bands)가 분명하게 나타났던 것이다. 영은 빛이 파동이라고 선언하고 띠의 폭으로부터 빨간색 및 자주색 빛의 파장을 추산했다.

이 실험은 그저 빛이 파동이라는 사실을 확인시킨다. 다음 단계로의 발전은 실험의 시사점을 이해하기까지 시간이 걸리면서 서서히 이루어졌다. 1909년에 대학 학부생이었던 제프리 잉그럼 테일러(Geoffrey Ingram

Taylor)는 아주 약한 빛을 바늘의 양쪽으로 회절시키는 이중-슬릿 실험을 수행했다. 영이 사용한 카드와 마찬가지로 바늘의 양쪽 면이 '슬릿'이었다. 3개월에 걸친 실험을 통하여 형성된 회절 패턴이 사진 건판에 기록되었다. 그의 보고서가 광자를 언급하지는 않았으나 대부분의 빛의 강도가 오직 하나의 광자만이 바늘을 통과할 정도로 약했으므로 이 실험은 나중에 서로 간섭하는 두 개의 광자가 회절 패턴을 만들어 내지 않았음을 입증하는 것으로 해석되었다. 후일에 파인먼은 광자가 어느 슬릿을 통과하는지를 관찰하기 위한 탐지기를 설치한다면 패턴이 사라질 것이라고 주장했다. 이는 실제로 수행되지 않은 '사고 실험'(thought experiment)이었다. 하지만 그 모두를 종합하면 광자가 때로는 입자처럼 때로는 파동처럼 행동하는 것으로 보였다.

한동안 몇몇 양자 역학 교과서는 실제로 수행되지 않았는데도, 이중-슬릿 실험과 파인먼이 나중에 덧붙인 사고 실험을 사실로 제시하여 광자의 파동-입자 이중성을 설명했다. 현대에 와서 이들의 실험은 실제 적절한 방식으로 이루어졌으며 실험에서 광자는 교과서에서 말하는 움직임을 보였다. 전자, 원자, (현시점의 기록으로) 810종의 분자도 마찬가지다. 1965년에 파인먼은 이러한 현상이 '어떤 고전적인 방식으로도 설명할 수 없으며 그 속에 양자 역학의 심장이 있다.'라고 말했다.[73]

이후 양자의 기묘함에 대한 여러 유사한 예가 발견되었다. 나는 로저 펜로즈(Roger Penrose)의 논문을 인용하여 파동-입자 문제를 극명하게 완화하는 한 쌍의 실험을 요약하고자 한다.[74] 이 실험은 또한 나중에 유용하게 쓰일 공통적인 관측 기법과 모델의 가정들을 예시한다. 실험의 핵심 장치는 조사된 빛의 절반을 직각으로 반사하고 나머지 절반을 통과시키는 광

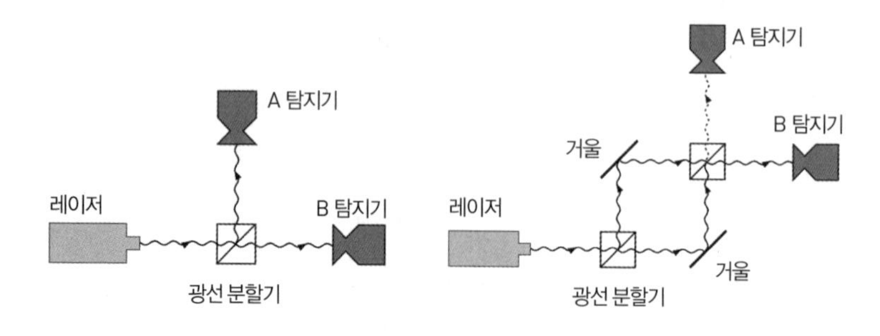

그림 30 광선 분할기를 만드는 방법. 빛은 왼쪽 그림에서 입자, 오른쪽 그림에서는 파동이다.

선 분할기다. 빛의 일부만 통과시킬 정도로 얇은 금속 코팅이 된 반도금 거울을 이용하는 것이 광선 분할기를 만드는 한 가지 방법이다. 유리 정육면체를 대각선으로 잘라서 프리즘 두 개를 만든 뒤에 대각면(對角面)에 접착제를 발라 다시 붙이는 방법도 흔히 사용된다. 이때는 접착제의 두께가 통과되는 빛과 반사되는 빛의 비율을 조절한다.

첫 번째 실험에서는 레이저가 방출한 광자 한 개가 광선 분할기에 충돌한다. 그러면 정확하게 A와 B 중 하나가 광자를 탐지한다. 이는 입자 같은 거동이다. 입자는 반사되어 A에서 탐지되거나 그냥 통과하여 B에서 탐지된다.(광선 분할기의 '분할'은 광자가 반사되거나 통과할 확률을 말한다. 광자 자체는 온전하게 남아 있다.) 광자가 파동이라면 이 실험의 결과를 이해할 수 없다.

두 번째 실험은 광선 분할기 두 개와 거울 두 개를 정사각형으로 설치한 마하-젠더 간섭계를 사용한다. 광자가 입자라면, 첫 번째 광선 분할기에서 절반은 반사되고 나머지 절반은 통과할 것으로 예상할 수 있다. 그 뒤에는 거울 두 개가 이들을 두 번째 광선 분할기로 보내며 거기서 광자가 A나 B로 갈 가능성이 각각 50퍼센트다. 그러나 관찰 결과는 그렇지 않다.

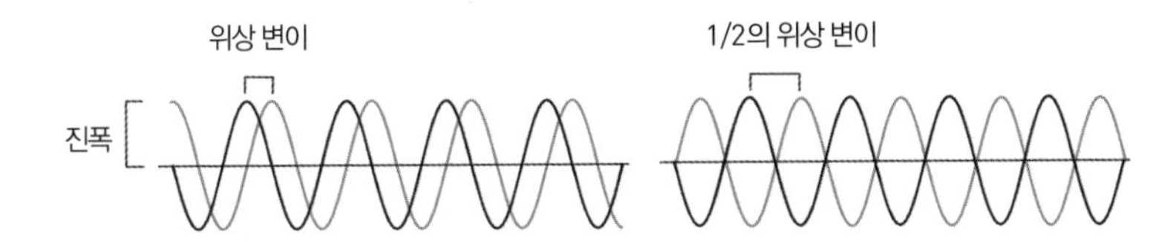

그림 31 파동의 개념. 왼쪽 그림은 두 파동의 진폭과 상대적인 위상 변이를 보여 주며 오른쪽 그림은 2분의 1의 위상 변이가 마루와 골을 일치시켜서 겹쳐진 파동을 상쇄하는 모습이다.

B에서는 항상 광자가 탐지되고 A에서는 전혀 탐지되지 않는다. 이는 광자가 첫 번째 광선 분할기에서 더 작은 파동으로 나뉘는 것이라면 완벽하게 이해할 수 있다. 갈라진 두 파동은 두 번째 광선 분할기로 입사하여 다시 둘씩 나뉜다. 잠시 뒤에 간략하게 설명하겠지만 세부 계산 결과는 A로 향하는 두 파동의 위상이 서로 어긋나서(한쪽이 마루일 때 다른 쪽은 골이 된다.) 상쇄됨을 보여 준다. B로 향하는 두 파동은 위상이 일치하여(파동의 마루가 일치한다.) 재결합한 뒤에 단일한 파동, 즉 하나의 광자가 된다.

따라서 첫 번째 실험은 광자가 파동이 아니고 입자임을, 두 번째 실험은 입자가 아니고 파동임을 입증한다. 물리학자들이 당황한 이유를 알 수 있다. 그런데 놀랍게도 그들은 이 모두를 아우르는 합리적인 방법을 찾아냈다. 관련된 물리학을 문자적으로 설명하려는 것은 아니지만 관련된 수학에 대한 간단한 비공식적인 설명은 다음과 같다. 파동 함수(wave funciton)는 $a+ib$ 같은 형태의 복소수로 표현된다.[75] 여기서 a와 b는 실수고 i는 -1의 제곱근이다. 명심해야 할 요점은 양자 파동(quantum wave)이 거울이나 광선 분할기에서 반사될 때 파동 함수에 i가 곱해진다는 것이

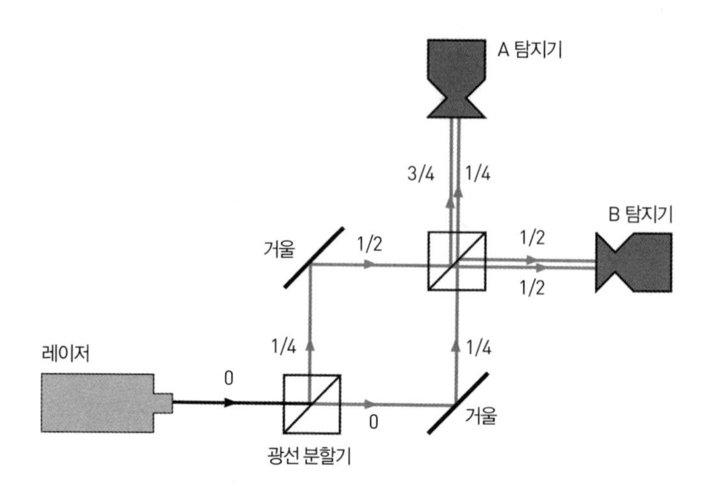

그림 32 파동이 장치를 통과하는 경로. 반파는 회색으로 표시되었고 숫자는 위상 변이를 나타낸다.

다.(이해하기 쉽지 않겠지만 광선 분할기에서 손실이 없다는 가정에 따른 결과다. 즉 모든 광자가 통과하거나 반사된다.[76])

파동에는 마루가 얼마나 높은지를 나타내는 진폭과 어디에 위치하는지를 말해 주는 위상이 있다. 마루를 약간 이동시키면 위상 변이(phase shift)가 생기며 이는 파동 주기의 분수로 표현된다. 위상이 2분의 1 차이 나는 파동은 상쇄된다. 위상이 같은 파동은 서로를 강화한다. 파동의 용어로 말하자면 파동 함수에 i를 곱하는 것은 4분의 1의 위상 변이에 해당한다. $i^4=(-1)^2=1$이기 때문이다. 파동이 반사되지 않고 광선 분할기를 통과할 때는 위상이 변하지 않는다. 즉 위상 변이가 0이다.

연속되는 통과나 반사 과정에서 위상 변이는 모두 더해진다. 파동은 광선 분할기에서 두 개의 반파(half-wave)가 되어 각자의 방향으로 진행한다. 반사된 파동에는 4분의 1의 위상 변이가 일어나지만 통과한 파동은 동일한 위상을 유지한다. 그림 32는 실험 장치를 통과하는 파동의 경로를 보여 주는데, 반파는 회색으로 표시되고 숫자는 위상 변이를 나타낸다. 경로 중에 반사가 일어날 때마다 총 위상 변이에 4분의 1이 더해진다. 경로를 따라가면서 반사된 횟수를 세면 A 탐지기에 입사되는 두 반파의 위상이 4분의 1과 4분의 3임을 알 수 있다. 이는 2분의 1의 위상 차이이므로 두 파동이 상쇄되고 탐지기에는 아무것도 감지되지 않는다. B 탐지기 역시 두 개의 파동을 받아들이지만 이들의 위상은 2분의 1로 같다. 이는 0의 위상 차며 두 파동이 결합하여 단일 파동을 만들기 때문에 B 탐지기에서는 한 개의 광자가 탐지된다.

마법이다!

전체 계산은 펜로즈의 논문에서 찾아볼 수 있다. 셀 수 없을 정도로 많은 실험에 유사한 방법이 적용되어 결과가 모두 일치하는 것은 관련된 수학 기법이 놀라운 성공을 거두었음을 말해 준다. 물리학자들은 양자 이론을 인간 창의성의 승리일 뿐만 아니라 가장 작은 척도에서의 자연이 뉴턴과 그의 계승자들의 고전 역학과 닮은 점이 거의 없음을 드러내는 증거라고 생각한다.

파동 함수에 대한 서로 다른 의견

어떻게 입자가 또한 파동이 될 수 있을까?

양자 이론의 일반적인 대답은 적절한 종류의 파동이 입자처럼 행동할 수 있다는 것이다. 실제로 단일 파동에는 약간 흐릿하지만 입자와 비슷한 면이 존재한다. 단일 파동은 마루의 형태가 변하지 않는 상태로 진행되는데, 이는 정확히 입자가 움직이는 방식이다. 양자 이론의 개척자인 루이 드브로이(Louis de Broglie)와 에르빈 슈뢰딩거(Erwin Schrödinger)는 입자를 작은 영역에 집중되어 위아래로 흔들리면서 진행하나 흩어지지 않는 파동의 집단으로 묘사했다. 그들은 이를 파속(wave packet)이라 불렀다. 1925년에 슈뢰딩거는 양자 파동을 다루는 방정식을 고안하여 이듬해에 발표했다. 오늘날 그의 이름이 붙은 이 방정식은 단지 아원자 입자뿐만 아니라 모든 양자 시스템에 적용된다. 시스템이 어떻게 거동하는지 알아내려면 적절한 슈뢰딩거 방정식을 세우고 시스템의 파동 함수를 구하면 된다.

슈뢰딩거 방정식은 수학 용어로 선형 방정식이다. 즉 어떤 해에 상수를 곱하거나 두 해를 더한 결과 역시 해가 된다. 이러한 특성은 중첩(superposition)이라 불리며 고전 물리학에서도 비슷한 현상이 일어난다. 두 입자가 동시에 같은 공간에 있을 수는 없지만 두 파동은 얼마든지 공존할 수 있다. 가장 단순한 양식의 파동 방정식에서는 중첩된 해 역시 해가 된다. 앞에서 보았듯이 중첩의 효과 중에는 간섭무늬가 있다. 슈뢰딩거 방정식의 이러한 특성은 방정식의 해를 파동으로 간주하는 것이 가장 적절하다는 사실을 시사하며 시스템의 양자 상태를 나타내는 '파동 함수'라는 용어로 이어진다.

양자 현상은 아주 작은 공간 척도에서 일어나며 직접 관찰할 수 없다. 그 대신에 양자 세계에 대한 우리의 지식은 관찰이 가능한 효과들로부터 유추된다. 예컨대 전자의 파동 함수 전체를 관찰할 수 있다면 양자에 대한 수많은 수수께끼가 사라질 것이다. 하지만 이는 불가능해 보인다. 파동 함수의 일부 특별한 양상은 관찰할 수 있으나 전체는 그렇지 않다. 실제로 당신이 한 측면을 관찰하면 다른 측면은 관찰이 불가능하거나 너무 많이 변해서 두 번째 관측과 첫 번째 관측 사이에 어떤 유용한 관련성도 없어진다.

이 같은 파동 함수의 관찰 가능성 측면은 고유 상태(eigenstates)라 불린다. 대략 '특징적 상태'라는 의미의 이 이름은 독일어와 영어의 합성어며 수학적으로 정확하게 정의된다. 어떤 파동 함수든 고유 상태를 합쳐서 만들 수 있다. 푸리에의 열 방정식에서도 비슷한 일이 일어나지만 바이올린 현의 진동을 모델로 하는 유사한 파동 방정식을 마음속에 그려 보는 편이 더 쉽다. 고유 상태의 유사점은 그림 31에서 보인 것과 같은 사인 함수(sine function)며 적절한 사인 함수를 조합하면 어떤 형태의 파동이든 만들 수 있다. 기본 사인파는 바이올린 현이 내는 기본적인 순음에 해당하고 더 촘촘한 사인파는 기본음의 배음(倍音)이다. 고전 역학에서는 바이올린 현 전체의 형태를 관찰할 수 있다. 하지만 양자 상태를 살피려면 우선 하나의 고유 상태를 선택하고 거기에 해당하는 파동 함수의 성분만을 측정해야 한다. 나중에 다른 고유 상태에 대하여 측정할 수는 있지만 첫 번째 측정이 파동 함수를 교란함에 따라 첫 번째 고유 상태가 이미 변화했을 것이다. 양자 상태가 고유 상태들의 중첩일 수는 있으나(그러한 경우가 보통이다.) 양자 측정의 결과는 순수한 고유 상태여야 한다.

예를 들어 전자에는 스핀이라는 성질이 있다. 스핀이라는 이름은 이전의 역학적인 유추에서 비롯되었으며 전혀 다른 이름이었더라도 이해하는 데 아무런 문제가 없었을 것이다. 이는 나중에 발견된 양자의 특성들이 '참'(charm, 매력)이나 '보텀'(bottom, 바닥) 같은 이름을 얻게 된 이유이기도 하다. 전자의 스핀은 축이 있다는 한 가지 속성을 고전적인 스핀(회전)과 공유한다. 지구는 축을 중심으로 회전하여 낮과 밤을 만들어 내고 회전축이 궤도면에 대하여 23.4도 기울어 있다. 전자에도 축이 있지만 이는 수학적인 개념으로 언제 어떤 방향이든 가리킬 수 있다. 반면에 스핀의 크기는 항상 같은 2분의 1이다. 이것이 스핀에 부여된 양자수다. 모든 양자 입자를 기술하는 양자수는 정수거나 정수의 절반이어야 하며 같은 종류의 입자에 대하여 늘 동일하다.[77] 중첩 원리는 전자가 측정되기 전까지는 여러 다른 축을 중심으로 하는 스핀을 동시에 가질 수 있음을 의미한다. 당신이 한 축을 선택하여 스핀을 측정하면 +1/2이나 −1/2을 얻게 된다. 모든 축에는 두 방향이 있기 때문이다.[78]

기묘한 이야기다. 이론은 상태가 거의 언제나 중첩되어 있다고 말하고 관찰 결과는 그렇지 않다고 한다. 인간사에 속한 영역이었다면 엄청난 불일치로 간주되었겠지만 양자 역학에서는 어디론가 전진하려면 받아들일 수밖에 없는 이야기다. 받아들이기만 하면 이론을 거부하는 것이 미친 짓으로 여겨질 정도로 아름다운 결과를 얻게 된다. 그 대신에 당신은 양자 시스템을 측정하는 바로 그 행위가 측정하고자 하는 특성을 어떻게든 파괴한다는 사실을 인정해야 한다.

그러한 문제를 해결하려고 노력했던 사람 중에는 1921년에 자신이 코펜하겐에 설립했고 1993년에 닐스 보어 연구소로 이름이 바뀐 이론 물리 연구소에 몸담았던 닐스 보어가 있다. 1920년대에 이 연구소에서 일했던 베르너 하이젠베르크(Werner Heisenberg)는 1929년에 시카고에서 (독일어로) 진행한 강연에서 '양자 이론의 코펜하겐 정신'을 언급했다. 이 말은 1950년대에 양자 관측의 '코펜하겐 해석'이라는 용어로 이어졌다. 코펜하겐 해석은 양자 시스템을 관측할 때 파동 함수가 강제적으로 단일 성분의 고유 상태로 붕괴한다는 주장이다.

슈뢰딩거의 고양이는 정말 죽었을까

슈뢰딩거는 파동 함수가 실재하는 물리적인 존재라고 생각했기 때문에 파동 함수의 붕괴가 달갑지 않았다. 그는 코펜하겐 해석을 반박하려고 고양이가 등장하는 유명한 사고 실험을 제시했다. 이 사고 실험에는 양자 불확실성의 또 다른 예인 방사성 붕괴가 포함된다. 원자 속의 전자는 특정한 에너지 준위 상태로 존재한다. 전자의 에너지 준위가 변할 때 원자는 광자를 비롯한 다양한 입자의 형태로 에너지를 방출하거나 흡수한다. 이러한 현상이 바로 방사성 붕괴다. 방사성 붕괴는 핵무기와 원자력 발전소가 작동하는 이유다.(이 부분에 오류가 있는 듯하다. 방사성 붕괴, 핵무기, 원자력 발전소는 전자가 아니라 원자핵에 기인한다. 저자의 설명에서 전자를 원자핵으로 바꾸면 올바른 설명이 될 것이다.— 옮긴이)

방사성 붕괴는 무작위적인 프로세스이므로 관찰되지 않은 방사성 원자의 양자 상태는 '붕괴되지 않은' 상태와 '붕괴된' 상태의 중첩이다. 고전 시스템은 이와 같은 방식으로 행동하지 않는다. 그들은 관측이 가능한 확실한 상태로 존재한다. 우리는 인간의 척도로 볼 때 (대부분) 고전적인 세상에서 살고 있지만 단위가 충분히 작아지면 모든 것이 양자화된다. 어떻게 이 놀라운 일이 일어날까? 슈뢰딩거의 사고 실험은 양자의 세계를 고전적인 세계에 대비시키는 실험이었다. 방사성 원자(양자 시스템) 한 개를 고양이 한 마리, 유독 가스가 들어 있는 플라스크, 입자 탐지기, 망치(고전 시스템)와 함께 상자에 넣는다. 원자가 붕괴하면 탐지기가 망치를 작동시켜서 플라스크가 깨지고 고양이에게 슬픈 결과가 초래된다.

상자의 내부가 어떤 방법으로도 관측이 불가능하다면 원자는 '붕괴하지 않은' 상태와 '붕괴한' 상태가 중첩을 이룬다. 따라서 슈뢰딩거는 고양이 역시 '살아 있음'과 '죽음'이 적절한 비율을 이루는 중첩 상태에 있어야 한다고 주장한다.[79] 오직 우리가 상자를 열어 내부를 관찰할 때에만 원자의 파동 함수가 붕괴하고 이어서 고양이의 파동 함수도 붕괴한다. 이제 고양이는 원자가 취한 행동에 따라 죽었거나 살아 있다. 마찬가지 방법으로 우리는 원자가 붕괴했는지 그렇지 않은지를 알아낸다.

이 사고 실험에 대하여 시시콜콜 설명하지는 않겠지만[80] 슈뢰딩거가 '절반은 살아 있고 절반은 죽은 고양이'가 말이 된다고 생각한 것은 아니다. 그가 말하는 더욱 심오한 요점은 파동 함수가 어떻게 붕괴하는지를 아무도 설명할 수 없으며, 고양이처럼 기본 입자의 거대한 집합으로 생각되는 큰 양자 시스템이 고전적으로 보이는 이유를 설명할 수도 없다는 것이다. 물리학자들은 중첩이 실제로 일어남을 보이기 위하여 점점 더 커지는 시스템에 대한 실험을 수행했다. 그들은 아직 고양이까지는 아니지만 전자부터 아주 작은 다이아몬드 결정에 이르기까지 다양한 대상을 실험했다. 사이먼 그뢰블래처(Simon Gröblacher)는 완보동물(tardigrades, '물곰' 또는 '이끼새끼돼지'라고도 불리는 놀랍도록 튼튼한 작은 생물)을 양자 트램펄린(trampoline)에 올려놓는 방법으로 실험하기를 원한다.[81] (진심으로 나중에 다시 설명할 것이다.) 하지만 이들 실험은 슈뢰딩거의 질문에 답이 될 수는 없다.

중심을 이루는 철학적인 문제는 다음과 같다. 관측이란 무엇인가? 논의를 진행하기 위하여 슈뢰딩거의 시나리오를 생각해 보자. 고양이의 파동 함수는 상자 안의 탐지기가 붕괴를 '관측'하자마자 붕괴할까 고양이가 유독 가스를 알아챘을 때 붕괴할까? (고양이는 관측자가 될 수 있다. 내가 기르는 고양이 중 한 마리는 집요하게 금붕어를 관찰한다.) 아니면 사람이 상자를 열고 내부를 들여다볼 때까지 기다릴까? 우리는 이 중에서 어느 쪽이든 주장할 수 있으며, 상자의 내부를 관찰하는 일이 정말로 불가능하다면 뭐가 맞는지 알 방법이 없다. 상자 안에 비디오카메라를 넣어 두면 어떨까? 아! 하지만 당신이 상자를 열기 전에는 카메라가 남긴 기록을 알아낼 수 없다. 관측하기 전까지는 '살아 있는 고양이의 영상'과 '죽어 가는 고양이의 영상'이 중첩되어 있을지도 모른다. 또는 원자가 붕괴하자마자 고양이의 상태가 붕괴했을 수도 있다. 아니면 그 중간의 어느 시점이거나.

'양자적인 관측이란 무엇인가?'라는 문제는 아직도 해결되지 않았다. 우리가 양자적인 관측을 수학적으로 모델화하는 방식은 명확하고 깔끔하지만 실제로 관측이 행해지는 방식과 차이가 있다. 모델은 측정 기기가 양자 시스템이 아닌 것으로 가정하기 때문이다. 대부분의 물리학자는 우리가 견지해야 할 사고방식을 무시하고, 나머지 물리학자는 격렬한 논쟁의 대상으로 삼는다. 나는 제16장에서 이 문제를 다시 거론할 것이다. 지금 기억해야 할 중요한 사항은 중첩 원리, 즉 통상적으로 가능한 측정은 하나의 고유 상태가 전부라는 점과 양자적인 관측의 해결되지 않은 특성이다.

양자 역학의 불확실성

이러한 근본적인 문제에도 불구하고 양자 역학은 진정한 성공을 거두었다. 양자 역학은 몇몇 뛰어난 개척자에 힘입어 예전에는 당혹스러웠던 수많은 실험 결과를 설명했으며 다양한 새로운 실험의 동기를 부여했다. 아인슈타인은 적절한 금속에 입사된 광선이 전류를 발생시키는 광전 효과

(photoelectric effect)를 설명하기 위하여 양자 역학을 사용했으며 이 업적으로 노벨상을 받았다. 한편 아인슈타인이 끝까지 양자 이론을 달가워하지 않았다는 사실은 역설적이다. 그는 불확실성을 우려했다. 자신의 마음속에 있는 불확실성이 아니라 이론 자체의 불확실성을.

역학적인 양(mechanical quantities)은 (고전적이든 양자적이든) 자연스럽게 연관되는 쌍으로 나타난다. 예컨대 위치는 운동량(질량×속도)과 관련되며 속도는 위치의 변화율이다. 고전 역학에서는 두 가지 양을 동시에 측정할 수 있으며 원리상으로는 얼마든지 원하는 만큼 정확한 측정이 가능하다. 그저 입자의 움직임을 측정할 때 지나친 교란을 주지 않도록 조심하기만 하면 된다. 그러나 하이젠베르크는 1927년에 양자 역학에서는 그렇지 않다고 주장했다. 입자의 위치가 정확하게 측정될수록 속도가 더 부정확하게 결정될 수밖에 없으며 반대도 마찬가지라는 것이었다.

하이젠베르크는 관측을 수행하는 행위가 관측의 결과를 교란하는 '관측자 효과'를 간단하게 제시했다. 이는 사람들이 그의 주장을 믿도록 하는 데 도움이 되었으나 사실상 지나치게 단순화된 설명이었다. 관측자 효과는 고전 역학에서도 발생한다. 축구공의 위치를 관측하려면 빛을 비춰야 한다. 충돌한 빛이 반사됨에 따라 축구공의 속도는 미세하게 느려진다. 이어서 예컨대 공이 1미터를 가는 데 걸리는 시간을 측정하는 방법으로 계산한 속도는 조금 전에 빛을 비춰 위치를 쟀을 때보다 약간 느리다. 따라서 공의 위치 측정이 속도 측정 결과를 변화시킨다는 결론을 얻는다. 하이젠베르크는 고전 물리학에서는 주의 깊은 측정으로 이러한 변화를 무시할 수 있다고 지적했다. 그러나 양자 영역의 측정은 축구공을 힘차게 발로 차는 것에 더 가깝다. 이제 당신의 발이 축구공이 어디에 있었는지를 말해 주지만 공이 어디로 갔는지는 알 수 없다.

이는 깔끔하나 기술적으로는 잘못된 비유다. 하이젠베르크가 말한 양자 측정의 한계는 한층 더 심오하다. 실제로 모든 파동 현상에 나타나는 이러한 한계는 아주 작은 척도에서 물질이 파동의 성질을 갖는다는 추가 증거며 양자 세계에서 공식적으로 '하이젠베르크 불확정성 원리'라 일컬어진다. 불확정성 원리는 1927년에 헤세 케너드(Hesse Kennard), 이듬해에 헤르만 바일(Herman Weyl)에 의하여 수학적으로 공식화되었다. 이 원리는 위치의 불확실성에 운동량의 불확실성을 곱한 값이 최소한 $h/4\pi$ 라고 말한다. h는 플랑크 상수로, 수식으로 표현하면 다음과 같다.

$$\sigma_x \sigma_p \geq h/4\pi$$

여기서 σ는 표준 편차, x는 위치, p는 운동량이다.

이 공식은 양자 역학이 본질적인 수준의 불확실성을 포함한다는 사실을 보여 준다. 과학은 이론을 제시하고 실험으로 이론을 검증한다. 실험은 이론이 정확한지를 확인하려고 이론으로 예측된 양들을 측정한다. 하지만 불확정성 원리는 특정한 측정의 조합이 불가능하다고 말한다. 이는 최신 측정 장비의 한계가 아니라 자연의 한계다. 따라서 양자 이론의 몇몇 측면은 실험으로 입증될 수 없다.

더욱 기묘한 점은 하이젠베르크 원리가 몇몇 변수 쌍에만 적용되고 다른 변수에는 적용되지 않는다는 것이다. 이는 위치와 운동량 같은 특정한 '공액'(conjugate) 또는 '상보적'(complementary)인 변수들이 불가분의 관계에 있음을 말해 준다. 하나를 매우 정확하게 측정하면 변수들이 수학적으로 연결된 방식이 시사하는 대로 다른 하나까지 확실하게 측정하기란 어렵다. 하지만 때로는 양자 세계에서조차 서로 다른 두 변수를 동시에 측정하는 일이 가능하다.

이제 우리는 불확정성 원리로 표현되는 불확실성이 하이젠베르크의 설명과는 달리 관측자 효과에서 생겨나지 않는다는 사실을 안다. 2012년에 하세가와 유지(長谷川祐司)는 중성자 집단의 스핀을 측정하면서 관측 행위가 하이젠베르크가 처방한 만큼의 불확실성을 유발하지 않았음을 발견했다.[82] 같은 해에 이프레임 스타인버그(Aephraim Steinberg)의 연구팀은 광자를 사용한 실험에서 불확정성 원리가 규정하는 것보다 작은 불확실성을 만들어 낼 정도로 정교한 개별 광자를 측정하는 데 성공했다.[83] 하지만 수학의 정확성은 그대로다. 광자가 어떻게 거동하는지에 대한 불확실성 전체는 하이젠베르크의 한계를 초과하기 때문이다.

이 실험은 위치와 운동량이 아니고 편광(polarisation)이라는 더욱 미묘한 성질을 사용한다. 편광은 광자를 나타내는 파동이 진동하는 방향이다. 이 방향은 위아래, 좌우 또는 그 사이의 어떤 방향이든 될 수 있다. 서로 직각을 이루는 편광은 공액 변수이므로, 불확정성 원리에 따라 임의의 높은 정밀도로 동시에 측정될 수 없다. 실험자들은 광자의 편광을 한 평면에서 광자를 크게 교란하지 않는 방식(축구공을 깃털로 간질이는 것처럼)으로 약하게 측정했다. 실험 결과는 아주 정확하지는 않았지만 편광의 방향에 대한 대략적인 추정이 가능하게 했다. 그들은 이어서 동일한 광자의 편광을 두 번째 평면에서 같은 방식으로 측정했다. 마지막으로는 원래 평면에서 강한 측정 방식(축구공을 발로 강하게 차는 것처럼)을 사용하여 편광을 측정함으로써 매우 정확한 결과를 얻었다. 측정 결과는 앞서 두 번의 약한 측정이 서로를 어느 정도 교란시켰는지를 말해 주었다. 마지막 측정은 광자를 대폭으로 교란했지만 이미 상관없는 일이었다.

이러한 관측을 여러 번 반복하여 한 방향의 편광 측정이 하이젠베르크 원리가 말하는 만큼 광자를 교란시키지 않았다는 결과를 얻었다. 실제 교란의 크기는 하이젠베르크 원리의 절반 정도였다. 하지만 이는 원리와 상충하지 않는다. 두 상태 모두를 충분히 정확하게 측정할 수는 없기 때문이다. 이 실험 결과는 관측을 수행하는 행위가 항상 불확실성을 만들어 내지는 않음을 보여 준다. 불확실성은 이미 거기에 있다.

코펜하겐은 제쳐 두더라도 파동 함수의 중첩은 아인슈타인, 보리스 포돌스키(Boris Podolsky), 네이선 로즌(Nathan Rosen)이 오늘날 'EPR 역설'이라 불리는 유명한 논문을 발표한 1935년까지는 단순한 사실로 보였다. 세 사람은 코펜하겐 해석에 따라 입자 두 개로 구성된 시스템은 둘 중 하나에 수행된 측정이 (두 입자가 아무리 멀리 떨어졌더라도) 다른 입자에 즉각적인 영향을 미치지 않는 한 불확정성 원리를 위반해야 한다고 주장했다. 아인슈타인은 이를 그 어떤 신호도 빛보다 빨리 달릴 수 없다는 기본적인 상대성 원리에 저촉되는 '유령 같은 원격 작용'이라고 선언했다. 처음에 그는 EPR 역설이 코펜하겐 해석이 틀렸음을 입증하므로 양자 역학이 불완전하다고 믿었다.

오늘날 양자 물리학자들의 견해는 매우 다르다. EPR 역설로 드러난 효과는 사실이다. 그 효과는 두 (또는 그 이상) 입자가 '얽힌' 것 같은 특수한 상황의 양자 시스템에서 발생한다. 입자가 얽힐 때 그들은 가능한 모든 관측이 개별 요소가 아니라 시스템 전체와 관련된다는 의미에서 독자적인 정체성을 상실한다. 수학적으로 결합 시스템의 상태는 구성 요소 상태의 '텐서 곱'(tensor product)으로 주어진다.(잠시 뒤에 설명할 것이다.) 해당되는 파동함수가 시스템이 특정한 상태에서 존재하는 것으로 관측될 확률을 알려주는 것은 전과 같다. 하지만 상태 자체는 개별 요소에 대한 관측으로 분리되지 않는다.

텐서 곱의 원리는 대략 다음과 같다. 모자와 코트를 가진 두 사람을 생각해 보자. 모자는 빨강이나 파랑일 수 있고, 코트는 초록이나 노랑일 수 있다. 두 사람은 각자 두 가지 모자와 코트 중에서 한 가지씩을 선택한다. 따라서 그들이 입은 의상의 '상태'는 (빨강 모자, 초록 코트)나 (파랑 모자, 노랑 코트)같이 쌍으로 표현된다. 양자적인 우주에서는 모자의 상태가 중첩될 수 있다. 따라서 '1/3 빨강+2/3 파랑'의 상태가 가능하며 코트의 경우도 마찬가지다. 텐서 곱은 중첩을 (모자, 코트) 쌍으로 확장한다. 수학 규칙은 예컨대 초록 같은 코트 색의 고정된 선택에 대한 두 모자 상태의 중첩이 시스템 전체를 다음과 같이 분해한다고 말한다.

(1/3 빨강+2/3 파랑 모자, 초록 코트)
= 1/3(빨강 모자, 초록 코트)+2/3(파랑 모자, 초록 코트)

모자의 고정된 선택에 대한 코트 상태의 중첩도 마찬가지다. 이 결과는 사실상 모자와 코트의 상태 사이에 별다른 상호 작용이 일어나지 않는다는 점을 말해 준다. 하지만 '얽힌' 상태에서는 다음과 같은 상호 작용이 일어난다.

1/3(빨강 모자, 초록 코트)+2/3(파랑 모자, 노랑 코트)

양자 역학 법칙은 모자 색의 관측이 단지 모자의 상태뿐만 아니라 모자/코트 시스템 전체의 상태를 붕괴시킬 수 있다고 예측한다. 이는 즉각적으로 코트 상태에 대한 제약을 시사한다.

하나는 모자, 하나는 코트에 해당하는 양자 입자 쌍도 마찬가지다. 색깔은 스핀이나 편광 같은 변수로 대치된다. 측정되는 입자가 어떻게든 자신의 상태를 다른 입자에 전달하여 모든 측정에 영향을 미치는 것으로 보일 수도 있다. 하지만 이런 효과는 입자들이 아무리 멀리 떨어져 있어도 나타난다. 상대론에 따라 그 어떤 신호도 빛보다 빠르게 달릴 수 없지만 결과를 설명하려면 신호가 광속의 만 배로 달렸어야 하는 실험도 있었다. 이와 같은 이유로 관측에 대한 얽힘의 효과는 때로 '양자 순간 이동'(teleportation)이라 불린다. 이 효과는 양자의 세계가 고전 물리학과 얼마나 다른지를 보여 주는 (어쩌면 유일한) 변별력 있는 특징으로 여겨진다.

유령 같은 원격 작용을 우려한 아인슈타인에게 돌아가 보자. 처음에 그는 얽힘 상태라는 수수께끼에 대하여 숨은 변수 이론(hidden variable theory)이라 불리는 다른 해답을 선호했다. 제4장에서 살펴본 동전 던지기를 생각해 보라. 앞면이나 뒷면이 나올 확률은 위치와 회전률 같은 변수를 포함하는 동전의 세부적인 역학 모델을 이용하여 설명할 수 있다. 이러한 모델은 앞면/뒷면의 이항 변수와 관계가 없다. 앞면이나 뒷면이라는 결과는 동전의 궤적이 탁자, 사람의 손 또는 지면에서 중단되어 상태가 '관측'될 때 나타난다. 동전은 앞면과 뒷면 사이에서 무작위적인 방식으로 신비롭게 깜박이는 것이 아니고 훨씬 더 이질적으로 행동한다.

모든 양자 입자에 유사한 방식으로 관측 결과를 결정하는 동역학이 숨겨져 있다고 가정해 보자. 더 나아가 초기에 얽힌 두 입자의 숨겨진 동역학이 동기화된다고 치자. 어느 순간에든 두 입자는 같은 숨겨진 상태에 놓이게 된다. 이 사실은 두 입자가 분리되더라도 바뀌지 않는다. 측정 결과가 무작위적이 아니고 그러한 내부 상태에 따른다면 두 입자에 대하여 동시에 이루어진 관측 결과가 일치해야 한다. 두 입자 사이에 신호가 전달될 필요는 없다.

이는 두 명의 스파이가 만나 서로의 시계를 맞춘 뒤에 헤어지는 것과 비슷하다. 둘 중 한 명이 어떤 순간에 자신의 시계를 보고 오후 6시 34분임을 알았다면 다른 한 명의 시계도 바로 그 순간에 6시 34분을 가리킬 것이다. 두 사람은 아무 신호를 교환하지 않고도 사전에 계획된 같은 시간에 행동을 개시할 수 있다. 양자 입자의 동역학도 이들 시계와 마찬가지 방식으로 작동한다. 물론 그러한 동기성은 매우 정확해야 하며 그렇지 못하면 두 입자의 상태가 어긋나겠지만 양자 상태는 실제로 대단히 정확하다. 예컨대 모든 전자의 질량은 소수점 아래 여러 자리까지 일치한다.

그것은 깔끔한 아이디어며 실험에서 얽힌 입자들이 생성되는 방식과 매우 유사하다.[84] 이는 결정론적인 숨은 변수 이론이 유령 같은 원격 작용 없이도 원리상으로 얽히는 현상을 설명할 수 있음을 보여 주는 것만이 아니다. 그러한 이론이 존재해야 한다는 증명에 가깝다. 그러나 이 아이디어는 다음 장에서 살펴볼 내용처럼, 물리학자들이 가능한 숨은 변수 이론이 존재하지 않는다고 결정했을 때 뒷전으로 밀려났다.

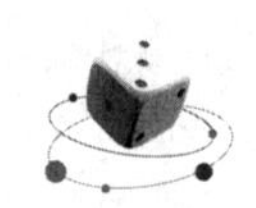

제16장

주사위는 신의 영역인가

코스모스,
즉 우주가 생겨나기 전에 카오스가 있었고,
우리는 형태와 공백이 없는 카오스 속으로
내던져졌다.

–
존 리빙스턴 로웨스, 《도원경으로 가는 길》

• • •　물리학자들은 가장 작은 규모에서 물질에 자체적 의지가 있다는 것을 깨달았다. 물질은 자발적으로 입자에서 파동으로 또는 방사성 원소에서 전혀 다른 원소로의 변화를 결정할 수 있다. 아무런 외부 행위자도 필요 없이 그저 변화한다. 법칙도 없다. 아인슈타인이 불평한 대로 '신은 주사위를 던지지 않는다.'라는 문제도 아니었다. 그보다 더 나빴다. 주사위는 무작위성의 아이콘이 될 수 있다. 하지만 우리는 제4장에서 주사위가 결정론적임을 보았다. 그렇다면 아인슈타인의 불평은 사실상 주사위는 신이 던지고 어떻게 떨어질지는 숨겨진 동역학 변수들이 결정한다는 것이어야 했다. 아인슈타인이 거부한 양자적인 관점에서 볼 때, 신은 주사위를 던지지 않지만 마치 던진 것과 같은 결과를 얻는다. 보다 정확하게 말해서 주사위가 스스로를 던지고 그 결과로 나타난 것이 우주다. 기본적으로 양자 주사위는 신의 역할을 한다. 하지만 그들은 진정한 무작위성이 구현된 은유적인 주사위인가 아니면 우주의 구조 안에서 혼돈되게 튀어 오르는 결정론적인 주사위인가?

고대 그리스의 창조 신화에서 '카오스'는 우주가 창조되기 전의 형체가 없는 원시 상태를 말했다. 카오스는 하늘과 땅이 나뉘었을 때 그 사이에 생긴 틈이었고 밑에서 지구를 받치는 허공이었으며 헤시오도스(Hesiodos)의 《신통기》에서는 최초의 원초적인 신이었다. 우주가 생기기 전에 카오스가 존재했다. 그러나 근대 물리학이 발전하는 과정에서 우주가 카오스를 앞서게 되었다. 특히 양자 역학은 결정론적인 혼돈을 적절하게 이해할 수 있는 가능성이 나타나기 반세기 전에 태어나고 발전했다. 따라서 양자 불확실성은 처음부터 우주의 구조에 내재하는, 순전히 무작위적인 불확실성으로 여겨졌다.

혼돈 이론이 널리 알려졌을 때는, 양자 불확실성의 본질이 무작위적이며 불확실성을 설명할 더 깊은 구조가 존재하지 않고 필요하지도 않다는 패러다임이 너무도 확고하게 자리를 잡아서 의문을 제기하는 일조차 금기시되었다. 하지만 나는 물리학자들이 양자를 궁금해하기 전에 수학자들이 혼돈 이론을 찾아냈다면 모든 것이 달라졌을지도 모른다는 생각을 지울 수 없다. 단지 푸앵카레가 캐낸 기묘한 사례가 아니라 잘 다듬어진 수학 분야로 자리 잡았다면 말이다.

문제는 양자 불확실성이 어디에서 왔는가다. 정통적인 견해는 어디에서도 오지 않고 그저 존재한다는 것이다. 그렇다면 양자적인 사건들이 왜 그토록 규칙적인 통계를 따르는지를 설명해야 하는 문제가 남는다. 모든 방사성 동위 원소(isotope, 원자 번호는 같지만 원자량이 다른 원소.—옮긴이)에는 정확한 반감기, 즉 대규모 원자 집단의 절반이 붕괴하는 데 걸리는 시간이 있다. 방사성 원자는 자신의 반감기가 얼마인지를 어떻게 알까? 언제 붕괴할지를 누가 말해 줄까? '우연'이라고 말해도 무방하겠지만 모든 맥락에서 우연은 사건을 일으키는 메커니즘에 대한 무지나 지식에 기초한 수학적인 추론을 반영한다. 양자 역학에서는 우연이 바로 메커니즘이다.

심지어 우연이 메커니즘이어야 한다는 수학 정리까지 있다. 존 벨(John Bell)에게 노벨 물리학상을 안겨 줄 수도 있었던 '벨 정리'(Bell's theorem)가 바로 그것이다. 1990년에 노벨상 후보로 지명되었던 것으로 널리 알려졌으나 후보 지명이 비밀에 부쳐진 벨은 수상자가 발표되기 전에 뇌내출혈로 사망했다.

대부분의 근본주의 물리학자의 주장처럼 더 깊이 들어가 보면 벨 정리는 모두가 말하는 것처럼 간단하지 않다. 흔히 벨 부등식이 양자 역학의 모든 숨은 변수 이론을 배제한다고 말하지만 이는 지나치게 광범위한 주장이다. 벨 부등식이 특정한 유형의 숨은 변수 이론을 배제하는 것은 사실이나 전부는 아니다. 정리의 증명은 모두가 명확하지는 않은 일련의 수학적인 가정을 포함한다. 근래의 연구 결과는 특정한 유형의 혼돈 동역학이 원리상으로 양자 불확실성의 기저를 이루는 결정론적인 메커니즘을 제공할 수 있음을 시사한다. 이들은 현재 명확한 이론이 아니고 힌트에 불과하지만 만약 혼돈이 양자 이론보다 먼저 발견되었다면 결정론이 정통적인 견해가 되었을 수도 있음을 암시한다.

양자 세계와 불확실성

심지어 양자 역학의 초창기부터 양자 비결정성(indeterminacy)에 의문을 제기한 물리학자들이 있었다. 근래 '열어 보지 않는 것이 최선인 문도 있다.'

라는 지배적인 견해에 대안을 제시하는 새롭고 독특한 아이디어가 등장했다. 세계 최고의 물리학자 중 하나인 로저 펜로즈는 오늘날 양자 불확실성을 해석하는 방식에 불편함을 느끼는 소수에 속한다. 2011년에 펜로즈는 말했다. '양자 역학은 해석상의 심오한 수수께끼일 뿐만 아니라 …… 심원한 내부의 모순과 함께 살아가야 하며, 이는 이론에 심각한 보완이 필요하다고 믿게 하는 이유다.'[85]

주류 물리학계는 양자의 정통성에 대안을 제시하려는 시도에 뿌리 깊은 의혹의 시선을 보낸다. 물리학자들이 모든 것을 잘못 이해했다고 질책하면서 근본 물리학을 겨냥하는 여러 세대에 걸친 터무니없는 공격이나, 양자라는 수수께끼를 구두로 설명할 길을 찾으려는 철학자들의 습격에 대해서라면 이해할 수 있는 반응이다. 이러한 모든 문제를 피해 갈 손쉬운 방법이 있으니 그것을 사용하려는 유혹이 클 수밖에 없다. 양자 역학은 기묘하다. 물리학자들조차 그렇게 말한다. 그들은 양자 역학의 기묘함을 즐기기까지 한다. 의견이 다른 사람들은 세계가 그 정도로 기묘할 수 있다는 것을 받아들일 만한 상상력이 부족한 외골수의 고전적인 기계론자임이 분명하다. 물리학계에서는 '어리석은 질문은 그만하고 계산이나 계속하라.'가 지배적인 사고방식으로 자리 잡았다.

그러나 문화에는 항상 대항문화(counterculture)가 존재했다. 세계에서 가장 탁월한 물리학자들을 포함한 소수는 어리석은 질문을 멈추지 않았다. 상상력이 부족해서가 아니라 너무 많아서였다. 그들은 심지어 양자의 세계가 정통적인 설명보다 더 기묘할 수 있는지를 궁금해했다. 어리석은 질문과 관련된 심원한 발견들이 물리학의 토대를 흔들었다. 이에 대한 책이 출간되고 논문이 발표되었다. 양자적인 실재의 더 깊은 측면을 설명하려는 유망한 시도들이 등장했다. 그중에는 양자 이론에 대하여 지금까지 알려진 거의 모든 것을 설명하는 데서 더 나아가 새로운 차원의 해석을 추가할 정도로 효과적인 시도도 있다. 하지만 바로 이 성공이 그들에게 대항하는 무기로 사용되었다. 전통적인 실험을 통하여 새로운 이론과 기존의 이론을 구별할 방법이 없으므로 새로운 이론이 무의미하고 기존의 이론을 고수해야 한다는 주장이었다. 이처럼 기묘하게 비대칭적인 주장에는 명백한 반론이 있다. 같은 논리에 따라 옛 이론이 무의미하므로 모두가 새로운 이론으로 전환해야 한다는 주장이다. 그 시점에서 반대 진영은 자신들의 베이지안 뇌를 끄고 유서 깊은 방식으로 돌아간다.

하지만 여전히 …… 양자 세계에 대한 전통적인 설명에는 미진한 구석이 너무 많다. 이해할 수 없는 현상, 자기 모순적인 가정, 아무것도 설명하지 않는 해석 등 그 모든 것의 기저에는 매우 당혹스럽다는 이유로 조급하게 양탄자 밑으로 쓸어 넣은 불편한 진실이 있다. '입 다물고 계산하라.'라는 사고방식을 지지하는 사람들도 그런 사실을 제대로 이해하지 못한다. 사실을 말하자면 그렇게 말하는 양자 물리학자조차 그저 계산만 하지는 않는다. 그들은 복잡한 계산을 수행하기 전에 실세계를 모델링 하는 양자 역학 방정식을 세운다. 방정식을 선택하는 일은 단지 법칙에 기초한 계산의 영역을 넘어선다.

예컨대 그들은 방정식 밖에서 광자를 통과시키거나 반사하면서 방향을 바꾼 파동에 4분의 1 위상 변이를 일으키는 것 외에는 기적적으로 광자의 상태를 변화시키지 않는 광선 분할기를 명확한 예/아니오의 수학 객체로 모델화한다. 그러나 이러한 유형의 명확한 객체는 존재하지 않는다. 양자 수준에서 본 현실적인 광선 분할기는 아원자 입자로 이루어진 복잡하고 거대한 시스템이다. 광선 분할기를 통과하는 광자는 시스템 전체와 상호 작용한다. 거기에 명확한 것은 하나도 없다. 하지만 놀랍게도 명확한 모델이 잘 맞는 것처럼 보인다. 나는 양자의 세계에서 일어나는 일들에 대한 진정한 원인을 아는 사람이 아무도 없다고 생각한다. 광선 분할기에는 입자가 너무 많기 때문에 계산이 불가능할 것이다. 입 다물고 계산하자.

대부분의 양자 방정식은 흐릿한 양자 세계에는 존재하지 않으나 수학적으로 명확하게 정의된 객체를 도입하는, 모델링을 위한 가정을 포함한다. 맥락, 즉 방정식을 세우고 풀기 전에 설정해야 하는 '경계 조건'은 소홀히 취급되고 방정식의 내용이 강조된다. 양자 물리학자는 자신의 수학적인 요술 주머니를 사용하는 방법을 안다. 그들은 놀라울 정도로 복잡한 계산을 수행하여 소수점 아래 아홉 자리까지 정확한 답을 내놓을 수 있는 숙련된 마술사다. 하지만 그들의 마술이 왜 그렇게 잘 작동하는지 묻는 사람은 거의 없다.

양자의 불확실성과 숨은 변수 이론

파동 함수는 실제로 존재할까? 아니면 파동 함수 전체를 관측할 수 없으므로 단지 수학적인 추상에 불과할까? 파동 함수는 실재인가 아니면 케틀레가 말한 평균적 인간에 해당하는 물리학자의 견해 같은 편의상의 허구인가? 평균적 인간은 존재하지 않는다. 우리는 돌아다니다가 올바른 문을 두드려서 평균적 인간과 마주칠 수 없다. 그런데 이 같은 허구 캐릭터는 실제 인간에 대한 많은 정보를 요약한다. 아마 파동 함수도 그럴 것이다. 실제로 파동 함수를 가진 전자는 없지만 그들은 모두 파동 함수를 가진 것처럼 행동한다.

고전적인 비유로 동전을 생각해 보자. 동전에는 $P(\mathrm{H})=P(\mathrm{T})=1/2$이라는 확률 분포가 있다. 확률 분포는 표준 수학의 의미에서 존재하는 잘 정의된 수학 객체며 반복되는 동전 던지기에 대한 거의 모든 것을 지배한다. 하지만 이러한 확률 분포가 실제 물리적인 객체로서 존재할까? 동전에 표시되어 있지는 않다. 한꺼번에 전부 측정할 수도 없다. 당신은 동전을 던질 때마다 확실한 결과를 얻는다. 앞면, 다시 앞면, 이번에는 뒷면. 동전은 마치 확률 분포가 실제로 존재하는 것처럼 행동하지만 그러한 분포를 측정하는 유일한 방법은 동전 던지기 '장치'를 사용하여 던지기를 계속하면서 나오는 결과를 세는 방법뿐이다. 분포는 그 결과로부터 유추된다.

만약에 탁자 위에 놓인 동전의 앞면과 뒷면이 어떻게든 무작위로 바뀐다면 대단히 불가사의한 일이 될 것이다. 앞면과 뒷면이 나올 확률을 50 대 50으로 만들 것이라는 점을 동전이 어떻게 알 것인가? 누군가가 말해 주어야 한다. 따라서 실제로 동전에 확률 분포가 내재하거나 아니면 인간이 보지 못하는 더 심오한 무언가가 존재하며, 확률 분포는 우리가 찾아낼 수 있는 더 깊은 진실이 있음을 가리키는 표지다.

우리는 동전이 어떻게 작동하는지를 안다. 동전은 그저 탁자 위에서 인간이 관측할 수 있는 H와 T의 상태로 깜박대는 것이 아니고 공기 중에서 계속 뒤집힌다. 그동안 동전의 상태는 앞면도 뒷면도 아니다. 앞과 뒤의 50 대 50 중첩도 아니다. 동전은 탁자 위의 앞면 아니면 뒷면과는 전혀 다른 공간상의 위치를 지니며 회전한다. 우리는 동전이 탁자라는 (아니면 사람의 손을 비롯하여 무엇이든 떨어지는 동전을 멈추게 하는) '측정 장치'와 상호 작용하도록 함으로써 앞면이 나올지 뒷면이 나올지를 '관측'한다. 여기에는 탁자가 전혀 알지 못하는 동전의 회전이라는 숨겨진 세계가 존재한다. 동전의 운명은 그 숨겨진 세계에 의해서 결정된다. 동전이 탁자에 어떤 각도로 충돌하든 앞면이 위쪽에 있었다면 결국 앞면이 나온다. 그렇지 않으면 뒷면이다. 공간상의 운동에 대한 모든 세부 사항은 관측이라는 행위에 의하여 말소된다. 말 그대로 박살난다.

양자 불확실성도 그럴 수 있을까? 그럴듯한 아이디어다. 아인슈타인이 얽힘을 설명할 수 있기를 바랐던 생각이다. 스핀하는 전자가 직접 관측되지 않는 숨은 변수나 측정 장치와 상호 작용할 때 어떤 스핀 값이 부여될지를 결정하는 내부적인 동역학 상태가 있을 수 있을까? 만약 그렇다면 전자는 동역학 상태라는 숨은 변수가 존재하는 동전과 매우 비슷하다. 관측되는 무작위적인 변수는 탁자와의 충돌을 통하여 '측정되는' 최종 정지 상태다. 임의적이지만 규칙적인 통계 패턴이 존재하는 방사성 원자의 붕괴 방식도 같은 아이디어로 설명할 수 있었다. 적절한 혼돈 동역학을 만들어 내는 것도 어렵지 않았을 것이다.

고전 역학에서 비밀스러운 동역학을 갖춘 숨은 변수의 존재는 동전이 어떻게 절반의 확률로 앞면이 나와야 함을 아는지를 설명한다. 그러한 정보는 동역학의 수학적인 결과, 즉 동역학 상태가 주어졌을 때 시스템이 도달하는 최종 결과에 대한 확률이다.(이는 불변 측도와 비슷하지만 특정한 관측 결과로 이어지는 상태 공간에서의 초기 조건 분포라는 점에서 기술적 차이가 있다.) 동전이 회전할 때, 우리는 순전히 결정론적인 동전의 미래를 수학적으로 앞질러 나가 동전이 탁자에 떨어지면 앞면이 나올지 뒷면이 나올지를 알아낼 수 있다. 그러고는 현재의 상태에 그 결과를 개념적으로 표시한다. 앞면이 나올 가능성을 알려면 상태 공간(또는 어떤 선택된 영역)에서 '앞면'으로 표시된 점들의 영역이 차지하는 비율을 계산한다. 그것이 전부다.

동역학 시스템에서 발생하는 무작위성은 대부분 결정론적이지만 혼돈의 특성을 갖는 동역학에 수반되는 자연적인 확률 측도(natural probability measure)로 설명할 수도 있다. 그렇다면 양자 역학에도 자연적인 확률 측도를 적용하지 못할 이유가 무엇인가? 숨은 변수의 설명을 찾는 사람들에게는 유감스럽게도 상당히 훌륭해 보이는 답이 존재한다.

코펜하겐 해석에서는 '원자와 아원자 프로세스의 내부 작용을 관찰하려는 그 어떤 시도도 관측 결과를 무의미하게 만들 만큼 프로세스를 교란한다.'라는 이유로 숨은 변수를 추측하는 일이 무가치하게 여겨졌다. 그러나 이는 결정적인 주장이라 할 수 없다. 오늘날에는 입자 가속기(accelerator)를 사용하여 양자 입자의 내부 구조를 손쉽게 관측한다. 비용이 많이 들지만(힉스 입자를 발견한 대형 강입자 충돌기[LHC]의 건설에 무려 800억 유로가 투입되었다.) 불가능한 일은 아니다. 18세기에 오귀스트 콩트(Auguste Comte)는 우리가 별의 화학적 조성을 절대로 알아낼 수 없을 것이라고 주장했지만 별에 화학적 조성이 없다고 주장한 사람은 아무도 없었다. 그 뒤에 콩트의 주장이 틀렸음이 극적으로 (그리고 분광학적으로) 밝혀졌다. 화학적 조성은 우리가 별에 대하여 관측할 수 있는 주요 속성 중 하나다. 별에서 온 빛의 스펙트럼선이 내부에 있는 화학 원소를 알려 준다.

20세기 초에 과학 철학을 지배하던 논리 실증주의가 코펜하겐 해석에 지대한 영향을 미쳤다. 논리 실증주의는 무엇이든 측정이 불가능하면 존재를 생각할 수 없다고 주장했다. 동물 행동을 연구하는 과학자들은 이러한 견해를 수용하여 동물의 모든 행동이 뇌에 있는 결정론적인 '동인'(動因)의 통제를 받는다고 믿게 되었다. 개는 목이 말라서 그릇의 물을 마시는 것이 아니다. 개에게는 수화 수준(hydration level)이 임계값 아래로 떨어지면 스위치가 켜지는 '물 마심의 동인'이 있다. 논리 실증주의 자체도 이와 반대되는 주장인 의인관(anthropomorphism), 즉 동물도 사람처럼 감정과 동기를 지녔다고 생각하는 견해에 대한 반작용이었다. 하지만 이는 지능을 갖춘 유기체를 의식이 없는 기계로 바꿔 버린 지나친 반발이었다. 오늘날의 견해는 더 미묘하다. 예컨대 갈리트 쇼하트-오피르(Galit Shohat-Ophir)가 수행한 실험은 수컷 초파리가 짝짓기 중에 즐거움을 경험한다는 것을 암시한다. 그는 말했다. "성적 보상 시스템은 대단히 오래된 기구다."[86]

어쩌면 양자 역학의 창설자들도 지나치게 반응했을 수 있다. 근래 몇 년 동안 과학자들은 보어의 시대에는 내부 작용에 속한다고 생각되었던 양자 시스템이 속성을 드러내도록 하는 교묘한 방법을 찾아냈다. 우리는 제15장에서 불확정성 원리를 극복하기 위한 이프레임 스타인버그의 방법을 살펴보았다. 이제 파동 함수는 단지 유용한 허구가 아니다. 상세한 관측이 대단히 어렵고 어쩌면 불가능할 수 있는데 실제 물리적인 특성으로 받아들여지는 것으로 보인다. 따라서 1920년대의 코펜하겐에서 몇몇 저명한 물리학자가 그렇게 말했다는 이유로 숨은 변수를 부정하는 것은, 콩트가 별의 조성을 절대로 알아낼 수 없다고 언급했다는 이유로 별의 화학 구조를 부정하는 것이나 다름없는 비합리적인 주장이다.

하지만 대부분의 물리학자가 양자 불확실성에 대한 설명으로 숨은 변수를 거부하는 데는 더 타당한 이유가 있다. 어떤 숨은 변수 이론이든 오늘날 양자 세계에 대하여 알려진 모든 것에 부합해야 한다. 여기서 존 벨이 자신의 부등식을 발견한 서사시 같은 이야기가 나온다.

입 다물고 계산하라

1964년에 벨은 양자 역학의 숨은 변수 이론에서 가장 중요한 논문 중 하나로 여겨지는 〈아인슈타인 포돌스키 로즌 역설에 관하여〉(On the Einstein Podolsky Rosen paradox)를 발표했다.[87] 벨의 연구에 동기를 부여한 것은 30여 년 전인 1932년, 존 폰노이만의 저서 《양자 역학의 수학적 기초》(Mathematical Foundations of Quantum Mechanics)에 포함된 양자 역학의 그 어떤 숨은 변수 이론도 가능하지 않다는 증명이었다.

1935년에 그레테 헤르만(Grete Hermann)이라는 수학자가 폰노이만의 주장에서 결함을 발견했다. 그러나 그녀의 연구는 전혀 주목받지 못했고 물리학계는 수십 년 동안 폰노이만의 증명을 의심 없이 받아들였다.[88] 애덤 베커는(Adam Becker)는 여성이 대학에서 가르치는 일이 허용되지 않던 당시 상황으로 미루어 보아 헤르만이 여성이었음이 한 가지 이유로 작용했을 것으로 생각한다.[89] 헤르만은 당시의 가장 위대한 여성 수학자였던 괴팅겐 대학교의 에미 뇌터(Emmy Noether)가 지도하던 박사 과정 학생이었다. 뇌터는 1916년에 명목상 다비트 힐베르트(David Hilbert)의 조교로 강의를 시작했지만 1923년까지는 보수를 받지 못했다. 어쨌든 벨은 독자적으로 폰노이만의 증명이 불완전함을 알아냈다. 숨은 변수를 찾으려 했던 그는 훨씬 더 강력한 불가능성을 증명했다. 그가 밝혀낸 중심 결과는 고전적인 맥락에서 완전히 합리적인 다음과 같은 두 가지 기본 조건을 충족하면서, 양자 불확실성을 설명하는 숨은 변수 모델의 가능성을 모두 배제했다.

- 실질성: 미시적 객체에는 양자 측정의 결과를 결정하는 실질적인 성질이 있어야 한다.
- 국부성: 실질성은 어느 위치에서든 멀리 떨어진 곳에서 동시에 수행된 실험의 영향을 받지 않는다.

벨은 이러한 가정이 성립하면 관측 가능한 양의 조합이 다른 조합보다 작거나 같다고 단언하는 수학적 표현인 부등식과 특정한 유형의 측정이 서로 관련되어야 함을 증명했다. 따라서 실험에서 부등식에 위배되는 측정 결과가 나온다면 그것은 세 가지 가능성, 즉 실질성 또는 국부성의 조건을 충족하지 못했거나 가정된 숨은 변수 이론이 존재하지 않는 것 중 하나여야 한다. 실험 연구에서 벨의 부등식과 일치하지 않는 결과가 나왔을 때 숨은 변수 이론은 사망했다고 선언되었다. '입 다물고 계산하라.'라는 방식으로 돌아간 양자 물리학자들은 양자의 세계가 너무도 기묘해서 우리가 할 수 있는 일은 계산이 전부라는 데 만족했으며 누구라도 추가 설명을 요구하는 사람은 자신뿐 아니라 다른 사람들의 시간까지 낭비하는 것이라고 생각했다.

수학적인 세부 사항에 지나치게 얽매이고 싶지는 않지만 벨의 증명이 어떤 식으로 진행되는지를 간략히 살펴볼 필요가 있다. 이 증명은 여러 차례 수정되고 다시 연구되었으며 이러한 변화들이 총체적으로 벨 부등식이라 불린다. 현재의 표준적인 설정에는 상호 작용 뒤에 분리되는 얽힌 입자 쌍을 관측하는 유명한 암호 커플 앨리스와 밥이 등장한다. 핵심 요소는 다음과 같다.

- 숨은 변수들의 공간. 이들은 직접 관측되지 않으나 측정 결과를 결정하는 상태를 취하는 개별 입자의 가상적인 내부 메커니즘을 나타낸다. 이 공간에는 숨은 변수들이 특정한 범위 안에 위치할 확률을 말해 주는 자체 측도가 있다고 가정된다. 이 설정은 앞에서 말한 대로 결정론적이 아니지만, 숨은 변수의 동역학을 구체화하고 확률에 대한 불변 측도를 사용한다면 결정론적 모델도 포함할 수 있다.
- 앨리스와 밥은 각자 탐지기를 가지고 '설정'을 선택한다. 설정 a는 앨리스가, 설정 b는 밥이 스핀을 측정하는 중심축이다.
- 앨리스와 밥이 측정한 스핀 사이에 관측되는 상관관계. 이는 두 사람 모두 상반되는 결과를 얻는 경우와 비교하여 '스핀 업'(spin up)이나 '스핀 다운'(spin down)이라는 동일한 결과를 얻는 빈도를 정량화하는 양이다.(통계적 상관 계수와 똑같지는 않지만 비슷한 역할을 한다.)

우리는 실험상 관측된 상관관계, 가상의 숨은 변수 이론으로 예측된 상관관계, 표준적인 양자 이론으로 예측된 상관관계라는 세 가지 상관관계를 그려 볼 수 있다. 벨은 a, b, c의 특정한 세 축을 생각하고 $C(a, b)$같은 방식으로 표기되는 숨은 변수의 상관관계 쌍에 대한 예측을 계산했다. 그리고 이를 숨은 변수 공간의 가정된 확률 분포와 연관시킴으로써 그 어떤 숨은 변수 이론이든 일반적인 수학의 기반에 기초하여 상관관계가 다음과 같은 부등식을 만족해야 함을 보였다.[90]

$$C(a,b) - C(b,a) - C(b,c) \leq 1$$

이 부등식은 숨은 변수 세계의 특성을 나타낸다. 양자 이론에 따르면 이 부등식은 양자 세계에서 참이 아니다. 실험은 이 부등식이 실세계에서도 참이 아님을 말해 준다. 양자 대 숨은 변수의 스코어는 1 대 0이다.

한 가지 고전적 유추가 이와 같은 보편적 유형의 조건이 적용되어야 하는 이유를 설명하는 데 도움이 된다. 세 실험자가 동전을 던진다고 가정해 보자. 결과는 무작위적이지만 동전이나 동전을 던지는 장치는 어떻게든 상관관계가 큰 결과를 내도록 되어 있다. 앨리스와 밥은 95퍼센트의 비율로 같은 결과를 얻고 밥과 찰리 역시 95퍼센트의 비율로 같은 결과를 얻는다. 따라서 앨리스와 밥이 일치하지 않는 결과를 얻는 경우는 5퍼센트고, 밥과 찰리도 마찬가지다. 그러므로 앨리스와 찰리는 기껏해야 5+5=10퍼센트의 던지기 시도에서만 다른 결과를 낼 수 있으며 적어도 90퍼센트는 일치하는 결과를 얻는다. 이는 불-프레쳇 부등식의 한 예다. 벨 부등식도 양자적인 맥락에서 대략 비슷한 추론을 따르지만 명확성이 떨어진다.

벨 부등식은 숨은 변수 이론 연구에서 이론의 주요 특징을 구별하고 지나치게 많은 것을 시도하려는 이론을 배제하는 중요한 단계였다. 벨 부등식은 아인슈타인이 주장한 입자들에 동기화된 숨은 변수가 있다는 얽힘의 역설적인 특성에 대한 단순한 설명을 망쳐 놓았다. 숨은 변수가 존재하지 않으므로 동기화될 것도 없다.

그렇지만 벨 정리를 우회하는 일이 가능하다면 얽힘을 훨씬 더 잘 이해할 수 있을 것이다. 이는 시도해 볼 가치가 있는 게임이다. 벨의 정리를 빠져나갈 가능성이 보이는 구멍 몇 가지를 살펴보자.

아주 가까운 두 개의 작은 슬릿이 있는 장벽을 향하여 파동이 진행된다. 서로 다른 파동의 영역이 각 슬릿을 통과하여 벽 뒤쪽으로 퍼져 나간다. 두 슬릿에서 퍼져 나온 파동은 마루와 골이 교차하는 복잡한 패턴으로 겹쳐진다. 이것이 바로 회절 무늬(diffraction pattern)며 파동에서 예상할 수 있는 현상이다.

이번에는 아주 가까운 두 개의 작은 슬릿이 있는 장벽을 향하여 작은 입자가 나아간다. 입자는 두 슬릿 중 하나를 통과해야 한다. 어느 슬릿을 통과하든 입자는 무작위로 방향을 바꾸는 것처럼 보인다. 그러나 여러 번 반복해서 관측된 입자 위치의 평균을 취하면 이 역시 규칙적인 패턴을 형성한다. 기이하게도 파동의 회절 무늬와 똑같게 보이는 패턴이다. 이는 우리가 입자에게 기대할 만한 현상이 전혀 아니라는 점에서 참으로 이상한 일이다.

당신은 이것이 양자 세계가 얼마나 기묘한지를 드러낸 최초의 실험 중 하나이자 그 유명한 이중-슬릿 실험에 대한 설명이라고 생각할 것이다. 이 실험은 광자가 어떤 상황에서는 입자처럼, 다른 상황에서는 파동처럼 행동한다는 것을 보여 준다.

사실이다. 하지만 위의 설명은 또한 양자 이론과 아무 관련이 없는 더 최근의 실험에 대한 설명이기도 하다. 이는 더욱 기묘한 일이다.

위의 실험에서 입자는 아주 작은 기름방울이며 파동은 같은 기름이 차 있는 용기를 가로질러 나아간다. 놀랍게도 방울은 파동 위에서 튀어 오른다. 보통 같은 기름이 들어 있는 용기에 기름방울이 떨어지면 그 속에 기름이 섞여 들어 사라질 것이라고 예상한다. 그러나 아주 작은 기름방울은 사라지지 않고 기름 위에 머물 수 있다. 방법은 용기를 스피커 위에 설치함으로써 수직 방향으로 빠르게 진동하게 하는 것이다. 유체에는 합쳐지는 성질에 어느 정도 저항하는 힘들이 있으며 여기서 가장 중요한 힘은 표면 장력이다. 방울이 액체와 접촉할 때 표면 장력은 방울과 액체를 분리하려 하고 중력을 비롯한 다른 힘들은 둘을 합치려 한다. 어느 쪽이 이길지는 상황에 따라 달라진다. 기름이 든 용기를 진동시키면 표면에 파동이 형성된다. 떨어지는 기름방울이 올라오는 파동을 만나면 서로 합쳐지려는 성향을 극복할 수 있으므로 방울이 튀어 오르게 된다. 방울이 충분히 작고 파동의 진폭과 진동수가 적절하면 방울은 기름과 공진(resonance)하는 방식으로 튀어 오른다. 이러한 효과는 진동수가 40헤르츠(hertz), 즉 초당 40번 진동할 때 매우 뚜렷하게 나타난다. 방울은 초당 20번 튀어 오르는 것이 보통이다.(여기서는 설명하지 않을 수학적인 이유로 진동수의 절반이다.) 이로써 기름방울은 수백만 번 튀어 오르는 동안에 원래의 형태를 유지할 수 있다.

2005년에 이브 쿠더(Yves Couder)의 연구팀은 튀어 오르는 방울의 물리학을 연구하기 시작했다. 방울은 용기에 담긴 기름에 비하여 아주 작았으며 현미경과 슬로 모션 카메라를 사용하여 관측되었다. 연구팀은 진동의 진폭과 진동수를 변화시킴으로써 방울이 '걸어가도록', 즉 천천히 직선으로 나아가도록 조정할 수 있었다. 이러한 현상은 방울과 파동이 살짝 어긋나서 방울이 정확하게 마루와 충돌하지 않고 약간 경사지게 충돌하기 때문에 일어난다. 파동의 패턴 역시 움직이며 관련된 숫자들이 적절하다면 다음번 충돌에서도 똑같은 일이 벌어진다. 이제 방울은 움직이는 입자처럼 행동한다.(파동이 움직이는 파동처럼 행동함은 물론이다.)

존 부시(John Bush)의 연구팀은 쿠더의 연구를 발전시켰고 두 연구팀은 몇 가지 대단히 신기한 사실을 발견했다. 특히 튀어 오르고 걸어가는 방울은 관련된 물리학이 완전히 고전적이며 움직임을 재현하고 설명하는 수학이 뉴턴 역학에만 기초하는데도 양자 입자와 똑같이 행동했다. 2006년에 쿠더와 에마뉘엘 포트(Emmanuel Fort)는 방울이 양자 역학의 창립자들을 그토록 당혹스럽게 했던 이중-슬릿 실험을 모사함을 보여 주었다.[91] 그들은 진동하는 기름에 두 슬릿에 해당하는 유사체를 설치하고 방울이 그리로 걸어가도록 하는 실험을 반복하여 수행했다. 방울은 입자와 똑같이 두 슬릿 중 하나를 통과한 뒤에 특정한 양의 무작위적인 변화가 생긴 방향에서 나타났다. 하지만 연구팀이 슬릿을 통과한 방울의 위치를 측정하고 통계적인 막대그래프로 그린 결과는 회절 무늬와 똑같은 것으로 드러났다.

이 결과는 이중-슬릿 실험을 고전적으로 설명할 수 없다는 파인먼의 주장에 의구심을 제기하게 한다. 하지만 입자가 어느 슬릿을 통과했는지 알아내기 위하여 빛을 사용한 부시의 관측은, 훨씬 더 큰 에너지가 수반되어야 하는 적절한 양자 관측을 모사한다고 볼 수 없다. 파인먼은 사고 실험에서 슬릿을 통과하는 광자의 관측이 회절 패턴을 엉망으로 만들 것이라고 생각했다. 우리는 방울에 강한 힘을 가함으로써 양자 측정을 적절히 모사하면 마찬가지로 회절 패턴이 엉망이 될 것이라고 확신할 수 있다.

다른 실험은 더욱 놀라운 양자 역학과의 유사점을 제공한다. 장벽에 충돌하여 멈춰야 할 방울이 불가사의하게 벽 뒤에 나타났다. 이는 통과하는 데 필요한 에너지가 부족한데도 입자가 장벽을 통과하는 양자 터널링에 해당한다. 방울의 쌍은 수소 원자에서 전자가 양성자 주위의 궤도를 도는 것처럼 서로를 중심으로 공전할 수 있다. 그러나 태양을 중심으로 공전하는 행성과는 달리 두 방울 사이의 거리가 양자화된다. 즉 원자핵의 에너지 준위에서 볼 수 있는 불연속적인 특정 에너지만이 가능한, 양자화와 마찬가지로 일련의 특정한 불연속적인 값을 나타낸다. 방울은 심지어 자체 궤도를 돌면서 각운동량을 가질 수도 있다. 이는 양자 스핀과 유사한 경우에 해당한다.

이러한 특별한 고전적 유체 시스템이 양자 불확실성을 설명한다고 주장하는 사람은 아무도 없다. 아마도 전자가 공간을 채우는 우주 유체(cosmic fluid) 위에서 튀어 오르는 방울은 아닐 것이며, 방울이 모든 세부 사항에서 양자 입자에 해당할 수도 없다. 하지만 이것은 고전적인 유형 중 가장 단순한 유체 시스템이다. 이는 양자 시스템이 기묘하게 보이는 이유가 잘못된 고전 모델과 비교되기 때문임을 시사한다. 입자는 아주 작고 단단한 공일 뿐이며 파동은 수면에 생기는 물결 같은 것에 지나지 않는다고 생각한다면 파동-입자 이중성은 정말로 기묘한 현상이다. 파동 또는 입자 중 하나여야 하지 않은가?

방울은 이러한 생각이 틀렸음을 명백히 말해 준다. 어쩌면 관찰의 특성에 따라 양상이 달라지는 듯한 상호 작용을 하는 파동과 입자 모두일지도 모른다. 방울(이제 강조를 위하여 '입자'라 부르자.)은 입자가 행동해야 하는 방식을 말해 주지만, 파동은 파동이 행동해야 하는 방식을 말해 준다는 생각에 일리가 있다. 예를 들어 이중-슬릿 실험에서 입자는 슬릿 하나만을 통과하나 파동은 두 슬릿 모두를 통과한다. 다수의 시행에 대하여 통계적인 평균을 취할 때, 입자들의 패턴에서 파동의 패턴이 나타나는 것은 놀랄 일이 아니다.

'입 다물고 계산하라.'라고 하는 사람들의 냉정한 방정식 아래 깊숙이 자리한 생각처럼 양자 역학이 실제로도 그러한 것일까?

그럴 수도 있다. 하지만 이는 새로운 이론이 아니다.

숨은 변수 공간에 확률 분포가 반드시 존재하는가

막스 보른(Max Born)은 1926년에 입자의 파동 함수에 대하여 오늘날까지 통용되는 해석을 개발했다. 파동 함수는 입자가 어디에 있는지가 아니라 특정한 장소에 위치할 확률을 말해 준다. 오늘날 물리학의 유일한 경고는 입자에 사실상 위치가 없다는 것이다. 파동 함수는 주어진 위치에서 관측을 통하여 입자를 발견할 확률을 밝혀 준다. 입자가 관측되기 전에 '실제로' 그 위치에 있었는가는 기껏해야 철학적인 추론이고 최악의 경우에는 잘못된 이해에서 나온 질문이다.

한 해 뒤에 드브로이는 보른의 아이디어를 새롭게 해석할 것을 제안했다. 입자에 위치가 있을 수 있지만 적절한 실험에서는 입자가 파동을 흉내 낼 수 있다는 주장이었다. 아마도 입자에는 어떻게 파동처럼 행동할지를 알려 주는 '안내' 파동 같은 동반자가 있을 것이다. 기본적으로 그는 파동 함수가 실재하는 물리적인 존재며 파동 함수의 움직임이 슈뢰딩거 방정식으로 결정된다고 제안했다. 입자는 언제나 확실한 위치가 있으므로 결정론적인 경로를 따라가지만 그 과정에서 파동 함수의 안내를 받는다. 입자들의 시스템에서는 결합된 파동 함수가 적절한 버전의 슈뢰딩거 방정식을 만족시킨다. 입자의 위치와 운동량은 숨은 변수며 파동 함수와 함께 관측 결과에 영향을 미친다. 특히 위치의 확률 밀도는 보른의 해석을 따르는 파동 함수에서 추론된다.

볼프강 파울리(Wolfgang Pauli)는 안내-파동 이론이 특정한 입자 산란 현상과 맞지 않는다고 주장하면서 이의를 제기했다. 즉석에서 만족스러운 답변을 제시할 수 없었던 드브로이는 자신의 아이디어를 철회했다. 물리학

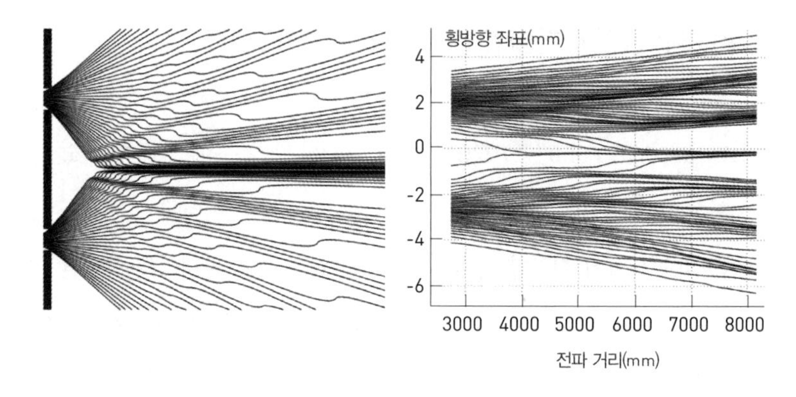

그림 33 전자가 움직이는 경로. 왼쪽 그림은 이중–슬릿 실험에서 봄의 안내–파동 이론에 따른 경로며 오른쪽 그림은 단일 광자에 대하여 약한 측정을 사용한 실험에서의 평균 경로다.

자들이 확률 분포를 관측할 수 있기는 했어도 입자와 입자의 안내–파동을 동시에 관측하는 일은 불가능해 보였다. 실제로 파동 함수는 전체가 아니라 일부 속성만을 관찰할 수 있다는 것이 일반 통념이었다. 폰노이만이 그 어떤 숨은 변수 이론도 가능하지 않다는 잘못된 증명을 제시했을 때 안내–파동은 흔적도 없이 가라앉았다.

1952년에 데이비드 봄(David Bohm)이라는 괴짜 물리학자가 안내–파동 이론을 재발견하고 파울리의 반론에 근거가 없음을 증명해 보였다. 그는 숨은 변수의 지배를 받는 안내–파동 시스템이라는 양자 이론을 체계적으로 해석했다. 그리고 모든 양자 측정에서 표준적인 통계의 특성이 여전히 타당하므로 안내–파동 이론이 코펜하겐 해석과 일치한다고 주장했다. 그림 33은 봄의 이론을 사용한 이중–슬릿 실험의 예측과 단일 광자에 상태를 교란하지 않는 약한 측정을 사용한 최근의 관측 결과를 보여 준다.[92] 두 그림에서 보이는 전자의 경로가 비슷하다는 점이 인상적이다. 심지어 매끄러운 곡선을 일치시킴으로써 광자의 확률 분포를 추정하고 파동 모델에서 예측되는 회절 패턴을 재현하는 일까지 가능하다.

양자 전문가들은 봄의 제안을 달갑게 받아들이지 않았다. 봄이 청년 시절에 공산주의자였다는, 물리학과 관계없는 이유도 있었다. 더 중요한 이유는 안내–파동 이론이 정의에 따라 비국부적이라는 것이었다. 국부화된 입자 시스템의 거동은 국부화되지 않은 결합 파동 함수에 의존한다. 파동 함수는 공간으로 펴져 나가며 입자뿐만 아니라 경계 조건에도 의존한다.

이 문제에 대하여 좀 더 긍정적이었던 존 벨은 봄–드브로이의 안내–파동 이론을 적극 지지했다. 처음에 비국부성이 제거될 수 있는지를 고심하던 벨은 결국 비국부성이 제거될 수 없다는 유명한 증명을 제시했다. 그렇지만 몇몇 물리학자는 비국부적인 대안을 찾는 연구를 계속했다. 그것은 들리는 것만큼 어리석은 일은 아니었다. 왜 그런지 살펴보자.

모든 수학 정리는 가정에 기초한다. 가정은 만약/그렇다면으로 표현되는 문장이다. 특정한 가정이 타당하면 논리적으로 특정한 결과가 따른다. 정리의 증명은 어떻게 그러한 결과가 나오는지를 설명한다. 정리의 표현에는 모든 가정이 포함되어야 하지만, 해당 분야의 표준과 매우 가까워 명시할 필요가 없는 가정은 흔히 암묵적으로 포함된다. 때로는 증명에 대한 엄밀한 검사를 통하여 명시되지 않고 표준도 아닌 가정에 전적으로 의존하는 현상이 일어나기도 한다. 이는 정리의 결과가 빠져나갈 수 있는 논리적인 구멍에 해당한다.

벨은 폰노이만의 시도에서 헤르만이 찾아낸 것과 같은 구멍을 발견하고 수정함으로써 자신의 정리를 개발했다. 그러나 물리학자들은 대단히 완고할 수 있고 수학자들은 매우 현학적일 수 있는 사람들이다. 따라서 사람들은 때때로 벨 정리에서 눈에 띄지 않았던 구멍을 찾으려 노력했다. 설사 구멍을 찾아내더라도 그 자체가 양자 역학의 숨은 변수 이론을 가능하게 하는 것은 아니지만 그 이론이 존재할 수 있다는 힌트는 되기 때문이다.

물리학자 출신의 기상학자로 여전히 물리학에 관심이 많던 팀 파머(Tim Palmer)가 1995년에 그와 같은 구멍 하나를 발견했다. 결정론적이지만 혼돈의 특성을 갖는 숨겨진 동역학이 존재한다고 가정하자. 파머는 동역학 시스템의 거동이 충분히 불량하다면 벨 부등식의 증명이 무너진다는 사실을 깨달았다. 벨 부등식이 고려하는 상관관계를 계산할 수 없기 때문이다. 예컨대 전자의 스핀을 모델로 삼는다고 가정하자. 우리는 모든 특정한 방향에 대하여 스핀을 측정할 수 있으며 그 값이 언제나 (적절한 단위로) 1/2이나 −1/2임을 확인했다. 어떤 부호가 나올지는 무작위적이다. 스핀 1/2과 −1/2에 해당하는 두 끌개가 있는 비선형 동역학 시스템을 형성하는 숨은 변수들을 상상해 보라. 스핀은 주어진 초기 조건으로부터 두 값 중 하나로 진화한다. 어느 값인가? 각 끌개에는 독자적인 흡인 영역이 있다. 변수들이 한쪽 영역에서 출발하면 스핀 1/2의 끌개로 끌리고 다른 쪽 영역에서 출발하면 스핀 −1/2의 끌개로 향하게 된다.

두 영역이 확실한 경계를 갖춘 상당히 단순한 형태라면 두 끌개에 대한 아이디어는 맞지 않고 벨 정리의 증명이 성립한다. 그러나 흡인 영역이 매우 복잡할 수도 있다. 나는 제10장에서 두 (또는 그 이상) 끌개가 너무도 복잡하게 얽힌 나머지 극히 미세한 교란으로도 한 영역에서 다른 영역으로 상태가 전환되는 구멍이 많은 유역을 가질 수 있음을 언급했다. 이 경우에 벨 정리의 증명은 타당하지 않다. 정리가 논의하는 상관관계가 합리적인 수학 객체로 존재하지 않기 때문이다.

여기서 말하는 '계산 불가'의 의미는 미묘하며 자연이 그러한 시스템을 사용하는 것을 막을 수 없다. 어쨌든 코펜하겐 해석(파동 함수는 그저 붕괴할 뿐이며 어떻게 붕괴하는지 알지 못한다.)은 붕괴에 대한 그 어떤 수학적인 프로세스도 특정하지 않기 때문에 한층 더 계산이 힘들다. ±1/2 상태의 통계 분포는 구멍이 많은 유역에서 계산할 수 있고 의미 있는 통계적인 성질과 관련되어야 하므로 실험과의 비교는 문제가 되지 않을 것이었다.

파머는 세부적인 계산으로 자신이 세운 모델의 타당성을 뒷받침했다. 그는 심지어 파동 함수의 붕괴가 중력 때문일 수 있다고 제안했다. 이전에도 비슷한 생각을 한 물리학자들이 있었다. 중력은 비선형이며 중첩 원리를 파괴하기 때문이다. 파머의 모델에서 중력은 전자의 상태가 하나 또는 다른 끌개로 향하게 하는 추진력이다. 그 뒤에 파머는 벨 정리의 다른 구멍들을 조사하는 일련의 논문을 발표했다. 이들은 아직 양자 역학 전체를 결정론적인 혼돈의 토대에 올려놓을 만한 숨은 변수 동역학에 대한 구체적인 제안으로 이어지지는 못했지만 가능성에 대한 탐색으로서의 가치를 지닌다.

나는 사색적인 정신으로 벨 정리의 몇 가지 허점을 제안하고자 한다.

벨 정리의 증명은 세 가지 상관관계의 비교에 의존한다. 벨은 그들을 숨은 변수 공간에 대하여 가정된 확률 분포와 연결함으로써 상관관계들의 관계를 부등식의 형태로 유도한다. 이러한 관계는 상관관계의 측정으로 결정된 숨은 변수 공간의 부분 집합에 대한 확률 분포를 적분함으로써 추론된다. 그리고 이들 적분이 벨 부등식으로 이어지는 방식으로 관련성을 입증할 수 있다.

이 모두는 대단히 우아한 이야기다. 하지만 숨은 변수들의 공간에 확률 분포가 존재하지 않는다면 어떻게 될까? 그렇다면 부등식을 증명하기 위하여 사용된 계산이 아무 의미도 없어진다. 확률 분포는 특별한 유형의 측도며 합리적인 측도가 없는 수학 공간도 많다. 특히 모든 가능한 파동 함수로 이루어지는 공간은 보통 무한-차원이다. 즉 이들은 무한히 많은 고유 상태의 조합이다. '힐베르트 공간'이라 불리는 이들 공간에는 합리적인 측도가 없다.

여기서 말하는 '합리적'이 무슨 뜻인지를 설명해야겠다. 모든 공간에는 적어도 하나의 측도가 있다. '특별한' 점이라고 부를 점 하나를 선택하자. 이 특별한 점을 포함하는 모든 부분 집합에 측도 1을 부여하고 나머지에는 0을 부여한다. 이 측도(특별한 점이 원자일 때는 '원자적'이라 할 수 있는)는 그 나름대로 용도가 있으나 부피와는 전혀 다르다. 이와 같은 사소한 문제를 제거하기 위하여 3차원 공간에 있는 물체의 부피가 그 물체를 옆으로 움직이더라도 변하지 않는다는 점에 주목하자. 이는 병진 불변성(translational invariance)이라 불린다.(부피는 물체를 회전시켜도 역시 변하지 않지만 여기서 그 특성은 필요 없다.) 방금 설명된 원자적인 측도에는 병진 불변성이 없다. 병진에 따라 특별한 점(측도 1)이 다른 위치(측도 0)로 이동할 수 있기 때문이다. 힐베르트 공간에서 유사한 병진 불변성 측도를 찾아내려는 것은 양자의 맥락에서 자연스러운 일이다. 그러나 조지 매키(George Mackey)와 앙드레 베유(Andre Weil)의 정리는 힐베르트 공간이 공교롭게도 유한-차원인 드문 경우를 제외하면 그러한 측도가 존재하지 않는다고 말한다.

숨은 변수 공간 전체에 합리적인 확률 측도가 없더라도 관측의 상관관계는 여전히 유의미할 수 있다. 관측이란 파동 함수의 공간에서 단일한 고유 상태로 가는 투사며 각 고유 상태는 측도가 있는 유한-차원 공간에 존재하기 때문이다. 그러므로 양자 시스템의 숨겨진 동역학이 존재한다면 무한-차원의 상태 공간을 가져야 한다는 것은 전적으로 합리적인 생각이라고 여겨진다. 어쨌든 '숨겨지지 않은' 변수들은 그러한 방식으로 행동한다. 사실상 파동 함수 자체가 전체를 관측할 수 없기 때문에 '숨겨진' 숨은 변수다.

이는 새로운 제안이 아니다. 로렌스 란다우(Lawrence Landau)는 아인슈타인-포돌스키-로즌 실험(Einstein-Podolsky-Rosen experiment)이 고전적인 (콜모고로프) 확률 공간에 기초한 숨은 변수 이론을 가정한다면 벨 부등식으로 이어지지만, 그런 수의 독립적인 숨은 변수를 가정한다면 그렇지 않다는 사실을 입증했다. 무한한 확률 공간이 존재하지 않기 때문이다. 이것이 하나의 허점이다.

또 다른 허점은 안내-파동에 대한 주요 반론인 비국부성이다. 파동은 우주 전체로 퍼져 나가며 아무리 멀리 있더라도 변화에 즉각 반응한다. 하지만 나는 이 반론이 너무 지나친 것이 아닌지 궁금하다. 결정론적인 설정에서 양자 이론과 대단히 비슷한 현상을 만들어 내는데 사실상 안내-파동의 거시적인 물리적 유추라 볼 수 있는 기름방울 실험을 생각해 보라. 방울은 거의 틀림없이 국부적이다. 이 실험에 해당하는 파동은 국부적이 아니지만 우주 전체로 퍼져 나가지 않는다는 것은 확실하다. 그 파동은 접시의 영역으로 제한된다. 이중-슬릿 실험의 설명에서 우리에게 필요한 것은 두 슬릿을 알아차리기에 충분할 정도로 멀리 퍼져 나가는 파동이 전부다. 심지어 모종의 준-비국부적인 '후광' 없이는 광자가 두 슬릿 중 하나를 선택하는 것은 고사하고 슬릿의 존재조차 알 수 없다고 주장할 수도 있다. 모델로 삼은 슬릿은 극단적으로 좁을 수 있지만, 실제 슬릿의 폭은 광자보다 훨씬 넓다.(이는 명확한 경계 조건과 지저분한 현실 사이의 또 다른 불일치다.)

세 번째 허점은 숨은 변수의 확률 공간이 비맥락적이라는, 즉 수행되는 관측과 무관하다는 암묵적인 가정이다. 숨은 변수의 분포가 관측에 의존한다면 벨 부등식의 증명이 성립하지 않는다. 비맥락적인 확률 공간은 비합리적으로 보일 수도 있다. 숨은 변수는 자신이 어떻게 관측될지를 어떻게 '알' 수 있을까? 당신이 던지는 동전은 탁자에 떨어질 때까지 탁자와 충돌하리라는 것을 알지 못한다. 그러나 양자 관측이 어떻게든 벨 부등식을 우회하므로 양자 공식화가 부등식에 위배된다는 상관관계를 허용해야 한다. 어떻게? 양자 상태는 맥락과 관련이 있기 때문이다. 수행되는 측정은 양자 시스템의 실제 상태(존재한다고 가정하자.)뿐만 아니라 측정의 유형에도 의존한다. 그렇지 않다면 실험이 벨 부등식에 위배되는 일이 없을 것이다.

이는 기묘한 것이 아니라 지극히 자연스러운 현상이다. 나는 '동전이 탁자에 떨어지리라는 것을 모른다.'라고 했지만 그 말과는 무관하다. 동전은 알 필요가 없다. 맥락을 제공하는 것은 동전의 상태가 아니라 동전과 탁자 사이의 상호 작용인 관측이다. 결과는 동전의 내부 상태와 아울러 동전이 관측되는 방식에 의존한다. 논의의 단순화를 위하여 중력이 0인 상태에서 동전이 회전하고 탁자로 동전을 받친다고 상상하면, 결과는 탁자를 받치는 시점 및 동전의 회전축과 탁자의 평면이 이루는 각도에 의존한다. 회전축과 평행한 평면에서 보면 동전의 앞면과 뒷면이 교대로 나타나고, 수직인 평면에서 보면 동전이 탁자의 모서리 위에서 회전한다.

양자 파동 함수가 맥락과 관련되므로 숨은 변수 역시 맥락과 관련되도록 허용하는 것은 타당해 보인다.

양자 현상의 의미에 대한 철학적 고찰과 아울러 양자 이론과 상대론을 통합하기를 원하는, 숨은 변수 이론을 고려하는 또 다른 이유가 있다.[93] 아인슈타인 자신도 오랫동안 양자 이론과 중력을 결합하는 통일장 이론을 탐구했지만 성과를 얻지 못했다. 그러한 '만물의 이론'은 기초 물리학의 성배로 남아 있다. 통합 이론의 선두주자인 끈 이론은 근래에 다소 인기를 잃었다. 강입자 충돌기가 끈 이론이 예측한 아원자 입자를 찾아내는 데 실패함에 따라 이 이론이 다시 인기를 회복하기란 쉽지 않아 보인다. 고리 양자 이론 같은 다른 이론을 지지하는 학자들도 있지만 주류 물리학계를 만족시킬 만한 이론은 아직 나타나지 않았다. 수학적으로는 양자 이론이 선형인(상태들이 중첩될 수 있는) 반면에 중력은 그렇지 않다는(상태들이 중첩될 수 없는) 상당히 기본적인 수준의 불일치가 존재한다.

통일장 이론을 구성하려는 대부분의 시도는 양자 역학을 위반됨이 없도록 놓아두고 거기에 맞추어 중력 이론을 손질하려는 노력이다. 1960년대에는 이러한 접근 방식이 거의 성공할 뻔했다. 일반 상대론에 대한 아인슈타인의 기본 방정식은 중력 시스템에서 물질의 분포가 시공간의 곡률(curvature of spacetime)과 상호 작용하는 방식을 기술한다. 거기서 물질의 분포는 명확한 물리적 해석을 갖춘 수학적 객체다. 준고전적인 아인슈타인 방정식에서는 물질의 분포가 다수의 관측을 통하여 예측되는 평균적인 물질 분포를 정의하는, 즉 물질이 어디에 있을지에 대한 정확하다기보다는 건전한 추측인 양자적 객체로 대치된다. 이는 시공간이 고전적으로 남아 있으면서 한편으로는 물질이 양자적인 특성을 갖는 것을 허용한다. 이와 같은 아인슈타인 방정식의 변형은 현실적인 타협안으로서 블랙홀이 복사(radiation)를 방출한다는 스티븐 호킹(Stephen Hawking)의 발견을 포함하여 여러 분야에서 성공을 거두었다. 하지만 양자 관측이 어떻게 거동하는가라는 골칫거리에 대해서는 그다지 성공적이지 못했다. 이들 방정식은 파동 함수가 갑자기 붕괴할 때 모순된 결과를 내놓는다.

1980년대에 로저 펜로즈와 러요시 디오시(Lajos Diósi)는 독자적으로 상대론을 뉴턴의 중력으로 대체함으로써 문제를 해결하려 했다. 이 과정에서 운 좋게 알게 된 사실은 상대론적인 중력으로 확장되었다. 이러한 접근법의 문제점은 슈뢰딩거의 달에서 더욱 극단적인 방식으로 나타나는 슈뢰딩거의 고양이인 것으로 드러났다. 슈뢰딩거의 달은 절반은 지구 주위를 돌고 나머지는 어딘가 다른 곳에 있는, 중첩된 두 조각으로 분리될 수 있다. 이로써 발생하는 더 심각한 문제점은 그렇게 거시적으로 중첩된 상태가 빛보다 빠르게 달리는 신호를 허용한다는 사실이다.

펜로즈는 이 문제를 양자 역학에 손을 대지 않는 방식으로 추적했다. 어쩌면 중력이 아니라 양자 역학이 문제였을지도 모른다. 모든 문제의 핵심은 코펜하겐 해석을 수용하는 물리학자들조차 실제로 파동 함수가 어떻게 붕괴하는지를 말해 줄 수 없다는 점이다. 측정 기구 자체가 다른 입자와 같은 작은 양자 시스템이라면 붕괴가 일어나지 않는 것으로 보인다. 그러나 광자의 스핀을 표준적인 기구로 측정하면 중첩이 아닌 특정한 결과를 얻게 된다. 관측 대상인 파동 함수를 붕괴시키려면 측정 기구가 얼마나 커야 하는가? 광선 분할기를 통과할 때는 광자의 양자 상태가 교란되지 않지만 입자 탐지기로 보내면 교란되는 이유는 무엇인가? 표준 양자 이론은 이 같은 여러 물음에 아무런 해답을 주지 않는다.

이는 우리가 우주 전체를 연구할 때 첨예한 논점이 된다. 시공간의 기원에 대한 빅뱅 이론 때문에 양자 관측의 특성은 우주론에서 엄청나게 중요한 문제로 거론된다. 양자 시스템의 파동 함수가 외부의 무언가에 의하여 관측될 때만 붕괴한다면 어떻게 우주의 파동 함수가 붕괴하여 행성, 별, 은하 모두를 생성했을까? 그러려면 우주 밖에서 관측이 이루어져야 하는데 이는 매우 혼란스러운 이야기다.

슈뢰딩거의 고양이를 비평한 사람 가운데는 '관측'이라는 용어로부터 관측에는 관측자가 필요하다는 것을 유추한 이도 있었다. 파동 함수는 오직 의식을 갖춘 지적인 존재가 관측할 때만 붕괴한다. 우리가 없다면 우주 자체가 존재할 수 없다는 것이 인류가 존재하는 이유 중 하나다. 이 같은 생각은 우리에게 삶의 목적을 부여할 뿐만 아니라 우리가 왜 여기에 있는지를 설명해 준다. 하지만 이는 오만하게 느껴지는 사고방식이기도 하며 과학의 역사를 통하여 끊임없이 저질렀던 대표적인 오류인 인간에게 특권을 부여하는 생각이기도 하다. 그리고 관측하는 우리가 없이도 우주가 동일하고 보편적인 물리 법칙을 따르면서 약 130억 년 동안 존재해 온 것으로 보이는 증거와도 앞뒤가 맞지 않는다. 게다가 이 설명은 기괴할 정도로 자기지시적(self-referential)이다. 우리가 존재하기 때문에, 우리가 우주를 관측할 수 있고 이는 다시 …… 우리의 존재를 유발한다. 우리가 여기 있기 때문에 우리가 여기 있다. 그 반론을 떨쳐 버릴 방법이 없다는 말은 아니지만 관측에 대한 전반적인 아이디어는 인류와 우주의 선후 관계를 바꾼다. 우주가 존재하기 때문에 우리가 여기 있는 것이지 그 반대가 아니다.

덜 과격한 사람들은 작은 양자 시스템이 충분히 큰 시스템과 상호 작용할 때만 파동 함수가 붕괴한다고 추론한다. 더욱이 큰 시스템은 고전적인 객체처럼 행동하므로 파동 함수가 이미 붕괴되었어야 한다. 어쩌면 규모가 큰 시스템의 파동 함수는 자동으로 붕괴하는지도 모른다.[94] 다니엘 서다스키(Daniel Sudarsky)가 그러한 자발적인 붕괴를 연구하고 있다. 그의 견해는 양자 시스템이 저절로 무작위적으로 붕괴하며 입자 하나의 붕괴가 모든 다른 입자의 붕괴를 촉발한다는 것이다. 입자가 많을수록 하나가 붕괴할 가능성이 커지고 이어서 모두가 붕괴한다. 따라서 규모가 큰 시스템이 고전적 시스템이 된다.

마넬리 데락샤니(Maaneli Derakhshani)는 양자 이론의 자발적인 붕괴 버전이 뉴턴의 중력 이론과 더 잘 맞을 수 있음을 깨달았다. 2013년에 그는 자발적 붕괴 이론과 뉴턴의 중력을 결합하면 기괴한 슈뢰딩거의 달 상태가 사라진다는 것을 발견했다. 그러나 처음 시도에는 여전히 신호가 빛보다 빠르게 달리도록 허용하는 문제가 있었다. 문제의 일부는 뉴턴 물리학이 상대론과 달리 빛보다 빠른 신호를 자동으로 금지하지 않는다는 데에서 비롯된다. 앙투안 틸로이(Antoine Tilloy)는 시공간의 임의의 위치에서 자발적으로 일어나는 변형된 유형의 붕괴를 탐색하고 있다. 결국 전에는 흐릿했던 물질의 분포가 특정한 위치를 얻고 중력이 발생한다. 시공간은 고전적으로 남아 있고 슈뢰딩거의 달 같은 현상이 생길 수 없다. 이는 빛보다 빠른 신호를 제거한다. 참으로 큰 진전은 양자 붕괴 이론과 일반 상대론을 결합하기 위하여 뉴턴을 아인슈타인으로 대체하는 일일 것이다. 현재 서다스키의 연구팀이 바로 이것을 시도하고 있다.

아 참, 나는 트램펄린의 완보동물을 설명하기로 했었다. 그뢰블래처는 정사각형 틀에 걸쳐진 얇은 막, 즉 폭이 1밀리미터인 소형 트램펄린을 사용하여 양자 붕괴 이론을 시험할 계획이다. 트램펄린을 진동시키고 레이저를 조사하여 일부는 '업', 일부는 '다운'시키는 중첩된 상태를 만든다. 그 위에 완보하는 물체를 올려놓고 그것의 상태를 중첩시킬 수 있는지 확인할 수 있다면 더욱 좋다.

슈뢰딩거의 완보동물, 마음에 든다!

양자 이론의 미래

점점 더 기묘해진다…….

대부분의 물리학자는 코펜하겐 해석을 비롯한 모든 양자 이론의 공식화가 단지 전자, 완보동물, 고양이뿐만 아니라 아무리 복잡하더라도 모든 실세계 시스템에 적용된다고 믿는다. 하지만 2018년에 다니엘라 프라우히거(Daniela Frauchiger)와 레나토 레너(Renato Renner)가 발표한 슈뢰딩거의 고양이에 대한 최근 연구는 그러한 믿음에 의문을 제기한다.[95] 이러한 난점은 물리학자들이 양자 역학을 사용하여, 양자 역학을 사용하는 물리학자들로 이루어진 시스템을 모델링 하는 사고 실험에서 발생한다.

기본 아이디어는 유진 위그너(Eugene Wigner)가 정통적인 양자 공식화가 현실과 모순되는 설명을 낳을 수 있음을 주장하기 위하여 슈뢰딩거의 시나리오를 수정한 1967년으로 거슬러 올라간다. 그는 '위그너의 친구'라는 물리학자를 상자 안에 넣고 고양이의 파동 함수를 관측하게 함으로써 고양이가 취할 수 있는 두 가지 상태 중 어떤 모습을 보이는지 알아내도록 했다. 하지만 상자 밖에 있는 관측자는 여전히 고양이의 상태가 '살아 있음'과 '죽음'의 중첩 상태에 있다고 생각하므로 두 물리학자는 고양이의 상태에 대한 의견을 일치시키지 못한다. 그러나 여기에는 결함이 있다. 위그너의 친구가 자신의 관측 결과를 외부의 관측자에게 전달할 수 없으므로 그가 '죽은 고양이를 관측함'과 '살아 있는 고양이를 관측함'의 중첩 상태에 있다는 외부 관측자의 생각은 합리적이다. 외부 관측자의 관점에서 상자 속의 상태는 결국 두 가지 가능성 중 하나로 붕괴하지만, 이는 오직 상자를 열었을 때만 일어나는 일이다. 이 시나리오는 위그너의 친구가 내내 생각했던 것과는 다르지만 논리의 모순이 없다.

프라우히거와 레너는 진정한 모순을 얻기 위하여 한 걸음 더 나아간다. 그들은 생명 윤리 측면에 기초하여 고양이 대신 물리학자를 실험 대상으로 삼는다. 이는 또한 더욱 복잡한 설정을 허용한다. 물리학자 앨리스는 입자의 스핀을 무작위로 업이나 다운으로 설정하고 그 입자를 동료인 밥에게 보낸다. 밥은 두 사람과 각자의 연구실이 모두 상자 안에 있는 상태에서 입자를 관측하며 그 결과 입자들의 상태가 얽히게 된다. 또 다른 물리학자 앨버트는 양자 역학을 사용하여 앨리스와 그녀의 실험실을 모델화한다. 얽힌 상태의 통상적인 수학은 때로(항상은 아니다!) 앨버트가 밥이 관측한 상태에 대하여 완전한 확신을 품고 추론할 수 있음을 시사한다. 앨버트의 동료인 벨린다도 밥과 그의 실험실을 같은 방법으로 모델화하며, 동일한 수학이 그녀가 때로 완전한 확신을 품고 앨리스가 설정한 스핀 상태를 추론하게 해 준다는 사실을 시사한다. 이는 명백히 밥이 측정한 상태여야 한다. 그러나 당신이 양자 이론의 정통적인 수학을 사용하여 계산할 때, 이러한 프로세스가 여러 번 반복된다면 앨버트와 벨린다의 추론(모두 완벽하게 정확한)이 불일치하는 결과가 (작은 비율이지만) 나와야 한다는 사실이 밝혀진다.

그들의 논문은 꽤 복잡한 세부 사항을 무시하고 모두가 정통 양자 물리학과 일치하는 세 가지 가정에 초점을 맞췄다.

- 양자 역학의 표준 법칙을 모든 실세계 시스템에 적용할 수 있다.
- 그 법칙을 동일한 시스템에 정확하게 적용하는 물리학자는 모순된 결과에 이르지 않을 것이다.
- 물리학자가 측정을 수행한 결과는 유일무이하다. 예컨대 스핀을 '업'으로 측정했다면 (정확하게) '다운'이라고도 주장할 수는 없다.

프라우히거와 레너의 사고 실험은 세 가지 명제가 모두 참일 수는 없다는 '불가능' 정리를 입증한다. 따라서 양자 역학의 정통적인 공식화가 자기모순에 빠진다.

양자 물리학자들은 이 같은 뉴스를 그다지 반기지 않았으며 논리의 허점을 찾아내는 데 기대를 거는 것으로 보이지만 아직은 아무도 허점을 찾지 못했다. 그들의 주장이 성립하려면 세 가지 가정 중 최소한 하나는 폐기되어야 한다. 폐기될 가능성이 가장 높은 것은 첫 번째 가정이며, 이 경우 물리학자들은 실세계 시스템 중에 표준적 양자 역학 영역 너머에 시스템이 존재함을 받아들여야 할 것이다. 두 번째나 세 번째 가정을 부정하는 것은 더욱 충격적인 일이다.

수학자인 나는 '입 다물고 계산하라.'가 중요한 무언가를 놓칠 위험이 있다는 느낌을 지울 수 없다. 그 이유는 정말로 입을 다물면 이해할 수 있는 계산 결과를 얻는다는 것이다. 그와 같은 결과는 종종 아름다운 법칙이며 유용한 결과를 제공한다. 법칙 뒤에 있는 수학은 심오하고 우아하지만 단순화할 수 없는 무작위성에 기초하여 구축된다.

그렇다면 양자 시스템은 법칙을 준수해야 한다는 것을 어떻게 알 수 있을까?

이 의문을 설명하는 더 깊은 이론이 존재하는지 궁금한 사람은 나 혼자만이 아니며, 나로서는 그것이 단순화할 수 없는 방식으로 확률적이어야 하는 어떤 타당한 이유도 생각할 수 없다. 우선 방울 실험만 해도 양자 시스템은 아니지만 양자 수수께끼를 닮았음이 분명하다. 우리가 비선형 동역학에 대하여 더 많이 알수록 양자 세계를 발견하기 전에 그러한 일이 일어났다면 역사가 매우 달라졌을 것이라는 생각이 든다.

데이비드 머민(David Mermin)은 '입 다물고 계산하라.'라는 사고방식을 양자 역학이 원자 폭탄을 개발하기 위한 맨해튼 계획과 밀접하게 관련을 맺었던 제2차 세계 대전을 추적하는 데까지 적용한다. 군은 의미에 신경 쓰지 말고 계산을 계속하도록 물리학자들을 적극적으로 격려했다. 노벨상을 수상한 물리학자 머리 겔만(Murray Gell-Mann)은 1976년에 말했다.[96] "닐스 보어는 한 세대 전체의 이론가들을 그 일(양자 이론의 해석)이 50년 전에 끝났다고 생각하도록 세뇌했다." 애덤 베커는 자신의 저서 《무엇이 진실인가?》(What is real?)에서 이러한 사고방식의 뿌리가 코펜하겐 해석에 대한 보어의 고집에서 비롯되었음을 시사했다. 내가 제안한 대로 오직 실험의 결과만 의미가 있으며 그 배후에 더 심오한 실재가 존재하지 않는다는 주장은 논리적 실증주의에 대한 과잉 반응으로 보인다. 베커도 나와 마찬가지로 양자 이론이 '잘 맞음'을 인정하지만, 양자 이론을 현재의 상태에 남겨 두는 것은 '세계에 대한 우리의 이해에 난 구멍을 종이로 가리고 인간적인 프로세스로서의 과학에 대한 더 큰 이야기를 무시하는 것'과 마찬가지라고 덧붙인다.[97]

이 말이 구멍을 어떻게 메워야 할지를 말해 주지는 않는다. 이 책에서 다루는 다른 주제도 모두 마찬가지다. 그렇지만 힌트는 있다. 한 가지는 확실하다. 실재하는 더 깊은 층이 정말로 존재하더라도 탐구할 가치가 없다고 확신한다면 절대로 찾아낼 수 없을 것이다.

제17장

불확실성의 활용

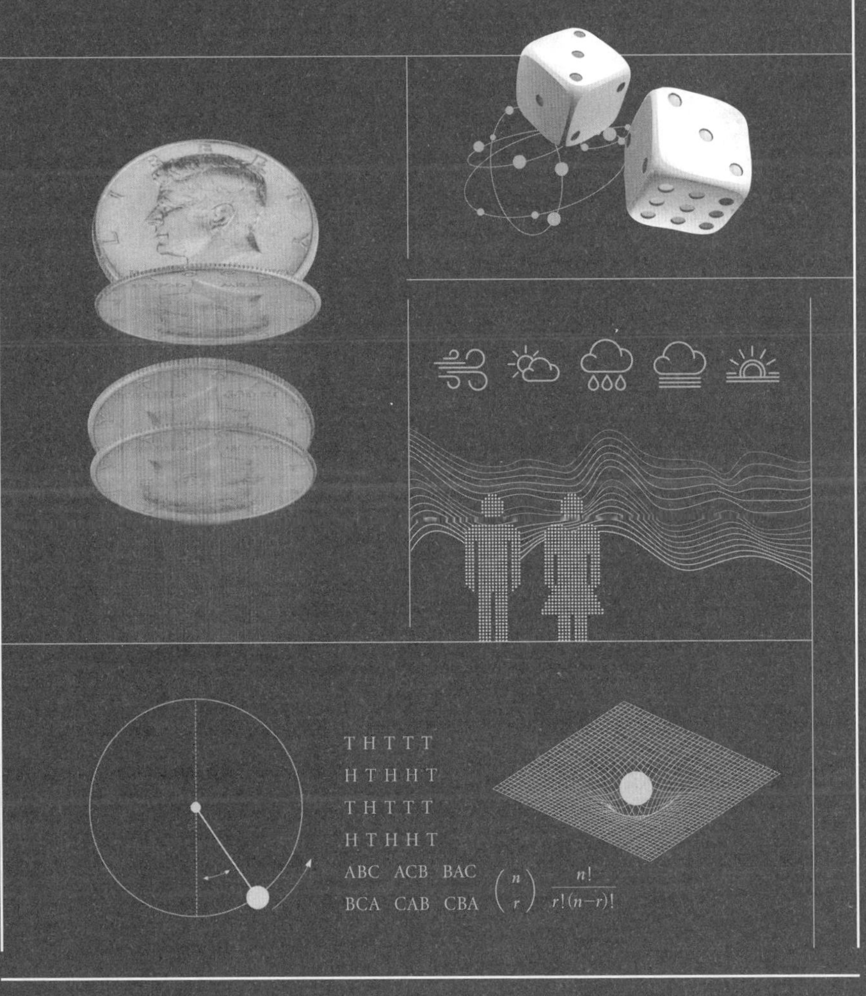

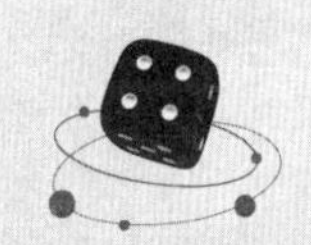

생쥐와 인간이 아무리 최선을 다해 계획을 세워도
어긋나 버리기 일쑤다.

–
로버트 번스, 〈쥐에게〉

• • • 지금까지는 불확실성을 미래에 무슨 일이 일어날지를 이해하기 어렵게 하고 잘 세운 계획을 모두 '어긋나게' 할 수 있는 문제로, 즉 잘못된 것으로 설명했다. 우리는 불확실성이 어디에서 오고 어떤 형태를 띠며 어떻게 측정하고 어떻게 영향을 완화할 수 있는지를 살펴보았다. 내가 설명하지 않은 것은 어떻게 불확실성을 이용할 수 있는가다. 실제로 약간의 불확실성은 우리에게 유리하게 작용할 때가 많다. 늘 동일한 문제에 대해서는 아닐지라도, 으레 문제로 여겨지는 불확실성이 때로 해결책이 될 수 있다.

무작위성을 활용하는 가장 대표적인 사례는 직접 다루기 어려운 수학적 문제의 해결에서 찾아볼 수 있다. 카지노로 유명한 도시의 지명에서 명명된 '몬테카를로 기법'도 그중 하나다. 이는 해를 시뮬레이션한 뒤에 관련된 불확실성을 추정하기 위하여 다수의 실행을 표본 추출하는 대신에 모든 것을 거꾸로 뒤집는 접근법이다.

전통적인 장난감 예제는 복잡한 형태의 면적을 구하는 문제다. 직접적인 해결 방법은 전체 형태를 알려진 공식을 활용해 면적을 구할 수 있는 작은 조각으로 잘라 계산하고 결과를 합치는 것이다. 더 복잡한 형태는 본질적인 방법은 동일한데 폭이 아주 좁은 다수의 직사각형으로 근사하는 적분 계산으로 다루는 것이다. 이에 비해 몬테카를로 기법은 매우 다르다. 예컨대 직사각형같이 면적을 아는 테두리 안에 형태를 집어넣는다. 그리고 다트를 여러 개 던져서 직사각형에 맞은 다트 중에 면적을 구하려는 범위 안에 적중한 다트 수의 비율을 구한다. 직사각형의 면적이 1제곱미터고 범위 안에 적중한 다트의 비율이 72퍼센트라면 범위 안의 면적이 0.72제곱미터 내외가 되어야 한다.

몬테카를로 기법에는 여러 가지 주의할 점이 있다. 첫째로 이 방법은 대략의 추정치를 찾는 데 가장 적합하다. 결과는 근사치며 가능한 오차의 크기를 추정할 필요가 있다. 둘째로 다트가 직사각형 위에 균일하게 분포해야 한다. 다트를 던지는 기술이 뛰어난 사람이 겨냥하면 던질 때마다 맞힐 수도 있다. 우리가 원하는 것은 특별히 선호되는 방향 없이 다트를 직사각형 전체에 흩어 놓는 아주 서투른 사람이다. 셋째로 뜻밖의 형편없는 추정이 이따금 발생한다는 점에 유의해야 한다.

하지만 이점도 있다. 서투른 다트 선수에게 난수표나 컴퓨터 프로그램을 사용하도록 할 수 있다. 이 방법은 더 높은 차원, 즉 복잡한 3차원 공간의 구체적이나 고차원의 더욱 개념적인 '체적'(volume)에 적용할 수 있다. 수학에서 다양하게 나타나는 고차원 공간은 신비로운 존재가 아니라 그저 다수의 변수를 기술하는 기하학적인 언어일 뿐이다. 마지막으로 이 방법은 직접적인 방법보다 훨씬 효율적이다.

몬테카를로 기법의 탄생과 활용

몬테카를로 기법은 1946년에 스타니스와프 울람(Stanislaw Ulam)이 (일반 기법으로 확실하게 인식되었다는 의미에서) 창안했다. 당시에 울람은 미국의 로스 앨러모스 국립 연구소에서 핵무기 개발에 참여하고 있었다. 그는 병에 걸려 치료를 받는 동안 캔필드 솔리테어(Canfield solitaire)라는 끈기가 필요한 카드 게임을 하면서 시간을 보냈다. 수학자인 울람은 조합론과 확률 이론을 이용하면 승리의 가능성을 알아낼 수 있을지에 흥미를 느꼈다. 시행착오를 거듭한 뒤에 그는 '추상적 사고보다 그저 게임을 100번 하면서 승리한 횟수를 세는 것 같은 현실적인 방법이 효과적일지도 모른다.'라고 생각했다.

당시의 컴퓨터는 그 정도의 계산을 수행할 능력이 있었다. 그러나 물리학자이기도 했던 울람은 즉시 중성자가 어떻게 확산하는가와 같은 핵물리학의 진보를 가로막고 있던 중요한 문제들을 생각하기 시작했다. 그는 복잡한 미분 방정식이 무작위적인 프로세스로 재공식화될 수 있으면 언제든지 같은 아이디어가 실용적인 해를 제공한다는 점을 깨달았다. 그는 자신의 아이디어를 폰노이만에게 전달했고 두 사람은 새로운 아이디어를 실제 문제에 실험 적용해 보았다. 이 일에는 암호명이 필요했는데, 니컬러스 메트로폴리스(Nicholas Metropolis)가 도박을 좋아하는 울람의 삼촌을 떠올려서 '몬테카를로'라는 이름을 제안했다.

몬테카를로 기법은 수소 폭탄을 개발하는 데 핵심적인 역할을 했다. 어떤 관점에서는 울람이 그러한 통찰을 얻지 않았다면 세상이 더 나은 곳이 되었을지도 모른다. 나는 수학을 연구하는 이유로 핵무기를 제시하기가 망설여진다. 하지만 몬테카를로 기법은 수학적인 아이디어와 무작위성을 적절하게 활용할 때 발휘되는 엄청난 힘을 보여 준다.

역설적으로 몬테카를로 기법을 개발하는 데 주된 장애가 된 것은 컴퓨터가 무작위적으로 행동하도록 하는 방법이었다.

디지털 컴퓨터는 결정론적이다. 프로그램이 주어진 컴퓨터는 모든 지시를 글자 그대로 수행한다. 이 같은 특성은 짜증 난 프로그래머들이 DWIT(Do What I'm Thingking, 내가 생각하고 있는 일을 하라.)라는 장난스러운 명령어를 만들어 내도록 했고, 사용자들이 '인공적인 것의 어리석음'에 의구심을 갖도록 작용했다. 결정론적인 특성은 또한 컴퓨터가 무작위로 행동하는 일을 어렵게 만든다. 이 문제를 해결할 세 가지 중요한 방법이 있다. 당신은 예측할 수 없는 방식으로 행동하는 비디지털 요소를 만들어 넣을 수 있다. 또는 전파 잡음 같은 예측 불가한 실세계 프로세스로부터 입력을 제공할 수 있다. 아니면 의사 난수를 생성하는 명령을 설정할 수도 있다. 의사 난수는 결정론적인 수학 절차로 생성되었는데도 무작위적으로 보이는 일련의 숫자다. 이는 구현하기가 간단하고 프로그램을 디버깅 할 때 정확하게 같은 순서로 다시 수행할 수 있다.

일반적인 아이디어는 컴퓨터에게 숫자 하나, 즉 '씨앗'을 말해 주는 것으로 시작한다. 이후에는 수열의 다음번 숫자를 얻기 위하여 알고리즘이 씨앗을 수학적으로 변환하는 과정이 반복된다. 당신이 씨앗과 변환 법칙을 안다면 의사 난수의 수열을 재현할 수 있다. 씨앗과 변환 법칙을 모른다면 생성 과정을 알아내기 어려울 수도 있다. 자동차에 장착된 위성 내비게이션(SatNav)은 기본적으로 의사 난수를 이용하는 장치로 GPS(Global

Positioning System)에서 위치 정보를 받는다. 위성들은 GPS에 시간 신호를 보내는데 이를 통해 당신의 자동차가 어디에 있는지 알아낸다. GPS는 간섭을 피해서 일련의 의사 난수로 주어지는 신호 중에 올바른 신호를 인식할 수 있으며, 각 위성에서 도착하는 메시지 열이 얼마나 멀리 떨어져 있는지를 비교함으로써 모든 신호 간의 상대적인 시간 지연을 계산한다. 그러면 위성까지의 상대적인 거리를 알게 되고 전통적인 삼각법을 이용하여 당신의 위치를 파악할 수 있다.

지금의 포스트 혼돈 세계에서 의사 난수의 존재는 더 이상 역설이 아니다. 어떤 혼돈 알고리즘이든 의사 난수를 생성할 수 있다. 기술상으로는 혼돈이 아닌 알고리즘도 의사 난수를 만들 수 있다. 여러 실용적인 알고리즘은 궁극적으로 정확하게 일치하는 수열을 끝없이 반복하기 시작한다. 하지만 그러한 일이 일어나기 전에 10억 단계를 거친다면 무슨 문제가 있겠는가? 초창기 알고리즘 중 하나는 예컨대 다음과 같은 큰 숫자의 씨앗으로 시작한다.

554,378,906

이제 이것을 제곱하면 다음의 수를 얻는다.

307,335,971,417,756,836

제곱한 숫자의 양쪽 끝 근처에는 규칙적인 수학 패턴이 있다. 예를 들어 위의 숫자는 $6^2=36$이 6으로 끝나므로 마지막 숫자 6이 다시 나타난다. 그리고 $55^2 = 3025$이므로 첫 번째 숫자가 3이어야 함을 예측할 수 있다. 이러한 유형의 패턴은 무작위적이 아니므로 이를 피하려고 (예컨대 처음 세 자리와 마지막 여섯 자리를 삭제하고 중간의 아홉 자리를 남기는 식으로) 말단을 떼내어 다음 숫자를 얻는다.

335,971,417

이것을 제곱하면 다음 수가 된다.

112,876,793,040,987,889

여기서 가운데 부분만 남기면 다음 수를 얻는다.

876,793,040

이제 같은 방법을 반복하면 된다.

이 방식의 한 가지 이론적 문제점은 이들 숫자가 정말로 무작위적인 수열처럼 행동하는지를 수학적으로 분석하기가 대단히 어렵다는 것이다. 따라서 이를 대체하는 다른 법칙이 사용되는 경우가 일반적이며 가장 흔한 것은 선형 합동 생성기(linear congruential generator)다. 여기서 사용되는 절차는 수에 고정된 수를 곱하고 거기에 역시 고정된 다른 수를 더한 뒤에 특정한 큰 수로 나눈 나머지 값을 취하는 것이다. 효율적인 계산을 위하여 모든 계산은 이진수로 진행된다. 1997년에 마츠모토 마코토(松本眞)

와 니시무라 다쿠지(西村拓士)가 창안한 메르센 트위스터(Mersenne twister)는 의사 난수 생성기 분야에 큰 진전을 가져다주었다. 메르센 트위스터는 $2^{19937}-1$이라는 수에 기초한다. 이 메르센 소수(Mersenne prime, 2의 거듭제곱에서 1을 뺀 소수)는 1644년의 마랭 메르센(Merin Mersenne)이라는 수도사까지 거슬러 올라가는, 정수론적으로 매우 흥미로운 수다. 이진수로 표시하면 1이 1만 9937개 이어진다. 변환 규칙은 기술적이다. 메르센 트위스터의 장점은 생성되는 수의 열이 $2^{19937}-1$ 단계가 지난 다음에야 되풀이된다는 것이다. 이 수는 총 6002개의 자릿수를 가지며 632개까지의 수로 구성되는 하위-수열이 균일하게 분포되어 있다.

그 뒤로 더 빠르고 우수한 난수 생성기들이 개발되었다. 인터넷 보안 분야에서 메시지를 암호화하는 데도 같은 기법이 유용하다. 알고리즘의 각 단계는 이전 단계의 수를 '암호화'하는 것으로 볼 수 있으며 알고리즘의 목적은 해독하기 어려운 코드를 사용하여 수를 생성하는, 암호학적으로 안전한 의사 난수 생성기를 구성하는 것이다. 물론 정확한 정의는 이보다 더 전문적이다.

이제까지 나는 약간 장난스럽게 굴었다.

통계학자들은 무작위성이 프로세스의 결과가 아니라 고유의 특성임을 설명하려 애쓴다. 당신이 공정한 주사위를 열 번 연속 던질 때, 6666666666이 나올 수도 있다. 실제로 이 같은 결과는 평균 60,466,176회의 시행마다 한 번씩 나와야 한다.

그러나 '무작위'가 결과에 합리적으로 적용되므로 2144253615 같은 결과가 6666666666보다 더 무작위적이라는 데는 약간 다른 의미가 있다.

그 차이는 아주 긴 수열에서 가장 정확하게 공식화되며 무작위적인 프로세스로 만들어진 전형적인 수열의 특징을 나타낸다. 다시 말해 수열에서 예상되는 모든 통계적인 특성이 존재해야 한다. 1~6의 모든 숫자가 대략 6분의 1 비율로 나와야 하고 연속하는 두 숫자를 포함하는 수열이 약 36분의 1의 비율이 되어야 하는 식이다. 더 미묘하게는 어떤 원거리 상관관계도 없어야 한다. 즉 주어진 위치와 거기서 한두 걸음 떨어진 곳에서 그 어떤 숫자 쌍도 다른 쌍보다 두드러지게 자주 반복되지 말아야 한다. 따라서 우리는 3412365452 같은 숫자를 배제한다. 홀수와 짝수가 교대로 나오기 때문이다.

수리 논리학자 그레고리 카이틴(Gregory Chaitin)은 자신의 알고리즘 정보 이론에서 그러한 조건의 가장 극단적인 형태를 도입했다. 전통 정보 이론에서 메시지에 담긴 정보의 양은 메시지를 표현하는 데 필요한 이진수의 수('비트 수')다. 따라서 1111111111이라는 메시지는 10비트의 정보를 포함하고 1010110111도 마찬가지다. 카이틴은 수열이 아니라 수열을 생성할 수 있는 규칙, 즉 생성 알고리즘에 초점을 맞췄다. 일부 프로그램 언어에서는 그것들 또한 이진수로 코딩할 수 있으며 수열이 충분히 길어질 때 정확히 어떤 언어인지는 별로 중요하지 않다. 예컨대 1이 100만 번 반복된다면 수열은 1이 100만 개 있는 111……111이 된다. 어떤 합리적인 방식으로든 '1을 100만 번 쓰라.'라는 이진수의 코드화된 프로그램이 훨씬 짧다. 특정한 출력을 생성하는 가장 짧은 프로그램의 길이가 그 수열에 포함된 알고리즘적인 정보다. 이는 몇 가지 미묘한 점을 무시한 설명이지만 여기서는 충분할 것이다.

1010110111이라는 수열은 1111111111보다 더 무작위적으로 보인다. 무작위인지 아닌지는 수열이 어떻게 계속되는지에 달렸다. 나는 이진수로 나타낸 파이(π)의 첫 열 자리를 선택한다. 그런 식으로 100만 자리를 계속해 나간다고 가정하자. 극도로 무작위적으로 보일 것이다. 그러나 '이진수로 나타낸 파이의 첫 100만 자리를 계산하라.'라는 알고리즘은 100만 비트보다 훨씬 짧다. 따라서 파이를 나타내는 숫자가 무작위성에 대한 모든 통계적인 검증을 만족하더라도 100만 자리 수열에 있는 알고리즘적인 정보는 100만 비트보다 훨씬 적다. 그들이 만족하지 않는 것은 '파이의 수와 다름'이라는 조건이다. 제정신을 가진 사람이라면 누구라도 파이의 수를 암호화 시스템으로 쓰지 않을 것이다. 적이 곧 알아낼 것이기 때문이다. 반면에 수열이 파이에서 나온 것이 아니고 참으로 무작위적인 방식으로 계속된다면 아마도 그 수열을 생성하는 더 짧은 알고리즘을 찾기가 어려울 것이다.

카이틴은 비트의 열이 압축될 수 없다면 무작위적이라고 정의했다. 즉 당신이 특정한 위치까지 수열을 생성하는 알고리즘을 작성했을 때, 자릿수가 매우 크다는 전제하에 알고리즘은 적어도 수열만큼 길다는 것이다. 전통적인 정보 이론에서 이진수 문자열에 있는 정보량은 문자열에 포함된 비트 수, 즉 길이다. 이진수 문자열에 포함된 알고리즘 정보는 그 문자열을 생성하는 가장 짧은 알고리즘의 길이다. 따라서 무작위적인 수열에 존재하는 알고리즘 정보 역시 수열의 길이지만 파이를 나타내는 수에 포함된 알고리즘의 정보는 그 수를 생성하는 컴퓨터 프로그램 대부분의 길이다. 무작위적인 수열보다 훨씬 더 짧다.

카이틴의 정의를 사용하여 우리는 특정한 수열이 무작위적이라고 합리적으로(분별 있게) 말할 수 있다. 그는 무작위적인 수열에 대하여 두 가지 흥미로운 명제를 입증했다.

- 0과 1로 이루어진 무작위적인 수열이 존재한다. 실제로 거의 모든 무한 수열이 무작위적이다.
- 수열이 무작위적이라도 결코 그것을 입증할 수 없다.

첫 번째 명제에 대한 증명은 특정한 길이의 수열이 얼마나 많은지를 세고 그들을 생성할 수 있는 더 짧은 프로그램과 비교함으로써 가능하다. 예를 들어 10비트의 수열이 1024개 있는데 9비트의 프로그램은 512개밖에 없다면 수열 중 적어도 절반은 더 짧은 프로그램을 사용하여 압축할 수 없다. 두 번째 명제의 증명은 기본적으로 어떤 수열이 무작위적임을 증명할 수 있다면 그 증명이 수열의 데이터를 압축할 수 있으므로 무작위적이지 않게 된다는 것이다.

양자 역학과 암호화 시스템

이제 당신이 수열 하나를 생성하려 하고 그 수열이 진정으로 무작위적이기를 원한다고 가정하자. 예컨대 이는 암호화 시스템의 열쇠를 설정하는 작업일 수도 있다. 카이틴의 법칙은 분명히 그와 같은 가능성을 배제한다. 하지만 2018년에 피터 비어호스트(Peter Bierhorst)의 연구팀은 양자 역학을 사용하여 이 같은 제한을 우회할 수 있음을 밝히는 논문을 발표했다.[98] 기본적으로 그들의 아이디어는 양자 비결정성이 카이틴이 말한 무작위라는 물리적 보증과 함께 특정한 수열에 연결될 수 있다는 것이다. 다시 말해 수열을 생성하는 수학 알고리즘을 추론할 잠재적인 적이 없다는 뜻이다. 그러한 알고리즘이 존재하지 않기 때문에.

난수 생성기의 안전성은 오직 두 가지 조건을 만족할 때만 보장받는다고 볼 수 있다. 우선 사용자는 숫자가 어떻게 생성되는지를 알아야 한다. 그렇지 않으면 진정한 난수가 생성된다고 확신할 수 없을 것이다. 그리고 적은 난수 생성기의 내부 구조를 몰라야 한다. 하지만 현실에서는 전통적인 난수 생성기를 사용하여 첫 번째 조건을 충족할 방법이 없다. 어떤 알고리즘으로 난수 생성기를 구현하든 잘못될 수 있기 때문이다. 생성기의 내부 작동을 주시하는 방법이 효과적일 수 있으나 실용성이 떨어지기 마련이다. 두 번째 조건은 케르크호프의 원리(Kerckhoffs's principle)라는 암호학의 기본 원리에 위배된다. 당신은 만약의 경우에 대비하여 적이 암호화 시스템의 작동 원리를 안다고 가정해야 한다. 벽에도 귀가 있다. (그들이 모르기를 바라는 것은 암호 해독[decoding] 시스템이다.)

양자 역학은 주목할 만한 아이디어로 이어진다. 결정론적인 숨은 변수 이론이 존재하지 않는다고 가정하면 앞의 두 조건 모두가 적용되지 않는, 아마도 안전하고 무작위적인 양자 역학 난수 생성기를 만들어 낼 수 있다. 사용자는 난수 생성기가 어떻게 작동하는지를 전혀 모르지만 적은 지극히 상세하게 안다는 것이 역설적이다.

이 장치는 얽힌 광자들, 송신기, 두 수신국을 사용한다. 편광의 높은 상관관계가 있는 얽힌 광자 쌍을 생성하라. 광자 쌍 중 한 광자를 첫 번째 수신국으로 보내고 다른 광자는 두 번째 수신국으로 보낸다. 각 수신국에서 광자의 편광을 측정한다. 두 수신국은 측정이 수행되는 동안에 신호가 전달될 수 없을 정도로 충분히 멀리 떨어져 있으나 각자가 관측하는 편광은 얽힘에 따른 높은 상관관계를 보여야 한다.

이제 재치 있는 발놀림이 등장한다. 상대론은 광자가 빛보다 빠른 통신 수단으로 사용될 수 없음을 시사한다. 이는 두 수신국의 측정 결과가 상관관계가 높음에도 불구하고 예측할 수 없어야 함을 의미한다. 따라서 그들이 일치하지 않는 드문 경우는 진짜로 무작위적이어야 한다. 얽힘에서 오는 벨 부등식의 위반은 이들 측정 결과가 무작위적임을 보장한다. 적은 난수 생성기에 사용되는 프로세스에 대하여 무엇을 알든 이 평가에 동의해야 한다. 사용자는 오직 난수 생성기 출력의 통계를 관찰함으로써 벨 부등식의 위반 여부를 시험할 수 있다. 생성기의 내부 작동 구조는 이러한 목적과 무관하다.

이와 같은 일반적인 아이디어는 한동안 아이디어로만 존재했으나 비어호스트의 연구팀이 벨 부등식의 허점을 피하는 설정으로 이 아이디어를 실험했다. 그들의 실험 방법은 섬세하고 벨 부등식의 위반 정도가 아주 작아서 무작위성이 보장되는 수열을 생성하는 데 오랜 시간이 걸린다. 그들의 실험은 동전을 던져서 99.98퍼센트의 비율로 앞면이 나오는, 가능성이 같은 두 결과의 무작위적인 수열을 생성하는 것과 비슷했다. 이는 수열이 생성된 뒤에 분석함으로써 가능하며 그중 한 가지 방법은 다음과 같다. 처음으로 HT나 TH처럼 두 번 연속 던진 결과가 달라지는 위치에 도달할 때까지 수열을 따라가라. 이들 쌍의 확률은 동일하므로 HT를 '앞면'으로 TH를 '뒷면'으로 간주할 수 있다. H의 확률이 매우 크거나 매우 작다면 수열에서 대부분의 데이터가 거부될 테지만 남은 데이터는 공정한 동전처럼 행동한다.

이 실험은 수행되는 10분 동안 5500만 개 광자 쌍의 관측을 포함하며 1024비트 길이의 무작위적인 수열로 이어진다. 아마 안전하지 않을지도 모르지만 전통적인 양자 난수 생생기는 초당 수백만 개의 무작위적인 비트를 생성한다. 따라서 지금 당장은 이 방법이 보장하는 추가적인 안전성에 들인 노력만큼의 가치가 없다. 또 다른 문제는 설정의 규모다. 두 수신국은 187미터 떨어져 있다. 휴대 전화에 장착하는 것은 고사하고 서류 가방에 넣고 다닐 수도 없다. 설정의 소형화는 어려워 보이며 예측할 수 있는 미래에는 칩 하나에 집어넣는 일이 불가능할 것으로 생각된다. 하지만 이 실험은 개념의 증명을 제공한다.

난수(이제 '의사'라는 접두어를 빼려 한다.)는 엄청나게 다양한 분야에서 응용된다. 산업 관련 분야의 수많은 문제에는 가능한 한 최선의 결과를 얻기 위한 절차의 최적화가 포함된다. 예를 들어 항공사는 취항 노선에 투입하는 항공기 수를 최소화하거나 정해진 항공기 수로 최대의 노선을 확보하는 운항 일정표를 원할 수 있다. 더 정확하게 말해서 그에 따른 수익을 최대화하기를 바랄 것이다. 공장에서는 기계의 '정지 시간'을 최소화하는 정비 일정 계획이 필요할 것이다. 의사들은 백신을 투여하여 치료 효과를 최대화하고 싶을 것이다.

수학적으로 이 같은 유형을 최적화하는 문제는 특정한 함수의 최대치를 찾는 문제로 표현할 수 있다. 기하학적으로 눈앞에 펼쳐진 풍경에서 가장 높은 봉우리를 찾는 것과 같다. 풍경은 보통 다차원적이나 우리는 3차원 공간에서의 2차원 표면인 표준적인 풍경을 생각함으로써 관련된 원리를 보다 확실히 이해할 수 있다. 이때 최적화 전략은 가장 높은 봉우리를 찾는 일이다.

가장 간단한 접근법은 산을 오르는 것이다. 어디든 마음에 드는 곳에서 출발하여 위쪽을 향해 나 있는 경사가 가장 가파른 길을 찾아 올라가자. 결국 더 높이 올라갈 수 없는 지점에 도달할 것이다. 그곳이 정상이다. 아닐 수도 있고. 정상은 맞지만 가장 높은 봉우리가 아닐 수도 있다. 히말라야산맥에서 당신과 가장 가까운 산에 올랐다면 아마도 에베레스트는 아닐 것이다.

봉우리가 하나뿐일 때는 산을 오르는 방법이 잘 통하지만 봉우리가 여러 개 존재한다면 잘못된 결론에 이를 수 있다. 이 방법은 늘 국부적인 최대치(근처에 더 높은 곳이 없음)를 찾아내지만 전체적인 최대치(더 높은 곳이 아무 데도 없음)는 발견하지 못할 수 있다. 이러한 함정에 빠지는 일을 피하는 한 가지 방법은 산을 오르는 사람을 종종 걷어차서 한 장소에서 다른 장소로 순간 이동시키는 것이다. 그들이 잘못된 봉우리를 오르고 있다면 순간 이동에 따라 다른 봉우리를 타게 될 것이고 새로운 봉우리가 이전 봉우리보다 높다면 더 높이 올라가게 될 것이다. 그러므로 너무 이르게 이동시키지는 말아야 한다. 이 방법은 금속이 식은 뒤에 고체로 굳어지는 과정에서 액체 금속 원자들이 보이는 움직임과의 비유적인 유사성 때문에 모의 담금질이라 불린다. 열은 원자들이 무작위로 돌아다니도록 돕는 역할을 하며 온도가 높을수록 원자의 움직임이 활발해진다. 따라서 기본적인 아이디어는 초기에 강한 킥을 사용하고 이후에는 온도가 식어 가는 것처럼 킥의 강도를 낮추는 것이다. 처음에 다양한 봉우리가 어디에 있는지를 모를 때는 무작위적인 킥이 가장 효과적이다. 그러므로 적절한 유형의 무작위성이 담금질이 잘 이루어지도록 한다. 멋진 수학의 대부분은 효과적인 담금질 계획(킥의 강도를 줄여 나가는 법칙)에 대한 것이다.

유전 알고리즘과 미래 예측

다른 유형의 여러 가지 문제를 해결하는 또 다른 기법은 유전 알고리즘의 활용이다. 다윈의 진화론에서 영감을 얻은 유전 알고리즘은 생물학적인 프로세스의 단순한 캐리커처를 구현한다. 앨런 튜링(Alan Turing)은 1950년에 가상 학습 기계로서 이 방법을 제안했다. 진화의 특성을 지닌 캐리커처는 다음과 같다. 생물체는 자신의 특질을 자손에게 전달하지만 거기에는 무작위적인 변화(돌연변이)가 포함된다. 주변 환경에서 생존하기에 더 적합한 생물체는 살아남아서 자신의 특성을 자손에게 전달하고 덜 적합한 생물체는 그렇지 않다.(적자생존 또는 자연 선택이다.) 충분한 세대 수에 걸쳐 선택이 이루어진 생물체는 실제로 최적에 가까울 정도로 적합도가 높아진다.

진화는 다소 거칠게 말해 최적화 문제로 모델화할 수 있다. 생물체의 집단은 국부적인 봉우리를 오르면서 적합도가 높은 풍경을 무작위로 배회하며 너무 낮은 곳에 있는 생물체는 멸종된다. 궁극적으로 살아남은 생물체는 봉우리 주위에 모인다. 다른 봉우리에는 다른 종이 모여든다. 실제로는 훨씬 더 복잡하지만 이러한 특성은 진화에 충분한 동기를 부여한다. 생물학자들은 진화가 본질상 무작위적임을 장황하게 설명한다. 그들이 설명하는 의미(전적으로 타당한)는 진화가 목적과 목표를 가지고 시작하지 않는다는 것이다. 진화는 수백만 년 전에 인간의 진화를 결정하고, 우리가 인식하는 완전성에 도달할 때까지 그러한 이상에 점점 더 접근하도록 유인원을 선택해 온 것이 아니다. 진화는 적합도의 풍경이 어떤 모습인지 미리 알지 못한다. 실제로 시간이 흐르면서 다른 종의 진화에 따라 풍경 자체가 바뀔 수 있으므로 풍경의 비유는 다소 경직된 설명이다. 진화는 기존의 가능성과 비슷하지만 무작위적인 변화가 포함된 다른 가능성들을 시험함으로써 더 나은 적합도에 해당하는 요소를 찾아낸다. 그리고 찾아낸 요소를 유지하면서 동일한 과정을 반복한다. 진화는 이와 같은 방법으로 적합도 풍경의 봉우리들을 구성하고 그들이 어디에 있는지 알아내며 생물체가 그들 주위로 모이도록 하는 일을 동시에 해낸다. 이것이 생물체에서 시행되는 확률적인 등산 알고리즘이다.

유전 알고리즘은 진화를 모방한다. 문제를 해결하려고 노력하는 알고리즘의 집단에서 시작하여 무작위로 변화를 주고 다른 것들보다 나은 성능을 발휘하는 알고리즘을 선택한다. 다시 다음 세대의 알고리즘에 같은 일을 하고 성능이 만족스러울 때까지 반복한다. 심지어 유성 생식의 패러디처럼 알고리즘을 결합하여 두 알고리즘에서 각각 택한 두 가지 바람직한 특성을 하나로 통합하는 일도 가능하다. 유전 알고리즘은 알고리즘의 집단에서 시행착오를 겪으며 최선의 해결책을 찾아내는 일종의 학습 프로세스로 볼 수 있다. 진화 역시 생물체에 적용되는 유전 알고리즘과 유사한 학습 프로세스다.

유전 알고리즘에는 수많은 응용 분야가 있으나 작동 방식을 대략 이해할 수 있도록 한 가지만 언급하고자 한다. 대학의 강의 일정표는 대단히 복잡하다. 수천 명의 학생이 다양한 강의를 수강하게 하려면 수백 개의 강의 일정표를 마련해야 한다. 이로써 학생들은 서로 다른 주제의 선택 과목을 자유롭게 수강할 수 있다. 대학의 '전공'과 '부전공' 과목이 간단한 예다. 강의 일정은 학생이 두 강의를 동시에 수강해야 하는 충돌을 피하고, 동일한 주제의 강의 세 개를 연속되는 시간에 몰아넣지 않도록 조정해야 한다. 유전 알고리즘은 강의 일정표에서 출발하여 서로 충돌하거나 3연속으로 이어지는 강의가 얼마나 많은지를 찾아낸다. 그리고 더 나은 결과를 얻기 위하여 일정표를 무작위로 수정하는 일을 반복한다. 심지어 유성 생식을 흉내 내어 상당히 성공적인 일정표를 부분적으로 결합하는 것도 가능하다.

일기 예보에 본질적인 한계가 있다면 날씨의 통제는 어떨까? 비가 소풍이나 침공을 망칠지 묻지 말고 확실하게 비가 오지 않도록 하는 것이다.

북유럽의 민속 설화는 대포를 발사하면 우박을 동반한 폭풍우를 막을 수 있다고 주장했다. 나폴레옹 전쟁과 미국의 남북 전쟁을 포함하는 여러 전쟁 뒤에 이 일화와 같은 증거가 나타났다. 큰 전투가 끝난 뒤에는 항상 비가 내렸다. 당신이 이 이야기를 납득할 수 있다면 나에게는 싸게 넘길 수 있는 정말로 훌륭한 다리가 있다.(30년 동안 매주 두 번씩 브루클린 다리를 팔아먹었다는 사기꾼을 인용한 말.—옮긴이) 19세기 말에 미국 국방부의 전신인 미국 전쟁성(US Department of War)은 비가 내리도록 텍사스에서 9000달러어치의 폭약을 폭발시켰으나 과학적인 타당성이 있는 결과는 아무것도 관찰되지 않았다.

오늘날에는 비가 내리도록 하려고 대단히 미세하고 또 이론적으로 수증기를 응축시키는 핵을 제공한다고 알려진 요오드화 은(AgI) 입자를 구름에 살포하는 방법이 널리 사용된다. 하지만 비가 오더라도 이 방법을 쓴 덕분인지 아닌지는 여전히 확실치 않다. 태풍의 눈 주위에 있는 구름에 요오드화 은을 투입하여 허리케인을 약화시키려는 시도도 여러 번 있었으나 역시 확실한 결론을 얻지 못했다. 미국 해양 대기청은 허리케인으로 발전할 수 있는 폭풍우의 레이저를 조사하여 번개 방전을 유도해 폭풍우 에너지의 일부를 소멸시키는 방법처럼, 허리케인을 약화시키려는 이론적인 아이디어를 탐색해 왔다. 기후 변화의 원인이 인간이 만들어 낸 이산화탄소가 아니라 미국에 불이익을 주려고 날씨를 통제하는 사악한 비밀 집단 때문이라는 음모론도 있다.

무작위성은 다양한 형태로 나타나며 혼돈 이론은 나비 한 마리의 날갯짓이 날씨를 근본적으로 바꿀 수 있다고 말한다. 우리는 앞에서 이 말이 어떤 의미에서 진실인지를 논의했다. '변화'의 실제 의미는 '재분배와 수정'이다. 나비 효과에 대한 이야기를 들은 폰노이만은 나비 효과는 날씨의 예측을 불가능하게 하는 것과 동시에 날씨를 통제할 가능성을 제시할 수도 있다고 지적했다. 허리케인을 재분배하려면 올바른 나비를 찾아야 한다.

사실 허리케인이나 토네이도에 대해서는 나비 효과가 발휘되기 힘들다. 약한 이슬비에도 마찬가지다. 하지만 이 방법은 심박 조율기의 전자파에 적용될 수 있으며, 시간이 중요하지 않은 우주 비행 임무의 연료 효율을 높이는 데도 널리 사용된다. 두 경우 모두 수학적으로 중요한 문제는 올바른 나비의 선택이다. 즉 원하는 결과를 얻기 위하여 어떻게, 언제, 어디서 아주 약한 강도로 시스템에 개입할지를 결정하는 것이다. 에드워드 오트(Edward Ott), 세우수 그레보지(Celso Grebogi), 제임스 요크(James Yorke)는 1990년에 혼돈 제어(chaotic control)를 기술하는 기본적인 수학을 창안했다.[99] 혼돈의 끌개는 일반적으로 엄청난 수의 주기적인 궤적을 포함하지만 이것들은 모두 불안정하여 그중 어느 궤적이든 약간의 편차가 기하급수적으로 증가한다. 오트, 그레보지, 요크는 동역학 시스템을 올바른 방식으로 제어하면 궤적을 안정화할 수 있다고 믿었다. 시스템에 내장된 주기적인 궤적은 보통 안장점이므로 초기에는 인근에 있는 상태들의 일부가 그 점을 향하여 끌려오고 나머지는 반발된다. 궁극적으로는 주위의 모든 상태가 끌림을 멈추고 반발 영역에 빠지게 되어 불안정성이 높아진다. 오트-그레보지-요크 혼돈 제어 기법은 반복적으로 시스템을 조금씩 변화시킨다. 이러한 교란은 궤적이 탈출하기 시작할 때마다 다시 붙잡히도록 선택된다. 상태에 일격을 가하는 것이 아니라 시스템을 수정하고 끌개를 옮김으로써 상태가 주기적인 궤적의 내부 집합으로 돌아오게 유도하는 것이다.

인간의 심장 박동은 상당히 규칙적이고 주기적이나 때로는 잔떨림이 시작되어 박동이 매우 불규칙해진다. 이를 신속하게 멈추지 않으면 사망을 초래할 수 있다. 잔떨림은 심장의 규칙적이고 주기적인 상태가 붕괴하고 '소용돌이 혼돈'이라는 특별한 유형으로 이어질 때 발생한다. 소용돌이 혼돈이 일어나면 평소에 심장을 통과하는 일련의 원형 파동이 수많은 국부적인 소용돌이로 부서진다.[100] 불규칙한 심장 박동을 고치는 표준 치료법은 동기화를 유지하기 위한 전기 신호를 심장에 보내는 심박 조율기를 설치하는 것이다. 심박 조율기가 제공하는 전기 자극은 상당히 강력하다. 1992년에 앨런 가핀켈(Alan Garfinkel), 마크 스파노(Mark Spano), 윌리엄 디토(William Ditto), 제임스 와이스(James Weiss)는 토끼의 심장 조직에 대한 실험을 보고했다.[101] 그들은 소용돌이의 혼돈을 규칙적이고 주기적 거동으로 다시 돌려놓기 위하여 심장 조직이 박동하도록 하는 전기 펄스의 시간 간격을 바꾸는 혼돈 제어 기법을 사용했다. 그리고 기존 심박 조율기보다 훨씬 낮은 전압으로 규칙적인 심장 박동을 회복시켰다. 원리상으로는 이러한 방향으로 덜 파괴적인 심박 조율기를 구성할 수 있으며 1995년에는 임상 시험이 이루어졌다.

이제 우주 비행 임무에서 혼돈 제어 현상을 흔히 볼 수 있다. 이를 가능케 하는 동역학적인 특성은 푸앵카레가 발견한 '3체 중력'(three-bodies gravitation)의 혼돈으로 돌아간다. 우주 비행 임무에 적용할 때의 3체는 태양, 행성 그리고 행성의 달 중 하나일 수 있다. 1985년에 에드워드 벨브루노(Edward Belbruno)가 제안한 최초의 성공적인 적용은 태양, 지구, 달을 포함했다. 지구가 태양 주위를 돌고 달이 지구 주위를 도는 동안에 결합된 중력장과 원심력은 모든 힘이 상쇄되는 고정 점 다섯 개를 만들어 낸다. 즉 봉우리가 하나, 계곡이 하나, 안장이 세 개로, 라그랑주 점(Lagrange point)이라 불린다. 그중 하나인 'L1'은 지구와 달의 중력장과 태양 주위를 도는 지구의 원심력이 상쇄되는 지점에 위치한다. 이 점 근처에서는 동역학이 혼돈적이므로 작은 입자의 경로가 약한 교란에도 대단히 민감하게 반응한다.

우주 탐사선은 작은 입자로 간주된다. 1985년에 국제 태양-지구 탐사선 ISEE-3는 궤도를 변경하느라 연료를 거의 소진했다. 많은 연료를 사용하지 않고 탐사선을 L1으로 이동시킬 수 있다면, 나비 효과를 이용하여 여전히 연료를 적게 소비하면서 다시 멀리 떨어진 다른 물체로 탐사선을 보내는 것이 가능했다. 탐사선은 이 방법에 힘입어 자코비니-지너(Giacobini-Zinner) 혜성과 조우할 수 있었다. 1990년에 벨브루노는 일본 우주청에 주 임무를 수행하면서 연료를 거의 소진한 탐사선 히텐(Hiten)에도 비슷한 방법을 적용할 것을 강력히 권고했다. 우주청은 벨브루노의 권고에 따라 탐사선을 달 궤도에 위치시킨 뒤에 두 곳의 다른 라그랑주 점으로 보내어 포획된 먼지 입자들을 관측하도록 했다. 이 유형의 혼돈 제어는 무인 우주 비행 임무에서 워낙 자주 사용되어 이제는 속도보다 연료 효율과 저비용이 더 중요하게 여겨지는 임무에서 표준 기법이 되었다.

제 18 장

알려지지 않은 미지

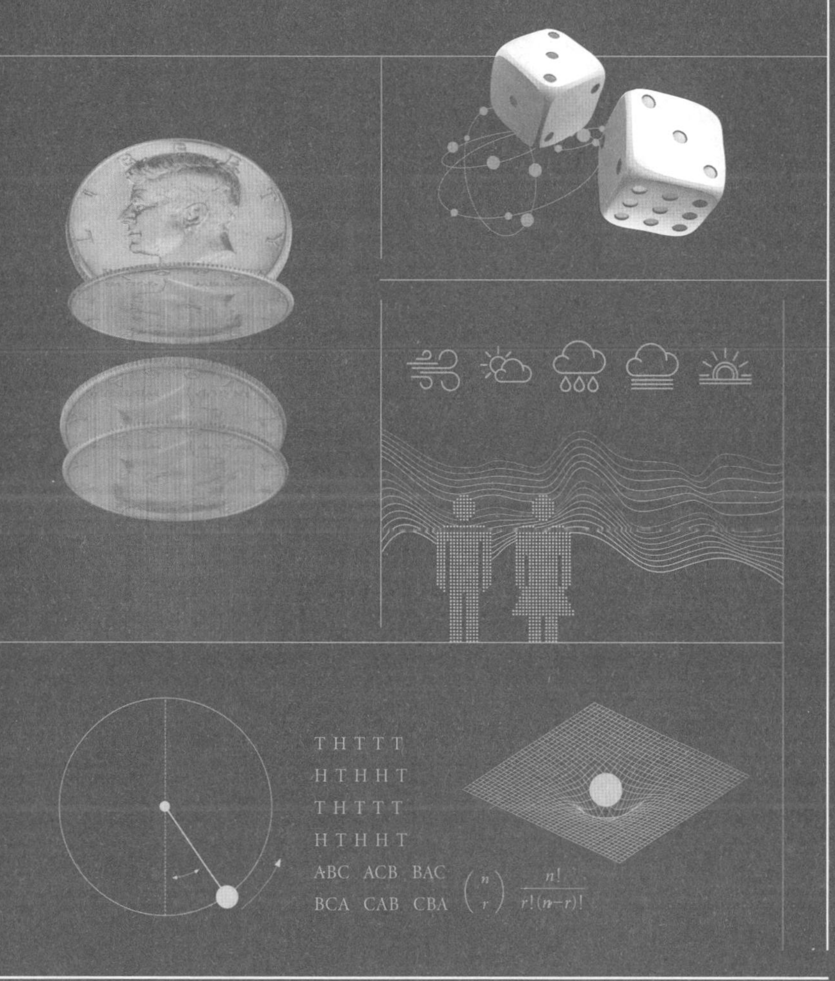

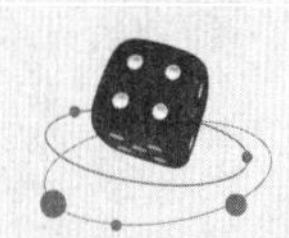

알려진 지식,
즉 우리가 알고 있음을 아는 것이 있다.
우리는 또한 알려진 미지,
즉 알지 못하는 무언가가 있음을 안다.
하지만 알려지지 않은 미지,
즉 우리가 알지 못함을 알지 못하는 것들도 있다.

–
도널드 럼즈펠드, 2002년 2월 12일 미국 국방성 뉴스 브리핑

• • • 미국 국방부 장관이었던 럼즈펠드의 유명한 발언은 2001년 맨해튼 세계 무역 센터를 겨냥한 알카에다의 테러 공격과 아무 관련이 없었던 이라크 침공을 옹호하기 위한 것이었다. 그가 말한 '알려지지 않은 미지'는 이라크가 할 수 있는 다른 일(무엇인지는 알 수 없지만)이었으며 군사 행동의 근거로 제시되었다.[102] 하지만 덜 군사적인 맥락이었다면 럼즈펠드가 말한 구분법은 본인의 경력 전반에서 가장 합리적인 발언이 되었을지도 모른다. 우리는 자신의 무지를 인식할 때 지식을 개선하려 노력한다. 무지하지만 그 사실을 알지 못할 때는 바보의 천국에서 살아갈 수도 있다.

이 책의 대부분은 인류가 어떻게 알려지지 않은 미지를 알려진 미지로 바꾸어 왔는지에 대한 내용이다. 우리는 자연재해의 원인을 신들에게 돌리는 대신에 재해의 양상을 기록하고 관측 결과를 자세히 조사하며 유용한 패턴을 추출했다. 명확한 신탁을 얻지는 못했지만 무작위적인 추측보다는 낫게 미래를 예측하는 통계적인 신탁권을 얻었다. 때로 알려지지 않은 미지를 알려진 미지로 바꾸기도 했다. 우리는 행성들이 어떻게 움직일지를 알았으며 그렇게 아는 이유도 알았다. 하지만 새로운 자연 법칙에 대한 신탁이 불충분한 것으로 밝혀졌을 때 불확실성을 정량화하기 위하여 실험과 명확한 사고를 함께 사용했다. 여전히 확신할 수는 없었지만 얼마나 불확실한지를 알았다. 그렇게 확률 이론이 태어났다.

불확실성의 과거, 현재 그리고 미래

내가 말한 불확실성의 여섯 시대는 왜 불확실성이 존재하는지와 우리가 불확실성에 대하여 무엇을 할 수 있는지를 이해하는 데 큰 역할을 하는 가장 중요한 진보들을 관통한다. 수많은 서로 다른 인간 활동이 한몫씩을 담당했다. 도박사와 수학자들은 확률 이론의 기본 개념을 밝혀내는 데 힘을 모았다. 그러한 수학자 중 한 사람은 실제로 노름꾼이었으며 처음에는 자신의 수학 지식을 이용하여 큰 성공을 거두었지만 결국에는 그렇게 얻은 가족의 재산을 잃어버린 인물이었다. 21세기 초 전 세계의 은행가들도 마찬가지였다. 수학이 자신의 도박을 위험에서 해방시킬 것이라고 지나치게 확신했던 그들 역시 가족의 재산을 잃었다. 그런데 그들의 가족은 규모가 조금 컸다. 지구상의 모든 사람이었다. 운에 좌우되는 게임이 수학자들에게 매혹적인 문제를 제시했으며, 이 게임의 간단한 예제는 세부적으로 분석할 수 있을 정도로 단순했다. 주사위와 동전 모두 우리의 생각만큼 무작위적이지 않다는 사실이 밝혀진 것은 역설적이다. 대부분의 무작위성은 주사위나 동전을 던지는 사람에게서 비롯된다.

수학에 대한 이해가 늘어남에 따라 동일한 통찰을 자연계와 우리 자신에게 적용하는 방법을 발견했다. 불완전한 관측으로부터 정확한 결과를 얻으려 노력하는 천문학자들은 오차를 최소화하면서 데이터를 모델에 맞추기 위하여 최소 제곱법을 개발했다. 동전 던지기의 단순한 모델은 오차가 어떻게 상쇄되어 감소하는지를 설명했고, 이항 분포의 실용적인 근사로서의 정규 분포와 수많은 작은 오차가 결합될 때 개별 오차의 확률 분포가 어떤 유형이든 정규 분포가 예상됨을 입증한 중심 극한 정리로 이어졌다.

한편 케틀레와 그의 계승자들은 인간의 행동을 모델화할 때 천문학자들의 아이디어를 차용했다. 머지않아 정규 분포는 탁월한 통계 모델이 되었다. 단지 모델과 데이터를 맞출 뿐만 아니라 얼마나 잘 맞는지를 평가하고 실험과 관측의 유의성을 정량화하는 통계학이라는 전혀 새로운 학문이 등장했다. 통계학은 수치로 측정이 가능한 어떤 대상에나 적용할 수 있다. 결과의 신뢰도와 유의성에는 의문의 여지가 있으나 통계학자들은 이들의 특성을 평가하는 방법도 찾아냈다.

'확률이란 무엇인가?'라는 철학적인 이슈는 데이터에서 확률을 계산하는 빈도주의자와 확률을 믿음의 정도로 생각하는 베이지안 사이의 깊은 분열을 초래했다. 오늘날 자신의 이름이 붙은 견해에 베이즈가 반드시 동참했을지는 모르지만, 그는 조건부 확률의 중요성을 인식하고 확률을 계산하는 도구를 제공한 공적인 영예를 기꺼이 받아들였을 것이라고 생각한다. 지금까지 살펴본 간단한 예들은 조건부 확률이 얼마나 까다로운 개념일 수 있는지, 그 상황에서 인간의 직관이 얼마나 형편없을 수 있는지를 보여 준다. 의료계와 법조계에서 조건부 확률이 현실적으로 응용되는 사례는 종종 그러한 우려를 강화한다.

잘 설계된 임상 시험에서 얻은 데이터와 그에 사용된 효과적인 통계 기법은 질병에 대한 의사들의 이해도를 대폭 높였고, 신뢰할 수 있는 안전성 평가를 거쳐 새로운 약품과 치료법을 사용하도록 했다. 이 기법은 고전 통계학의 영역을 훨씬 넘어섰으며 일부는 오로지 엄청난 양의 데이터를 처리할 수 있는 고속 컴퓨터에 힘입어 가능해졌다. 모든 예측 기법에 대하여 끊임없이 문제를 제기하는 금융권에서 우리는 고전 통계학과 정규 분포에 지나치게 의존하지 말아야 한다는 점을 배우고 있다. 복잡계와 생태계 같은 매우 이질적인 분야의 참신한 아이디어들이 새로운 빛을 비추고 다음번 금융 위기를 피할 합리적인 정책을 제안한다. 심리학자와 신경 과학자들은 우리의 뇌가 신경 세포 사이의 연결 강도로 믿음을 구현하는 베이즈의 방식을 따라 작동한다고 생각하기 시작했다. 또한 때로는 불확실성이 인간의 친구임을 깨닫게 되었다. 불확실성은 유용하거나 종종 매우 중요한 과제를 수행하는 데 활용될 수 있다. 불확실성의 응용 분야에는 우주 비행 임무와 심박 조율기 등이 있다.

그뿐만 아니라 불확실성은 우리가 숨을 쉴 수 있는 이유다. 기체의 물리학은 미시적인 역학의 거시적인 결과로 밝혀졌다. 분자의 통계학은 공기가 모두 한곳에 모이지 않는 이유를 설명한다. 더 효율적인 증기 기관을 탐구하는 과정에서 열역학이 등장했고, 새롭고 다소 이해하기 어려운 엔트로피로 이어졌다. 이는 다시 시간의 화살을 설명하는 것처럼 보였다. 엔트로피가 시간이 흐름에 따라 증가하기 때문이다. 하지만 엔트로피를 이용한 거시 규모의 설명은 역학 시스템이 시간 가역적이라는 미시 규모의 기본 원리와 상충한다. 이 역설은 여전히 수수께끼로 남아 있다. 나는 이것이 시간 가역 대칭성을 파괴하는 단순한 초기 조건에 초점을 맞추는 데서 비롯한다고 주장했다.

불확실성은 신들의 변덕이 아니라 우리의 무지를 드러내는 표지라는 판단을 내릴 무렵, 물리학의 최첨단 분야에서 이루어진 새로운 발견이 찬물을 끼얹었다. 물리학자들은 양자의 세계에서 바라본 자연이 단순화할 수 없이 무작위적이며 정말로 기묘하다고 확신하게 되었다. 빛은 입자인 동시에 파동이다. 얽힌 입자들은 어떻게든 '유령 같은 원격 작용'으로 통신한다. 벨 부등식은 오직 확률 이론만이 양자의 세계를 설명할 수 있음을 증명한다.

약 60년 전에 수학자들은 '무작위'(random)와 '예측 불가'(unpredictable)가 같은 것이 아님을 발견하여 일을 망쳐 놓았다. 혼돈은 결정론적 법칙이 예측할 수 없는 거동을 만들어 내기도 한다는 사실을 보여 주었다. 그 너머에는 예측의 정확성이 사라지는 예측 지평선이 존재할 수 있다. 결과적으로 일기 예보 기법이 가장 일어날 가능성이 큰 예보를 추론하기 위하여 예보의 앙상블을 검토하는 방식으로 완전히 바뀌었다. 설상가상으로 혼돈 시스템의 일부 특성은 훨씬 더 오랜 시간의 척도에서 예측이 가능하다. 며칠 뒤의 날씨(끌개의 궤적)를 짐작할 수 없지만 수십 년에 걸친 기후(끌개 자체)는 예측할 수 있다. 지구 온난화와 그에 따른 기후 변화에 대한 올바른 이해는 이러한 차이를 이해하는 데 달렸다.

이제 혼돈을 포함하는 비선형 동역학은 여러 가지 논리적인 허점 때문에 공격받고 있는 벨 부등식의 일부 특성에 의문을 제기한다. 한때 양자 입자의 특성으로 여겨졌던 현상들이 전통에 빛나는 뉴턴 물리학에서도 나타난다. 어쩌면 양자 불확실성은 전혀 불확실성이 아닐지도 모른다. 고대 그리스인이 생각한 것처럼 우주 이전에 혼돈이 있었을 수 있다. 신이 주사위 놀이를 하지 않는다는 아인슈타인의 말은 수정되어야 할지도 모른다.

신은 주사위 놀이를 하지만 그 놀이는 감추어져 있고 진정한 무작위도 아니다. 마치 실제 주사위처럼.

나는 불확실성의 여섯 시대가 여전히 서로 불꽃을 튀기는 것에 매료된다. 당신은 종종 확률, 혼돈, 양자 같은 서로 다른 시대의 방법들이 합쳐져서 함께 사용되는 모습을 발견한다. 예측할 수 없는 것을 예측하려는 오랜 탐구의 결과 중 하나는, 우리가 이제 알려지지 않은 미지가 존재함을 안다는 사실이다. 나심 니콜라스 탈레브(Nassim Nicholas Taleb)는 이 주제를 다룬 《블랙 스완》이라는 책에서 알려지지 않은 미지를 블랙 스완 사건이라 불렀다. 2세기 로마 시인 유베날리스는 '존재하지 않음'을 '육지의 희귀한 새며 검은 백조와 흡사한'이라는 말로 비유했다. 모든 유럽인은 1697년에 네덜란드의 탐험가들이 호주에서 검은 백조가 많이 서식하는 것을 발견하기 전까지 백조는 항상 희다고 여겼다. 그제야 유베날리스가 안다고 생각했던 것이 알려진 지식이 아니었음이 명백해졌다. 2008년의 금융 위기 때도 같은 오류가 은행가를 괴롭혔다. 생각조차 할 수 없을 만큼 희귀한 '5-시그마' 가능성의 재앙이 이전에 경험해 보지 못한 상황에서 쉽게 일어날 수 있는 일임이 밝혀졌다.

불확실성의 여섯 시대는 모두 인류에 지속적으로 영향을 미쳐 왔으며 오늘날에도 여전히 우리와 함께 있다. 가뭄이 발생하면 우리 중 일부는 비가 오게 해 달라고 기도한다. 가뭄의 원인을 이해하거나 모든 사람이 같은 실수를 되풀이하지 않도록 노력하는 사람도 있다. 새로운 수자원을 찾아나서거나 비가 내리도록 명령할 수 있는지 알고 싶어 하는 사람도 있다. 또한 전자 회로의 양자 효과를 사용하여 컴퓨터로 가뭄을 예측하는 보다 나은 방법을 찾아내려는 사람도 있다.

알려지지 않은 미지는 여전히 우리를 괴롭히지만(플라스틱 쓰레기가 대양을 질식시키고 있다는 뒤늦은 깨달음을 생각해 보라.) 우리는 세계가 생각보다 훨씬 더 복잡하고 모든 것이 연결되어 있음을 인식하기 시작했다. 매일같이 불확실성에 대한 매우 다양한 유형과 의미의 새로운 발견이 이루어진다. 미래는 불확실하나 불확실성의 과학이야말로 미래의 과학이다.

주석

1 이 말은 어쩌면 요기 베라와 아무 관련이 없으며, 옛 덴마크 속담에서 유래했을지도 모른다.
http://quoteinvestigator.com/2013/10/20/no-predict/

2 *Ezekiel* 21:21.

3 Ray Hyman, Cold reading: how to convince strangers that you know all about them, *Zetetic* 1(1976/77), pp. 18~37.

4 '불 켜진 탄소'가 정확히 무엇을 의미하는지는 확실하지 않다. 어쩌면 숯일지도 모른다. 다음을 포함한 여러 문헌에 그렇게 언급된다.
John G. Rovertson, ***Robertson's Words for a Modern Age***(reprint edition), Senior Scribe Publications, Eugene, Oregon, 1991.
http://www.occultopedia.com/e/cephalomancy.htm

5 '가능성을 깸'이 '당첨될 숫자를 얻을 가능성을 높힘'을 의미한다면 확률 이론은 우연을 제외하고 그렇게 작동하는 시스템은 없다고 예측한다. '실제로 당첨된 경우 당첨금의 최대화'라는 의미라면 몇 가지 주의 사항이 있다. 가장 중요한 점은 다른 사람들도 선택할 가능성이 높은 숫자를 피하라는 것이다. 그렇게 선택한 숫자가 당첨된다면 (다른 어떤 숫자와도 같은 가능성으로) 더 적은 사람들과 당첨금을 나누게 될 것이다.

6 원래 바이올린 현 모델의 평면에서 진동하는 선분으로부터 유도되었던 파동 방정식이 좋은 예다. 이 모델은 오늘날 스트라디바리우스(Stradivarius) 현악기로부터 지진의 기록과 지구의 내부 구조를 계산하는 데까지, 더 현실적으로 응용되는 길을 열었다.

7 나는 주사위(dice)의 단수형이 문법적으로는 'die'임을 안다. 하지만 오늘날 거의 모든 사람이 'dice'를 단수형으로도 사용한다. 'die'라는 단어는 옛 용어며 오해를 부르기 쉽다. 'dice'가 'die'의 복수형임을 알지 못하는 사람도 많다. 따라서 이 책에서는 'dice'를 사용할 것이다.

8 우리는 주사위를 더 공정하게 만들기 위해 운명을 걸었다, *New Scientist*(27 January 2018), p. 14.

9 빨강, 파랑 주사위는 이해가 가지만 주사위가 똑같을 때도 마찬가지임을 확신할 수 없다면 두 가지 설명이 도움을 줄 수 있다. 첫째, 색깔이 다른 주사위들은 같은 색이었을 때보다 두 배의 조합을 만들어 내리라는 것을 어떻게 '알까?' 즉 어떻게 색깔이 결과에 영향을 미칠 수 있을까? 둘째, 당신이 구별할 수 없을 정도로 비슷한 주사위 두 개를 여러 번 던져서 모두 4가 나오는 비율을 지켜보라. 순서가 없는 쌍에 의하여 결과가 결정된다면 21분의 1에 가까운 결과를 얻을 것이다. 하지만 순서가 있는 쌍이라면 36분의 1이 되어야 한다. 색깔이 있는 주사위에 대해서조차 확신하지 못한다면 색깔을 구분한 주사위로 직접 실험해 보아야 한다.

10 합계가 10이 되는 27가지 방법은 다음과 같다.

1+3+6 1+4+5 1+5+4 1+6+3

2+2+6 2+3+5 2+4+4 2+5+3 2+6+2

3+1+6 3+2+5 3+3+4 3+4+3 3+5+2 3+6+1

4+1+5 4+2+4 4+3+3 4+4+2 4+5+1

5+1+4 5+2+3 5+3+2 5+4+1

6+1+3 6+2+2 6+3+1

합계가 9가 되는 25가지 방법은 다음과 같다.

1+2+6 1+3+5 1+4+4 1+5+3 1+6+2

2+1+6 2+2+5 2+3+4 2+4+3 2+5+2 2+6+1

3+1+5 3+2+4 3+3+3 3+4+2 3+5+1

4+1+4 4+2+3 4+3+2 4+4+1

5+1+3 5+2+2 5+3+1

6+1+2 6+2+1

11 http://www.york.ac.uk/depts/maths/histstat/pascal.pdf

12 판돈이 분배되어야 하는 비율은 다음과 같다.

$$\sum_{k=0}^{s-1}\binom{r+s-1}{k} \text{ 대 } \sum_{k=s}^{r+s-1}\binom{r+s-1}{k}$$

여기서 노름꾼 1이 이기기 위해서는 r번, 노름꾼 2가 이기기 위해서는 s번의 게임이 추가로 필요하다. 이 경우에 비율은 다음과 같다.

$$\binom{8}{0}+\binom{8}{1}+\binom{8}{2}+\binom{8}{3}+\binom{8}{4}+\binom{8}{5} \text{ 대 } \binom{8}{6}+\binom{8}{7}+\binom{8}{8}$$

13 Persi Diaconis, Susan Holmes, and Richard Montgomery, Dynamical bias in the coin toss, *SIAM Review* 49(2007), pp. 211~235.

14 M. Kapitaniak, J. Strzalko, J. Grabski, and T. Kapitaniak, The three-dimensional dynamics for the die throw, *Chaos* 22(2012) 047504.

15 Stephen M. Stigler, *The History of Statistics*, Harvard University Press, Cambridge, Massachusetts, 1986, p. 28.

16 우리는 $(x-2)^2+(x-3)^2+(x-7)^2$을 최소화하기를 원한다. 이것은 x의 2차식이며 x^2의 계수는 3으로 양수다. 따라서 이 식은 유일무이한 최소치를 갖는다. 미분이 0일

때, 즉 $2(x-2)+2(x-3)+2(x-7)=0$일 때다. 따라서 $x=(2+3+7)/3$, 즉 평균값이 된다. 다른 유한한 데이터 집합에 대해서도 같은 계산이 적용된다.

17 공식 $\sqrt{2/n\pi}\ \exp[-2(x-\frac{1}{2}n)^2/n]$은 동전을 n번 던져서 앞면이 x번 나올 확률의 근사로 여겨진다.

18 사람들이 한 명씩 방으로 들어간다고 생각해 보자. k명이 들어간 뒤에 그들 모두의 생일이 서로 다를 확률은

$$\frac{365}{365} \times \frac{364}{365} \times \frac{363}{365} \times \cdots\cdots \times \frac{365-k+1}{365}$$ 이다.

새로 들어오는 사람마다 앞서 들어온 $k-1$명의 생일을 피해야 하기 때문이다. 이는 1에서 같은 생일이 적어도 한 번 있을 확률을 뺀 값이다. 따라서 우리는 이 값을 2분의 1보다 작게 하는 k의 최솟값을 원한다. 계산 결과 $k=23$이다. 더 자세한 내용은 다음을 참조하라.

http://en.wikipedia.org/wiki/Birthday_Problem

19 비균일 분포에 대한 논의는 다음을 참조하라.

M. Klamkin and D. Newman, Extensions of the birthday surprise, *Journal of Combinatorial Theory* 3(1967), pp. 279~282.

균일 분포일 때 같은 생일이 나올 확률이 최소화된다는 증명은 다음에서 찾을 수 있다.

D. Bloom, A Birthday problem, *American Mathematical Monthly* 80(1973), pp. 1141~1142.

20 그림은 비슷해 보이지만 이제 각 사분면은 365×365의 격자로 나누어진다. 각 사분면에 있는 어두운 띠에는 각각 365개의 정사각형이 있다. 그러나 표적 영역 속에는 겹치는 사각형이 하나 있다. 따라서 어두운 사각형의 수는 365+365−1=729며 표적 영역 밖에는 365+365=730개의 어두운 사각형이 있으므로 총수는 729+730=1459다. 표적을 맞출 조건부 확률은 1459분의 729, 즉 0.4996이다.

21 케틀레는 계산을 위하여 더 편리하다고 생각한 1000회의 동전 던지기에 대한 이항 분포를 사용했지만, 이론 연구에서는 정규 분포를 강조했다.

22 Stephen M. Stigler, *The History of Statistics*, Harvard University Press, Cambridge, Massachusetts, 1986, p. 171.

23 반드시 사실은 아니다. 이 주장은 종 곡선을 결합함으로써 모든 분포가 얻어진다고 가정한다. 하지만 골턴의 목적에서는 충분히 타당했다.

24 '회귀'라는 말은 유전에 관한 골턴의 연구에서 유래했다. 그는 정규 분포를 사용하여 양쪽 모두 키가 크거나 작은 부모의 아이들이 중간 정도 키로 자라는 이유를 설명하면서 '평균으로의 회귀'라 불렀다.

25 언급할 가치가 있는 또 다른 인물은 프랜시스 이시드로 에지워스(Francis Ysidro Edgeworth)다. 그는 골턴과 같은 비전은 부족했지만 훨씬 뛰어난 기술자였으며 골턴의 아이디어에 대하여 튼튼한 수학적인 기반을 구축했다. 하지만 그의 이야기를 이 책에 포함하기에는 너무 기술적이다.

26 수식으로 표현하면 다음과 같다.

$$P\left(\left(X_1+\cdots\cdots+\frac{X_n}{n}-\mu\right)<\beta\sqrt{n}\right)\rightarrow\int_{-\infty}^{\beta}e^{-y^{2/2}}\,dy$$

여기서 오른쪽은 평균이 0이고 분산이 1인 누적 정규 분포다.

27 $P(A|B)=P(A\&B)/P(B)$고 $P(B|A)=P(B\&A)/P(A)$다. 하지만 사건 $A\&B$는 사건 $B\&A$와 같다. 첫 번째 식을 두 번째로 나누면 $P(A|B)/P(B|A)=P(A)/P(B)$를 얻는다. 이제 양변에 $P(B|A)$를 곱하라.

28 프랭크 드레이크(Frank Drake)는 1961년의 첫 번째 외계 지능 탐사(SETI, Search for Extra Terrestrial Intelligence) 회의에서 외계 생명체의 존재 가능성에 영향을 미치는

주요 인자들을 요약한 방정식을 제안했다. 이 방정식은 종종 은하계에 사는 외계 문명의 수를 추정하기 위하여 사용되지만, 여러 변수의 추정이 어렵고 그러한 목적으로도 적합하지 않다. 또한 상상력이 부족한 몇 가지 가정도 포함한다. 다음을 참조하라.

http://en.wikipedia.org/wiki/Drake_equation

29 N. Fenton and M. Neil, *Risk Assessment and Decision Analysis with Bayesian Networks*, CRC Press, Boca Raton, Florida, 2012.

30 N. Fenton and M. Neil, Bayes and the law, *Annual Review of Statistics and Its Application* 3(2016), pp. 51~77.

http://en.wikipedia.org/wiki/Lucia_de_Berk

31 Ronald Meester, Michiel van Lambalgen, Marieke Collins, and Richard Gil, On the (ab)use of statistics in the legal case against the nurse Lucia de B, arXiv:math/0607340 [math.ST] (2005).

32 과학 역사가 클리퍼드 트루스델(Clifford Truesdell)은 다음과 같은 말로 유명하다. "물리학자라면 누구든지 열역학 제1법칙과 제2법칙이 무엇을 의미하는지를 안다. 문제는 서로 견해가 일치하는 사람이 없다는 것이다." 다음을 참조하라.

Karl Popper, Against the philosophy of meaning, *German 20th Century Philosophical Writings*(ed. W. Schirmacher), Continuum, New York, 2003, p. 208.

33 나머지는 다음에서 찾을 수 있다.

http://lyricsplayground.com/alpha/songs/f/firstandsecondlaw.html.

34 N. Simanyi and D. Szasz, Hard ball system is completely hyperbolic, *Annals of Mathematics* 149(1999), pp. 35~96.

N. Simanyi, Proof of the ergodic hypothesis for typical hard ball systems,

Annales Henri Poincare 5(2004), pp. 203~233.

N. Simanyi, Conditional proof of the Boltzmann–Sinai ergodic hypothesis, *Inventiones Mathemticae* 177(2009), pp. 381~413.

출간되지 않은 듯한 2010년도 예비 인쇄판도 있다.

N. Simanyi, The Boltzmann–Sinai ergodic hypothesis in full generality: http;//arxiv.org./abs/1007.1206

35 Carlo Rovelli, *The Order of Time*, Penguin, London, 2018.

36 컴퓨터 계산 결과인 이 그림에도 같은 오류가 발생한다. 워릭 터커(Warwick Tucker)는 컴퓨터의 도움을 받았지만 로렌츠 시스템이 혼돈의 끌개를 갖는다는 엄밀한 증명을 찾아냈다.

W. Tucker, The Lorenz attractor exists, *C. R. Acad. Sci. Paris* 328(1999), pp. 1197~1202.

37 기술적으로 올바른 확률을 제공하는 불변 측도의 존재는 오직 특별한 유형의 끌개에 대해서만 입증되었다. 터커는 같은 논문에서 로렌츠 끌개에 불변 측도가 하나 있음을 증명했다. 하지만 불변 측도가 흔한 존재임을 시사하는 광범위한 수치적 증거가 있다.

38 J. Kennedy and J. A. Yorke, Basins of Wada, *Physica* D 51(1991), pp. 213~225.

39 P. Lynch, *The Emergence of Numerical Weathe Prediction*, Cambridge University Press, Cambridge, 2006.

40 나중에 피시는 전화를 걸어온 사람이 플로리다의 허리케인을 언급했다고 말했다.

41 T. N. Palmer, A. Doring, and G. Seregin, The real butterfly effect, *Nonlinearity* 27(2014), R 123~R 141.

42 E. N. Lorenz, The predictability of a flow which possesses many scales of motion, *Tellus* 3(1969), pp. 290~307.

43 T. N. Palmer, A nonlinear dynamic perspective on climate prediction, *Journal of Climate* 12(1999), pp. 575~591.

44 D. Crommelin, *Nonlinear dynamics of atmospheric regime transitions*, PhD Thesis, University of Utrecht, 2003.

D. Crommelin, Homoclinic dynamics: a scenario for atmospheric ultralow-frequency variability, *Journal of the Atmospheric Sciences* 59(2002), pp. 1533~1549.

45 합계는 다음과 같다.

90일 동안의 합계	90×16=1440
10일 동안의 합계	10×30=300
총 100일 동안의 합계	1740
평균	1740/100=17.4

이는 16보다 1.4 크다.

46 80만 년 동안의 기록은 다음을 참조하라.

E. J. Brook and C. Buizert, Antarctic and global climate history viewed from the ice cores, *Nature* 558(2018), pp. 200~208.

47 이 말은 1977년 7월호 〈리더스 다이제스트〉(Reader's Digest)에 출처를 밝히지 않고 인용되었다. 1950년 1월 8일 자 〈뉴욕 타임스〉는 까다로운 작곡가들이 작업하는 방식에 대하여 작곡가 로저 세션스를 다룬 기사를 실었다. 이 기사에 다음과 같은 내용이 있다. '나는 또한 알베르트 아인슈타인의 말을 기억하는데, 그 말은 음악에도 확실하게 적용된다. 그는 사실상 모든 것을 최대한 단순하게 만들어야 하지만 그보다 더 단순해서는 안 된다고 말했다!'

48 미국 지질 조사국(USGS)의 데이터는 전 세계의 화산이 매년 약 2억 톤의 이산화탄소를 생성함을 보여 준다. 인간의 운송 및 산업계는 그 120배인 240억 톤을 방출한다. http://www.scientificamerican.com/article/earthtalks-volcanoes-or-humans/

49 The IMBIE team(Andrew Shepherd, Erik Ivins, and 78 others), Mass balance of the Antarctic Ice Sheet from 1992 to 2017, *Nature* 558(2018), pp. 219~222.

50 S. R. Rintoul and 8 others, Choosing the future of Antarctica, *Nature* 558(2018), pp. 233~241.

51 J. Schwarz, Underwater, *Scientific American*(August 2018), pp. 44~55.

52 E. S. Yudkowsk, An intuitive explanation of Bayes' theorem: http://yudkowsky.net/rational/bayes/

53 W. Casscells, A. Schoenberger, and T. Grayboys, Interpretation by physicians of clinical laboratory results, *New England Journal of Medicine* 299(1978), pp. 999~1001.

D. M. Eddy, Probabilistic Reasoning in clinical medicine: Problems and opportunities, in): (D. Kahneman, P. Slovic, and A. Tversky, eds.), *Judgement Under Uncertainty: Heuristics and Biases*, Cambridge University Press, Cambridge, 1982.

G. Gigerenzer and U. Hoffrage, How to improve Bayesian reasoning without instruction: frequency format, *Psychological Review* 102(1995), pp. 684~704.

54 카플란-마이어 추정량(Kaplan-Meier estimator)은 언급할 가치가 있으나 논의를 방해할 것이다. 이는 대상자의 일부가 사망이나 다른 이유로 시험이 완료되기 전에 이탈할 수 있는 시험 데이터에서 생존률을 추정하는 데 가장 널리 사용되는 방법이다. 이 기법은 비모수적이며 두 번째로 가장 많이 인용되는 수학 논문이다. 다음을 참조하라.

E. L. Kaplan and P. Meier, Nonparametric estimation from incomplete observations, *Journal of the American Statistical Association* 53(1958), pp. 457~481. http://en.wikipedia.org/wiki/Kaplan%E2%80%93Meier_estimator

55 B. Efron, Bootstrap methods: another look at the jackknife, *Annals of Statistics* 7 B(1979), pp. 1~26.

56 Alexander Viktorin, Stephen Z. Levine, Margret Altemus, Abraham Reichenberg, and Sven Sandin, Paternal use of antidepressants and offspring outcomes in Sweden: Nationwide prospective cohort study, *British Medical Journal* 316 (2018); doi: 10.1136/bmj.k2233.

57 신뢰 구간은 혼란스러운 개념이며 잘못 이해되는 경우가 많다. 기술적으로 95퍼센트 신뢰 구간은, 표본으로부터 신뢰 구간이 산출될 때 95퍼센트의 비율로 그 구간 안에 통계적인 참값이 있도록 하는 성질을 갖는다. '통계적인 참값이 구간 안에 있을 확률이 95퍼센트'라는 의미가 아니다.

58 '이 사람들은 절대로 우리 돈을 갚을 수 없을 것이다.'의 기업적인 완곡어법.

59 이 상은 노벨의 1895년도 유언에 따른 상의 범주에 속하지 않고 스웨덴 국립 은행이 앨프레드 노벨을 기려서 1968년에 제정한 경제학상이다.

60 기술적으로 분포 $f(x)$는 지수 법칙(power law)처럼 붕괴할 때, 즉 $f(x) \sim x^{(-1+a)}$인 조건에서 x가 무한대로 갈 때 $a>0$이면 팻 테일을 갖는다.

61 Warren Buffett, Letter to the shareholders of Berkshire Hathaway, 2008: http://www.berkshirehathaway.com/letters/2008ltr.pdf

62 A. G. Haldane and R. M. May, Systemic risk in banking ecosystems, *Nature* 469(2011), pp. 351~355.

63 W. A. Brock, C. H. Hommes, and F. O. O. Wagner, More hedging instruments may destabilise markets, *Journal of Economic Dynamics and Control* 33(2008), pp. 1912~1928.

64 P. Gai and S. Kapadia, Liquidity hoarding, network externalities, and interbank market collapse, *Proceedings of the Royal Society A* 466(2010), pp. 2401~2423.

65 오랫동안 인간의 뇌에는 신경 세포의 열 배에 달하는 교질 세포가 있다고 여겨졌다. 여전히 네 배 정도를 주장하는 믿을 만한 인터넷 사이트도 있다. 하지만 이 주제에 대한 2016년도 리뷰는 인간의 뇌에 신경 세포보다 약간 적은 교질 세포가 있다는 결론을 내린다.

Christopher S. von Bartheld, Jami Bahney, and Susana Herculano-Houze, The search for true numbers of neurons and glial cells in the human brain: A review of 150 years of cell counting, *Journal of Comparative Neurology, Research in Systems Neuroscience* 524(2016), pp. 3865~3895.

66 D. Benson, Life in the game of Go, *Information Science* 10(1976), pp. 17~29.

67 Elwyn Belekamp and David Wolfe, *Mathematical Go Endgames: Nightmares for Professional Go Player*, Irish Press, New York, 2012.

68 David Silver and 19 others, Mastering the game of Go with deep neural networks and tree search, *Nature* 529(2016), pp. 484~489.

69 L. A. Necker, Observations on some remarkable optical phenomena seen in Switzerland; and on an optical phenomena which occurs on viewing a figure of a crystal or geometrical solid, *London and Edinburgh Philosophical Magazine and Journal of Science* 1(1832), pp. 329~337.

J. Jastrow, The mind's eye, *Popular Science Monthly* 54(1899), pp. 299~312.

70 I. Kovacs, T. V. Papathomas, M. Yang, and A. Feher, When the brain changes its mind: Interocular grouping during binocular rivalry, *Proceedings of the National Academy of Science of the USA* 93(1996), pp. 15508~15511.

71 C. Dickman and M. Golubitsky, Network symmetry and binocular rivalry experiments, *Journal of Mathematical Neuroscience* 4(2014) 12; doi; 10.1186/2190-8567-4-12.

72 리처드 파인먼이 '물리 법칙의 특성'(The Character of Physical Law)이라는 강의에서 한 말이다. 일찍이 닐스 보어는 "누구라도 양자 이론에 충격 받지 않는 사람은 양자 이론을 이해하지 못한 사람이다."라고 말했지만 파인먼의 말과 똑같은 의미는 아니다.

73 Richard P. Feynman, Robert B. Leighton, and Mathew Sands, *Feynman Lectures on Physics*, Volume 3, Addison-Wesley, New York, 1965, pp. 1.1~1.8.

74 Roger Penrose, Uncertainty in quantum mechanics: Faith or fantasy?, *Philosophical Transactions of the Royal Society* A 369(2011), pp. 4864~4890.

75 http://en.wikipedia.org/wiki/Complex_number

76 Francois Henault, ⟨Quantum physics and the beam splitter mystery⟩: http://arxiv.org/ftp/arxiv/papers/1509/1509.00393

77 스핀 양자수가 n이면 스핀 각운동량이 $S=(h/4\pi)\sqrt{n(n+2)}$가 된다. 여기서 h는 플랑크 상수다.

78 전자의 스핀은 기묘하다. 서로 반대 방향을 가리키는 두 스핀 상태 ↑와 ↓의 중첩은 원래 상태들이 중첩된 비율과 관련된 방향의 축을 갖는 단일 스핀으로 해석할 수 있다. 그러나 어떤 축을 기준으로 하든 측정 결과는 1/2이나 −1/2이 나온다. 주석

74의 펜로즈 논문에서 자세한 설명을 볼 수 있다.

79 여기서 검토되지 않은 가정은 만약 고전적인 원인이 고전적인 결과를 낳는다면 그 원인의 양자적인 부분(중첩된 상태에서)이 같은 결과의 양자적인 부분을 낳는다는 것이다. 절반 붕괴한 원자는 절반 죽은 고양이를 만들어 낸다. 확률의 관점에서는 의미가 있을 수 있지만, 이 가정이 보편적 진실이라면, 마하-젠더 간섭계의 절반-광자 파동이 광선 분할기에 입사되었을 때 절반의 광선 분할기를 만들어 낼 것이다. 따라서 고전적인 의미를 갖는 이 같은 유형의 중첩은 양자 세계의 행동 방식이 될 수 없다.

80 나는《우주를 계산하다》(Calculating the Cosmos, 2017)에서 슈뢰딩거의 고양이를 자세하게 설명했다.

81 Tim Folger, Crossing the quantum divide, *Scientific American* 319(July 2018), pp. 30~35.

82 Jacqueline Erhart, Stephen Sponar, Georg Sulyok, Gerald Badurek, Masanao Ozawa, and Yuji Hasegawa, Experimental demonstration of a universally valid error–disturbance uncertainty relation in spin measurements, *Nature Physics* 8(2012), pp. 185~189.

83 Lee A. Rozema, Ardavan Darabi, Dylan H. Mahler, Alex Hayat, Yasaman Soudagar, and Aephraim M. Steinberg, Violation of Heisenberg's measurement–disturbance relationship by weak measurements, *Physics Review Letters* 109(2012), 189902.

84 당신이 각각 0이 아닌 스핀을 갖지만 총 스핀이 0인 입자 쌍을 만들어 낸다면, 각운동량(스핀을 뜻하는 다른 용어) 보존 원리는 두 입자가 분리되더라도(교란을 받지 않는 한) 각각의 스핀이 완전한 음의 상관관계를 유지할 것임을 시사한다. 즉 두 입자의 스핀은 항상 같은 축에 대하여 반대 방향을 가리킨다. 이제 한 입자의 스핀을 측정하여 파동 함수를 붕괴시킨다면 그 입자는 확정된 방향의 확정된 스핀을 갖게 된다. 따라서 다른 입자 역시 붕괴하여 반대의 결과를 내놓아야 한다. 미친 소리 같지만 일리가

있어 보인다. 이는 또한 두 스파이 이야기의 변형이기도 하다. 그들은 방금 각자의 시계를 반동기화(antisynchronise)했다.

85 주석 74 참조.

86 Even male insects feel pleasure when they 'orgasm', *New Scientist* 28 April 2018, p. 20.

87 J. S. Bell, On the Einstein Podolsky Rosen paradox, *Physics* 1(1964), pp. 195~200.

88 제프리 법(Jeffrey Bub)은 벨과 헤르만이 폰노이만의 증명을 잘못 해석했으며 노이만의 의도는 숨은 변수가 전적으로 불가능함을 증명하는 것이 아니었다고 주장했다. Jeffrey Bub, Von Neumann's 'no hidden variables' proof: A reappraisal, *Foundations of Physics* 40(2010), pp. 1333~1340.

89 Adam Becker, *What is Real?*, Basic Books, New York, 2018.

90 엄밀하게 말해서 벨의 원래 버전은 탐지기가 평행할 때 항상 실험의 양쪽 결과가 정확하게 음의 상관관계를 갖도록 요구한다.

91 E. Fort and Y. Couder, Single-particle diffraction and interference at a macroscopic scale, *Physical Review Letters* 96(2006), 154101.

92 Sacha Kocsis, Boris Braverman, Sylvain Ravets, Martin J. Stevens, Richard P. Mirin, L. Krister Shalm, and Aephraim M. Steinberg, Observing the average trajectories of single photons in a two-slit interferometer, *Science* 332(2011), pp. 1170~1173.

93 이 부분은 Anil Anathaswamy, Perfect disharmony, *New Scientist*(14 April 2018), pp. 35~37에 기초한다.

94 단지 크기만의 문제일 수는 없다. 광선 분할기(4분의 1 위상 변이)와 파동 함수를 휘젓는 입자 탐지기를 생각해 보라. 둘 다 거시적이라는 데에는 아무 문제도 없다. 다만 전자는 그것이 양자라 생각하고 후자는 그렇지 않음을 안다.

95 D. Frauchiger and R. Lenner, Quantum theory cannot consistently describe the use of itself, *Nature Communications*(2018) 9:3711; doi: 10.1038/S41467-018-05739-8.

96 A. Sudbery, *Quantum Mechanics and the Particles of Nature*, Cambridge University Press, Cambridge, 1986, p. 178.

97 Adam Becker, *What is Real?*, Basic Books, New York, 2018.

98 Peter Bierhorst and 11 others, Experimentally generated randomness certified by the impossibility of superluminal signals, *Nature* 223(2018), pp. 223~226.

99 E. Ott, C. Grebogi, and J. A. Yorke, Controlling chaos, *Physics Review Letters* 64(1990), pp. 1196.

100 단지 무작위성이 아니라 심부전에서 발생하는 혼돈이 인간에게서 탐지되었다.
Guo-Qiangg Wu and 7 others, Chaotic signatures of heart rate variability and its power spectrum in health, aging, and heart failure, *PLos Online*(2009) 4(2): e4323; doi: 10.1371/journal.pone.0004323.

101 A. Garfnkel, M. L. Spano, W. L. Ditto, and J. N. Weiss, Controlling cardiac chaos, *Science* 257(1992), pp. 1230~1235.
모델 심장의 혼돈 제어에 관한 최근 논문.
B. B. Ferreira, A. S. de Paula, and M. A. Savi, Chaos control applied to heart rhythm dynamics, *Chaos, Solutions and Fractals* 44(2011), pp. 587~599.

102 당시에 조지 W. 부시 대통령은 9·11 테러에 대응하여 이라크를 공격하지 않기로 결정했다. 그러나 얼마 뒤에 미국과 동맹국들은 사담 후세인의 '테러 지원'을 이유로 이라크를 침공했다. 2003년 9월 7일 자 〈가디언〉은 '미국인 열 명 중 일곱 명이 아무런 증거가 없는데도 사담 후세인이 9·11 테러 공격에 가담했다고 믿고 있음'을 보여 주는 여론 조사 결과를 보도했다. http://www.theguardian.com/world/2003/sep/07/usa.theobserver

그림 출처

28쪽 David Aikman, Philip Barrett, Sujit Kapadia, Mervin King, James Proudman, Tim Taylor, Iain de Weymarn, and Tony Yates, Uncertainty in macroeconomic policy-making: art or science?, *Bank of England Paper*, March 2010.

242쪽 Tim Palmer and Julia Slingo, Uncertainty in weather and climate prediction, *Philosophical Transactions of the Royal Society* A 369(2011), pp. 4751~4767.

333쪽 I. Kovacs, T. V. Papathomas, M. Yang, and A. Feher, When the brain changes its mind: Interocular grouping during binocular rivalry, *Proceedings of the National Academy of Science of the USA* 93(1996), pp. 15508~15511.

396쪽 (왼쪽 그림): Sacha Kocsis, Boris Braverman, Sylvain Ravets, Martin J. Stevens, Richard P. Mirin, L. Krister Shalm, and Aephraim M. Steinberg, Observing the average trajectories of single photons in a two-slit interferometer, *Science*(3 June 2011) 332 issue 6034, pp. 1170~1173.

저자와 출판사는 그림의 저작권자와 접촉하기 위한 모든 노력을 기울였으며, 저작권을 추적하지 못한 그림에 대한 정보를 환영하고 향후 판에서 기꺼이 수정할 것이다.

찾아보기

ㄴ

ㄷ

ㅅ

ㅇ

ㅈ

ㅊ

ㅋ

ㅎ

기타